" 수능1등급 을 결정짓는
고난도 유형 대비서 "

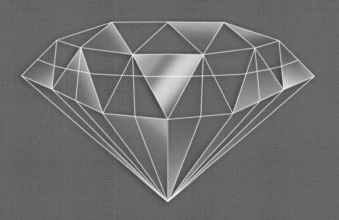

HIGH-END
수능 하이엔드

지은이

NE능률 수학교육연구소
NE능률 수학교육연구소는 혁신적이며 효율적인 수학 교재를 개발하고
수학 학습의 질을 한 단계 높이고자 노력하는 NE능률의 연구 조직입니다.

권백일 양정고등학교 교사
김용환 오금고등학교 교사
최종민 중동고등학교 교사
이경진 중동고등학교 교사
박현수 현대고등학교 교사

수능 고난도 상위 5문항 정복

HIGH-END
수능 하이엔드

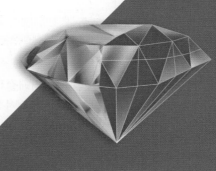

미적분

구성과 특징
Structure

문제
PART

▼ 기출에서 뽑은 실전 개념

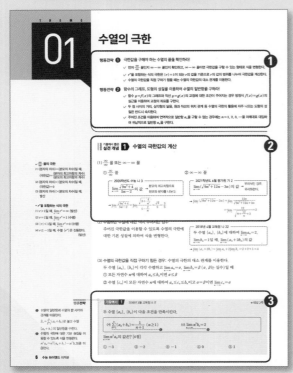

▼ 1등급 완성 3단계 문제 연습

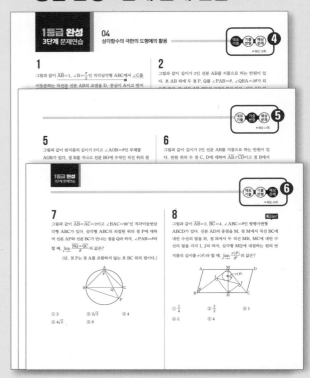

❶ 주제별 해결 전략

오답률에 근거하여 빈출 고난도 주제를 선별하였고, 해당 주제의 문제를 풀 때 반드시 기억하고 있어야 할 문제 해결 전략을 제시하였습니다.

❷ 기출에서 뽑은 실전 개념 & 킬러해결TRAINING

개념이나 공식의 단순 나열이 아니라 문제 풀이에서 실제적으로 자주 이용되는 실전 개념을 뽑아 정리하였습니다. 또한, 킬러 주제의 문제를 풀기에 앞서 킬러포인트를 뽑아 연습할 수 있도록 킬러해결 TRAINING을 제시하였습니다.

❸ 기출 예시

실전 개념을 적용할 수 있는 기출 문제를 제시하였습니다.

❹ 대표 기출

해당 주제의 수능, 모평, 학평 기출 문제 중에서 반드시 풀어야 할 고난도 문제를 엄선하여 실었습니다.

❺ 기출 변형

오답률이 높은 기출 문항 중 우수 문항을 변형하여 수록하였습니다. 개념의 확장, 조건의 변형 등을 통해 기출 문제를 좀 더 철저히 이해하고 비슷한 유형이 출제되는 경우에 대비할 수 있습니다.

❻ 예상 문제

신경향 문제나 출제가 기대되는 문제는 예상 문제로 수록하였습니다. 각 주제에서 1등급을 결정짓는 최고난도 문제는 KILLER로 제시하였습니다.

해설 PART

▶ 고난도 미니 모의고사

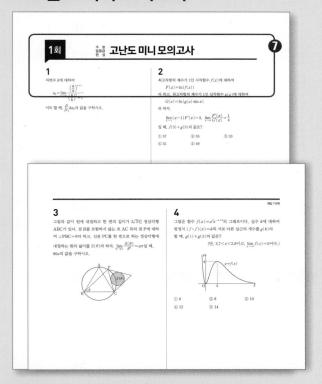

▶ 전략이 있는 명쾌한 해설

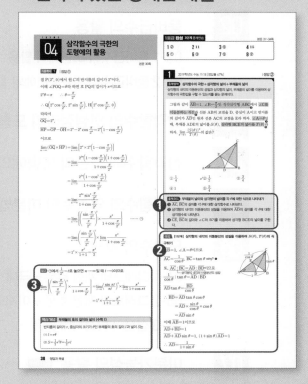

❼ 고난도 미니 모의고사

수능, 모평, 학평 기출 및 그 변형 문제와 예상 문제로 구성된 미니 모의고사 4회를 제공하였습니다. 미니 실전 테스트로 수능 실전 감각을 유지할 수 있습니다.

❶ 출제 코드

문제에서 해결의 핵심 조건을 찾아 풀이에 어떻게 적용되는지 제시하였습니다.

❷ 단계별 풀이

풀이 과정을 의미있는 개념의 적용을 기준으로 단계별로 제시함으로써 문제 해결의 흐름을 파악할 수 있도록 하였습니다.

❸ 풍부한 부가 요소와 첨삭

해설 특강, 다른 풀이, 핵심 개념 등의 부가 요소와 첨삭을 최대한 자세하고 친절하게 제공하였습니다. 특히 원리를 이해하는 why, 해결 과정을 보여주는 how를 제시하여 이해를 도왔습니다.

차례
Contents

Study Plan

※ 1차 학습 때 틀렸거나 확실하게 알고 풀지 못한 문제는 2차 학습을 하도록 합니다.

주제	행동 전략	성취도 1차					성취도 2차			
01 수열의 극한 (16문항)	· 극한값을 구해야 하는 수열의 꼴을 확인하라. · 함수의 그래프, 도형의 성질을 이용하여 수열의 일반항을 구하라.	월		일			월		일	
		성취도	○	△	×	성취도	○	△	×	
02 등비급수의 활용 (14문항)	· 닮은 도형이 한없이 반복되는 그림에서 길이 또는 넓이의 합을 구하는 문제는 닮음비를 구하라. · 좌표평면에서 함수의 그래프 위의 도형에 대한 길이나 넓이를 일반항으로 하는 급수의 합은 일반항을 바로 구하라.	월		일			월		일	
		성취도	○	△	×	성취도	○	△	×	
03 삼각함수의 덧셈정리의 도형에의 활용 (8문항)	· 구하려는 각을 다른 각의 합 또는 차로 표현하라. · 자주 이용되는 도형의 성질은 반드시 숙지하라.	월		일			월		일	
		성취도	○	△	×	성취도	○	△	×	
04 삼각함수의 극한의 도형에의 활용 (8문항)	· 선분의 길이 또는 넓이를 각 θ에 대한 식으로 표현하라. · 삼각함수의 극한의 성질을 이용하도록 식을 변형하라.	월		일			월		일	
		성취도	○	△	×	성취도	○	△	×	
05 합성함수와 역함수의 미분법 (8문항)	· 여러 가지 함수의 미분법을 숙지하라. · 역함수의 미분법은 유도 과정을 기억하라.	월		일			월		일	
		성취도	○	△	×	성취도	○	△	×	
06 도함수의 활용 (23문항)	· 특이점에 주목하여 그래프의 개형을 추론하라. · 접선을 이용하여 해결하라.	월		일			월		일	
		성취도	○	△	×	성취도	○	△	×	
Killer **07** 미분가능성의 활용 (5문항)	· 미분계수의 정의를 이용하여 $x=a$에서의 미분가능성을 묻는 문제를 해결하라. · 함수의 그래프가 주어졌을 때, 그래프의 개형으로 미분가능성을 파악하라.	월		일			월		일	
		성취도	○	△	×	성취도	○	△	×	
08 여러 가지 함수에서의 적분 활용 (14문항)	· 무엇을 어떻게 치환해야 할지 결정하라. · 피적분함수가 두 함수의 곱으로 되어 있을 때, 치환적분법이 어려우면 부분적분법을 이용하라.	월		일			월		일	
		성취도	○	△	×	성취도	○	△	×	
Killer **09** 적분과 미분의 관계 활용 (10문항)	· 주어진 식을 해석하여 함수의 그래프를 파악하라. · 정적분으로 정의된 함수는 함숫값과 도함수를 구하라.	월		일			월		일	
		성취도	○	△	×	성취도	○	△	×	
고난도 미니 모의고사 **1회** (6문항)		월		일			월		일	
		성취도	○	△	×	성취도	○	△	×	
고난도 미니 모의고사 **2회** (6문항)		월		일			월		일	
		성취도	○	△	×	성취도	○	△	×	
고난도 미니 모의고사 **3회** (6문항)		월		일			월		일	
		성취도	○	△	×	성취도	○	△	×	
고난도 미니 모의고사 **4회** (6문항)		월		일			월		일	
		성취도	○	△	×	성취도	○	△	×	

01 수열의 극한

행동전략 ❶ 극한값을 구해야 하는 수열의 꼴을 확인하라!

✔ 먼저 $\frac{\infty}{\infty}$ 꼴인지 $\infty - \infty$ 꼴인지 확인하고, $\infty - \infty$ 꼴이면 극한값을 구할 수 있는 형태로 식을 변형한다.

✔ r^n을 포함하는 식의 극한은 $|r|=1$이 되는 r의 값 기준으로 r의 값의 범위를 나누어 극한값을 계산한다.

✔ 수열의 극한값을 직접 구하기 힘들 때는 수열의 극한값의 대소 관계를 이용한다.

행동전략 ❷ 함수의 그래프, 도형의 성질을 이용하여 수열의 일반항을 구하라!

✔ 함수 $y=f(x)$의 그래프와 직선 $y=g(x)$의 교점에 대한 조건이 주어지는 경우 방정식 $f(x)=g(x)$의 실근을 이용하여 교점의 좌표를 구한다.

✔ 두 점 사이의 거리, 삼각형의 닮음, 원과 직선의 위치 관계 등 수열의 극한의 활용에 자주 나오는 도형의 성질은 반드시 숙지한다.

✔ 주어진 조건을 이용하여 연역적으로 일반항 a_n을 구할 수 없는 경우에는 $n=1, 2, 3, \cdots$을 차례대로 대입하여 귀납적으로 일반항 a_n을 구한다.

기출에서 뽑은 실전 개념 ❶ 수열의 극한값의 계산

• $\frac{\infty}{\infty}$ 꼴의 극한
(1) (분자의 차수)=(분모의 차수)일 때,
$\text{(극한값)}=\dfrac{\text{(분자의 최고차항의 계수)}}{\text{(분모의 최고차항의 계수)}}$
(2) (분자의 차수)<(분모의 차수)일 때,
(극한값)=0
(3) (분자의 차수)>(분모의 차수)일 때,
발산

• r^n을 포함하는 식의 극한
(1) $r>1$일 때, $\lim\limits_{n\to\infty} r^n = \infty$ (발산)
(2) $r=1$일 때, $\lim\limits_{n\to\infty} r^n = 1$ (수렴)
(3) $|r|<1$일 때, $\lim\limits_{n\to\infty} r^n = 0$ (수렴)
(4) $r\le -1$일 때, 수열 $\{r^n\}$은 진동한다. (발산)

(1) $\frac{\infty}{\infty}$ 꼴 또는 $\infty - \infty$ 꼴

① $\frac{\infty}{\infty}$ 꼴

┌─ 2020학년도 수능 나 3 ─┐
$\lim\limits_{n\to\infty} \dfrac{\sqrt{9n^2+4}}{5n-2}$ 의 값 → 분모의 최고차항으로 분모와 분자를 나눈다.

$\to \lim\limits_{n\to\infty} \dfrac{\sqrt{9n^2+4}}{5n-2} = \lim\limits_{n\to\infty} \dfrac{\sqrt{9+\frac{4}{n^2}}}{5-\frac{2}{n}} = \dfrac{\sqrt{9}}{5} = \dfrac{3}{5}$

② $\infty - \infty$ 꼴

┌─ 2021학년도 6월 평가원 가 2 ─┐
$\lim\limits_{n\to\infty} (\sqrt{9n^2+12n} - 3n)$ 의 값 → 무리식인 경우, 유리화한다.

$\to \lim\limits_{n\to\infty} (\sqrt{9n^2+12n} - 3n) = \lim\limits_{n\to\infty} \dfrac{12n}{\sqrt{9n^2+12n}+3n}$

$= \lim\limits_{n\to\infty} \dfrac{12}{\sqrt{9+\frac{12}{n}}+3} = 2$

(2) 수렴하는 수열에 대한 식이 주어지는 경우

주어진 극한값을 이용할 수 있도록 수열의 극한에 대한 기본 성질에 의하여 식을 변형한다.

┌─ 2018년 4월 교육청 나 22 ─┐
두 수열 $\{a_n\}$, $\{b_n\}$에 대하여 $\lim\limits_{n\to\infty} a_n = 2$, $\lim\limits_{n\to\infty} b_n = 1$일 때, $\lim\limits_{n\to\infty}(a_n + 2b_n)$의 값

$\to \lim\limits_{n\to\infty}(a_n+2b_n) = \lim\limits_{n\to\infty} a_n + 2\lim\limits_{n\to\infty} b_n = 2+2\times 1 = 4$

(3) 수열의 극한값을 직접 구하기 힘든 경우: 수열의 극한의 대소 관계를 이용한다.

두 수열 $\{a_n\}$, $\{b_n\}$이 각각 수렴하고 $\lim\limits_{n\to\infty} a_n = \alpha$, $\lim\limits_{n\to\infty} b_n = \beta$ (α, β는 실수)일 때

① 모든 자연수 n에 대하여 $a_n \le b_n$이면 $\alpha \le \beta$

② 수열 $\{c_n\}$이 모든 자연수 n에 대하여 $a_n \le c_n \le b_n$이고 $\alpha = \beta$이면 $\lim\limits_{n\to\infty} c_n = \alpha$

행동전략

❶ 수열의 일반항과 수열의 합 사이의 관계를 이용한다.
$S_n = \sum\limits_{k=1}^{n}(a_k+b_k)$로 놓고 수열 $\{a_n+b_n\}$의 일반항을 구한다.

❷ 수열의 극한에 대한 기본 성질을 이용할 수 있도록 식을 변형한다.
$n^2 a_n = n^2(a_n+b_n) - n^2 b_n$임을 이용한다.

기출예시 ❶ 2015년 3월 교육청 A 17　　　　　　　　○ 해답 2쪽

두 수열 $\{a_n\}$, $\{b_n\}$이 다음 조건을 만족시킨다.

(가) $\sum\limits_{k=1}^{n}(a_k+b_k) = \dfrac{1}{n+1}$ $(n\ge 1)$　　❶　　　(나) $\lim\limits_{n\to\infty} n^2 b_n = 2$　　❷

$\lim\limits_{n\to\infty} n^2 a_n$의 값은? [4점]

① -3　　　② -2　　　③ -1　　　④ 0　　　⑤ 1

(1) 함수 $y=f(x)$의 그래프 위의 점 P에 대한 조건이 주어지는 경우

점 P의 x좌표가 a이면 y좌표는 $f(a)$이다. 즉, 점 P의 좌표를 $(a, f(a))$로 놓는다.

(2) 함수 $y=f(x)$의 그래프와 직선 $y=g(x)$의 교점에 대한 조건이 주어지는 경우

방정식 $f(x)=g(x)$의 실근을 구하여 교점의 좌표를 구한다.

기출에서 뽑은
실전 개념 3 **수열의 극한의 활용에 자주 나오는 도형의 성질**

(1) **두 점 사이의 거리:** 두 점 (x_1, y_1), (x_2, y_2)를 양 끝 점으로 하는 선분의 길이는

$$\sqrt{(x_2-x_1)^2+(y_2-y_1)^2}$$

(2) **삼각형의 내접원과 관련된 성질**

① 삼각형의 내접원의 중심은 삼각형의 세 내각의 이등분선의 교점이다.

② 내접원의 중심에서 삼각형의 각 변까지의 거리는 서로 같다.

③ $\triangle ABC = \triangle ABI + \triangle BCI + \triangle CAI$

$$= \frac{r}{2}(\overline{AB}+\overline{BC}+\overline{CA}) \text{ (단, } r\text{는 내접원의 반지름의 길이)}$$

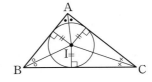

(3) **직각삼각형의 닮음:** $\angle A = 90°$인 직각삼각형 ABC에서 $\overline{AD} \perp \overline{BC}$일 때

① $\triangle ABC \backsim \triangle DBA \backsim \triangle DAC$ (AA 닮음)

② $\overline{AB}^2 = \overline{BD} \times \overline{BC}$ ③ $\overline{AC}^2 = \overline{CD} \times \overline{CB}$

④ $\overline{AD}^2 = \overline{BD} \times \overline{CD}$ ⑤ $\overline{AB} \times \overline{AC} = \overline{BC} \times \overline{AD}$

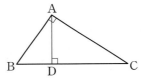

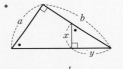

$a:x=b:y \rightarrow \dfrac{b}{a}=\dfrac{y}{x}$

(4) **원과 직선의 위치 관계**

① 원과 직선이 접할 때

(i) 원의 중심과 접점을 이은 선분은 접선에 수직이다.

→ $\overline{OH} \perp l$

(ii) 원의 중심과 접선 사이의 거리는 원의 반지름의 길이와 같다.

→ $d=r$

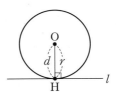

② 원과 직선이 두 점에서 만날 때, 원의 중심에서 직선에 내린 수선은 현을

이등분한다.

→ $\overline{OH} \perp l$이면 $\overline{AH} = \overline{BH}$

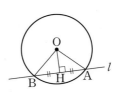

기출예시 2 2020년 4월 교육청 가 27 ○ 해답 2쪽

자연수 n에 대하여 점 $(1, 0)$을 지나고 점 (n, n)에서 직선 $y=x$와 접하는 원의 중심의 좌표를
$\underline{(a_n, b_n)}$이라 할 때, $\lim\limits_{n \to \infty} \dfrac{a_n - b_n}{n^2}$의 값을 구하시오. [4점]
①

행동전략

❶ 원이 직선 $y=x$와 접하므로 원의 중심이 어떤 직선 위에 있는지 파악한다. 원의 중심은 기울기가 -1이고 점 (n, n)을 지나는 직선 위에 있다.

1

실수 t에 대하여 직선 $y=tx-2$가 함수

$$f(x)=\lim_{n\to\infty}\frac{2x^{2n+1}-1}{x^{2n}+1}$$ ❶

의 그래프와 만나는 점의 개수를 $g(t)$라 하자. 함수 $g(t)$가 $t=a$에서 불연속인 모든 a의 값을 작은 수부터 크기순으로 나 ❷ 열한 것을 a_1, a_2, $\cdots$, a_m (m은 자연수)라 할 때, $m\times a_m$의 값을 구하시오.

2

함수 $f(x)=\begin{cases} x+2 & (x\le 0) \\ -\dfrac{1}{2}x & (x>0) \end{cases}$ 의 그래프가 그림과 같다. ❶

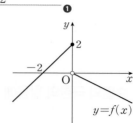

수열 $\{a_n\}$은 $a_1=1$이고

$$a_{n+1}=f(f(a_n))\ (n\ge 1)$$ ❷

을 만족시킬 때, $\lim_{n\to\infty}a_n$의 값은?

① $\dfrac{1}{3}$　　　　② $\dfrac{2}{3}$　　　　③ 1

④ $\dfrac{4}{3}$　　　　⑤ $\dfrac{5}{3}$

행동전략

❶ 두 등비수열 $\{x^{2n}\}$, $\{x^{2n+1}\}$의 수렴, 발산은 x의 값의 범위에 따라 달라짐을 파악한다.

❷ 함수 $g(t)$의 값은 $x=a$를 기준으로 변함을 파악한다.

행동전략

❶ 함수 $f(x)$는 x가 양수이면 x에 $-\dfrac{1}{2}$을 곱하고, x가 양수가 아니면 x에 2를 더하는 함수임을 파악한다.

❷ 이 식에 $n=1,2,3,\cdots$을 차례로 대입하여 a_2, a_3, a_4, $\cdots$의 값을 직접 구하고 일반항 a_n을 추론한다.

3

함수 $f(x)$가 $f(x)=(x-2)^2$일 때, 자연수 n에 대하여 방정식 $f(x)=n$의 두 근을 α, β $(\alpha>\beta)$라 하자. $N(n)=\alpha-\beta$라 할 때,

$$\lim_{n\to\infty}\frac{N((k+1)n)+N(n)+N(k+1)}{\sqrt{n}}=2k$$

를 만족시키는 실수 k의 값을 구하시오.

4

자연수 n에 대하여 집합 $\{2^k \mid 1\leq k\leq 2n,\ k$는 자연수$\}$의 세 원소 a, b, c $(a<b<c)$가 이 순서대로 등비수열을 이룰 때, 집합 $\{a,\,b,\,c\}$의 개수를 T_n이라 하자. $\displaystyle\lim_{n\to\infty}\frac{T_n}{2n^2+1}$의 값은?

① $\dfrac{1}{4}$ ② $\dfrac{1}{2}$ ③ $\dfrac{3}{4}$

④ 1 ⑤ $\dfrac{5}{4}$

NOTE 1st ○ △ ✕ 2nd ○ △ ✕

NOTE 1st ○ △ ✕ 2nd ○ △ ✕

5

자연수 n에 대하여 삼차함수 $f(x)=x(x-n)(x-kn^2)$이 극대가 되는 x의 값을 a_n이라 하고, x에 대한 방정식 $f(x)=f(a_n)$의 근 중에서 a_n이 아닌 근을 b_n이라 하자. $\lim\limits_{n\to\infty}\dfrac{b_n}{n^2}=2$일 때, $\lim\limits_{n\to\infty}\dfrac{f(kn^2+3n)}{n^5}$의 값을 구하시오. (단, $k>1$)

6

Killer

자연수 n에 대하여 집합

$$A_n=\{x\,|\,x는 2n \text{ 이하의 자연수}\}$$

의 부분집합 B_n이 다음 조건을 만족시킨다.

(가) $n(B_n)=2$

(나) 집합 B_n의 모든 원소의 합은 $3n$보다 작지 않다.

집합 B_n의 개수를 a_n이라 할 때, $\lim\limits_{n\to\infty}\dfrac{1}{n^2}\left(\sum\limits_{k=1}^{2n}a_k-\dfrac{2}{3}n^3\right)$의 값은?

① $\dfrac{1}{2}$　　　　② 1　　　　③ $\dfrac{3}{2}$

④ 2　　　　⑤ $\dfrac{5}{2}$

NOTE　　　　　　　　　　　　　1st ○△× 　2nd ○△×
- [ ]
- [ ]
- [ ]

NOTE　　　　　　　　　　　　　1st ○△× 　2nd ○△×
- [ ]
- [ ]
- [ ]

해답 6쪽

7

모든 자연수 n에 대하여 수열 $\{a_n\}$이

$$a_1=\frac{2}{5},\ a_{n+1}=\frac{4}{5-a_n}$$

를 만족시킬 때, $\lim_{n\to\infty} a_n$의 값은?

① $\frac{22}{25}$ ② $\frac{23}{25}$ ③ $\frac{24}{25}$

④ 1 ⑤ $\frac{26}{25}$

NOTE 1st ○ △ × 2nd ○ △ ×

□

□

□

8

자연수 n에 대하여 모든 항이 양수인 수열 $\{a_n\}$이

$$\sum_{k=1}^{n}(a_{k+1}+a_k)^2=3\left(1-\frac{1}{4^n}\right),\ a_{n+1}=3a_n-\frac{5}{2^n}$$

를 만족시키고, 모든 항이 양수인 수열 $\{b_n\}$에 대하여

$$\lim_{n\to\infty}\frac{a_nb_n+2^{n+1}a_n}{\frac{3}{a_nb_n}-a_n}=39$$

가 성립할 때, $\lim_{n\to\infty}\frac{3b_{n+1}-2b_n}{2^n}$의 값은?

① 9 ② 18 ③ 36

④ 72 ⑤ 144

NOTE 1st ○ △ × 2nd ○ △ ×

□

□

□

1

자연수 n에 대하여 직선 $x=4^n$이 곡선 $y=\sqrt{x}$와 만나는 점을 $\underline{P_n}$이라 하자. 선분 $\underline{P_nP_{n+1}}$의 길이를 L_n이라 할 때, $\underset{n \to \infty}{\lim}\left(\dfrac{L_{n+1}}{L_n}\right)^2$ 의 값을 구하시오.

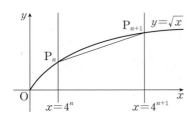

2

그림과 같이 한 변의 길이가 2인 정사각형 A와 한 변의 길이가 1인 정사각형 B는 변이 서로 평행하고, A의 두 대각선의 교점과 B의 두 대각선의 교점이 일치하도록 놓여 있다. A와 A의 내부에서 B의 내부를 제외한 영역을 R라 하자. 2 이상인 자연수 n에 대하여 한 변의 길이가 $\dfrac{1}{n}$인 작은 정사각형을 다음 규칙에 따라 R에 그린다.

> ㈎ 작은 정사각형의 한 변은 A의 한 변에 평행하다.
> ㈏ 작은 정사각형들의 내부는 서로 겹치지 않도록 한다.

이와 같은 규칙에 따라 R에 그릴 수 있는 한 변의 길이가 $\dfrac{1}{n}$인 작은 정사각형의 최대 개수를 a_n이라 하자. 예를 들어, $a_2=12$, $a_3=20$이다. $\underset{n \to \infty}{\lim}\dfrac{a_{2n+1}-a_{2n}}{a_{2n}-a_{2n-1}}=c$라 할 때, $100c$의 값을 구하시오.

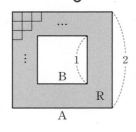

3

자연수 n에 대하여 두 곡선

$$y=x^2-2^n x+k,\ y=-x^2+3^{n-1}x$$

가 x좌표가 a_n인 한 점에서만 만날 때, $\displaystyle\lim_{n\to\infty}\frac{a_n}{2^n+3^n}$의 값은?

(단, k는 상수이다.)

① $\dfrac{1}{12}$ ② $\dfrac{1}{6}$ ③ $\dfrac{1}{4}$

④ $\dfrac{1}{3}$ ⑤ $\dfrac{1}{2}$

4

자연수 n에 대하여 점 $(4n-1,\ 3n)$을 중심으로 하고 원점을 지나는 원 C_n이 있다. 원 C_n 위의 점 P_n과 점 $A(-1,\ 0)$에 대하여 선분 P_nA의 길이의 최댓값을 a_n이라 하고, 원 C_n이 x축과 만나서 생기는 현의 길이를 b_n이라 하자. $\displaystyle\lim_{n\to\infty}\frac{a_n}{b_n}$의 값은?

① 1 ② $\dfrac{5}{4}$ ③ $\dfrac{3}{2}$

④ $\dfrac{7}{4}$ ⑤ 2

NOTE   1st ○△✕   2nd ○△✕
☐
☐
☐

NOTE   1st ○△✕   2nd ○△✕
☐
☐
☐

5

점 O를 중심으로 하고 반지름의 길이가 7인 원 O가 있다. 원 O 위의 점 P에 대하여 선분 OP 위의 점 C를 중심으로 하고 원 O와 점 P에서 만나는 반지름의 길이가 3인 원 C가 있다. 이때 [그림 1]과 같이 선분 OC가 원 C와 만나는 위치에 있는 원 C 위의 점을 A라 하자. [그림 2]와 같이 원 C가 원 O의 원주 위에서 시곗바늘이 도는 방향과 같은 방향으로 회전하면서 원 O의 둘레를 시곗바늘이 도는 방향과 반대 방향으로 n바퀴 도는 동안, 점 A가 원 C와 함께 이동하다가 다시 선분 OC 위에 놓이는 횟수를 a_n이라 하자. $\lim\limits_{n \to \infty} \dfrac{a_{3n-2}}{n}$의 값은?

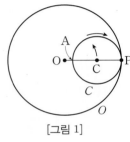

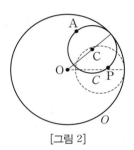

[그림 1] [그림 2]

① 5 ② 6 ③ 7

④ 8 ⑤ 9

6

그림과 같이 자연수 n에 대하여 곡선

$$T_n : y = \frac{\sqrt{3}}{2n} x^2$$

위의 점 $P_n\left(n, \dfrac{\sqrt{3}}{2}n\right)$에서 x축에 내린 수선의 발을 H_n이라 하고, 선분 P_nH_n을 지름으로 하는 원을 C_n, 곡선 T_n 위의 점 P_n에서의 접선 l_n이 원 C_n 및 x축과 만나는 점을 각각 Q_n, R_n이라 하자.

곡선 T_n과 직선 l_n 및 선분 OR_n으로 둘러싸인 부분의 넓이를 $f(n)$, 점 P_n을 포함하지 않는 호 Q_nH_n과 두 선분 Q_nR_n, R_nH_n으로 둘러싸인 부분의 넓이를 $g(n)$이라 할 때,

$\lim\limits_{n \to \infty} \dfrac{f(n)+g(n)}{n^2+n} = \dfrac{q}{p}\sqrt{3} - \dfrac{\pi}{32}$이다. $p+q$의 값을 구하시오.

(단, O는 원점이고, p와 q는 서로소인 자연수이다.)

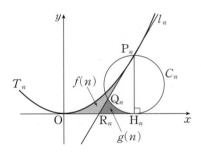

7

그림과 같이 1보다 큰 자연수 n에 대하여 중심이 제1사분면에 있고 반지름의 길이가 1인 원 C_n이 직선 $y = \dfrac{2n}{n^2-1}x$와 x축에 동시에 접한다. 원 C_n이 직선 $y = \dfrac{2n}{n^2-1}x$ 및 x축과 접하는 점을 각각 P_n, Q_n이라 하고, 삼각형 OP_nQ_n의 넓이를 S_n이라 할 때, $\lim\limits_{n\to\infty} \dfrac{S_n}{n}$의 값은? (단, O는 원점이다.)

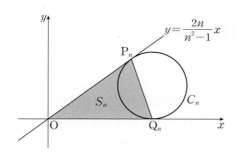

① $\dfrac{1}{5}$

② $\dfrac{1}{4}$

③ $\dfrac{1}{3}$

④ $\dfrac{1}{2}$

⑤ 1

8

그림과 같이 한 변의 길이가 1인 정삼각형 ABC가 있다. 자연수 n에 대하여 변 BC를 $1 : 2^{n-1}$으로 내분하는 점을 P_n이라 하고, 점 P_n에서 변 AB에 내린 수선의 발을 Q_n, 점 P_n을 지나고 변 BC에 수직인 직선이 변 AB와 만나는 점을 R_n이라 할 때, 삼각형 $P_nQ_nR_n$의 넓이를 S_n이라 하자. $\lim\limits_{n\to\infty}(4^{n-1} \times S_n)$의 값은?

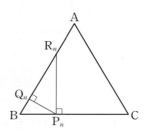

① $\dfrac{3\sqrt{3}}{8}$

② $\dfrac{\sqrt{3}}{2}$

③ $\dfrac{3\sqrt{3}}{4}$

④ $\dfrac{3\sqrt{3}}{2}$

⑤ $3\sqrt{3}$

NOTE   1st ○ △ × 2nd ○ △ ×
☐
☐
☐

NOTE   1st ○ △ × 2nd ○ △ ×
☐
☐
☐

02

등비급수의 활용

행동전략 ❶ 닮은 도형이 한없이 반복되는 그림에서 길이 또는 넓이의 합을 구하는 문제는 닮음비를 구하라!

✓ 닮은 도형이 한없이 반복되는 형태이므로 등비급수임이 분명함을 알고 문제 해결에 접근한다. 이때 도형의 닮음비가 공비를 구하는 핵심이다.

✓ 두 닮은 도형의 닮음비를 직접 구하기 힘들 때는 각각의 배경이 되는 두 도형으로부터 닮음비를 구한다.

✓ 등비급수의 활용에 자주 나오는 도형인 삼각형, 사각형, 원, 부채꼴 등의 성질을 잘 정리해 둔다.

행동전략 ❷ 좌표평면에서 함수의 그래프 위의 도형에 대한 길이나 넓이를 일반항으로 하는 급수의 합은 일반항을 바로 구하라!

✓ 길이 또는 넓이를 나타내는 수열의 일반항을 함수의 그래프 위의 점의 좌표를 이용하여 바로 구한다. 이때 구한 수열이 등비수열인지 확인한 후 급수의 합을 계산한다.

◆ 등비급수
첫째항이 a, 공비가 r인 등비수열 $\{ar^{n-1}\}$의 각 항의 합으로 이루어진 급수

$$\sum_{n=1}^{\infty} ar^{n-1}$$
$$=a+ar+ar^2+\cdots+ar^{n-1}+\cdots$$

을 첫째항이 a, 공비가 r인 등비급수라 한다.

◆ 등비급수의 수렴과 발산
등비급수

$$\sum_{n=1}^{\infty} ar^{n-1}$$
$$=a+ar+ar^2+\cdots+ar^{n-1}+\cdots \ (a\neq 0)$$

은
(1) $|r|<1$일 때, 수렴하고 그 합은 $\dfrac{a}{1-r}$이다.
(2) $|r| \geq 1$일 때, 발산한다.

▌▌기출에서 뽑은 실전 개념 **1** 등비급수의 활용 문제 해결 순서

(1) 닮은 도형이 한없이 반복되는 그림이 주어진 경우

도형의 선분의 길이, 넓이 등의 합은 다음 순서로 등비급수를 이용하여 구한다.

(i) n번째 얻은 도형의 넓이 (또는 길이)를 a_n이라 할 때, 첫째항 a_1의 값을 구한다.

(ii) 첫 번째 도형과 두 번째 도형의 닮음비를 이용하여 공비 r를 구한다.

→ 닮음비가 $m : n \ (m>n)$일 때,

　ㄱ 구하는 값이 길이의 합이면 공비는 $\dfrac{n}{m}$이다.

　ㄴ 구하는 값이 넓이의 합이면 공비는 $\dfrac{n^2}{m^2}$이다.
　　└ 닮음비가 $m : n$이면 넓이의 비는 $m^2 : n^2$이다.

(iii) 등비급수의 합의 공식에 대입한다.

$$\rightarrow \sum_{n=1}^{\infty} ar^{n-1}=\frac{a}{1-r} \ (단, \ -1<r<1)$$

(2) 좌표평면 위의 함수의 그래프 또는 도형이 주어진 경우

그래프 또는 도형 위의 점을 잇는 선분의 길이의 합은 다음 순서로 등비급수를 이용하여 구한다.

(i) 구하는 급수의 합 $\displaystyle\sum_{n=1}^{\infty} a_n$에서 수열의 일반항 a_n을 함수의 그래프 또는 도형 위의 점의 좌표를 이용하여 바로 구한다.

(ii) 등비급수의 합을 이용하여 $\displaystyle\sum_{n=1}^{\infty} a_n$의 값을 구한다.

2016학년도 9월 평가원 A 20

자연수 n에 대하여 직선 $y=\left(\dfrac{1}{2}\right)^{n-1}(x-1)$과 이차함수 $y=3x(x-1)$의 그래프가 만나는 두 점을 $A(1, 0)$과 P_n이라 하자. 점 P_n에서 x축에 내린 수선의 발을 H_n이라 할 때, $\displaystyle\sum_{n=1}^{\infty}\overline{P_nH_n}$의 값

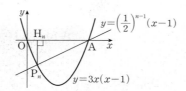

→ $\left(\dfrac{1}{2}\right)^{n-1}(x-1)=3x(x-1)$에서

$x=1$ 또는 $x=\dfrac{1}{3}\left(\dfrac{1}{2}\right)^{n-1}$

이때 $A(1, 0)$이므로

$P_n\left(\dfrac{1}{3}\left(\dfrac{1}{2}\right)^{n-1}, \ \dfrac{1}{3}\left(\dfrac{1}{4}\right)^{n-1}-\left(\dfrac{1}{2}\right)^{n-1}\right)$

$\therefore \displaystyle\sum_{n=1}^{\infty}\overline{P_nH_n}=\sum_{n=1}^{\infty}\left\{\left(\dfrac{1}{2}\right)^{n-1}-\dfrac{1}{3}\left(\dfrac{1}{4}\right)^{n-1}\right\}$

$=\dfrac{1}{1-\dfrac{1}{2}}-\dfrac{\dfrac{1}{3}}{1-\dfrac{1}{4}}=\dfrac{14}{9}$

닮은 도형이 한없이 반복되는 그림에서 등비급수의 공비는 도형의 닮음비를 구해야 알 수 있으므로 등비급수의 활용에서 닮음비를 찾는 것은 매우 중요하다.

(1) 두 닮은 도형에서 대응하는 길이의 비를 구하여 직접 도형의 닮음비를 구하는 방법

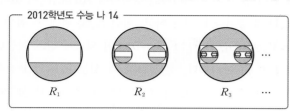

┌─ 2012학년도 수능 나 14 ─┐
R_1 R_2 R_3 ...

→ 그림 R_1에서 색칠된 도형과 그림 R_2에서 새롭게 색칠된 도형의 닮음비는 원의 반지름의 길이의 비나 직사각형의 가로(또는 세로)의 길이의 비로부터 구할 수 있다.

(2) 두 닮은 도형이 그려지는 각각의 배경이 되는 도형에서 대응하는 길이의 비를 구하여 닮음비를 구하는 방법

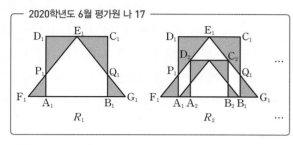

┌─ 2020학년도 6월 평가원 나 17 ─┐
R_1 R_2 ...

→ 그림 R_1에서 색칠된 도형과 그림 R_2에서 새롭게 색칠된 도형의 닮음비는 이 두 닮은 도형이 그려지는 각각의 배경이 되는 도형인 두 정사각형 $A_1B_1C_1D_1$과 $A_2B_2C_2D_2$의 한 변의 길이의 비로부터 구할 수 있다.

참고 도형의 닮음비를 구하기 어려운 경우 보조선을 그으면 쉽게 구할 수 있는 경우가 종종 있다.

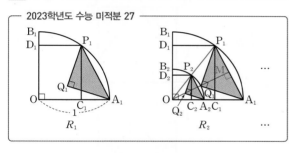

┌─ 2023학년도 수능 미적분 27 ─┐
R_1 R_2 ...

→ 그림 R_1에서 색칠된 도형과 그림 R_2에서 새롭게 색칠된 도형의 닮음비는 이 두 닮은 도형이 그려지는 각각의 배경이 되는 도형인 두 부채꼴 OA_1P_1과 OA_2P_2의 반지름의 길이의 비와 같다.
즉, 구하는 닮음비는 $1 : \overline{OQ_1}$이다.
이때 보조선 OM을 그어 직각삼각형을 찾아 $\overline{OQ_1}$의 길이를 구할 수 있다.

기출예시 1 2022학년도 6월 평가원 미적분 26   ◆해답 16쪽

그림과 같이 중심이 O_1, 반지름의 길이가 1이고 중심각의 크기가 $\dfrac{5\pi}{12}$인 부채꼴 $O_1A_1O_2$가 있다. 호 A_1O_2 위에 점 B_1을 $\angle A_1O_1B_1 = \dfrac{\pi}{4}$가 되도록 잡고, 부채꼴 $O_1A_1B_1$에 색칠하여 얻은 그림을 R_1이라 하자. 그림 R_1에서 점 O_2를 지나고 선분 O_1A_1에 평행한 직선이 직선 O_1B_1과 만나는 점을 A_2라 하자. 중심이 O_2이고

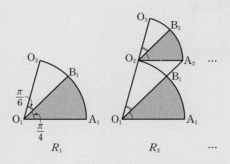

R_1 R_2 ...

중심각의 크기가 $\dfrac{5\pi}{12}$인 부채꼴 $O_2A_2O_3$을 부채꼴 $O_1A_1B_1$과 겹치지 않도록 그린다. 호 A_2O_3 위에 점 B_2를 $\angle A_2O_2B_2 = \dfrac{\pi}{4}$가 되도록 잡고, 부채꼴 $O_2A_2B_2$에 색칠하여 얻은 그림을 R_2라 하자. 이와 같은 과정을 계속하여 n번째 얻은 그림 R_n에 색칠되어 있는 부분의 넓이를 S_n이라 할 때, $\displaystyle\lim_{n \to \infty} S_n$의 값은? [3점]

① $\dfrac{3\pi}{16}$ ② $\dfrac{7\pi}{32}$ ③ $\dfrac{\pi}{4}$ ④ $\dfrac{9\pi}{32}$ ⑤ $\dfrac{5\pi}{16}$

행동전략

❶ 두 선분 O_1A_1, O_2A_2가 평행하므로 $\angle O_1A_2O_2$와 크기가 같은 각을 파악한다.
$\angle O_1A_2O_2 = \angle A_1O_1B_1 = \dfrac{\pi}{4}$

❷ 두 부채꼴 $O_1A_1B_1$, $O_2A_2B_2$의 닮음비를 구한다.
사인법칙을 이용하여 선분 O_2A_2의 길이를 구한 후 두 부채꼴의 반지름의 길이의 비로 닮음비를 구한다.

1

그림과 같이 $\overline{AB_1}=3$, $\overline{AC_1}=2$이고 $\angle B_1AC_1=\dfrac{\pi}{3}$인 삼각형 AB_1C_1이 있다. $\angle B_1AC_1$의 이등분선이 선분 B_1C_1과 만나는 점을 D_1, 세 점 A, D_1, C_1을 지나는 원이 선분 AB_1과 만나는 점 중 A가 아닌 점을 B_2라 할 때, 두 선분 B_1B_2, B_1D_1과 호 B_2D_1로 둘러싸인 부분과 선분 C_1D_1과 호 C_1D_1로 둘러싸인 부분인 ⌒ 모양의 도형에 색칠하여 얻은 그림을 R_1이라 하자. 그림 R_1에서 점 B_2를 지나고 직선 B_1C_1에 평행한 직선이 두 선분 AD_1, AC_1과 만나는 점을 각각 D_2, C_2라 하자. 세 점 A, D_2, C_2를 지나는 원이 선분 AB_2와 만나는 점 중 A가 아닌 점을 B_3이라 할 때, 두 선분 B_2B_3, B_2D_2와 호 B_3D_2로 둘러싸인 부분과 선분 C_2D_2와 호 C_2D_2로 둘러싸인 부분인 ⌒ 모양의 도형에 색칠하여 얻은 그림을 R_2라 하자. 이와 같은 과정을 계속하여 n번째 얻은 그림 R_n에 색칠되어 있는 부분의 넓이를 S_n이라 할 때, $\displaystyle\lim_{n\to\infty} S_n$의 값은?

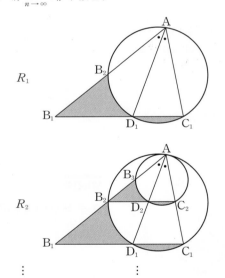

R_1

R_2

① $\dfrac{27\sqrt{3}}{46}$ ② $\dfrac{15\sqrt{3}}{23}$ ③ $\dfrac{33\sqrt{3}}{46}$

④ $\dfrac{18\sqrt{3}}{23}$ ⑤ $\dfrac{39\sqrt{3}}{46}$

2

그림과 같이 한 변의 길이가 4인 정사각형 $A_1B_1C_1D_1$이 있다. 선분 C_1D_1의 중점을 E_1이라 하고, 직선 A_1B_1 위에 두 점 F_1, G_1을 $\overline{E_1F_1}=\overline{E_1G_1}$, $\overline{E_1F_1}:\overline{F_1G_1}=5:6$이 되도록 잡고 이등변삼각형 $E_1F_1G_1$을 그린다. 선분 D_1A_1과 선분 E_1F_1의 교점을 P_1, 선분 B_1C_1과 선분 G_1E_1의 교점을 Q_1이라 할 때, 네 삼각형 $E_1D_1P_1$, $P_1F_1A_1$, $Q_1B_1G_1$, $E_1Q_1C_1$로 만들어진 ⋀ 모양의 도형에 색칠하여 얻은 그림을 R_1이라 하자. 그림 R_1에 선분 F_1G_1 위의 두 점 A_2, B_2와 선분 G_1E_1 위의 점 C_2, 선분 E_1F_1 위의 점 D_2를 꼭짓점으로 하는 정사각형 $A_2B_2C_2D_2$를 그리고, 그림 R_1을 얻는 것과 같은 방법으로 정사각형 $A_2B_2C_2D_2$에 ⋀ 모양의 도형을 그리고 색칠하여 얻은 그림을 R_2라 하자. 이와 같은 과정을 계속하여 n번째 얻은 그림 R_n에 색칠되어 있는 부분의 넓이를 S_n이라 할 때, $\displaystyle\lim_{n\to\infty} S_n$의 값은?

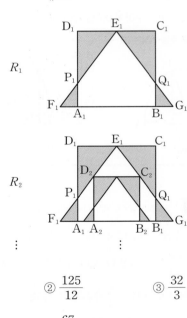

R_1

R_2

① $\dfrac{61}{6}$ ② $\dfrac{125}{12}$ ③ $\dfrac{32}{3}$

④ $\dfrac{131}{12}$ ⑤ $\dfrac{67}{6}$

행동전략

❶ 두 삼각형 AB_1C_1과 AB_2C_2가 서로 닮음임을 파악한다.
❷ 그림 R_n과 R_{n+1}에서 새롭게 색칠되는 부분의 넓이의 비는 두 그림이 같은 방법으로 만들어지기 때문에 닮은 도형을 찾아 닮음비를 이용하여 구한다.

행동전략

❶ 정사각형 $A_1B_1C_1D_1$과 정사각형 $A_2B_2C_2D_2$가 서로 닮음임을 파악한다.
❷ 그림 R_n과 R_{n+1}에서 새롭게 색칠되는 부분의 넓이의 비는 두 그림이 같은 방법으로 만들어지기 때문에 닮은 도형을 찾아 닮음비를 이용하여 구한다.

3

그림과 같이 한 변의 길이가 3인 정사각형 $A_1B_1C_1D_1$이 있다. 정사각형 $A_1B_1C_1D_1$의 대각선 A_1C_1 위의 두 점 E_1, F_1을 삼각형 $D_1E_1F_1$이 정삼각형이 되도록 잡고, 선분 A_1B_1 위의 점 A_2, 선분 B_1C_1 위의 점 B_2 및 대각선 A_1C_1 위의 두 점 C_2, D_2를 사각형 $A_2B_2C_2D_2$가 정사각형이 되도록 잡자. 정사각형 $A_1B_1C_1D_1$의 내부와 정삼각형 $D_1E_1F_1$의 외부 및 정사각형 $A_2B_2C_2D_2$의 외부의 공통영역에 색칠하여 얻은 그림인 ◿ 모양의 도형을 R_1이라 하자. 그림 R_1에 정사각형 $A_2B_2C_2D_2$의 내부에 그림 R_1을 얻는 것과 같은 방법으로 하여 만들어지는 ◿ 모양의 도형에 색칠하여 얻은 그림을 R_2라 하자. 이와 같은 과정을 계속하여 n번째 얻은 그림 R_n에 색칠되어 있는 부분의 넓이를 S_n이라 할 때, $\lim\limits_{n \to \infty} S_n$의 값은?

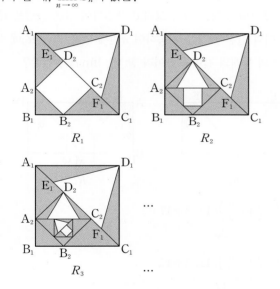

① $\dfrac{9(7-3\sqrt{3})}{14}$ ② $\dfrac{9(14-3\sqrt{3})}{14}$ ③ $\dfrac{9(7-3\sqrt{3})}{7}$

④ $\dfrac{9(14-3\sqrt{3})}{7}$ ⑤ $\dfrac{18(7-3\sqrt{3})}{7}$

4

그림과 같이 한 변의 길이가 4인 정삼각형 AB_1C_1과 점 A를 지나고 선분 B_1C_1의 중점 M_1에서 선분 B_1C_1에 접하는 원 C_1이 있다. 이때 삼각형 AB_1C_1의 내부와 원 C_1의 외부의 공통부분에 색칠하여 얻은 그림을 R_1이라 하자. 그림 R_1에서 원 C_1과 두 선분 AB_1, AC_1이 만나는 점 중 점 A가 아닌 점을 각각 B_2, C_2라 하고, 점 A를 지나고 선분 B_2C_2의 중점 M_2에서 선분 B_2C_2에 접하는 원 C_2를 그린다. 이때 삼각형 AB_2C_2의 내부와 원 C_2의 외부의 공통부분에 색칠하여 얻은 그림을 R_2라 하자. 이와 같은 과정을 계속하여 n번째 얻은 그림 R_n에 색칠되어 있는 부분의 넓이를 S_n이라 할 때, $\lim\limits_{n \to \infty} S_n$의 값은?

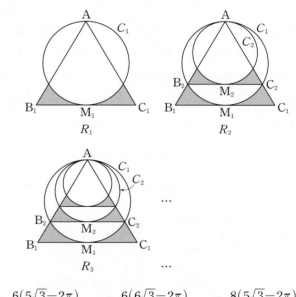

① $\dfrac{6(5\sqrt{3}-2\pi)}{7}$ ② $\dfrac{6(6\sqrt{3}-2\pi)}{7}$ ③ $\dfrac{8(5\sqrt{3}-2\pi)}{7}$

④ $\dfrac{8(6\sqrt{3}-2\pi)}{7}$ ⑤ $\dfrac{10(5\sqrt{3}-2\pi)}{7}$

NOTE   1st ○ △ ✕ 2nd ○ △ ✕

☐
☐
☐

NOTE   1st ○ △ ✕ 2nd ○ △ ✕

☐
☐
☐

5

그림과 같이 $\overline{A_1B_1}=2$, $\overline{A_1D_1}=2\sqrt{2}$인 직사각형 $A_1B_1C_1D_1$이 있다. 점 B_1을 중심으로 하고 점 A_1을 지나는 원이 선분 B_1C_1과 만나는 점을 E_1, 점 C_1을 중심으로 하고 점 D_1을 지나는 원이 선분 B_1C_1과 만나는 점을 F_1이라 하고, 호 A_1E_1과 호 D_1F_1이 만나는 점을 G_1이라 하자. 이때 두 선분 A_1B_1, B_1F_1과 두 호 A_1G_1, G_1F_1로 둘러싸인 부분과 두 선분 D_1C_1, C_1E_1과 두 호 D_1G_1, G_1E_1로 둘러싸인 부분인 $\bowtie$ 모양의 도형에 색칠하여 얻은 그림을 R_1이라 하자. 그림 R_1에서 선분 E_1F_1 위의 두 점 B_2, C_2와 호 G_1F_1 위의 점 A_2, 호 G_1E_1 위의 점 D_2를 $\overline{A_2B_2}:\overline{A_2D_2}=1:\sqrt{2}$인 직사각형이 되도록 잡는다. 점 B_2를 중심으로 하고 점 A_2를 지나는 원이 선분 B_2C_2와 만나는 점을 E_2, 점 C_2를 중심으로 하고 점 D_2를 지나는 원이 선분 B_2C_2와 만나는 점을 F_2라 하고, 호 A_2E_2와 호 D_2F_2가 만나는 점을 G_2라 하자. 그림 R_1을 얻는 것과 같은 방법으로 직사각형 $A_2B_2C_2D_2$의 내부에 $\bowtie$ 모양의 도형을 그리고 색칠하여 얻은 그림을 R_2라 하자. 이와 같은 과정을 계속하여 n번째 얻은 그림 R_n에 색칠되어 있는 부분의 넓이를 S_n이라 할 때, $\displaystyle\lim_{n\to\infty}S_n=\dfrac{q}{p}$이다. $p+q$의 값을 구하시오. (단, p와 q는 서로소인 자연수이다.)

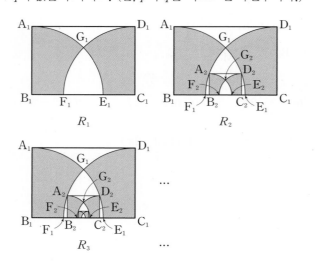

6

그림과 같이 $\overline{AB}=1$, $\overline{AD}=2$인 직사각형 ABCD가 있다. 중심이 B이고 반지름의 길이가 $\overline{BC}$인 원과 선분 AD의 교점을 F, 중심이 C이고 반지름의 길이가 $\overline{BC}$인 원과 선분 AD의 교점을 E라 하고 선분 BC의 중점을 M이라 하자. 두 선분 AB, AE와 호 BE로 둘러싸인 모양의 도형 $\triangleright$ 에 색칠하고, 두 선분 DC, DF와 호 CF로 둘러싸인 모양의 도형 $\triangleleft$ 에 색칠하여 얻은 그림을 R_1이라 하자. 그림 R_1에 선분 BM 위의 점 H, I와 선분 EM 위의 점 J와 호 BE 위의 점 G를 꼭짓점으로 하고 $\overline{GH}:\overline{GJ}=1:2$인 직사각형 GHIJ를 그리고, 선분 CM 위의 점 Q, R와 선분 FM 위의 점 P와 호 CF 위의 점 S를 꼭짓점으로 하고 $\overline{PQ}:\overline{PS}=1:2$인 직사각형 PQRS를 그린다. 두 직사각형 GHIJ, PQRS에 그림 R_1을 얻는 것과 같은 방법으로 $\diagdown$ 모양의 도형을 각각 그리고 색칠하여 얻은 그림을 R_2라 하자. 이와 같은 과정을 계속하여 n번째 얻은 그림 R_n에 색칠된 부분의 둘레의 길이를 l_n이라 할 때, $\displaystyle\lim_{n\to\infty}l_n$의 값은?

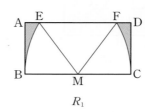

R_1

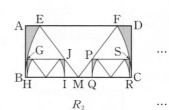

R_2 $\cdots$

① $\dfrac{\left(3-\sqrt{3}+\dfrac{\pi}{3}\right)(12\sqrt{3}+17)}{26}$

② $\dfrac{\left(3-\sqrt{3}+\dfrac{\pi}{3}\right)(12\sqrt{3}+17)}{11}$

③ $\dfrac{3\left(3-\sqrt{3}+\dfrac{\pi}{3}\right)(12\sqrt{3}+17)}{26}$

④ $\dfrac{2\left(3-\sqrt{3}+\dfrac{\pi}{3}\right)(12\sqrt{3}+17)}{11}$

⑤ $\dfrac{5\left(3-\sqrt{3}+\dfrac{\pi}{3}\right)(12\sqrt{3}+17)}{26}$

NOTE　　　　　1st ○ △ ✕　2nd ○ △ ✕

NOTE　　　　　1st ○ △ ✕　2nd ○ △ ✕

7

그림과 같이 한 변의 길이가 1인 정사각형 $A_1B_1C_1D_1$이 있다. 점 C_1을 중심으로 하고 두 점 B_1, D_1을 지나는 사분원의 외부와 직각삼각형 $A_1B_1C_1$의 내부의 공통부분에 색칠하여 얻은 그림을 R_1이라 하자. 그림 R_1에서 호 B_1D_1 위의 점 A_2와 선분 A_1C_1 위의 점 B_2, 선분 C_1D_1 위의 두 점 C_2, D_2를 꼭짓점으로 하는 정사각형 $A_2B_2C_2D_2$를 그리자. 정사각형 $A_2B_2C_2D_2$에서 그림 R_1을 얻는 것과 같은 방법으로 사분원을 그리고 사분원의 외부와 직각삼각형 $A_2B_2C_2$의 내부의 공통부분에 색칠하여 얻은 그림을 R_2라 하자. 이와 같은 과정을 계속하여 n번째 얻은 그림 R_n에 색칠되어 있는 부분의 넓이를 S_n이라 할 때, $\lim\limits_{n \to \infty} S_n$의 값은?

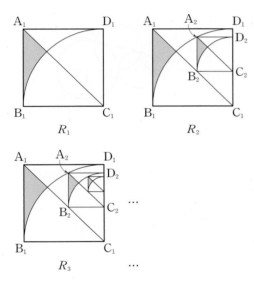

① $\dfrac{5(6-\pi)}{32}$ ② $\dfrac{5(4-\pi)}{32}$ ③ $\dfrac{5(6-\pi)}{16}$

④ $\dfrac{5(4-\pi)}{16}$ ⑤ $\dfrac{5(6-\pi)}{8}$

8

그림과 같이 반지름의 길이가 2인 원 C_1이 있다. $\widehat{A_1B_1}=\widehat{B_1C_1}=\widehat{C_1A_1}$을 만족시키도록 원 C_1 위의 세 점 A_1, B_1, C_1을 잡는다. 점 A_1을 중심으로 하고 두 점 B_1, C_1을 호의 양 끝으로 하는 부채꼴 $A_1B_1C_1$을 그리고 원 C_1의 내부와 부채꼴 $A_1B_1C_1$의 외부의 공통부분에 색칠하여 얻은 그림을 R_1이라 하자. 그림 R_1에서 점 A_1과 원 C_1의 중심을 지나는 직선이 호 B_1C_1과 만나는 점을 M_1이라 하고, 점 M_1을 지나고 두 선분 A_1B_1, A_1C_1에 각각 접하는 원 C_2를 그린다. 원 C_2와 선분 A_1M_1이 만나는 점 중 M_1이 아닌 점을 A_2라 하고 $\widehat{A_2B_2}=\widehat{B_2C_2}=\widehat{C_2A_2}$를 만족시키도록 원 C_2 위의 두 점 B_2, C_2를 잡는다. 원 C_2에서 그림 R_1을 얻는 것과 같은 방법으로 부채꼴 $A_2B_2C_2$를 그리고 원 C_2의 내부와 부채꼴 $A_2B_2C_2$의 외부의 공통부분에 색칠하여 얻은 그림을 R_2라 하자. 이와 같은 과정을 계속하여 n번째 얻은 그림 R_n에 색칠되어 있는 부분의 넓이를 S_n이라 할 때, $\lim\limits_{n \to \infty} S_n$의 값은?

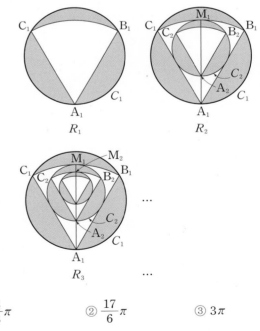

① $\dfrac{8}{3}\pi$ ② $\dfrac{17}{6}\pi$ ③ 3π

④ $\dfrac{19}{6}\pi$ ⑤ $\dfrac{10}{3}\pi$

1

좌표평면에서 자연수 n에 대하여 점 P_n의 좌표를 $(n, 3^n)$, 점 Q_n의 좌표를 $(n, 0)$이라 하자. <u>사각형 $P_nQ_{n+1}Q_{n+2}P_{n+1}$의 넓이를 a_n이라 할 때</u>❶, $\sum\limits_{n=1}^{\infty} \dfrac{1}{a_n} = \dfrac{q}{p}$이다. p^2+q^2의 값을 구하시오.❷

(단, p와 q는 서로소인 자연수이다.)

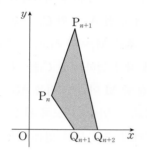

2

좌표평면에 원 $C_1 : (x-4)^2+y^2=1$이 있다. 그림과 같이 원점에서 원 C_1에 기울기가 양수인 접선 l을 그었을 때 생기는 접점을 P_1이라 하자. <u>중심이 직선 l 위에 있고 점 P_1을 지나며 x축에 접하는 원을 C_2라 하고 이 원과 x축의 접점을 P_2라 하자.</u>❶ 중심이 x축 위에 있고 점 P_2를 지나며 직선 l에 접하는 원을 C_3이라 하고 이 원과 직선 l의 접점을 P_3이라 하자. 중심이 직선 l 위에 있고 점 P_3을 지나며 x축에 접하는 원을 C_4라 하고 이 원과 x축의 접점을 P_4라 하자. 이와 같은 과정을 계속할 때, <u>원 C_n의 넓이를 S_n이라 하자. $\sum\limits_{n=1}^{\infty} S_n$의 값은?</u>❷ (단, 원 C_{n+1}의 반지름의 길이는 원 C_n의 반지름의 길이보다 작다.)

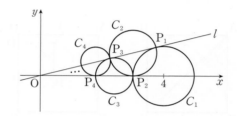

① $\dfrac{3}{2}\pi$ ② 2π ③ $\dfrac{5}{2}\pi$

④ 3π ⑤ $\dfrac{7}{2}\pi$

행동전략

❶ 두 점 Q_{n+1}, P_{n+1}의 x좌표가 같으므로 두 삼각형 $P_nQ_{n+1}P_{n+1}$과 $Q_{n+1}Q_{n+2}P_{n+1}$로 나누어 사각형 $P_nQ_{n+1}Q_{n+2}P_{n+1}$의 넓이 a_n을 구한다.

❷ a_n을 대입하여 주어진 급수의 합을 구한다.

행동전략

❶ 두 원 C_1, C_2의 중심을 각각 Q_1, Q_2라 하면 원점 O에 대하여 $\triangle OP_1Q_1 \backsim \triangle OP_2Q_2$이므로 두 원의 반지름의 길이의 비를 구할 수 있다.

❷ 자연수 n에 대하여 원 C_n의 중심은 x축과 고정된 직선 l 위에 번갈아 존재하므로 두 원 C_n과 C_{n+1}의 넓이의 비는 일정함을 알 수 있다.

3

그림과 같이 원점을 중심으로 하고 반지름의 길이가 3인 원 O_1을 그리고, 원 O_1이 좌표축과 만나는 네 점을 각각 $A_1(0, 3)$, $B_1(-3, 0)$, $C_1(0, -3)$, $D_1(3, 0)$이라 하자. 두 점 B_1, D_1을 모두 지나고 두 점 A_1, C_1을 각각 중심으로 하는 두 원이 원 O_1의 내부에서 y축과 만나는 점을 각각 C_2, A_2라 할 때, 호 $B_1A_2D_1$과 호 $B_1C_2D_1$의 길이의 합을 l_1이라 하자. 선분 A_2C_2를 지름으로 하는 원 O_2를 그리고, 원 O_2가 x축과 만나는 두 점을 각각 B_2, D_2라 하자. 두 점 B_2, D_2를 모두 지나고 두 점 A_2, C_2를 각각 중심으로 하는 두 원이 원 O_2의 내부에서 y축과 만나는 점을 각각 C_3, A_3라 할 때, 호 $B_2A_3D_2$와 호 $B_2C_3D_2$의 길이의 합을 l_2라 하자. 이와 같은 과정을 계속하여 n번째 얻은 호 $B_nA_{n+1}D_n$과 호 $B_nC_{n+1}D_n$의 길이의 합을 l_n이라 할 때, $\sum\limits_{n=1}^{\infty} l_n$의 값은?

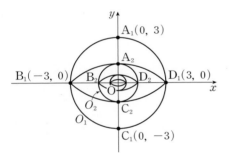

① $3(1+\sqrt{2})\pi$　　② $3(1+\sqrt{3})\pi$　　③ $3(1+\sqrt{5})\pi$

④ $\dfrac{3(1+\sqrt{2})\pi}{2}$　　⑤ $\dfrac{3(1+\sqrt{3})\pi}{2}$

4

그림과 같이 좌표평면에서 곡선 $y=2x^2$과 직선 $y=\dfrac{1}{2^{n-1}}$이 만나는 두 점을 각각 A_n, B_n이라 할 때, 점 $P_n\left(0, \dfrac{4}{3\times 2^n}\right)$에 대하여 직선 A_nP_n이 직선 OB_n과 만나는 점을 C_n, 선분 A_nB_n이 y축과 만나는 점을 D_n이라 하자. 사각형 $B_nC_nP_nD_n$의 넓이 S_n에 대하여 $\sum\limits_{n=1}^{\infty} S_n=\dfrac{a\sqrt{2}+b}{21}$일 때, $a+b$의 값을 구하시오.

(단, O는 원점이고, a, b는 유리수이다.)

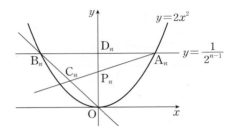

5

자연수 n에 대하여 좌표평면에서 점 $A_n\left(\dfrac{1}{2^{n-3}},\ 0\right)$이고, 점 A_n을 지나면서 y축에 평행한 직선이 곡선 $y=2x^2+1$과 만나는 점을 B_n이라 하자. 그림과 같이 삼각형 $A_{n+2}A_nB_{n+1}$의 넓이를 S_n이라 할 때, $\displaystyle\sum_{n=1}^{\infty} S_n=\dfrac{q}{p}$이다. $p+q$의 값을 구하시오.

(단, p와 q는 서로소인 자연수이다.)

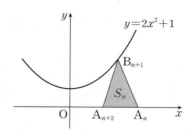

6

좌표평면에서 자연수 n에 대하여 직선 $y=n$이 두 직선 $x=\left(\dfrac{2}{5}\right)^n$, $x=\left(\dfrac{3}{2}\right)^n$과 만나는 점을 각각 A_n, B_n이라 하고, 두 점 A_n, B_n을 지나고 y축에 접하는 원의 y축과의 접점을 C_n이라 하자. 점 $D_n(0,\ n)$에 대하여 선분 C_nD_n을 지름으로 하는 원의 넓이를 S_n이라 할 때, $\displaystyle\sum_{n=1}^{\infty} S_n$의 값은?

① $\dfrac{1}{4}\pi$ ② $\dfrac{3}{8}\pi$ ③ $\dfrac{1}{2}\pi$

④ $\dfrac{5}{8}\pi$ ⑤ $\dfrac{3}{4}\pi$

NOTE   1st ○ △ ✕   2nd ○ △ ✕
☐
☐
☐

NOTE   1st ○ △ ✕   2nd ○ △ ✕
☐
☐
☐

03 삼각함수의 덧셈정리의 도형에의 활용

행동전략 ① 구하려는 각을 다른 각의 합 또는 차로 표현하라!

- ✔ 구하려는 각을 특수각 또는 삼각함수의 값을 구할 수 있는 다른 각의 합 또는 차로 나타낸다.
- ✔ 수선을 이용하여 직각삼각형을 만든다. 이때 직각삼각형에서의 삼각비를 최대한 이용한다.

행동전략 ② 자주 이용되는 도형의 성질은 반드시 숙지하라!

- ✔ 선분의 길이나 도형의 넓이를 각 θ에 대한 식으로 나타낸다.
- ✔ 두 변의 길이와 그 끼인각의 크기를 알 때의 삼각형의 넓이 공식, 원의 접선에 대한 성질, 원주각과 중심각의 크기 사이의 관계가 자주 이용되므로 반드시 숙지한다.

기출에서 뽑은 실전 개념 ① 삼각함수의 덧셈정리를 이용한 각의 표현

삼각함수의 덧셈정리를 적용하는 문제는 각 α, β, $\alpha+\beta$ (또는 $\alpha-\beta$) 중 두 각에 대한 삼각함수의 값을
— 특수각이나 직각삼각형의 한 예각
먼저 구한 후, 이를 이용하여 나머지 한 각의 삼각함수의 값을 구하는 유형으로 자주 출제된다.

(1) $\sin(\alpha+\beta)=\sin\alpha\cos\beta+\cos\alpha\sin\beta$, $\sin(\alpha-\beta)=\sin\alpha\cos\beta-\cos\alpha\sin\beta$

(2) $\cos(\alpha+\beta)=\cos\alpha\cos\beta-\sin\alpha\sin\beta$, $\cos(\alpha-\beta)=\cos\alpha\cos\beta+\sin\alpha\sin\beta$

(3) $\tan(\alpha+\beta)=\dfrac{\tan\alpha+\tan\beta}{1-\tan\alpha\tan\beta}$, $\tan(\alpha-\beta)=\dfrac{\tan\alpha-\tan\beta}{1+\tan\alpha\tan\beta}$

> ◆ 삼각함수의 덧셈정리로부터 다음을 얻을 수 있다.
> (1) $\sin 2\alpha=2\sin\alpha\cos\alpha$
> (2) $\cos 2\alpha=\cos^2\alpha-\sin^2\alpha$
> $\quad=2\cos^2\alpha-1$
> $\quad=1-2\sin^2\alpha$
> (3) $\tan 2\alpha=\dfrac{2\tan\alpha}{1-\tan^2\alpha}$

기출에서 뽑은 실전 개념 ② 자주 이용되는 도형의 성질

(1) 원의 접선에 대한 성질

원 밖의 한 점 P에서 원에 그은 두 접선의 접점을 각각 A, B라 할 때

원의 접선은 그 접점을 지나는 원의 반지름과 서로 수직이다.
∴ △POA≡△POB (RHS 합동)

→ $\begin{cases} \overline{PA}=\overline{PB} \\ \angle APO=\angle BPO \end{cases}$

(2) 직선의 기울기와 삼각함수

두 직선 l, l'이 x축과 이루는 예각의 크기가 다음과 같을 때

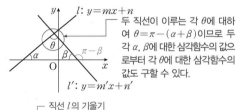

두 직선이 이루는 각 θ에 대하여 $\theta=\pi-(\alpha+\beta)$이므로 두 각 α, β에 대한 삼각함수의 값으로부터 각 θ에 대한 삼각함수의 값도 구할 수 있다.

→ $\begin{cases} m=\tan\alpha \\ m'=\tan(\pi-\beta)=-\tan\beta \end{cases}$
— 직선 l의 기울기
— 직선 l'의 기울기

> ◆ 직선의 기울기는 직선과 x축의 양의 방향이 이루는 각의 크기의 탄젠트값과 같다.

기출예시 ① 2014학년도 수능 예비 시행 B 16   ○해답 30쪽

그림과 같이 직선 $y=1$ 위의 점 P에서 원 $x^2+y^2=1$에 그은 접선이 ➊

x축과 만나는 점을 A라 하고, $\angle AOP=\theta$라 하자. $\overline{OA}=\dfrac{5}{4}$일 때, ➋
$\angle APO=\angle AOP=\theta$

$\tan 3\theta$의 값은? $\left(\text{단, } 0<\theta<\dfrac{\pi}{4}\text{이다.}\right)$ [4점]
└ $\tan(\theta+2\theta)$로 변형한 후 삼각함수의 덧셈정리를 이용한다.

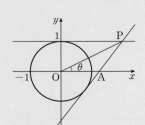

① 4   ② $\dfrac{9}{2}$ ③ 5

④ $\dfrac{11}{2}$ ⑤ 6

행동전략

➊ 수선을 그어 직각삼각형을 만든다.
직선 PA와 원의 접점을 Q, 점 P에서 x축에 내린 수선의 발을 R라 하면 서로 합동인 두 직각삼각형 PAR, OAQ가 만들어진다.
→ △PAR≡△OAQ (ASA 합동)

➋ 직각삼각형에서의 삼각비를 이용한다.
두 직각삼각형 POR, PAR에서
$\tan\theta=\dfrac{\overline{PR}}{\overline{OR}}$, $\tan 2\theta=\dfrac{\overline{PR}}{\overline{AR}}$

1

그림과 같이 좌표평면에서 원점을 중심으로 하고 반지름의 길이가 1, 2, 4인 세 반원을 각각 O_1, O_2, O_3이라 하자. 세 점 P_1, P_2, P_3은 선분 OB 위에서 동시에 출발하여 각각 세 반원 O_1, O_2, O_3 위를 같은 속력으로 시계 반대 방향으로 움직이고 있다. ❶ $\angle BOP_3 = \theta$라 하고 삼각형 ABP_1의 넓이를 S_1, 삼각형 ABP_2의 넓이를 S_2, 삼각형 ABP_3의 넓이를 S_3이라 하자. ❷

$3S_3 = 2(S_1 + S_2)$일 때, $\cos^3 \theta$의 값은? $\left(\text{단, } 0 < \theta < \dfrac{\pi}{4}\right)$ ❷

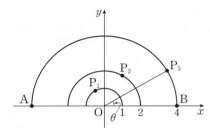

① $\dfrac{1}{2}$ ② $\dfrac{2}{3}$ ③ $\dfrac{3}{4}$

④ $\dfrac{4}{5}$ ⑤ $\dfrac{5}{6}$

2

그림과 같이 좌표평면 위의 제2사분면에 있는 점 A를 지나고 기울기가 각각 m_1, m_2 $(0 < m_1 < m_2 < 1)$인 두 직선을 l_1, l_2라 하고, 직선 l_1을 y축에 대하여 대칭이동한 직선을 l_3이라 하자. ❶ 직선 l_3이 두 직선 l_1, l_2와 만나는 점을 각각 B, C라 하면 삼각형 ABC가 다음 조건을 만족시킨다.

> (가) $\overline{AB} = 12$, $\overline{AC} = 9$ ❷
> (나) 삼각형 ABC의 외접원의 반지름의 길이는 $\dfrac{15}{2}$이다. ❷

$78 \times m_1 \times m_2$의 값을 구하시오.

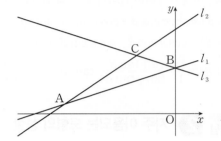

행동전략

❶ 세 점 P_1, P_2, P_3의 속력이 같으므로 움직인 거리도 같음을 이용하여 $\angle BOP_1$, $\angle BOP_2$, $\angle BOP_3$ 사이의 관계를 찾는다.

❷ 세 점 P_1, P_2, P_3의 y좌표를 각 θ에 대한 삼각함수로 나타내어 세 삼각형의 넓이 사이의 관계식을 각 θ에 대한 식으로 나타낸다.

행동전략

❶ 직선 l이 x축의 양의 방향과 이루는 각의 크기를 θ라 하면 직선 l의 기울기는 $\tan \theta$임을 이용한다.

❷ 삼각형 ABC에서 두 변의 길이와 외접원의 반지름의 길이가 주어져 있을 때 사인법칙을 이용하여 내각에 대한 삼각함수의 값을 구할 수 있다.

○해답 30쪽

3

그림과 같이 원 $x^2+y^2=4$ 위의 서로 다른 두 점 A, B가 각각 제1사분면과 제2사분면에 있다. 점 A에서의 접선이 x축과 만나는 점을 P, 점 B에서의 접선이 x축과 만나는 점을 Q라 할 때, 다음 조건을 만족시킨다.

> (가) $\overline{AP}+\overline{BQ}=5\sqrt{2}$
> (나) 삼각형 OAP의 넓이는 삼각형 OBQ의 넓이의 4배이다.

$4\tan^2(\angle AOB)$의 값을 구하시오. (단, O는 원점이다.)

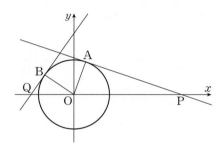

4

그림과 같이 직선 $y=2$ 위에 있고 x좌표가 1보다 큰 점 P에서 원 $x^2+y^2=1$에 그은 두 접선을 각각 l, m이라 하자. 두 직선 l, m이 x축과 만나는 점을 각각 A, B, 원과 접하는 점을 각각 C, D라 하고 $\angle POB=\alpha$, $\angle BOD=\beta$라 하자. $\overline{AC}=\dfrac{12}{5}$일 때, $\tan(\alpha-\beta)$의 값은? (단, O는 원점이고, 직선 l의 기울기는 직선 m의 기울기보다 작다.)

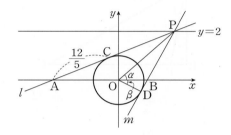

① $\dfrac{61}{245}$ ② $\dfrac{62}{245}$ ③ $\dfrac{9}{35}$

④ $\dfrac{64}{245}$ ⑤ $\dfrac{13}{49}$

5

그림과 같이 $\angle ABC = \dfrac{\pi}{2}$인 직각삼각형 ABC에서 선분 BC 위의 점 P에 대하여 $\overline{PB}=1$, $\overline{PC}=7.4$, $\angle CAP = \dfrac{\pi}{4}$이다.

$\angle APC = \theta$에 대하여 $\tan \theta$의 최댓값을 M, 최솟값을 m이라 할 때, $M-m$의 값은?

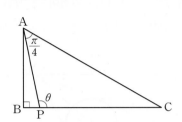

① 4

② $\dfrac{21}{5}$

③ $\dfrac{22}{5}$

④ $\dfrac{23}{5}$

⑤ $\dfrac{24}{5}$

6

그림과 같이 길이가 4인 선분 AB를 지름으로 하는 반원의 중심을 O라 하자. 호 AB 위의 서로 다른 두 점 P, Q에 대하여 삼각형 POQ의 넓이가 $\sqrt{3}$이다. 호 PQ 위의 점 R에 대하여 삼각형 POR의 넓이가 $\dfrac{4\sqrt{7}}{7}$일 때, 삼각형 QOR의 넓이는?

(단, $\angle POQ > 90°$)

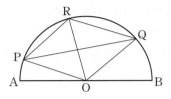

① $\dfrac{9\sqrt{7}}{14}$

② $\dfrac{5\sqrt{7}}{7}$

③ $\dfrac{11\sqrt{7}}{14}$

④ $\dfrac{6\sqrt{7}}{7}$

⑤ $\dfrac{13\sqrt{7}}{14}$

7

그림과 같은 사각형 ABCD에서 $\overline{AB}=\overline{AC}=\overline{AD}$이다.

$\angle BDC=\angle CAD=\theta$라 할 때, $\tan\theta=\dfrac{3}{4}$이다. $\tan(\angle ABD)$의

값은? $\left(\text{단, } 0<\theta<\dfrac{\pi}{2}\right)$

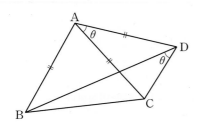

① $\dfrac{6}{13}$ ② $\dfrac{7}{13}$ ③ $\dfrac{8}{13}$

④ $\dfrac{9}{13}$ ⑤ $\dfrac{10}{13}$

8

그림과 같이 중심이 O이고 길이가 2인 선분 AB를 지름으로 하는 반원 위의 서로 다른 두 점 P, Q에 대하여 $\angle POQ=90°$이다. 두 선분 PO와 AQ의 교점을 R라 할 때, 삼각형 PRQ의 넓이가 $\dfrac{1}{3}$이다. 삼각형 QOB의 넓이는?

(단, 점 P는 점 Q보다 점 A에 더 가깝다.)

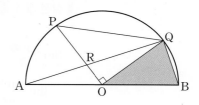

① $\dfrac{1}{10}$ ② $\dfrac{1}{5}$ ③ $\dfrac{3}{10}$

④ $\dfrac{2}{5}$ ⑤ $\dfrac{1}{2}$

삼각함수의 극한의 도형에의 활용

행동전략 ❶ 선분의 길이 또는 넓이를 각 θ에 대한 식으로 표현하라!

✓ 직각삼각형의 변의 길이 또는 좌표평면에서 원 위의 점의 좌표를 각 θ에 대한 식으로 나타낸다.

✓ 삼각형, 사각형, 부채꼴, 원 등 여러 가지 도형의 넓이 공식을 이용한다.

행동전략 ❷ 삼각함수의 극한의 성질을 이용하도록 식을 변형하라!

✓ $\displaystyle\lim_{\theta\to 0}\frac{\sin b\theta}{a\theta}=\frac{b}{a}$, $\displaystyle\lim_{\theta\to 0}\frac{1-\cos\theta}{\theta^2}=\frac{1}{2}$, $\displaystyle\lim_{\theta\to 0}\frac{\tan b\theta}{a\theta}=\frac{b}{a}$ 등의 극한값은 기억해 둔다.

◆ 삼각함수의 극한

(1) $\displaystyle\lim_{x\to 0}\frac{\sin x}{x}=1$ (2) $\displaystyle\lim_{x\to 0}\frac{\tan x}{x}=1$

예 (1) $\displaystyle\lim_{x\to 0}\frac{\sin 7x}{4x}=\frac{7}{4}$

(2) $\displaystyle\lim_{\theta\to\frac{\pi}{4}}\frac{1-\tan\theta}{\frac{\pi}{4}-\theta}$ ← $\frac{\pi}{4}-\theta=t$로 치환

$\displaystyle=\lim_{t\to 0}\frac{1-\tan\left(\frac{\pi}{4}-t\right)}{t}$

$\displaystyle=\lim_{t\to 0}\frac{1-\frac{1-\tan t}{1+\tan t}}{t}$

$\displaystyle=\lim_{t\to 0}\frac{2\tan t}{t(1+\tan t)}$

$\displaystyle=\lim_{t\to 0}\left(\frac{\tan t}{t}\times\frac{2}{1+\tan t}\right)$

$=1\times 2=2$

기출에서 뽑은 **실전 개념 1** 삼각함수의 극한

$\displaystyle\lim_{\bullet\to 0}\frac{\sin\bullet}{\bullet}=1$, $\displaystyle\lim_{\blacksquare\to 0}\frac{\tan\blacksquare}{\blacksquare}=1$을 이용할 수 있도록 주어진 식을 변형한다.

(1) $\displaystyle\lim_{x\to 0}\frac{\sin bx}{ax}=\frac{b}{a}$ ← $\displaystyle\lim_{x\to 0}\frac{\sin bx}{ax}=\lim_{x\to 0}\frac{\sin bx}{bx}\times\frac{bx}{ax}=1\times\frac{b}{a}=\frac{b}{a}$

(2) $\displaystyle\lim_{x\to 0}\frac{\tan bx}{ax}=\frac{b}{a}$ ← $\displaystyle\lim_{x\to 0}\frac{\tan bx}{ax}=\lim_{x\to 0}\frac{\tan bx}{bx}\times\frac{bx}{ax}=1\times\frac{b}{a}=\frac{b}{a}$

기출에서 뽑은 **실전 개념 2** 자주 이용되는 도형의 성질

(1) 각의 이등분선의 성질

삼각형 ABC에서 ∠BAC의 이등분선이 변 BC와 만나는 점을 D라 하면

→ $\overline{\text{AB}}:\overline{\text{AC}}=\overline{\text{BD}}:\overline{\text{CD}}$

(2) 좌표평면에서 원 위의 점의 표현

중심이 원점이고 반지름의 길이가 r인 원 위의 점 P의 좌표는

직선 OP가 x축의 양의 방향과 이루는 각의 크기가 θ

→ $\text{P}(r\cos\theta,\ r\sin\theta)$

수능적발상

도형 속 극한 문제는 도형의 성질을 이용할 수 있도록 보조선을 이용한다!

(1) 수선을 이용하여 직각삼각형을 만든다. → 피타고라스 정리, 삼각비 이용!

(2) 원 위의 점과 원의 중심을 이으면 원의 반지름이다. → 원의 접선의 성질 이용!
└ 원의 접선은 그 접점을 지나는 원의 반지름과 서로 수직이다.

(3) 평행선을 긋는다. → 삼각형의 닮음(AA 닮음) 이용!
└ 평행선에서 동위각과 엇각의 크기는 각각 같음을 이용한다.

행동전략

❶ 호 PQ의 길이를 이용하여 ∠POQ의 크기를 구한다.
반지름의 길이가 r, 중심각의 크기가 θ(라디안)인 부채꼴의 호의 길이는 $r\theta$임을 이용한다.

❷ 점 Q의 좌표를 ∠QOH의 크기를 이용하여 나타낸다.
원 C의 반지름의 길이 $\overline{\text{OQ}}=2^n$과 $\angle\text{QOH}=\frac{\pi}{2^n}$임을 이용한다.

기출예시 1 2019학년도 9월 평가원 가 19 ○ 해답 38쪽

원의 반지름의 길이가 2^n이다.

자연수 n에 대하여 중심이 원점 O이고 점 $\text{P}(2^n,\ 0)$을 지나는 원 C가 있다. 원 C 위에 점 Q를 호 PQ의 길이가 π가 되도록 잡는다. 점 Q에서 x축에 내린 수선의 발을 H라 할 때, $\displaystyle\lim_{n\to\infty}(\overline{\text{OQ}}\times\overline{\text{HP}})$의 값은? [4점]

① $\dfrac{\pi^2}{2}$　　② $\dfrac{3}{4}\pi^2$　　③ π^2

④ $\dfrac{5}{4}\pi^2$　　⑤ $\dfrac{3}{2}\pi^2$

1

그림과 같이 $\overline{AB}=1$, $\angle B=\dfrac{\pi}{2}$인 직각삼각형 ABC에서 $\angle C$를 ❶ 이등분하는 직선과 선분 AB의 교점을 D, 중심이 A이고 반지 ❷ 름의 길이가 $\overline{AD}$인 원과 선분 AC의 교점을 E라 하자. $\angle A=\theta$ ❶ 일 때, 부채꼴 ADE의 넓이를 $S(\theta)$, 삼각형 BCE의 넓이를 $T(\theta)$라 하자. $\displaystyle\lim_{\theta \to 0+}\dfrac{\{S(\theta)\}^2}{T(\theta)}$의 값은? ❸

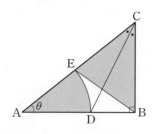

① $\dfrac{1}{4}$　　　② $\dfrac{1}{2}$　　　③ $\dfrac{3}{4}$

④ 1　　　⑤ $\dfrac{5}{4}$

2

그림과 같이 길이가 2인 선분 AB를 지름으로 하는 반원이 있다. 호 AB 위에 두 점 P, Q를 $\angle PAB=\theta$, $\angle QBA=2\theta$가 되도록 잡고, 두 선분 AP, BQ의 교점을 R라 하자. 선분 AB 위의 점 S, 선분 BR 위의 점 T, 선분 AR 위의 점 U를 선분 UT가 선분 AB에 평행하고 삼각형 STU가 정삼각형이 되도록 잡는다. 두 선분 AR, QR와 호 AQ로 둘러싸인 부분의 넓이를 $f(\theta)$, 삼각형 STU의 넓이를 $g(\theta)$라 할 때, ❶ ❷ $\displaystyle\lim_{\theta \to 0+}\dfrac{g(\theta)}{\theta \times f(\theta)}=\dfrac{q}{p}\sqrt{3}$이다. $p+q$의 값을 구하시오.

$\left(\text{단, } 0<\theta<\dfrac{\pi}{6}\text{이고, } p\text{와 } q\text{는 서로소인 자연수이다.}\right)$

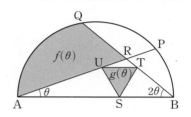

행동전략

❶ $\overline{AC}$, $\overline{BC}$의 길이를 각 θ에 대한 삼각함수로 나타낸다.
❷ 삼각형의 내각의 이등분선의 성질을 이용하여 $\overline{AD}$의 길이를 각 θ에 대한 삼각함수로 나타낸다.
❸ $\overline{CE}$, $\overline{BC}$의 길이와 $\angle C$의 크기를 이용하여 삼각형 BCE의 넓이를 구한다.

행동전략

❶ 선분 AB의 중점을 M으로 놓고,
　$f(\theta)=$(부채꼴 AMQ의 넓이)$+$(삼각형 BMQ의 넓이)$-$(삼각형 ABR의 넓이)
　임을 이용한다.
❷ 정삼각형 STU의 한 변의 길이를 a라 하면 $g(\theta)=\dfrac{\sqrt{3}}{4}a^2$임을 이용한다.

3

그림과 같이 $\overline{AB}=\overline{AC}=1$인 이등변삼각형 ABC에서 중심이 C 이고 선분 AB에 접하는 원이 두 선분 AB, AC 및 선분 BC의 연장선과 만나는 점을 각각 D, E, F라 하자. $\angle BAC=\theta$라 할 때, 삼각형 BFD의 넓이를 $f(\theta)$, 삼각형 CFE의 넓이를 $g(\theta)$라 하자. $\lim\limits_{\theta\to 0+}\dfrac{f(\theta)}{\theta\times g(\theta)}$의 값은? $\left(\text{단, } 0<\theta<\dfrac{\pi}{2}\right)$

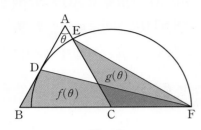

① $\dfrac{1}{5}$ ② $\dfrac{1}{4}$ ③ $\dfrac{1}{3}$

④ $\dfrac{1}{2}$ ⑤ 1

4

그림과 같이 길이가 2인 선분 AB를 지름으로 하는 반원의 호 AB 위에 점 P가 있다. $\angle PAB=\theta$라 할 때, 선분 AB 위의 점 Q를 $\angle APQ=2\theta$가 되도록 잡는다. 선분 AB의 중점을 O라 하고, 점 O에서 선분 AP에 내린 수선의 발을 H라 할 때, 두 선분 BH, PQ가 만나는 점을 R라 하자. 호 BP와 두 선분 BR, PR로 둘러싸인 부분의 넓이를 $f(\theta)$, 사각형 OQRH의 넓이를 $g(\theta)$라 할 때, $\lim\limits_{\theta\to 0+}\dfrac{f(\theta)-g(\theta)}{\theta}=a$이다. $90a$의 값을 구하시오. $\left(\text{단, } 0<\theta<\dfrac{\pi}{4}\right)$

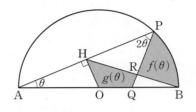

NOTE   1st ○△✕   2nd ○△✕

NOTE   1st ○△✕   2nd ○△✕

5

그림과 같이 반지름의 길이가 2이고 ∠AOB=θ인 부채꼴 AOB가 있다. 점 B를 지나고 선분 BO에 수직인 직선 위의 점 C와 선분 BO 위의 점 D에 대하여 변 CE 위에 점 A가 오도록 정사각형 CBDE를 그린다. 선분 ED와 선분 AO의 교점을 F라 할 때, 삼각형 ABF의 넓이를 $S(\theta)$라 하자. $\lim\limits_{\theta \to 0+} \dfrac{S(\theta)}{\theta^2}$의 값은? $\left(\text{단, } 0<\theta<\dfrac{\pi}{2}\right)$

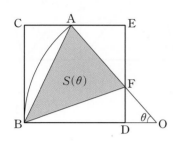

① 2

② $\dfrac{5}{2}$

③ 3

④ $\dfrac{7}{2}$

⑤ 4

6

그림과 같이 길이가 2인 선분 AB를 지름으로 하는 반원이 있다. 반원 위의 두 점 C, D에 대하여 $\overline{AB} /\!/ \overline{CD}$이고 점 B에서 직선 CD에 내린 수선의 발을 E, 점 E에서 직선 BC에 내린 수선의 발을 F, 선분 BD와 선분 EF의 교점을 G라 하자. ∠CAB=θ일 때, 삼각형 BGF의 넓이를 $S(\theta)$라 하자. $\lim\limits_{\theta \to \frac{\pi}{2}-} \dfrac{S(\theta)}{\left(\dfrac{\pi}{2}-\theta\right)^3}$의 값은? $\left(\text{단, } \dfrac{\pi}{4}<\theta<\dfrac{\pi}{2}\right)$

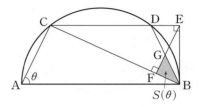

① $\dfrac{1}{4}$

② $\dfrac{1}{2}$

③ 1

④ 2

⑤ 4

7

그림과 같이 $\overline{AB}=\overline{AC}=2$이고 $\angle BAC=90°$인 직각이등변삼각형 ABC가 있다. 삼각형 ABC의 외접원 위의 점 P에 대하여 선분 AP와 선분 BC가 만나는 점을 Q라 하자. $\angle PAB=\theta$라 할 때, $\lim\limits_{\theta \to 0+} \dfrac{\overline{BQ} \times \overline{QC}}{\theta}$의 값은?

(단, 점 P는 점 A를 포함하지 않는 호 BC 위의 점이다.)

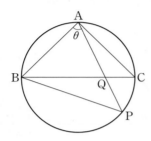

① 2

② $2\sqrt{2}$

③ 4

④ $4\sqrt{2}$

⑤ 8

8

Killer

그림과 같이 $\overline{AB}=2$, $\overline{BC}=4$, $\angle ABC=\theta$인 평행사변형 ABCD가 있다. 선분 AD의 중점을 M, 점 M에서 직선 BC에 내린 수선의 발을 H, 점 H에서 두 직선 MB, MC에 내린 수선의 발을 각각 I, J라 하자. 삼각형 MIJ에 내접하는 원의 반지름의 길이를 $r(\theta)$라 할 때, $\lim\limits_{\theta \to 0+} \dfrac{r(\theta)}{\theta^2}$의 값은?

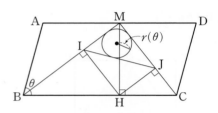

① $\dfrac{1}{4}$

② $\dfrac{1}{2}$

③ 1

④ 2

⑤ 4

합성함수와 역함수의 미분법

행동전략 **❶** 여러 가지 함수의 미분법을 숙지하라!

✓ 삼각함수의 도함수, 지수함수의 도함수, 로그함수의 도함수 등 여러 가지 함수의 도함수를 구할 수 있어야 한다.
✓ 몫의 미분법, 합성함수의 미분법, 역함수의 미분법을 확실히 익혀 둔다.

행동전략 **❷** 역함수의 미분법은 유도 과정을 기억하라!

✓ 합성함수를 미분할 때는 바깥쪽의 함수부터 안쪽의 함수의 순서로 미분하여 곱한다.
✓ 역함수의 미분법은 합성함수의 미분법을 이용하여 유도한다.

▌기출에서 뽑은 실전 개념 **1** 여러 가지 함수의 미분법 총정리

(1) **몫의 미분법**: 두 함수 $f(x)$, $g(x)$ $(g(x) \neq 0)$가 미분가능할 때

① $\left\{ \dfrac{1}{g(x)} \right\}' = -\dfrac{g'(x)}{\{g(x)\}^2}$ 　　② $\left\{ \dfrac{f(x)}{g(x)} \right\}' = \dfrac{f'(x)g(x) - f(x)g'(x)}{\{g(x)\}^2}$

(2) **합성함수의 미분법**: 두 함수 $y = f(u)$, $u = g(x)$가 미분가능할 때, 합성함수 $y = f(g(x))$의 도함수는

$\dfrac{dy}{dx} = \dfrac{dy}{du} \times \dfrac{du}{dx}$ 또는 $\{f(g(x))\}' = f'(g(x))g'(x)$

(3) **역함수의 미분법**: 미분가능한 함수 $f(x)$의 역함수가 존재하고 미분가능할 때, 역함수 $f^{-1}(x)$의 도함수는

$\dfrac{dy}{dx} = \dfrac{1}{\dfrac{dx}{dy}}$ $\left(단, \dfrac{dx}{dy} \neq 0\right)$ 또는 $(f^{-1})'(x) = \dfrac{1}{f'(y)}$ (단, $f'(y) \neq 0$)

> **◆ 역함수의 미분법 유도 과정**
> 함수 $f(x)$의 역함수를 $g(x)$라 하면 역함수의 성질에 의하여
> $f(g(x)) = x$
> 가 성립한다. 위 식의 양변을 x에 대하여 미분하면 합성함수의 미분법에 의하여
> $f'(g(x))g'(x) = 1$
> $\therefore g'(x) = \dfrac{1}{f'(g(x))}$
> (단, $f'(g(x)) \neq 0$)

▌기출에서 뽑은 실전 개념 **2** 합성함수와 역함수에서의 미분계수 구하기

미분계수의 정의를 이용하여 합성함수와 역함수의 미분계수를 구하는 문제가 자주 출제된다.

> **◆ 함수 $f(x)$의 $x = a$에서의 미분계수**
> $f'(a) = \lim\limits_{h \to 0} \dfrac{f(a+h) - f(a)}{h}$
> $= \lim\limits_{x \to a} \dfrac{f(x) - f(a)}{x - a}$

┤ **2017학년도 6월 평가원 가 15** ├

두 함수 $f(x) = \sin^2 x$, $g(x) = e^x$에 대하여

$\lim\limits_{x \to \frac{\pi}{4}} \dfrac{g(f(x)) - \sqrt{e}}{x - \dfrac{\pi}{4}}$ 의 값

└ $\sqrt{e} = g\left(f\left(\dfrac{\pi}{4}\right)\right)$이므로 함수 $g(f(x))$의 $x = \dfrac{\pi}{4}$에서의 미분계수를 구하는 문제이다.

→ $\left\{ g\left(f\left(\dfrac{\pi}{4}\right)\right) \right\}' = g'\left(f\left(\dfrac{\pi}{4}\right)\right)f'\left(\dfrac{\pi}{4}\right)$

┤ **2019학년도 6월 평가원 가 25** ├

함수 $f(x) = 3e^{5x} + x + \sin x$의 역함수를 $g(x)$라 할 때, 곡선 $y = g(x)$는 점 $(3, 0)$을 지난다. └ $g(3) = 0$

$\lim\limits_{x \to 3} \dfrac{x - 3}{g(x) - g(3)}$의 값

└ 함수 $g(x)$의 $x = 3$에서의 미분계수의 변형식이다.

→ $\dfrac{1}{g'(3)}$의 값을 구하는 문제이다.

→ $g'(3) = \dfrac{1}{f'(g(3))} = \dfrac{1}{f'(0)}$

▌**기출예시 1**　2019학년도 9월 평가원 가 26　　　　　　　○ 해답 48쪽

미분가능한 함수 $f(x)$와 함수 $g(x) = \sin x$에 대하여 합성함수 $y = (g \circ f)(x)$의 그래프 위의 점 $(1, (g \circ f)(1))$에서의 접선이 원점을 지난다. $\lim\limits_{x \to 1} \dfrac{f(x) - \dfrac{\pi}{6}}{x - 1} = k$일 때, 상수 k에 대하여 $30k^2$의 값을 구하시오. [4점]

행동전략

❶ $f(x)$의 $x = 1$에서의 미분계수의 변형식임을 파악한다.

$\lim\limits_{x \to 1} \dfrac{f(x) - f(1)}{x - 1} = f'(1)$

❷ 합성함수의 미분법을 이용하여 접선의 방정식을 구한다.

$y = (g \circ f)(x)$의 $x = 1$인 점에서의 접선의 기울기는 $g'(f(1))f'(1)$이다.

1

실수 전체의 집합에서 정의된 함수 $f(x)$는 $0 \leq x < 3$일 때
$\underset{\textbf{❶}}{f(x) = |x-1| + |x-2|}$이고, 모든 실수 x에 대하여
$\underset{\textbf{❷}}{f(x+3) = f(x)}$를 만족시킨다. 함수 $g(x)$를

$$\underset{\textbf{❸}}{g(x) = \lim_{h \to 0+} \left| \frac{f(2^{x+h}) - f(2^x)}{h} \right|}$$

이라 하자. 함수 $g(x)$가 $x = a$에서 불연속인 a의 값 중에서 열린구간 $(-5, 5)$에 속하는 모든 값을 작은 수부터 크기순으로 나열한 것을 $a_1, a_2, \cdots, a_n$ (n은 자연수)라 할 때, $n + \sum_{k=1}^{n} \dfrac{g(a_k)}{\ln 2}$
의 값을 구하시오.

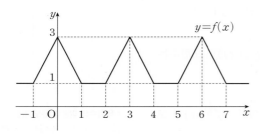

2

실수 전체의 집합에서 증가하고 미분가능한 함수 $f(x)$가 있다. 곡선 $y = f(x)$ 위의 점 $(2, 1)$에서의 접선의 기울기는 1이$\underset{\textbf{❶}}{}$다. 함수 $f(2x)$의 역함수를 $g(x)$라 할 때, $\underset{\textbf{❷}}{\text{곡선 } y = g(x) \text{ 위의}}$
$\underset{\textbf{❷}}{\text{점 } (1, a)}$에서의 접선의 기울기는 $b\underset{\textbf{❸}}{\text{이다.}}$ $10(a+b)$의 값을 구하시오.

3

그림과 같이 원점 O를 지나고 기울기가 $\tan\theta \left(0<\theta<\dfrac{\pi}{2}\right)$인 직선 l이 원 $C: x^2+(y-1)^2=1$과 원점이 아닌 다른 한 점에서 만날 때, 직선 l에 의하여 원 C가 나뉘어진 두 영역 중 작은 쪽의 넓이를 $f(\theta)$라 하자. 실수 전체의 집합에서 미분가능한 함수 $g(\theta)$에 대하여 $f(\theta)=g(\tan\theta)$가 성립할 때, $g'(2)$의 값은?

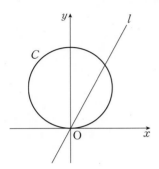

① $\dfrac{8}{25}$

② $\dfrac{2}{5}$

③ $\dfrac{12}{25}$

④ $\dfrac{14}{25}$

⑤ $\dfrac{16}{25}$

4

$0<t<\ln 3$인 실수 t와 함수

$$f(x)=\ln(3+2\sin x)\ (0\le x<2\pi)$$

에 대하여 곡선 $y=f(x)$와 직선 $y=t$가 만나는 서로 다른 두 점에서 각각 곡선에 그은 접선이 x축과 만나는 점 사이의 거리를 $g(t)$라 할 때, $g'(\ln 2)$의 값은?

① $-\dfrac{4\sqrt{3}}{3}\ln 2$

② $-\dfrac{10\sqrt{3}}{9}\ln 2$

③ $-\dfrac{8\sqrt{3}}{9}\ln 2$

④ $-\dfrac{2\sqrt{3}}{3}\ln 2$

⑤ $-\dfrac{4\sqrt{3}}{9}\ln 2$

5

두 양수 a, b에 대하여 양의 실수 전체의 집합에서 정의된 함수 $f(x)=\dfrac{4x^2}{x^2+ax+b}$에 대하여 함수 $f(x)$의 역함수를 $f^{-1}(x)$라 할 때, 정의역이 $\{x \mid 0 < x < 4\}$인 두 함수

$$g(x)=f(x)-f^{-1}(x),\ h(x)=(g\circ f)(x)$$

가 다음 조건을 만족시킨다.

> (가) $g(1)=g(k)=0$ (단, $k\ne 1$)
>
> (나) $g'(1)=\dfrac{4}{5}h'(1)$

$\left| h'(k) \right| = \dfrac{q}{p}$일 때, $p+q$의 값을 구하시오.

(단, p와 q는 서로소인 자연수이다.)

6

최고차항의 계수가 1인 삼차함수 $f(x)$의 역함수를 $g(x)$라 할 때, 함수 $g(x)$가 다음 조건을 만족시킨다.

> (가) $g'(x)$는 $x=2$에서 최댓값을 갖는다.
>
> (나) $\displaystyle\lim_{x\to 2}\dfrac{f(x)-g(x)}{(x-2)f(x)}=\dfrac{3}{4}$

$f(5)$의 값을 구하시오.

NOTE　　　　　　　　　　1st ○ △ × 　2nd ○ △ ×

NOTE　　　　　　　　　　1st ○ △ × 　2nd ○ △ ×

7

두 양수 a, b $(a \leq b)$에 대하여 $f(x) = a\sin x + b(x+1)$의 역함수를 $g(x)$라 하자. $\displaystyle\lim_{x \to \pi} \frac{xg(x)}{x - \pi} = \frac{2}{3}$일 때, $a + 2b$의 값은?

① π　　　　② $\dfrac{3}{2}\pi$　　　　③ 2π

④ $\dfrac{5}{2}\pi$　　　　⑤ 3π

8

최고차항의 계수가 1인 삼차함수 $f(x)$의 역함수를 $g(x)$라 할 때, 함수 $f(x)$, $g(x)$가 다음 조건을 만족시킨다.

> (가) $\displaystyle\lim_{x \to 1} \frac{\{f(x)\}^3 - \{g(x)\}^3}{x - 1} = 8$
>
> (나) 함수 $g(x)$는 $x = k$에서만 미분가능하지 않다.

$20k$의 값을 구하시오. (단, $f(1) \neq 0$이고, $k > 1$이다.)

도함수의 활용

기출에서 뽑은 실전 개념 **1** 함수의 그래프의 개형 결정 요소

◆ 함수 $f(x)$가 어떤 구간에서 미분가능하고, 이 구간에서
① $f(x)$가 증가하면 $f'(x) \geq 0$
② $f(x)$가 감소하면 $f'(x) \leq 0$

(1) 함수의 증가·감소의 판정: 함수 $f(x)$가 어떤 열린구간에서 미분가능하고, 이 구간의 모든 x에 대하여
　① $\boxed{f'(x)>0}$이면 함수 $f(x)$는 이 구간에서 증가한다.
　② $\boxed{f'(x)<0}$이면 함수 $f(x)$는 이 구간에서 감소한다.

◆ 함수 $f(x)$가 $x=a$에서 미분가능하지 않더라도 $x=a$에서 극값을 가질 수 있다.

(2) 함수의 극대·극소의 판정: 미분가능한 함수 $f(x)$에 대하여 $f'(a)=0$이고 $x=a$의 좌우에서 $f'(x)$의 부호가
　① 양($+$)에서 음($-$)으로 바뀌면 $x=a$에서 극대이다.
　　　└ $f''(a)<0$
　② 음($-$)에서 양($+$)으로 바뀌면 $x=a$에서 극소이다.
　　　└ $f''(a)>0$

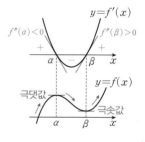

◆ 모든 실수 x에서 함수 $f(x)$가 이계도함수를 가지면 함수 $f'(x)$는 모든 실수에서 미분가능하다. 즉, 함수 $f'(x)$는 모든 실수에서 연속이다.
→ 이계도함수의 존재 조건은 도함수의 연속 조건과 같은 의미이다.

(3) 변곡점: 함수 $f(x)$에 대하여 $f''(a)=0$이고 $x=a$의 좌우에서 $f''(x)$의 부호가 바뀌면 점 $(a, f(a))$는 곡선 $y=f(x)$의 변곡점이다.

> [참고] 삼차함수의 그래프와 변곡점의 특징
> ① 극댓값과 극솟값을 갖는 점은 변곡점에 대하여 대칭이다. ┐→ $\overline{PM}=\overline{QM}$
> ② 극댓값과 극솟값을 갖는 점의 중점은 변곡점이다. ┘
> ③ 극댓값과 극솟값을 갖는 두 점을 지나는 직선 위에 변곡점이 존재한다.

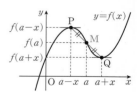

기출에서 뽑은 실전 개념 **2** 함수의 그래프의 개형 추론

◆ **방정식의 실근의 개수**
방정식 $f(x)=g(x)$의 서로 다른 실근의 개수를 구할 때는
(1) $f(x)-g(x)=0$으로 변형하여 함수 $y=f(x)-g(x)$의 그래프와 x축의 교점의 개수를 구한다.
(2) $g(x)=kh(x)$ (k는 상수) 꼴인 경우에는 $\dfrac{g(x)}{h(x)}=k$로 변형한 후 함수 $y=\dfrac{g(x)}{h(x)}$의 그래프와 직선 $y=k$의 교점의 개수로 구할 수도 있다.

함수 $y=f(x)$의 그래프의 개형은 다음을 조사하여 추론한다.
① 정의역과 치역
② 그래프의 대칭성과 주기
③ 좌표축과 만나는 점의 좌표
④ 증가·감소, 극대·극소 → 도함수 이용
⑤ 변곡점, 곡선의 오목·볼록 → 이계도함수 이용
⑥ $\displaystyle\lim_{x \to \infty} f(x)$, $\displaystyle\lim_{x \to -\infty} f(x)$, 점근선

┌─ **2011년 4월 교육청 가 8** ─
│ 함수 $f(x)=2\ln(5-x)+\dfrac{1}{4}x^2$의 그래프의 개형 추론

(ⅰ) 진수 조건에 의하여 $x<5$
(ⅱ) $f'(x)=0$에서 $x=1$ 또는 $x=4$
(ⅲ) $f''(x)=0$에서 $x=3$ ($\because x<5$)
(ⅳ) $\displaystyle\lim_{x \to 5-} f(x)=-\infty$
→

x	$\cdots$	1	$\cdots$	3	$\cdots$	4	$\cdots$	(5)
$f'(x)$	$-$	0	$+$	$+$	$+$	0	$-$	
$f''(x)$	$+$	$+$	$+$	0	$-$	$-$	$-$	
$f(x)$	↘	극소	↗	변곡점	↗	극대	↘	

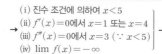

$f(1)=\dfrac{1}{4}+4\ln 2$　　　$f(4)=4$

함수 $f(x)$에 대하여 $\dfrac{f(b)-f(a)}{b-a}$ 꼴의 식이 등장하면 **평균변화율**과 **평균값 정리**를 떠올린다!

(1) 평균변화율: $\dfrac{f(b)-f(a)}{b-a}$는 곡선 $y=f(x)$ 위의 두 점 $(a, f(a))$, $(b, f(b))$를 지나는 직선의 기울기이다.

(2) 평균값 정리: 함수 $f(x)$가 닫힌구간 $[a, b]$에서 연속이고 열린구간 (a, b)에서 미분 가능할 때, $\dfrac{f(b)-f(a)}{b-a}=f'(c)$인 c가 a와 b 사이에 적어도 하나 존재한다.

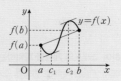

◆ 롤의 정리

함수 $f(x)$가 닫힌구간 $[a, b]$에서 연속 이고 열린구간 (a, b)에서 미분가능하며 $f(a)=f(b)$이면 $f'(c)=0$인 c가 a와 b 사이에 적어도 하나 존재한다.

기출예시 1 2019학년도 9월 평가원 가 20   ○해답 57쪽

열린구간 $(0, 2\pi)$에서 정의된 함수 $f(x)=\cos x+2x\sin x$가 $x=\alpha$와 $x=\beta$에서 극값을 가진다.❶
〈보기〉에서 옳은 것만을 있는 대로 고른 것은? (단, $\alpha<\beta$) [4점]

─── 보기 ───

ㄱ. $\tan(\alpha+\pi)=-2\alpha$ ← 함수 $y=\tan x$는 주기가 π이므로 $\tan(\alpha+\pi)=\tan\alpha$

ㄴ. $g(x)=\tan x$라 할 때, $g'(\alpha+\pi)<g'(\beta)$이다.❷

ㄷ. $\dfrac{2(\beta-\alpha)}{\alpha+\pi-\beta}<\sec^2\alpha$ ❸

① ㄱ   ② ㄷ   ③ ㄱ, ㄴ   ④ ㄴ, ㄷ   ⑤ ㄱ, ㄴ, ㄷ

행동전략

❶ α, β는 $f'(x)=0$을 만족시키는 x의 값이다.
$(\sin x)'=\cos x$,
$(\cos x)'=-\sin x$
를 이용한다.

❷ 곡선 $y=g(x)$ 위의 점에서의 접선의 기울기를 비교한다.
$g'(\alpha+\pi)$, $g'(\beta)$는 각각 곡선 $y=g(x)$ 위의 $x=\alpha+\pi$, $x=\beta$인 점에서의 접선의 기울기이다.

❸ $\dfrac{2(\beta-\alpha)}{\alpha+\pi-\beta}$가 어떤 곡선 위의 두 점을 지나는 직선의 기울기인지 파악한다.
곡선 $y=\tan x$ 위의 두 점 $(\alpha+\pi, \tan(\alpha+\pi))$, $(\beta, \tan\beta)$를 지나는 직선의 기울기이다.

기출에서 뽑은 실전 개념 ③ 접선의 방정식의 활용

(1) 접점의 좌표가 주어진 경우

┌─ 2020년 7월 교육청 가 10 ─┐
함수 $f(x)=\tan 2x+\dfrac{\pi}{2}$의 그래프 위의
점 $\mathrm{P}\left(\dfrac{\pi}{8}, f\left(\dfrac{\pi}{8}\right)\right)$에서의 접선의 y절편
└─────────────────────┘

→ $f'(x)=2\sec^2 2x$이므로 접선의 기울기는 $f'\left(\dfrac{\pi}{8}\right)=2\sec^2\dfrac{\pi}{4}=4$이다.

(2) 곡선 밖의 한 점의 좌표가 주어진 경우

┌─ 2014학년도 수능 B 30 ─┐
곡선 밖의 한 점 $(0, k)$에서 곡선 $y=g(x)$에 그은 접선
└─────────────────────┘

→ 접선의 접점의 좌표를 $(t, g(t))$로 놓으면 접선의 방정식은 $y-g(t)=g'(t)(x-t)$이고, 이 접선이 점 $(0, k)$를 지나므로 $k-g(t)=-tg'(t)$이다.

◆ 곡선 $y=f(x)$ 위의 점 $(a, f(a))$를 지나고 이 점에서의 접선에 수직인 직선의 방정식은
$$y-f(a)=-\dfrac{1}{f'(a)}(x-a)$$
(단, $f'(a)\neq 0$)

기출에서 뽑은 실전 개념 ④ 접선의 활용

(1) 교점의 개수에서 접선의 활용

곡선과 접선의 교점의 개수는 1이므로 곡선과 직선의 교점의 개수로 정의된 함수의 연속성이나 미분 가능성을 묻는 문제는 곡선의 접선과의 관련성을 우선적으로 생각해 보아야 한다.

┌─ 2018학년도 6월 평가원 가 26 ─┐
실수 t에 대하여 직선 $y=x+t$와 함수 $y=f(x)$의 그래프가 만나는 점의 개수 $g(t)$
└─────────────────────┘

→ 직선 $y=x+t$가 곡선 $y=f(x)$의 기울기가 1인 접선이 될 때의 t의 값을 기준으로 함수 $g(t)$를 추론한다.

◆ 곡선 밖의 한 점을 지나는 직선과 곡선의 교점의 개수는 그 점을 지나는 접선을 기준으로 경우를 나누어 생각한다.
곡선 밖의 한 점에서 곡선에 그은 접선의 기울기를 m이라 하면 일반적으로 기울기 m의 값에 따라 곡선과 직선의 교점의 개수가 달라진다.

(2) 기울기가 주어진 접선의 활용

직선과 곡선 사이의 거리의 최댓값 또는 최솟값을 구할 때는 직선과 기울기가 같은 곡선의 접선의 방정식을 구한 후 두 직선 사이의 거리를 이용한다.

● 킬러행동전략 ●

$f'(x)=0$, $f''(x)=0$으로 하는 x의 값에 주목하여 그래프의 개형을 파악하는 문제들이 출제된다.

✓ 극값을 찾을 때는 $f'(x)=0$인 x의 값의 좌우에서 $f'(x)$의 부호 변화를 조사한다.

✓ 변곡점을 찾을 때는 $f''(x)=0$인 x의 값의 좌우에서 $f''(x)$의 부호 변화를 조사한다.

Killer

1

최고차항의 계수가 6π인 삼차함수 $f(x)$에 대하여 함수 $g(x)=\dfrac{1}{2+\sin\left(f(x)\right)}$이 $x=\alpha$에서 극대 또는 극소이고, $\alpha \geq 0$인 모든 α를 작은 수부터 크기순으로 나열한 것을 α_1, α_2, α_3, α_4, α_5, $\cdots$라 할 때, $g(x)$는 다음 조건을 만족시킨다.

> (가) $\alpha_1=0$이고 $g(\alpha_1)=\dfrac{2}{5}$이다.
>
> (나) $\dfrac{1}{g(\alpha_5)}=\dfrac{1}{g(\alpha_2)}+\dfrac{1}{2}$

$g'\left(-\dfrac{1}{2}\right)=a\pi$라 할 때, a^2의 값을 구하시오. $\left(\text{단, } 0<f(0)<\dfrac{\pi}{2}\right)$

조건 (가)를 이용하여 **1**
함수 $f(x)$의 식 세우기

조건 (나)를 이용하여 **2**
$f(\alpha_5)$의 값 구하기

$g'\left(-\dfrac{1}{2}\right)$의 값을 구하여 **3**
a^2의 값 계산하기

행동전략

❶ 함수 $g(x)$가 $x=\alpha$에서 극값을 가지므로 $g'(x)$를 구하여 $g'(\alpha)=0$이 되는 식을 찾는다.

❷ ❶에서 구한 식과 조건 (가), (나)를 이용하여 이를 만족시키는 함수 $f(x)$의 식을 구한다.

NOTE   1st ○ △ ×   2nd ○ △ ×

☐

☐

☐

2

최고차항의 계수가 1인 삼차함수 $f(x)$에 대하여 실수 전체의 집합에서 정의된 함수 $g(x)=f(2\sin^3|\pi x|+2)$가 다음 조건을 만족시킨다.

> (가) 함수 $g(x)$의 최댓값은 4이고 최솟값은 0이다.
>
> (나) $-1<x<1$에서 함수 $g(x)$가 극값을 갖도록 하는 서로 다른 x의 값의 개수는 7이다.
>
> (다) $-1<x<1$에서 함수 $g(x)$의 서로 다른 극값의 개수는 3이고, $-2<x<2$에서 함수 $g(x)$의 서로 다른 극값의 개수도 3이다. 이때 극댓값은 2 또는 4이다.

$f(6)$의 값을 구하시오. (단, $f(0)<2$)

3

양수 a와 두 실수 b, c에 대하여 함수 $f(x)=(ax^2+bx+c)e^x$이 다음 조건을 만족시킨다.

> (가) 함수 $f(x)$는 $x=-2\sqrt{2}$와 $x=2\sqrt{2}$에서 극값을 갖는다.
>
> (나) $0\le x_1<x_2$인 임의의 두 실수 x_1, x_2에 대하여
> $f(x_2)-f(x_1)+2x_2-2x_1\ge0$이다.

세 수 a, b, c의 곱 abc의 최댓값을 $\dfrac{k}{e^6}$라 할 때, $10k$의 값을 구하시오.

4

최고차항의 계수가 양수인 이차함수 $f(x)$에 대하여 함수 $g(x)=f(x)e^{f(x)}$이 다음 조건을 만족시킨다.

> (가) 함수 $g(x)$가 $x=t$에서 극값을 갖도록 하는 실수 t의 값을 작은 것부터 차례로 나열하면 $t_1,\ t_2,\ \cdots,\ t_n$이고 $\sum_{k=1}^{n} t_k = 9$이다.
>
> (나) 방정식 $g(x)=-\dfrac{1}{e}$은 두 실근 $\alpha,\ \beta$를 갖고 $\beta-\alpha=4$이다.
>
> (다) 방정식 $g(x)=-\dfrac{4}{e^4}$는 서로 다른 세 실근을 갖는다.

$f(7)$의 값을 구하시오.

5

열린구간 $(0,\ 2\pi)$에서 정의된 함수 $f(x)=\cos x+2x\sin x$가 $x=\alpha$와 $x=\beta$에서 극값을 갖는다. 〈보기〉에서 옳은 것만을 있는 대로 고른 것은? (단, $\alpha<\beta$)

> ┤ 보기 ├
>
> ㄱ. $\sin\alpha-\sin\beta>0$
>
> ㄴ. $f\left(\dfrac{\alpha+\beta}{2}\right)>f'\left(\dfrac{\alpha+\beta}{2}\right)$
>
> ㄷ. $\sin^2\alpha\times\sec^2\dfrac{\alpha+\beta}{2}<1$

① ㄱ   ② ㄷ   ③ ㄱ, ㄴ
④ ㄱ, ㄷ   ⑤ ㄱ, ㄴ, ㄷ

NOTE   1st ○△✕   2nd ○△✕

NOTE   1st ○△✕   2nd ○△✕

6

최고차항의 계수가 양수인 삼차함수 $f(x)$와 함수 $g(x) = 8x^2 e^{-x}$에 대하여 합성함수 $h(x) = (f \circ g)(x)$가 다음 조건을 만족시킨다.

㉮ 함수 $f(x)$는 $x = 6$에서 극솟값 0을 갖는다.

㉯ 방정식 $h(x) = 0$의 서로 다른 실근의 개수는 2이다.

㉰ 방정식 $h(x) = 8$의 서로 다른 실근의 개수는 4이다.

$f(4)$의 값을 구하시오.

(단, $2.7 < e < 2.8$이고, $\lim_{x \to \infty} g(x) = 0$이다.)

7

함수 $f(x) = \ln(e^x + 1) + 3e^x$에 대하여 이차함수 $g(x)$와 실수 k는 다음 조건을 만족시킨다.

㉮ 함수 $h(x) = |f(x-k) - g(x)|$에 대하여
  $k > 0$이면 함수 $h(x)$의 최솟값은 0이고,
  $k = 0$이면 함수 $h(x)$는 $x = 0$일 때 최솟값 0을 갖고,
  $k < 0$이면 함수 $h(x)$의 최솟값은 양수이다.

㉯ 곡선 $y = g(x)$ 위의 점 $(0, g(0))$에서의 접선의 x절편을 α라 하고, 곡선 $y = g(x)$가 x축과 만나는 두 점의 x좌표를 β, γ라 하면 $\alpha + \beta + \gamma = \dfrac{37 - 4\ln 2}{14}$이다. (단, $\beta < \gamma$)

방정식 $g(x) = n$의 서로 다른 실근의 개수가 2가 되도록 하는 모든 자연수 n의 값의 합을 구하시오. (단, $0.6 < \ln 2 < 0.7$)

NOTE   1st ○ △ ✕   2nd ○ △ ✕
☐
☐
☐

NOTE   1st ○ △ ✕   2nd ○ △ ✕
☐
☐
☐

8

음수 a와 실수 b, c에 대하여 함수 $f(x)=(ax^2+bx+c)e^x$이다. 실수 t에 대하여 방정식 $f(x)=t$의 해의 집합을 S_t, 함수 $g(t)$를 $n(S_t)$라 하자. 집합 $\{x\,|\,f'(x)=0\}=\{-1, 2\}$이고 함수 $y=g(t)$의 그래프가 그림과 같을 때, α의 값은?

(단, $n(A)$는 집합 A의 원소의 개수이다.)

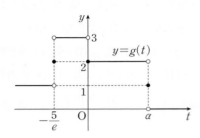

① $2e^2$ ② e^2 ③ $2e$

④ 4 ⑤ e

9

$0 \le x < 2$에서 함수 $f(x)$는

$$f(x)=\ln\left(2\cos\frac{2\pi}{m}x+3\right) \ (m \text{은 자연수})$$

이다. 모든 실수 x에 대하여 $f(x+2)=f(x)$를 만족시킬 때, 〈보기〉에서 옳은 것만을 있는 대로 고른 것은?

┤ 보기 ├

ㄱ. 자연수 m의 값에 관계없이 함수 $f(x)$는 실수 전체의 집합에서 연속이다.

ㄴ. 함수 $f(x)$는 $x=0$에서 극댓값을 갖는다.

ㄷ. 함수 $f(x)$가 열린구간 $(0, 2)$에서 극솟값을 갖도록 하는 모든 자연수 m의 값의 합은 6이다.

① ㄱ   ② ㄴ   ③ ㄱ, ㄷ

④ ㄴ, ㄷ   ⑤ ㄱ, ㄴ, ㄷ

NOTE   1st ○ △ ×   2nd ○ △ ×

☐
☐
☐

NOTE   1st ○ △ ×   2nd ○ △ ×

☐
☐
☐

1

양수 a와 실수 b에 대하여 함수 $f(x)=ae^{3x}+be^x$이 다음 조건을 만족시킬 때, $f(0)$의 값은?

(가) $x_1<\ln\dfrac{2}{3}<x_2$를 만족시키는 모든 실수 x_1, x_2에 대하여

$f''(x_1)f''(x_2)<0$이다. **❶**

(나) 구간 $[k, \infty)$에서 함수 $f(x)$의 역함수가 존재하도록 하는 **❷**

실수 k의 최솟값을 m이라 할 때, $f(2m)=-\dfrac{80}{9}$이다.

---

① -15 ② -12 ③ -9

④ -6 ⑤ -3

2

3 이상의 자연수 n에 대하여 함수 $f(x)$가

$$f(x)=x^ne^{-x}$$

일 때, 〈보기〉에서 옳은 것만을 있는 대로 고른 것은?

보기

ㄱ. $f\left(\dfrac{n}{2}\right)=f'\left(\dfrac{n}{2}\right)$

ㄴ. 함수 $f(x)$는 $x=n$에서 극댓값을 갖는다. **❶**

ㄷ. 점 $(0, 0)$은 곡선 $y=f(x)$의 변곡점이다. **❷**

---

① ㄴ ② ㄷ ③ ㄱ, ㄴ

④ ㄱ, ㄷ ⑤ ㄱ, ㄴ, ㄷ

행동전략

❶ $x=\ln\dfrac{2}{3}$의 좌우에서 $f''(x)$의 부호가 바뀌므로 곡선 $y=f(x)$는 $x=\ln\dfrac{2}{3}$에서 변곡점을 갖는다.

❷ 구간 $[k, \infty)$에서 함수 $f(x)$는 일대일대응이어야 한다. 즉, 이 구간에서 함수 $f(x)$는 증가하거나 감소하므로 함수 $f(x)$는 $x=m$에서 극댓값 또는 극솟값을 갖는다.

행동전략

❶ n의 값에 따라 극대, 극소가 달라질 수 있음에 주의한다.

❷ 연속인 이계도함수를 갖는 함수 $f(x)$에 대하여 곡선 $y=f(x)$가 $x=0$에서 변곡점을 갖기 위한 조건을 파악한다.

3

실수 전체의 집합에서 미분가능한 함수 $f(x)$가 모든 실수 x에 대하여 다음 조건을 만족시킨다.

> (가) $f(2+x)+f(2-x)=2$
>
> (나) $\{f(x)+3\}\{f(x)-5\}\neq0$
>
> (다) $f'(x+2)=\dfrac{1}{4}\{f(x+2)+3\}\{f(2-x)+3\}$

⟨보기⟩에서 옳은 것만을 있는 대로 고른 것은?

> ┤보기├
>
> ㄱ. 모든 실수 x에 대하여 $f(x)\neq-4$이다.
>
> ㄴ. $x_1<x_2$이고 $f(x_1)>f(x_2)$인 두 실수 x_1, x_2가 존재한다.
>
> ㄷ. 곡선 $y=f(x)$의 변곡점의 개수는 1이다.

① ㄱ   ② ㄴ   ③ ㄷ

④ ㄱ, ㄴ   ⑤ ㄱ, ㄷ

4

Killer

실수 전체의 집합에서 미분가능하고 $f'(0)=f'(2)=0$인 다항함수 $f(x)$와 함수 $g(x)=|4\sin|x|+2|$에 대하여 함수 $h(x)=(f\circ g)(x)$라 할 때, ⟨보기⟩에서 옳은 것만을 있는 대로 고른 것은?

> ┤보기├
>
> ㄱ. 모든 실수 x에 대하여 $h(-x)=h(x)$이다.
>
> ㄴ. 함수 $h(x)$는 실수 전체의 집합에서 미분가능하다.
>
> ㄷ. 실수 전체의 집합에서 함수 $h''(x)$가 존재한다.

① ㄱ   ② ㄴ   ③ ㄱ, ㄴ

④ ㄴ, ㄷ   ⑤ ㄱ, ㄴ, ㄷ

NOTE   1st ○△✕   2nd ○△✕

☐
☐
☐

NOTE   1st ○△✕   2nd ○△✕

☐
☐
☐

5

이차항의 계수가 1인 이차함수 $f(x)$에 대하여 함수 $g(x)=\ln f(x)$가 모든 실수 x에 대하여 이계도함수를 가지고,

$$\lim_{h \to 0}\frac{g'(1+2h)-\dfrac{3}{4}}{h}=-\frac{1}{8}$$

을 만족시킬 때, $f(3)$의 값을 구하시오.

6

Killer

최고차항의 계수가 1인 6차 이하의 다항함수 $f(x)$에 대하여 함수 $g(x)=|f(x)|$는 실수 전체의 집합에서 미분가능하고, 두 함수 $f(x)$, $g(x)$가 다음 조건을 만족시킨다.

㈎ 방정식 $f(x)=0$의 근은 0과 3뿐이다.

㈏ 함수 $g(x)$가 극값을 갖는 x의 개수는 함수 $f(x)$가 극값을 갖는 x의 개수보다 1개 더 많다.

㈐ $f''(0)<0$

$g(1)$의 값을 구하시오.

NOTE   1st ○ △ ×   2nd ○ △ ×

☐
☐
☐

NOTE   1st ○ △ ×   2nd ○ △ ×

☐
☐
☐

1

다음 조건을 만족시키는 실수 a, b에 대하여 $\underline{ab}$의 최댓값을 M, 최솟값을 m이라 하자.
②

> 모든 실수 x에 대하여 부등식
> $$-e^{-x+1} \leq ax+b \leq e^{x-2}$$
> **①**
> 이 성립한다.

$\left| M \times m^3 \right| = \dfrac{q}{p}$일 때, $p+q$의 값을 구하시오.

(단, p와 q는 서로소인 자연수이다.)

2

양수 t에 대하여 구간 $[1, \infty)$에서 정의된 함수 $f(x)$가
$$f(x) = \begin{cases} \ln x & (1 \leq x < e) \\ -t + \ln x & (x \geq e) \end{cases}$$
①
일 때, 다음 조건을 만족시키는 일차함수 $g(x)$ 중에서 직선 $y=g(x)$의 기울기의 최솟값을 $h(t)$라 하자.

> 1 이상의 모든 실수 x에 대하여 $\underline{(x-e)\{g(x)-f(x)\} \geq 0}$
> **②**
> 이다.

미분가능한 함수 $h(t)$에 대하여 양수 a가 $h(a) = \dfrac{1}{e+2}$을 만족시킨다. $h'\left(\dfrac{1}{2e}\right) \times h'(a)$의 값은?

① $\dfrac{1}{(e+1)^2}$ ② $\dfrac{1}{e(e+1)}$ ③ $\dfrac{1}{e^2}$

④ $\dfrac{1}{(e-1)(e+1)}$ ⑤ $\dfrac{1}{e(e-1)}$

행동전략

① 직선 $y=ax+b$는 두 곡선 $y=-e^{-x+1}$, $y=e^{x-2}$ 사이에 존재함을 파악한다.

② 직선 $y=ax+b$에서 기울기와 y절편의 곱이 최대, 최소일 때의 두 곡선 $y=-e^{-x+1}$, $y=e^{x-2}$과 직선 $y=ax+b$의 위치 관계를 파악한다.

행동전략

① 함수 $y=f(x)$의 그래프는 점 $(1, 0)$을 지남을 파악한다.

② x의 값의 범위에 따라 두 함수 $f(x)$와 $g(x)$의 대소를 비교한다.

3

함수 $f(x)=(x^2+ax)e^{-x+b}$에 대하여 점 $(0, 0)$과 점 $(3, 12)$는 곡선 $y=f(x)$의 변곡점이고, 곡선 밖의 한 점 $(0, k)$에서 곡선 $y=f(x)$에 그은 접선의 개수가 2일 때, 자연수 k의 최댓값은?

(단, a, b는 상수이고, 자연수 n에 대하여 $\lim\limits_{x\to\infty} x^n e^{-x}=0$이다.)

① 18   ② 20   ③ 22

④ 24   ⑤ 26

4   **Killer**

실수 m에 대하여 점 $(0, k)$를 지나고 기울기가 m인 직선이 곡선 $f(x)=(x^2-5x+6)e^x$과 만나는 점의 개수를 $g(m)$이라 하자. 함수 $g(m)$이 구간 $(-\infty, 0]$에서 연속이 되게 하는 실수 k의 최솟값은? (단, k는 $f(x)$의 극댓값보다 크다.)

① $3e$ ② $4e^{\frac{3}{2}}$ ③ e^2

④ $2e^2$ ⑤ $6e^{\frac{3}{2}}$

NOTE   1st ○△✕   2nd ○△✕

☐
☐
☐

NOTE   1st ○△✕   2nd ○△✕

☐
☐
☐

5

실수 k에 대하여 함수 $f(x)$는

$$f(x)=\begin{cases} -x^2+k & (x\leq 2) \\ \ln(x-2) & (x>2) \end{cases}$$

이다. 실수 t에 대하여 직선 $y=x+t$와 함수 $y=f(x)$의 그래프가 만나는 점의 개수를 $g(t)$라 하자. 함수 $g(t)$가 $t=a$에서 불연속인 a의 값이 두 개일 때, 모든 실수 k의 값의 합은?

① $-\dfrac{1}{4}$ ② $-\dfrac{1}{2}$ ③ $-\dfrac{3}{4}$

④ -1 ⑤ $-\dfrac{5}{4}$

6

상수 a에 대하여 함수 $f(x)=\dfrac{a\ln x}{x}$가 다음 조건을 만족시킨다.

> (가) 실수 k에 대하여 방정식 $|f(x)|=k$가 서로 다른 세 실근을 갖도록 하는 k의 값의 범위는 $0<k<1$이다.
>
> (나) $\displaystyle\lim_{x\to 0+}f(x)=-\infty$, $\displaystyle\lim_{x\to\infty}f(x)=0$

양의 실수 t에 대하여 기울기가 t인 직선이 곡선 $y=f(x)$에 접할 때, 접점의 x좌표를 $g(t)$라 하자. 미분가능한 함수 $g(t)$에 대하여 $a\times g'(a)$의 값은?

① $-e^2$ ② $-e$ ③ $-\dfrac{1}{3}$

④ e ⑤ $\dfrac{1}{3}e^2$

7

함수 $f(x)=\sqrt{4-x^2}$ $(-2\leq x\leq 1)$에 대하여 기울기가 각각 $\tan\theta$ $\left(0\leq\theta<\dfrac{\pi}{2}\right)$이고 곡선 $y=f(x)$와 만나는 서로 다른 두 직선 사이의 거리의 최댓값을 $g(\theta)$라 하자. 〈보기〉에서 옳은 것만을 있는 대로 고른 것은?

┤ 보기 ├

ㄱ. 함수 $g(\theta)$는 구간 $\left[0, \dfrac{\pi}{2}\right)$에서 연속이다.

ㄴ. 함수 $g(\theta)$는 $\theta=\dfrac{\pi}{6}$에서 미분가능하다.

ㄷ. 곡선 $y=g(\theta)$는 한 개의 변곡점을 가진다.

① ㄱ   ② ㄴ   ③ ㄱ, ㄷ

④ ㄴ, ㄷ   ⑤ ㄱ, ㄴ, ㄷ

8

양수 m에 대하여 구간 $[0, 6\pi]$에서 정의된 함수 $f(x)=-\cos x+mx-1$이 있다. 곡선 $y=f(x)$와 x축의 교점의 개수를 $g(m)$이라 하자. 구간 $\left(0, \dfrac{2}{3\pi}\right]$에서 함수 $g(m)$의 치역의 원소의 개수를 A, 함수 $g(m)$이 $m=a$에서 불연속인 a의 값의 개수를 B라 할 때, $A+B$의 값은?

① 5   ② 6   ③ 7

④ 8   ⑤ 9

NOTE   1st ○ △ ×   2nd ○ △ ×
- [ ]
- [ ]
- [ ]

NOTE   1st ○ △ ×   2nd ○ △ ×
- [ ]
- [ ]
- [ ]

07

미분가능성의 활용

행동전략 ① 미분계수의 정의를 이용하여 $x=a$에서의 미분가능성을 묻는 문제를 해결하라!

　✔ 함수 $f(x)$가 $x=a$에서 미분가능하면 $f(x)$는 $x=a$에서 연속이므로 연속임을 먼저 보인다.

　✔ 함수 $f(x)$가 구간별로 정의되어 있는 경우에 미분계수가 존재함을 보일 때는 각 구간에서 함수를 미분한 후 미분된 함수의 우극한과 좌극한이 같음을 이용할 수도 있다.

행동전략 ② 함수의 그래프가 주어졌을 때, 그래프의 개형으로 미분가능성을 파악하라!

　✔ 함수 $f(x)$가 $x=a$에서 미분가능하지 않은 경우는 함수의 그래프가 $x=a$에서 끊어진 경우 또는 꺾인 경우이다.

　✔ 구간별로 다르게 정의된 함수의 경우, 각 구간의 그래프의 개형을 그려 구간의 경계가 되는 x의 값에서의 미분가능성을 확인한다.

기출에서 뽑은 실전 개념 1 함수의 미분가능성의 판단

◆ **연속함수와 미분가능한 함수의 관계**

(1) 미분계수의 정의를 이용한 미분가능성의 판단

　함수 $f(x)$가 $x=a$에서 미분가능하려면 $\displaystyle\lim_{x \to a+} \frac{f(x)-f(a)}{x-a} = \lim_{x \to a-} \frac{f(x)-f(a)}{x-a}$ 임을 보이면 된다.

　$\underbrace{\qquad\qquad\qquad\qquad\qquad}_{\text{$x=a$에서의 (우미분계수)=(좌미분계수)}}$

(2) 함수의 그래프에서 미분가능성의 판단

　함수 $f(x)$가 $x=a$에서 미분가능하려면 함수 $y=f(x)$의 그래프가 $x=a$에서 매끄럽게 연결되어 있어야 한다.

　$\underbrace{\qquad\qquad\qquad}_{\text{$x=a$에서의 접선이 존재한다는 의미이다.}}$

◆ 함수 $f(x)$가 $x=a$에서 미분가능하다는 것은 $x=a$에서 x축과 수직이 아닌 접선이 존재한다는 의미이다.

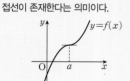

①

→ $\begin{cases} \text{(i) } x=a\text{에서 연속} \\ \text{(ii) } x=a\text{에서 (우미분계수)=(좌미분계수)} \end{cases}$

➡ $x=a$에서 미분가능하다.

②

→ $x=a$에서 불연속

➡ $x=a$에서 미분가능하지 않다.

③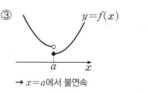

→ $x=a$에서 불연속

➡ $x=a$에서 미분가능하지 않다.

④

→ $\begin{cases} \text{(i) } x=a\text{에서 연속} \\ \text{(ii) } x=a\text{에서 (우미분계수)≠(좌미분계수)} \end{cases}$

➡ $x=a$에서 미분가능하지 않다.

　$\underbrace{\qquad\qquad\qquad}_{\text{$x=a$에서 그래프가 꺾인 경우, 즉 뾰족점에서는 미분가능하지 않다.}}$

행동전략

❶ $f(x)-k=0$인 x에서 미분가능할 때, 실수 전체의 집합에서 미분가능하다.

$f(x)=k$인 x의 값을 기준으로 함수 $g(x)$를 구간을 나누어 각각 미분한 후, 우미분계수와 좌미분계수가 서로 같음을 이용한다.

기출예시 1 2013년 4월 교육청 B 30　　　　◦해답 85쪽

함수 $f(x)=x+\cos x+\dfrac{\pi}{4}$에 대하여 함수 $g(x)$를

　$g(x)=|f(x)-k|$　(k는 $0<k<6\pi$인 상수)　❶

라 하자. 함수 $g(x)$가 실수 전체의 집합에서 미분가능하도록❶ 하는 모든 k의 값의 합을 $\dfrac{q}{p}\pi$라 할 때, $p+q$의 값을 구하시오. (단, p와 q는 서로소인 자연수이다.) [4점]

킬러 해결

TRAINING FOCUS ① 함수의 식을 이용한 미분가능성 판단

구간별로 다르게 정의된 함수의 미분가능성 문제에서 문제에 주어진 식을 직접 이용하거나 문제의 상황을 식으로 정리하면 쉽게 해결할 수 있다. 따라서 '구간별로 다르게 정의된 함수의 미분가능성' 개념을 자연스럽게 떠올릴 수 있도록 많은 연습을 해두는 것이 좋다. 수학Ⅱ의 다항함수의 미분가능성과 미적분의 지수함수, 로그함수, 삼각함수의 미분가능성을 판단하는 연습을 하도록 한다.

TRAINING 실전개념

함수 $f(x)=\begin{cases} g(x) & (x \le a) \\ h(x) & (x > a) \end{cases}$ 가

$x=a$에서 미분가능하려면
$$g'(a)=h'(a)$$
임을 보이면 된다.
또, 함수 $f(x)$가 실수 전체에서 미분가능하려면 구간의 경계인 $x=a$에서 미분가능함을 보이면 된다.

TRAINING 문제 ① 다음 함수 $f(x)$가 주어진 값에서 미분가능하도록 하는 상수 a, b에 대하여 $a+b$의 값을 구하시오.

(1) $f(x)=\begin{cases} ax^3+3 & (x<2) \\ be^{x-2}-1 & (x \ge 2) \end{cases}$, $x=2$에서 미분가능

(2) $f(x)=\begin{cases} \log_4 x+a & (0<x<1) \\ be^{x-1} & (x \ge 1) \end{cases}$, 모든 양수 x에 대하여 미분가능

(3) $f(x)=\begin{cases} 2\sin x+1 & (x \le 0) \\ ax+b & (x > 0) \end{cases}$, $x=0$에서 미분가능

TRAINING FOCUS ② 함수의 그래프를 이용한 미분가능성 판단

절댓값 기호가 포함된 함수의 미분가능성 문제는 그래프의 개형을 이용하면 쉽게 해결할 수 있다.
함수 $y=|f(x)|$의 그래프는 함수 $y=f(x)$의 그래프에서 $f(x)<0$인 부분을 x축에 대하여 대칭이동한 것이므로 $f(x)=0$인 x에서 그래프가 꺾인다. 이 꺾인 점이 뾰족점이 되는지 함수 $y=|f(x)|$의 그래프를 그려서 확인한다. 뾰족점에서는 우미분계수와 좌미분계수가 같지 않으므로 미분가능하지 않다.
그래프에서 미분가능성을 판단하는 연습을 하자.

TRAINING 실전개념

실수 전체의 집합에서 미분가능한 함수 $y=f(x)$에 대하여 함수 $y=|f(x)|$의 미분가능성을 판단할 때는 $f(x)=0$인 x에서의 미분가능성을 살핀다.
→ 함수 $y=f(x)$의 그래프가 $x=a$에서 x축에 접하거나 $x=a$에서 변곡점을 가지면 함수 $y=|f(x)|$는 $x=a$에서 미분가능하다.

TRAINING 문제 ② 다음 함수 $y=f(x)$의 그래프를 이용하여 함수 $y=|f(x)|$의 $x=0$에서의 미분가능성을 판단하시오.

(1) $f(x)=xe^{x-1}$

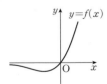

(2) $f(x)=x-\sin x$

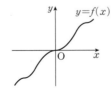

(3) $f(x)=\dfrac{x^2}{x-1}$ (단, $x<1$)

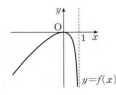

(4) $y=x^2-\ln(x+1)$

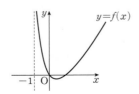

예 (1) 함수 $y=|f(x)|$가 $x=a$에서 미분가능한 경우

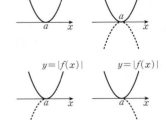

(2) 함수 $y=|f(x)|$가 $x=a$에서 미분가능하지 않은 경우

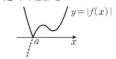

Killer

1

함수 $f(x)=e^{x+1}-1$과 자연수 n에 대하여 함수 $g(x)$를

$$g(x)=100|f(x)|-\sum_{k=1}^{n}|f(x^k)|$$ ❶

이라 하자. $g(x)$가 실수 전체의 집합에서 미분가능하도록 하는 모든 자연수 n의 값의 합을 구하시오. ❷

❶ x의 값의 범위에 따른
함수 $|f(x)|$의 도함수 구하기

❷ k가 홀수인 경우와 짝수인 경우로 나누어 함수 $|f(x^k)|$의 도함수 구하기

❸ n이 짝수인 경우와
홀수인 경우로 나누어
$\lim_{x \to -1+} g'(x)=\lim_{x \to -1-} g'(x)$인
n의 값 구하기

행동전략

❶ 함수 $|f(x)|=|e^{x+1}-1|$에서 $e^{x+1}-1=0$인 x의 값과 $|f(x^k)|$에서 $f(x^k)=0$인 x의 값을 파악한다.

❷ ❶에서 구한 x의 값에서 미분계수가 존재하도록 하는 자연수 n의 값을 구한다.

NOTE　　　　　　　　　　　1st ○ △ ✕　2nd ○ △ ✕

2

함수 $f(x)=|x^2-2x|e^{2-x}$과 양수 k에 대하여 함수 $h(x)$를

$$h(x)=\begin{cases} f(x) & (f(x)\leq kx) \\ kx & (f(x)>kx) \end{cases}$$

라 하자. 함수 $h(x)$가 미분가능하지 않은 x의 값의 개수가 2가 되도록 하는 k의 최솟값은?

① $\dfrac{1}{2e}$ ② $\dfrac{2}{3e}$ ③ $\dfrac{1}{e}$

④ $\dfrac{3}{2e}$ ⑤ $\dfrac{2}{e}$

3

함수 $f(x)=\begin{cases} \dfrac{e^2}{4}x^2e^x & (x\leq 1) \\ \dfrac{e^3}{2}(x-1)(x-3)+\dfrac{e^3}{4} & (x>1) \end{cases}$ 과 $t\neq 1$인 실수

t에 대하여 함수 $\sqrt{|f(x)-t|}$가 $x=k$에서 미분가능하지 않도록 하는 실수 k의 개수를 $g(t)$라 하자. 함수 $g(t)$의 치역의 모든 원소의 합을 S라 하고, $\left|\lim\limits_{t\to a+}g(t)-\lim\limits_{t\to a-}g(t)\right|=2$인 모든 실수 a의 개수를 N이라 할 때, $S+N$의 값은?

① 16   ② 17   ③ 18

④ 19   ⑤ 20

NOTE   1st ○△×   2nd ○△×

NOTE   1st ○△×   2nd ○△×

4

닫힌구간 $[0, 2\pi]$에서 정의된 함수 $y = 2\sin x$가 있다. 직선 $y = -x + k$에 대하여

$$f(x) = \begin{cases} 2\sin x & (2\sin x \le -x + k) \\ -x + k & (2\sin x > -x + k) \end{cases}$$

라 하자. $0 < k < 2\pi$에서 함수 $f(x)$가 미분가능하지 않은 점의 개수를 $g(k)$라 할 때, $a < k < b$에서 $g(k) = 3$이다. $b - a$의 최댓값은? (단, $a < \pi < b$)

① $\sqrt{3} - \dfrac{\pi}{2}$　　　② $\sqrt{3} - \dfrac{\pi}{3}$　　　③ $2\sqrt{3} - \dfrac{2}{3}\pi$

④ $\dfrac{\sqrt{3}}{3} + \dfrac{2}{3}\pi$　　　⑤ $2\sqrt{3} - \dfrac{\pi}{3}$

5

함수 $f(x)$가 다음 조건을 만족시킨다.

> (가) 모든 실수 a에 대하여
> $$\lim_{x \to a+} f(x) + \lim_{x \to a-} f(x) = 2f(a)\text{이다.}$$
> (나) 모든 실수 x에 대하여
> $$\{f(x) - |x^3|e^x\}\{f(x) - x^2 e^x\} = 0\text{이다.}$$

자연수 n에 대하여 함수 $f(x)$가 $x = t$에서 미분가능하지 않도록 하는 서로 다른 실수 t의 개수가 $n-1$인 서로 다른 함수 $f(x)$의 개수를 a_n이라 하자. $a_n \ne 0$을 만족시키는 자연수 n의 최댓값을 N이라 할 때, $\displaystyle\sum_{n=1}^{N} a_n^2$의 값을 구하시오.

NOTE　　　　　　　　　　　1st ○ △ ✕　2nd ○ △ ✕
☐
☐
☐

NOTE　　　　　　　　　　　1st ○ △ ✕　2nd ○ △ ✕
☐
☐
☐

여러 가지 함수에서의 적분 활용

행동전략 ❶ 무엇을 어떻게 치환해야 할지 결정하라!

✓ 구해야 하는 정적분에서 무엇을 치환해야 하는지 확인한다.

✓ 치환한 후 피적분함수 및 dx를 다른 문자에 대한 식으로 바꾸었을 때 적분이 가능한 식이어야 한다.

✓ 정적분의 치환적분에서는 적분 구간이 바뀌는 것에 주의한다.

행동전략 ❷ 피적분함수가 두 함수의 곱으로 되어 있을 때, 치환적분법이 어려우면 부분적분법을 이용하라!

✓ 피적분함수에서 어느 것을 각각 $f(x), g'(x)$로 놓고 부분적분법을 적용할지 확인한다.

✓ 고난도 문제일수록 치환적분법과 부분적분법을 동시에 이용하는 문제가 많다.

기출에서 뽑은 실전 개념 1 치환적분법

피적분함수에 어떤 함수와 그것의 도함수가 포함되어 있는 형태일 때 주로 치환적분법을 사용한다.
$\underbrace{}_{g(x)}$ $\underbrace{}_{g'(x)}$ $\underbrace{}_{g(x)=t로\ 치환}$

$$\int_a^b f(g(x))g'(x)dx = \int_{g(a)}^{g(b)} f(t)dt$$

• $\int_a^b f(g(x))g'(x)dx$에서 $g(x)=t$로 치환하면 $g'(x)dx=dt$로 간단하게 처리할 수 있음을 이용하자.

기출예시 1 | 2018학년도 수능 가 15 | ○해답 93쪽

함수 $f(x)$가 $\underline{f(x)=\int_0^x \frac{1}{1+e^{-t}}dt}$❶일 때, $(f \circ f)(a)=\ln 5$를 만족시키는 실수 a의 값은? [4점]

① $\ln 11$ ② $\ln 13$ ③ $\ln 15$ ④ $\ln 17$ ⑤ $\ln 19$

행동전략

❶ 치환적분법을 바로 이용할 수 없는 형태이므로 피적분함수를 변형한다.

$\dfrac{1}{1+e^{-t}}$의 분모, 분자에 각각 e^t을 곱하면 치환적분법을 이용할 수 있다.

기출에서 뽑은 실전 개념 2 부분적분법

피적분함수가 어떤 함수와 다른 함수의 도함수의 곱으로 되어 있는 형태일 때 주로 부분적분법을 사용한다.
$\underbrace{}_{f(x)}$ $\underbrace{}_{g'(x)}$

$$\int_a^b f(x)g'(x)dx = \Big[f(x)g(x)\Big]_a^b - \int_a^b f'(x)g(x)dx$$

수능적 발상

치환적분법이나 부분적분법을 바로 이용할 수 없는 경우에는 피적분함수의 변형을 통해 적분할 수 있는 형태로 바꾸어 해결한다.

$$\int_1^e \ln x dx = \int_1^e (1 \times \ln x)dx \overset{f(x)=\ln x,\, g'(x)=1}{=} \Big[x \times \ln x\Big]_1^e - \int_1^e \Big(x \times \frac{1}{x}\Big)dx$$

• **부분적분법의 피적분함수에서 $f(x), g'(x)$ 정하기**

로그함수	$f(x)$로 설정할 함수
다항함수	미분하기 좋은 함수
삼각함수	$g'(x)$로 설정할 함수
지수함수	적분하기 좋은 함수

기출예시 2 | 2020학년도 9월 평가원 가 17 | ○해답 93쪽

두 함수 $f(x), g(x)$는 실수 전체의 집합에서 도함수가 연속이고 다음 조건을 만족시킨다.

(가) 모든 실수 x에 대하여 $f(x)g(x)=x^4-1$이다.　(나) $\underline{\int_{-1}^1 \{f(x)\}^2 g'(x)dx=120}$❶

$\int_{-1}^1 x^3 f(x)dx$의 값은? [4점]

① 12   ② 15   ③ 18   ④ 21   ⑤ 24

행동전략

❶ 부분적분법을 이용하는 문제임을 파악한다.

$$\int_{-1}^1 \{f(x)\}^2 g'(x)dx$$
$$= \Big[\{f(x)\}^2 g(x)\Big]_{-1}^1$$
$$- \int_{-1}^1 [\{f(x)\}^2]' g(x)dx$$

임을 이용한다.

1

실수 전체의 집합에서 미분가능한 함수 $f(x)$가 다음 조건을 만족시킬 때, $f(-1)$의 값은?

(가) 모든 실수 x에 대하여

$2\{f(x)\}^2 f'(x) = \{f(2x+1)\}^2 f'(2x+1)$이다. ❶

(나) $f\left(-\dfrac{1}{8}\right) = 1$, $f(6) = 2$ ❷

---

① $\dfrac{\sqrt[3]{3}}{6}$ ② $\dfrac{\sqrt[3]{3}}{3}$ ③ $\dfrac{\sqrt[3]{3}}{2}$

④ $\dfrac{2\sqrt[3]{3}}{3}$ ⑤ $\dfrac{5\sqrt[3]{3}}{6}$

2

함수 $f(x) = \pi \sin 2\pi x$에 대하여 정의역이 실수 전체의 집합이고 치역이 집합 $\{0, 1\}$인 함수 $g(x)$와 자연수 n이 다음 조건 ❶ 을 만족시킬 때, n의 값은?

함수 $h(x) = f(nx)g(x)$는 실수 전체의 집합에서 연속이고 ❶

$$\int_{-1}^{1} h(x)\,dx = 2, \quad \int_{-1}^{1} xh(x)\,dx = -\frac{1}{32}$$

이다.

---

① 8   ② 10   ③ 12

④ 14   ⑤ 16

행동전략

❶ 치환적분법을 이용하여 함수 $f(x)$에 대한 식을 구한다.
❷ 주어진 조건을 만족시키는 적분상수를 구한다.

행동전략

❶ $g(x) = \begin{cases} 0 \\ 1 \end{cases}$ 이므로 $h(x) = \begin{cases} 0 \\ \pi \sin 2n\pi x \end{cases}$ 이다.

3

두 연속함수 $f(x)$, $g(x)$가

$$g(x) = \begin{cases} f(\ln x) & (1 \le x < e) \\ g\left(\dfrac{x}{e}\right) + 3 & (e \le x \le e^2) \end{cases}$$

을 만족시키고, $\displaystyle\int_0^2 g(e^x)dx = 6e - 7$이다. $\displaystyle\int_0^1 f(x)dx = ae + b$

일 때, $a^2 + b^2$의 값을 구하시오. (단, a, b는 정수이다.)

4

실수 전체의 집합에서 증가하고 미분가능한 함수 $f(x)$의 역함수를 $g(x)$라 할 때, 함수 $g(x)$는 다음 조건을 만족시킨다.

> (가) $g(4) = 4$
>
> (나) $x > 0$인 모든 실수 x에 대하여 $g(2g(x)) = 2x$

$\displaystyle\int_1^{16} xg'\left(\dfrac{1}{2}x\right)dx = 60$일 때, $\displaystyle\int_1^2 f(x)dx = \dfrac{q}{p}$이다. $p + q$의 값을 구하시오.

(단, $f(0) \ge 0$이고, p와 q는 서로소인 자연수이다.)

NOTE
1st ○ △ ×   2nd ○ △ ×

□
□
□

NOTE
1st ○ △ ×   2nd ○ △ ×

□
□
□

5

Killer

1보다 큰 실수 전체의 집합에서 미분가능한 두 함수 $f(x)$, $g(x)$ 가 1보다 큰 모든 실수 x에 대하여 다음 조건을 만족시킨다.

> (가) $f(x)+xf'(x)=\dfrac{1}{x(\ln x)^2}$
>
> (나) $g(x)=\dfrac{3}{8e^2}\displaystyle\int_e^x (\ln t)^2 f(t)dt$

$f(e)=\dfrac{1}{e}$일 때, $f(e^2)-g(e^2)$의 값은?

① $\dfrac{1}{16e^2}$ ② $\dfrac{3}{16e^2}$ ③ $\dfrac{5}{16e^2}$

④ $\dfrac{7}{16e^2}$ ⑤ $\dfrac{9}{16e^2}$

6

두 유리수 a, b에 대하여 함수 $f(x)=a\sin^2 x+b\sin x$가

$$f\left(\frac{\pi}{4}\right)=8-\sqrt{2}$$

를 만족시킨다. 실수 t $(1<t<14)$에 대하여 함수 $y=f(x)$의 그래프와 직선 $y=t$가 만나는 점의 x좌표 중 양수인 것을 작은 수부터 크기순으로 모두 나열할 때, n번째 수를 x_n이라 하고

$$c_n=\int_3^{8-\sqrt{2}}\frac{t}{f'(x_n)}dt$$

라 하자. $\displaystyle\sum_{n=1}^{53} c_n=\dfrac{q}{p}\pi+r+\sqrt{2}+\sqrt{3}$일 때, $|pqr|$의 값을 구하시오. (단, p와 q는 서로소인 자연수이고, r는 유리수이다.)

NOTE
                             1st ○ △ ✕   2nd ○ △ ✕
☐
☐
☐

NOTE
                             1st ○ △ ✕   2nd ○ △ ✕
☐
☐
☐

7

실수 전체의 집합에서 이계도함수가 연속인 함수 $f(x)$가 모든 실수 x에 대하여 $f'(x)>0$이고 $2f(3)=f'(3)$을 만족시킨다. $\displaystyle\int_0^3 \frac{xf(x)}{f'(x)}\,dx=\frac{3}{2}$일 때, $\displaystyle\int_0^3 \frac{x^2f(x)f''(x)}{\{f'(x)\}^2}\,dx$의 값은?

① $\dfrac{11}{2}$ ② 6 ③ $\dfrac{13}{2}$

④ 7 ⑤ $\dfrac{15}{2}$

8

Killer

실수 전체의 집합에서 연속인 함수 $f(x)$가

$$\int_0^{\frac{\pi}{2}} f(x)\sin^3 x\,dx=2,\quad \int_0^{\frac{\pi}{2}} f(x)\cos^2 x \sin x\,dx=3$$

을 만족시킨다. 함수 $f(x)$의 한 부정적분 $F(x)$에 대하여 $F\left(\dfrac{\pi}{2}\right)=6$일 때, $\displaystyle\int_0^{\frac{\pi}{2}} F(x)\cos^3 x\,dx$의 값은?

① $-\dfrac{5}{3}$ ② $-\dfrac{4}{3}$ ③ -1

④ $-\dfrac{2}{3}$ ⑤ $-\dfrac{1}{3}$

NOTE   1st ○ △ ✕   2nd ○ △ ✕
□
□
□

NOTE   1st ○ △ ✕   2nd ○ △ ✕
□
□
□

1

실수 전체의 집합에서 미분가능한 함수 $f(x)$에 대하여 곡선 $y=f(x)$ 위의 점 $(t,\ f(t))$에서의 접선의 y절편을 $g(t)$라 하자. 모든 실수 t에 대하여

$$(1+t^2)\{g(t+1)-g(t)\}=2t$$

이고, $\displaystyle\int_0^1 f(x)dx=-\dfrac{\ln 10}{4}$, $f(1)=4+\dfrac{\ln 17}{8}$일 때,

$2\{f(4)+f(-4)\}-\displaystyle\int_{-4}^4 f(x)dx$의 값을 구하시오.

2

실수 전체의 집합에서 미분가능한 함수 $f(x)$가 모든 실수 x에 대하여

$$f'(x^2+x+1)=\pi f(1)\sin \pi x+f(3)x+5x^2$$

을 만족시킬 때, $f(7)$의 값을 구하시오.

행동전략

❶ 접선의 방정식을 이용하여 $g(t)$를 $f(t)$에 대한 식으로 나타낸다.
❷ 양변을 부정적분하여 적분상수를 구한다.
❸ 함수 $f(x)$의 식을 구할 수는 없으므로 주어진 조건을 활용하여 식을 변형한다.

행동전략

❶ 함수 $\{f(x^2+x+1)\}'=f'(x^2+x+1)(2x+1)$임을 이용한다.
❷ $f(1)=a$, $f(3)=b$로 놓고 복잡한 식을 간단히 정리한다.

3

세 정수 a, b, c에 대하여 $0 \le x \le \dfrac{3}{2}\pi$에서 정의된 연속함수 $f(x)$의 도함수 $f'(x)$가

$$f'(x) = \begin{cases} |a|\cos x & \left(0 < x < \dfrac{\pi}{2}\right) \\ |b|\cos 2x & \left(\dfrac{\pi}{2} < x < \pi\right) \\ |c|\cos 3x & \left(\pi < x < \dfrac{3}{2}\pi\right) \end{cases}$$

이고 $f(0)=0$, $\displaystyle\int_0^{\frac{3}{2}\pi} f(x)dx = 2\pi$일 때, $a-b-c$의 최댓값을 M, 최솟값을 m이라 하자. $M-m$의 값을 구하시오.

4

Killer

두 상수 a, b에 대하여 함수 $f(x) = 4\sqrt{3}\, e^{a-b\cos^2 x}\sin x \cos x$가

$$e^2 f\left(\dfrac{\pi}{6}\right) = f\left(\dfrac{\pi}{3}\right), \quad f\left(\dfrac{2}{3}\pi\right) = -3e^3$$

을 만족시킨다. 함수 $f(x)$의 최댓값을 M, 최솟값을 m이라 할 때, $m \le t \le M$인 실수 t에 대하여 방정식 $f(x)=t$의 음이 아닌 실근을 작은 수부터 크기순으로 나열할 때, n번째 수를 x_n이라 하자.

$$a_n = \int_{3e}^{3e^3} \dfrac{t}{f'(x_n)}dt, \quad b_n = \int_{-3e^3}^{-3e} \dfrac{t}{f'(x_n)}dt$$

라 할 때, $\displaystyle\sum_{n=1}^{20} a_n + \sum_{n=1}^{19} b_n$의 값은? (단, $M > 3e^3$)

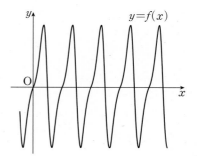

① $\sqrt{3}(e-e^3)$ ② $\dfrac{\sqrt{3}}{2}(e-e^3)$ ③ 0

④ $\dfrac{\sqrt{3}}{2}(e^3-e)$ ⑤ $\sqrt{3}(e^3-e)$

NOTE   1st ○ △ ×   2nd ○ △ ×

NOTE   1st ○ △ ×   2nd ○ △ ×

○ 해답 105쪽

5

실수 전체의 집합에서 연속인 함수 $f(x)$에 대하여 함수 $g(x)=x^2 f(x)$가 다음 조건을 만족시킨다.

> ㈎ 임의의 양의 실수 t에 대하여 두 점 $(t, g(t))$, $(2t, g(2t))$
>
> 를 지나는 직선의 기울기는 $\dfrac{t}{t^2+1}$이다.
>
> ㈏ $\displaystyle\int_1^2 \dfrac{g(x)}{x}\,dx = \dfrac{3\ln 2}{4}$이다.

$\displaystyle\int_2^8 \dfrac{g(x)}{x}\,dx = \dfrac{1}{2}\ln p$일 때, 자연수 p의 값을 구하시오.

6

실수 전체의 집합에서 미분가능한 두 함수 $f(x)$, $g(x)$가 다음 조건을 만족시킨다.

> ㈎ 함수 $f(x)$는 $f(0)=0$, $f(1)>0$인 일차함수이다.
>
> ㈏ $f'(x)g(x)+f(x)g'(x)=(x+1)e^x+1$
>
> ㈐ 함수 $h(x)=f(x)+g(x)$에 대하여 곡선 $y=h'(x)$의 점
> 근선은 직선 $y=2$이다.

두 곡선 $y=(f \circ g)(x)$, $y=(g \circ f)(x)$와 y축으로 둘러싸인

부분의 넓이는 $\dfrac{\ln(1+\sqrt{2})+\sqrt{2}-q}{p}$이다. 두 자연수 p, q에 대

하여 $p+q$의 값을 구하시오.

NOTE   1st ○ △ ✕   2nd ○ △ ✕
☐
☐
☐

NOTE   1st ○ △ ✕   2nd ○ △ ✕
☐
☐
☐

적분과 미분의 관계 활용

행동전략 ① 주어진 식을 해석하여 함수의 그래프를 파악하라!

✓ 함수 $y=f(x)$의 그래프가 y축에 대하여 대칭일 때, 그 도함수 $y=f'(x)$의 그래프는 원점에 대하여 대칭이다.
✓ 대칭인 함수 또는 주기함수를 나타내는 식이 주어진 경우, 함수의 그래프의 개형을 그린다.

행동전략 ② 정적분으로 정의된 함수는 함숫값과 도함수를 구하라!

✓ 위끝과 아래끝을 일치시켜서 함숫값을 얻는다.
✓ 식의 양변을 x에 대하여 미분한다.

▌기출에서 뽑은 실전 개념 **1** 함수의 그래프의 특징을 나타내는 식

(1) $f(x)=f(-x)$ → 직선 $x=0$(y축)에 대하여 대칭

(2) $f(x)=-f(-x)$ → 원점에 대하여 대칭

(3) $f(x+p)=f(x)$ → 주기가 p인 주기함수

(4) $f(a-x)=f(a+x)$ 또는 $f(x)=f(2a-x)$ → 직선 $x=a$에 대하여 대칭

(5) $f(a-x)+f(a+x)=2b$ 또는 $f(x)+f(2a-x)=2b$ → 점 (a, b)에 대하여 대칭

• $f(x)=f(2a-x)$에서 $t=a-x$라 하면 $x=a-t$이므로 $f(a-t)=f(a+t)$, 즉 직선 $x=a$에 대하여 대칭이다.

▌기출에서 뽑은 실전 개념 **2** 정적분으로 정의된 함수의 풀이

정적분으로 정의된 함수는 다음 순서로 푼다.

(ⅰ) 위끝과 아래끝이 일치하도록 적절한 값을 대입하여 함숫값을 얻는다. → 문제에 숨겨진 조건이므로 충분히 연습하여 놓치는 일이 없도록 해야 한다.

→ $g(x)=\int_a^x f(t)dt$에 $x=a$를 대입하면 $g(a)=0$

(ⅱ) 식의 양변을 x에 대하여 미분한다.

→ $g(x)=\int_a^x f(t)dt$의 양변을 x에 대하여 미분하면 $g'(x)=f(x)$

(ⅲ) 피적분함수에 포함된 변수가 2개 이상이면 먼저 정적분의 식을 정리한 후, 양변을 미분한다.

→ $g(x)=\int_a^x (x-t)f(t)dt$에서 먼저 우변을 정리하면

$$g(x)=x\int_a^x f(t)dt-\int_a^x tf(t)dt$$
└── 피적분함수는 t에 대한 함수이므로 x를 적분 기호 앞으로 빼낼 수 있다.

이 식의 양변을 x에 대하여 미분하면

$$g'(x)=\int_a^x f(t)dt+xf(x)-xf(x)=\int_a^x f(t)dt$$

기출예시 1 2020년 10월 교육청 가 12 　　　　　　 ●해답 107쪽

연속함수 $f(x)$가 모든 양의 실수 t에 대하여 $\underline{\int_0^{\ln t} f(x)dx=(t\ln t+a)^2-a}$ 를 만족시킬 때,
　　　　　　　　　　　　　　　　　　　　　　　　　　　❶

$f(1)$의 값은? (단, a는 0이 아닌 상수이다.) [3점]

① $2e^2+2e$　　② $2e^2+4e$　　③ $4e^2+4e$　　④ $4e^2+8e$　　⑤ $8e^2+8e$

행동전략

❶ 정적분으로 정의된 함수와 합성함수의 미분법을 이용한다.
위끝과 아래끝이 일치하도록 $t=1$을 대입하면
$0=a^2-a$, $a(a-1)=0$
∴ $a=1$ (∵ $a\neq0$)
$a=1$을 주어진 식에 대입한 후 양변을 t에 대하여 미분한다.

킬러 해결

● 해답 107쪽

TRAINING FOCUS ① 함수의 그래프의 특징을 나타내는 식과 정적분의 성질

함수의 그래프의 특징을 나타내는 식 또는 문장이 주어진 경우 이와 정적분의 성질을 연결하여 정적분의 값을 구할 수 있는 문제가 출제된다. 특히 고난도 문항일수록 이러한 계산은 간단히 해결해야 하므로 훈련이 꼭 필요하다.

TRAINING 문제 1 다음 물음에 답하시오.

(1) 연속함수 $f(x)$가 모든 실수 x에 대하여 $f(-x)=f(x)$, $f(x+2)=f(x)$이고

$$\int_{-1}^{1}(x+2)f(x)dx=8일 때, \int_{-2}^{3}f(x)dx의 값을 구하시오.$$

(2) 미분가능한 함수 $f(x)$가 모든 실수 x에 대하여 $f'(2-x)=f'(2+x)$이고 $f(2)=5$일 때,

$$\int_{0}^{4}f(x)dx의 값을 구하시오.$$

TRAINING 실전개념

(1) $f(x)=-f(-x)$이면
$$\int_{-a}^{a}f(x)dx=0$$

(2) $f(x)=f(-x)$이면
$$\int_{-a}^{a}f(x)dx=2\int_{0}^{a}f(x)dx$$

(3) $f(x)=f(x+p)$이고 n이 자연수이면
$$\int_{a}^{a+np}f(x)dx=n\int_{a}^{a+p}f(x)dx$$

TIP 함수의 그래프의 특징을 나타내는 식은 무작정 외우는 것이 아니라, 함수의 그래프와 연결시켜 기억해야 실전에 응용할 수 있다.

TRAINING FOCUS ② 정적분으로 정의된 함수

정적분으로 정의된 함수에서는 위끝과 아래끝을 일치시켜 함숫값을 구하는 것 이외에, 주어진 식의 양변을 미분하여 해결하는 문제들이 많이 출제된다. 이때 위끝이나 아래끝에 식이 포함된 경우 식의 변수가 단순히 일차식이 아니라 이차식, 또는 더 복잡한 형태로 주어질 수도 있다. 이 경우에는 피적분함수의 한 부정적분을 생각하여 순차적으로 접근하는 것이 실수를 줄일 수 있는 길이다.

TRAINING 문제 2 다음 함수를 x에 대하여 미분하시오.

(1) $\displaystyle\int_{1}^{x+3}\cos t\,dt$

(2) $\displaystyle\int_{x}^{x^2}2e^{2t}\,dt$

(3) $\displaystyle\int_{\pi}^{x}(x^2-t^2)\sin t\,dt$

(4) $\displaystyle\int_{0}^{f(x)}f^{-1}(t)\,dt$

(단, 함수 $f(x)$는 실수 전체의 집합에서 연속이고, $f^{-1}(x)$는 $f(x)$의 역함수이다.)

TRAINING 실전개념

함수 $f(t)$의 한 부정적분을 $F(t)$라 하면 $F'(t)=f(t)$이므로
$$\frac{d}{dx}\int_{g(x)}^{h(x)}f(t)dt$$
$$=\frac{d}{dx}\Big[F(t)\Big]_{g(x)}^{h(x)}$$
$$=\frac{d}{dx}\{F(h(x))-F(g(x))\}$$
$$=F'(h(x))h'(x)-F'(g(x))g'(x)$$
$$=f(h(x))h'(x)-f(g(x))g'(x)$$

Killer

1

실수 전체의 집합에서 미분가능한 함수 $f(x)$가 상수 a $(0<a<2\pi)$와 모든 실수 x에 대하여 다음 조건을 만족시킨다.

(가) $f(x)=f(-x)$ ❶

(나) $\displaystyle\int_{x}^{x+a} f(t)\,dt=\sin\left(x+\dfrac{\pi}{3}\right)$ ❷

닫힌구간 $\left[0, \dfrac{a}{2}\right]$에서 두 실수 b, c에 대하여 $f(x)=b\cos 3x+c\cos 5x$일 때, $abc=-\dfrac{q}{p}\pi$이다. $p+q$의 값을 구하시오. (단, p와 q는 서로소인 자연수이다.)

❶ a의 값 구하기

❷ 도함수의 그래프의 대칭성을 이용하여 b와 c 사이의 관계식 구하기

❸ 주어진 정적분을 변형하여 b와 c 사이의 관계식 구하기

❹ abc의 값을 구하여 $p+q$의 값 계산하기

행동전략

❶ 함수 $y=f(x)$의 그래프는 y축에 대하여 대칭이다.

❷ $x=-\dfrac{a}{2}$를 대입하여 $\displaystyle\int_{-\frac{a}{2}}^{\frac{a}{2}} f(t)\,dt$의 식을 구한다. 또, 양변을 x에 대하여 미분하여 $f(x+a)-f(x)$의 식을 구한다.

NOTE　　　　　　　　　1st ○ △ ✕　2nd ○ △ ✕

□
□
□

2

연속함수 $y=f(x)$의 그래프가 원점에 대하여 대칭이고, 모든 실수 x에 대하여

$$f(x)=2\int_2^{x+2} tf(t)\,dt$$

이다. $f(2)=4$일 때,

$$\int_0^2 (x^3+2x^2)f(x+2)\,dx$$

의 값은?

① 2   ② 4   ③ 6
④ 8   ⑤ 10

3

실수 전체의 집합에서 연속인 함수 $f(x)$가 다음 조건을 만족시킨다.

> ㈎ $0\leq x\leq\pi$일 때, $f(x)=a\cos x+b$이다.
> (단, a, b는 상수이고 $a\neq0$이다.)
>
> ㈏ $x\geq0$인 모든 실수 x에 대하여
> $$f(x)=\int_0^x \sqrt{4f(t)-\{f(t)\}^2}\,dt$$이다.

$\dfrac{1}{\pi}\displaystyle\int_0^{4\pi} f(x)\,dx$의 값을 구하시오.

NOTE   1st ○ △ ✕   2nd ○ △ ✕
☐
☐
☐

NOTE   1st ○ △ ✕   2nd ○ △ ✕
☐
☐
☐

4

실수 전체의 집합에서 이계도함수가 존재하고 그래프가 원점에서 직선 $y=6x$에 접하는 함수 $f(x)$가 있다. 함수

$$g(x)=\int_0^x \{f(x)-f(t)\}(e^t-e^{-t})\,dt$$

가 상수함수가 아닌 다항함수일 때, 그중 차수가 최소가 되도록 하는 함수 $f(x)$를 $h(x)$라 하자. $\int_{-2}^2 (e^{\frac{x}{2}}-e^{-\frac{x}{2}})^3 \dfrac{h'(x)}{x}\,dx$의 값은?

① $\dfrac{64}{e}$　　　　② $\dfrac{72}{e}$　　　　③ $\dfrac{80}{e}$

④ $\dfrac{88}{e}$　　　　⑤ $\dfrac{96}{e}$

5

실수 전체의 집합에서 연속인 함수 $f(x)$와 미분가능한 함수 $g(x)$가 다음 조건을 만족시킨다.

> (가) 모든 실수 x에 대하여
> $$\int_0^x f(g(t))\,dt=2g(x)+\frac{1}{2}x^2-2$$
> 이다.
>
> (나) $\displaystyle\int_0^1 \{f(x)+g(x)\}\,dx=\dfrac{1}{12}$

$g(1)=0$일 때, $\displaystyle\int_0^1 f(g(x))\{f(g(x))+1\}\,dx$의 값은?

① $-\dfrac{11}{6}$　　　　② $-\dfrac{5}{3}$　　　　③ $-\dfrac{3}{2}$

④ $-\dfrac{4}{3}$　　　　⑤ $-\dfrac{7}{6}$

NOTE　　　　　　　　　　　　　　1st ○ △ ✕　　2nd ○ △ ✕

☐
☐
☐

NOTE　　　　　　　　　　　　　　1st ○ △ ✕　　2nd ○ △ ✕

☐
☐
☐

09-2
적분과 미분의 관계 – 그래프의 개형 추론

1

실수 a와 함수 $f(x)=\ln(x^4+1)-c$ ($c>0$인 상수)에 대하여 함수 $g(x)$를

$$g(x)=\int_a^x f(t)\,dt \qquad \text{①}$$

라 하자. 함수 $y=g(x)$의 그래프가 x축과 만나는 서로 다른 점의 개수가 2가 되도록 하는 모든 a의 값을 작은 수부터 크기순으로 나열하면 $a_1,\ a_2,\ \cdots,\ a_m$ (m은 자연수)이다. $a=a_1$일 때, 함수 $g(x)$와 상수 k는 다음 조건을 만족시킨다.

> ㈎ 함수 $g(x)$는 $x=1$에서 극솟값을 갖는다.
>
> ㈏ $\displaystyle\int_{a_1}^{a_m} g(x)\,dx = k a_m \int_0^1 |f(x)|\,dx$ 　②

$mk \times e^c$의 값을 구하시오.

---

① c의 값을 구하고, 함수 $y=f(x)$의 그래프의 개형 그리기

② m의 값을 구하고, 함수 $y=g(x)$의 그래프의 개형 그리기

③ $\displaystyle\int_{a_1}^{a_m} g(x)\,dx$를 변형하여 k의 값 구하기

행동전략

❶ 함수 $y=f(x)$의 그래프를 이용하여 함수 $y=g(x)$의 그래프의 개형을 그린다.

❷ 양변의 정적분을 직접 계산하기보다 각각의 정적분의 값이 두 함수 $y=f(x)$, $y=g(x)$의 그래프에서 갖는 의미를 파악하거나 두 함수의 관계를 이용한다.

NOTE　　　　1st ○ △ ✕　2nd ○ △ ✕

2

모든 실수 x에 대하여 $f(1-x)=f(1+x)$이고, 닫힌구간 $[0, 1]$에서 증가하는 연속함수 $f(x)$가

$$\int_0^1 f(x)\,dx=1, \int_1^2 |f(x)|\,dx=5$$

를 만족시킨다. 함수 $F(x)$가

$$F(x)=\int_0^x |f(t)|\,dt \ (0\le x\le 2)$$

일 때, $\int_0^2 f(x)F(x)\,dx$의 값을 구하시오.

3

수열 $\{a_n\}$이 $a_n=2^{n-1}-1$일 때, 구간 $[0, \infty)$에서 정의된 함수 $f(x)$가 모든 자연수 n에 대하여

$$f(x)=\cos\left(2^{2-n}\pi(x-a_n)\right) \ (a_n\le x\le a_{n+1})$$

이다. $3<\alpha<4$인 실수 α에 대하여 $\int_\alpha^t f(x)\,dx=0$을 만족시키는 100 이하의 양수 t의 개수가 11일 때, α의 값은?

① $\dfrac{19}{6}$ ② $\dfrac{10}{3}$ ③ $\dfrac{7}{2}$

④ $\dfrac{11}{3}$ ⑤ $\dfrac{23}{6}$

4

실수 전체의 집합에서 미분가능한 함수 $f(x)$가 다음 조건을
만족시킨다.

> (가) $0 \le x \le 2$에서 $f(x) = ax + b \sin cx$
>
> (단, a는 양수이고 b, c는 상수이다.)
>
> (나) 모든 실수 x에 대하여 $f(x) = f(-x)$, $f(x) = f(x+4)$
>
> 이다.

함수 $g(x) = \int_x^{x+2} |tf'(t)| \, dt$에 대하여 $g(8) - g(4) = 16$일

때, $g'(7)$의 값을 구하시오. (단, $f'(1) \ne 0$)

5

함수 $f(x) = \ln \{(x-a)^2 + 1\}$에 대하여 함수 $g(x)$를

$$g(x) = \int_k^x |f'(t)| \, dt \ (k는 상수)$$

라 할 때, 두 함수 $f(x)$, $g(x)$가 다음 조건을 만족시킨다.

> (가) 양의 실수 t에 대하여 x에 대한 방정식
>
> $\{f(x) - t\}\{g(x) - t\} = 0$의 서로 다른 실근의 개수를
>
> $h(t)$라 할 때, 함수 $h(t)$는 $t = f(2a)$에서만 불연속이다.
>
> (나) $f(k) = g(2)$

$\int_0^{2a} g(x) \, dx$의 값은? (단, a는 양수이다.)

① $2 \ln 5$ ② $4 \ln 2$ ③ $4 \ln 5$

④ $8 \ln 2$ ⑤ $8 \ln 5$

NOTE   1st ○△✕   2nd ○△✕

NOTE   1st ○△✕   2nd ○△✕

수 능
일등급
완 성

고난도 미니 모의고사

1

자연수 k에 대하여

$$a_k = \lim_{n \to \infty} \frac{\left(\dfrac{6}{k}\right)^{n+1}}{\left(\dfrac{6}{k}\right)^{n} + 1}$$

이라 할 때, $\displaystyle\sum_{k=1}^{10} k a_k$의 값을 구하시오.

2

최고차항의 계수가 1인 사차함수 $f(x)$에 대하여

$$F(x) = \ln |f(x)|$$

라 하고, 최고차항의 계수가 1인 삼차함수 $g(x)$에 대하여

$$G(x) = \ln |g(x) \sin x|$$

라 하자.

$$\lim_{x \to 1} (x-1) F'(x) = 3, \quad \lim_{x \to 0} \frac{F'(x)}{G'(x)} = \frac{1}{4}$$

일 때, $f(3) + g(3)$의 값은?

① 57   ② 55   ③ 53

④ 51   ⑤ 49

3

그림과 같이 원에 내접하고 한 변의 길이가 $2\sqrt{3}$인 정삼각형 ABC가 있다. 점 B를 포함하지 않는 호 AC 위의 점 P에 대하여 $\angle \text{PBC}=\theta$라 하고, 선분 PC를 한 변으로 하는 정삼각형에 내접하는 원의 넓이를 $S(\theta)$라 하자. $\displaystyle\lim_{\theta \to 0+}\frac{S(\theta)}{\theta^2}=a\pi$일 때, $60a$의 값을 구하시오.

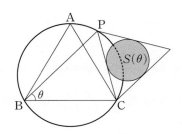

4

그림은 함수 $f(x)=x^2 e^{-x+2}$의 그래프이다. 실수 k에 대하여 방정식 $(f \circ f)(x)=k$의 서로 다른 실근의 개수를 $g(k)$라 할 때, $g(1)+g(3)$의 값은?

(단, $2.7<e<2.8$이고, $\displaystyle\lim_{x \to \infty}f(x)=0$이다.)

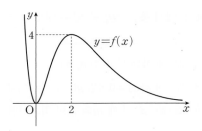

① 6   ② 8   ③ 10

④ 12   ⑤ 14

5

실수 t에 대하여 곡선 $y=e^x$ 위의 점 (t, e^t)에서의 접선의 방정식을 $y=f(x)$라 할 때, 함수 $y=|f(x)+k-\ln x|$가 양의 실수 전체의 집합에서 미분가능하도록 하는 실수 k의 최솟값을 $g(t)$라 하자. 두 실수 a, b $(a<b)$에 대하여 $\int_a^b g(t)dt=m$이라 할 때, 〈보기〉에서 옳은 것만을 있는 대로 고른 것은?

| 보기 |

ㄱ. $m<0$이 되도록 하는 두 실수 a, b $(a<b)$가 존재한다.

ㄴ. 실수 c에 대하여 $g(c)=0$이면 $g(-c)=0$이다.

ㄷ. $a=\alpha$, $b=\beta$ $(\alpha<\beta)$일 때 m의 값이 최소이면
$\dfrac{1+g'(\beta)}{1+g'(\alpha)}<-e^2$이다.

① ㄱ   ② ㄴ   ③ ㄱ, ㄴ

④ ㄱ, ㄷ   ⑤ ㄱ, ㄴ, ㄷ

6

양의 실수 전체의 집합에서 감소하고 연속인 함수 $f(x)$가 다음 조건을 만족시킨다.

㈎ 모든 양의 실수 x에 대하여 $f(x)>0$이다.

㈏ 임의의 양의 실수 t에 대하여 세 점 $(0, 0)$, $(t, f(t))$, $(t+1, f(t+1))$을 꼭짓점으로 하는 삼각형의 넓이가 $\dfrac{f(t)f(t+1)}{t}$이다.

실수 t에 대하여 곡선 $y=f(x)$ 위의 점 $(t, f(t))$에서의 접선의 y절편을 $g(t)$라 할 때, $\displaystyle\int_1^5 \dfrac{g(t)}{\{f(t)\}^2} dt$의 값은?

① $\dfrac{7}{2}$ ② $\dfrac{11}{3}$ ③ $\dfrac{23}{6}$

④ 4 ⑤ $\dfrac{25}{6}$

1

직사각형 ABCD에서 $\overline{AB}=1$, $\overline{AD}=2$이다. 그림과 같이 직사각형 ABCD의 한 대각선에 의하여 만들어지는 두 직각삼각형의 내부에 두 변의 길이의 비가 $1:2$인 두 직사각형을 긴 변이 대각선 위에 놓이면서 두 직각삼각형에 각각 내접하도록 그리고, 새로 그려진 두 직사각형 중 하나에 색칠하여 얻은 그림을 R_1이라 하자. 그림 R_1에서 새로 그려진 두 직사각형 중 색칠되어 있지 않은 직사각형에 그림 R_1을 얻는 것과 같은 방법으로 만들어지는 두 직사각형 중 하나에 색칠하여 얻은 그림을 R_2라 하자. 이와 같은 과정을 계속하여 n번째 얻은 그림 R_n에 색칠되어 있는 부분의 넓이를 S_n이라 할 때, $\lim\limits_{n \to \infty} S_n$의 값은?

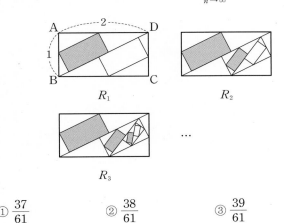

① $\dfrac{37}{61}$ ② $\dfrac{38}{61}$ ③ $\dfrac{39}{61}$

④ $\dfrac{40}{61}$ ⑤ $\dfrac{41}{61}$

2

그림과 같이 원 $x^2+y^2=4$ 위의 서로 다른 두 점 A, B가 각각 제1사분면과 제2사분면에 있다. 점 A에서의 접선이 x축과 만나는 점을 P, 점 B에서의 접선이 x축과 만나는 점을 Q라 할 때, 다음 조건을 만족시킨다.

(가) $\overline{AP}+\overline{BQ}=5\sqrt{2}$

(나) 삼각형 OAP의 넓이는 삼각형 OBQ의 넓이의 4배이다.

$4\tan^2(\angle AOB)$의 값을 구하시오. (단, O는 원점이다.)

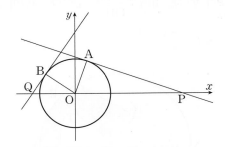

3

그림과 같이 길이가 2인 선분 AB를 지름으로 하는 반원의 호 AB 위에 점 P가 있다. 중심이 A이고 반지름의 길이가 $\overline{\text{AP}}$인 원과 선분 AB의 교점을 Q라 하자. 호 PB 위에 점 R를 호 PR 와 호 RB의 길이의 비가 3 : 7이 되도록 잡는다. 선분 AB의 중점을 O라 할 때, 선분 OR와 호 PQ의 교점을 T, 점 O에서 선분 AP에 내린 수선의 발을 H라 하자. 세 선분 PH, HO, OT와 호 TP로 둘러싸인 부분의 넓이를 S_1, 두 선분 RT, QB 와 두 호 TQ, BR로 둘러싸인 부분의 넓이를 S_2라 하자.

$\angle\text{PAB}=\theta$라 할 때, $\displaystyle\lim_{\theta\to 0+}\dfrac{S_1-S_2}{\overline{\text{OH}}}=a$이다. $50a$의 값을 구하시오. $\left(\text{단, } 0<\theta<\dfrac{\pi}{4}\right)$

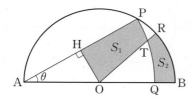

4

함수 $f(x)=\ln(e^x+1)+2e^x$에 대하여 이차함수 $g(x)$와 실수 k는 다음 조건을 만족시킨다.

> 함수 $h(x)=|g(x)-f(x-k)|$는 $x=k$에서 최솟값 $g(k)$를 갖고, 닫힌구간 $[k-1,\ k+1]$에서 최댓값 $2e+\ln\left(\dfrac{1+e}{\sqrt{2}}\right)$를 갖는다.

$g'\left(k-\dfrac{1}{2}\right)$의 값을 구하시오. $\left(\text{단, } \dfrac{5}{2}<e<3\text{이다.}\right)$

5

양의 실수 t에 대하여 곡선 $y=t^3\ln(x-t)$가 곡선 $y=2e^{x-a}$과 오직 한 점에서 만나도록 하는 실수 a의 값을 $f(t)$라 하자. $\left\{f'\left(\dfrac{1}{3}\right)\right\}^2$의 값을 구하시오.

6

실수 전체의 집합에서 미분가능한 함수 $f(x)$가 있다. 모든 실수 x에 대하여 $f(2x)=2f(x)f'(x)$이고,

$$f(a)=0,\ \int_{2a}^{4a}\frac{f(x)}{x}dx=k\ (a>0,\ 0<k<1)$$

일 때, $\displaystyle\int_{a}^{2a}\frac{\{f(x)\}^2}{x^2}dx$의 값을 k로 나타낸 것은?

① $\dfrac{k^2}{4}$ ② $\dfrac{k^2}{2}$ ③ k^2

④ k ⑤ $2k$

1

$n \geq 2$인 자연수 n에 대하여 중심이 원점이고 반지름의 길이가 1인 원 C를 x축의 방향으로 $\dfrac{2}{n}$만큼 평행이동시킨 원을 C_n이라 하자. 원 C와 원 C_n의 공통현의 길이를 l_n이라 할 때, $\displaystyle\sum_{n=2}^{\infty}\dfrac{1}{(nl_n)^2}=\dfrac{q}{p}$이다. $p+q$의 값을 구하시오.

(단, p, q는 서로소인 자연수이다.)

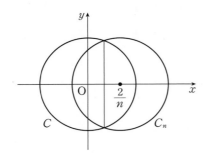

2

그림과 같이 길이가 2인 선분 AB를 지름으로 하는 반원 위에 두 점 P, Q를 $\angle \text{ABP} = \angle \text{BAQ} = \theta \left(0 < \theta < \dfrac{\pi}{4}\right)$가 되도록 잡는다. 두 선분 AQ, BP와 호 PQ에 내접하는 원의 반지름의 길이를 $r(\theta)$라 할 때, $\displaystyle\lim_{\theta \to \frac{\pi}{4}-}\dfrac{r(\theta)}{\dfrac{\pi}{4}-\theta}=p\sqrt{2}+q$이다. p^2+q^2의 값을 구하시오. (단, p와 q는 유리수이다.)

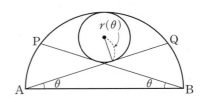

3

실수 전체의 집합에서 이계도함수를 갖는 함수 $f(x)$에 대하여 점 $A(a, f(a))$를 곡선 $y=f(x)$의 변곡점이라 하고, 곡선 $y=f(x)$ 위의 점 A에서의 접선의 방정식을 $y=g(x)$라 하자. 직선 $y=g(x)$가 함수 $f(x)$의 그래프와 점 $B(b, f(b))$에서 접할 때, 함수 $h(x)$를 $h(x)=f(x)-g(x)$라 하자. 〈보기〉에서 항상 옳은 것을 모두 고른 것은? (단, $a \neq b$이다.)

┤ 보기 ├
ㄱ. $h'(b)=0$
ㄴ. 방정식 $h'(x)=0$은 3개 이상의 실근을 갖는다.
ㄷ. 점 $(a, h(a))$는 곡선 $y=h(x)$의 변곡점이다.

① ㄱ   ② ㄴ   ③ ㄱ, ㄴ
④ ㄱ, ㄷ   ⑤ ㄱ, ㄴ, ㄷ

4

실수 k에 대하여 함수 $f(x)$는
$$f(x)=\begin{cases} x^2+k & (x \leq 2) \\ \ln(x-2) & (x>2) \end{cases}$$
이다. 실수 t에 대하여 직선 $y=x+t$와 함수 $y=f(x)$의 그래프가 만나는 점의 개수를 $g(t)$라 하자. 함수 $g(t)$가 $t=a$에서 불연속인 a의 값이 한 개일 때, k의 값은?

① -2 ② $-\dfrac{9}{4}$ ③ $-\dfrac{5}{2}$

④ $-\dfrac{11}{4}$ ⑤ -3

5

최고차항의 계수가 1인 다항함수 $f(x)$와 함수

$$g(x)=x-\frac{f(x)}{f'(x)}$$

가 다음 조건을 만족시킨다.

> (가) 모든 실수 x에 대하여 $f(x)=x^4(x-2)^m$ (m은 자연수)
> 이다.
>
> (나) $\lim_{x \to 2}\dfrac{(x-2)^3}{f(x)}$의 값이 존재한다.
>
> (다) 함수 $\left|\dfrac{g(x)}{x}\right|$는 $x=1$에서 연속이고 미분가능하지 않다.

$g'(1)=k$일 때, $|6k|$의 값을 구하시오.

6

양의 실수 전체의 집합에서 감소하고 연속인 함수 $f(x)$가 다음 조건을 만족시킨다.

> (가) 모든 양의 실수 x에 대하여 $f(x)>0$이다.
>
> (나) 임의의 양의 실수 t에 대하여 세 점 $(0, 0)$, $(t, f(t))$,
> $(t+1, f(t+1))$을 꼭짓점으로 하는 삼각형의 넓이가
> $\dfrac{t+1}{t}$이다.
>
> (다) $\displaystyle\int_{1}^{2}\frac{f(x)}{x}dx=2$

$\displaystyle\int_{\frac{7}{2}}^{\frac{11}{2}}\frac{f(x)}{x}dx=\frac{q}{p}$라 할 때, $p+q$의 값을 구하시오.

(단, p와 q는 서로소인 자연수이다.)

1

그림과 같이 한 변의 길이가 1인 정삼각형 $A_1B_1C_1$이 있다. 선분 A_1B_1의 중점을 D_1이라 하고, 선분 B_1C_1 위의 $\overline{C_1D_1}=\overline{C_1B_2}$인 점 B_2에 대하여 중심이 C_1인 부채꼴 $C_1D_1B_2$를 그린다. 점 B_2에서 선분 C_1D_1에 내린 수선의 발을 A_2, 선분 C_1B_2의 중점을 C_2라 하자. 두 선분 B_1B_2, B_1D_1과 호 D_1B_2로 둘러싸인 영역과 삼각형 $C_1A_2C_2$의 내부에 색칠하여 얻은 그림을 R_1이라 하자. 그림 R_1에서 선분 A_2B_2의 중점을 D_2라 하고, 선분 B_2C_2 위의 $\overline{C_2D_2}=\overline{C_2B_3}$인 점 B_3에 대하여 중심이 C_2인 부채꼴 $C_2D_2B_3$을 그린다. 점 B_3에서 선분 C_2D_2에 내린 수선의 발을 A_3, 선분 C_2B_3의 중점을 C_3이라 하자. 두 선분 B_2B_3, B_2D_2와 호 D_2B_3으로 둘러싸인 영역과 삼각형 $C_2A_3C_3$의 내부에 색칠하여 얻은 그림을 R_2라 하자. 이와 같은 과정을 계속하여 n번째 얻은 그림 R_n에 색칠되어 있는 부분의 넓이를 S_n이라 할 때, $\lim\limits_{n \to \infty} S_n$의 값은?

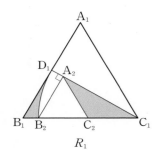

R_1

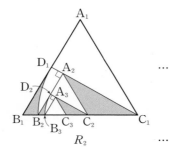

R_2

① $\dfrac{11\sqrt{3}-4\pi}{56}$
② $\dfrac{11\sqrt{3}-4\pi}{52}$
③ $\dfrac{15\sqrt{3}-6\pi}{56}$

④ $\dfrac{15\sqrt{3}-6\pi}{52}$
⑤ $\dfrac{15\sqrt{3}-4\pi}{52}$

2

눈높이가 1 m인 어린이가 나무로부터 7 m 떨어진 지점에서 나무의 꼭대기를 바라본 선과 나무가 지면에 닿는 지점을 바라본 선이 이루는 각이 θ이었다. 나무로부터 2 m 떨어진 지점까지 다가가서 나무를 바라보았더니 나무의 꼭대기를 바라본 선과 나무가 지면에 닿는 지점을 바라본 선이 이루는 각이 $\theta+\dfrac{\pi}{4}$가 되었다. 나무의 높이는 a (m) 또는 b (m)이다. $a+b$의 값은?

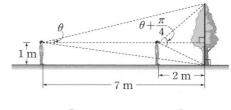

① 12
② 14
③ 16
④ 18
⑤ 20

3

2 이상의 자연수 n에 대하여 실수 전체의 집합에서 정의된 함수
$$f(x)=e^{x+1}\{x^2+(n-2)x-n+3\}+ax$$
가 역함수를 갖도록 하는 실수 a의 최솟값을 $g(n)$이라 하자.
$1\le g(n)\le 8$을 만족시키는 모든 n의 값의 합은?

① 43 ② 46 ③ 49

④ 52 ⑤ 55

4

점 $\left(-\dfrac{\pi}{2},\ 0\right)$에서 곡선 $y=\sin x\ (x>0)$에 접선을 그어 접점의 x좌표를 작은 수부터 크기순으로 모두 나열할 때, n번째 수를 a_n이라 하자. 모든 자연수 n에 대하여 〈보기〉에서 옳은 것만을 있는 대로 고른 것은?

┤보기├

ㄱ. $\tan a_n=a_n+\dfrac{\pi}{2}$

ㄴ. $\tan a_{n+2}-\tan a_n>2\pi$

ㄷ. $a_{n+1}+a_{n+2}>a_n+a_{n+3}$

① ㄱ ② ㄱ, ㄴ ③ ㄱ, ㄷ

④ ㄴ, ㄷ ⑤ ㄱ, ㄴ, ㄷ

5

실수 전체의 집합에서 이계도함수를 갖는 두 함수 $f(x)$와 $g(x)$에 대하여 정적분

$$\int_0^1 \{f'(x)g(1-x)-g'(x)f(1-x)\}\,dx$$

의 값을 k라 하자. 옳은 것만을 〈보기〉에서 있는 대로 고른 것은?

┤ 보기 ├

ㄱ. $\int_0^1 \{f(x)g'(1-x)-g(x)f'(1-x)\}\,dx=-k$

ㄴ. $f(0)=f(1)$이고 $g(0)=g(1)$이면 $k=0$이다.

ㄷ. $f(x)=\ln(1+x^4)$이고 $g(x)=\sin \pi x$이면 $k=0$이다.

① ㄴ   ② ㄷ   ③ ㄱ, ㄴ

④ ㄱ, ㄷ   ⑤ ㄱ, ㄴ, ㄷ

6

닫힌구간 $[0,\ 1]$에서 증가하는 연속함수 $f(x)$가

$$\int_0^1 f(x)\,dx=2,\ \int_0^1 |f(x)|\,dx=2\sqrt{2}$$

를 만족시킨다. 함수 $F(x)$가

$$F(x)=\int_0^x |f(t)|\,dt\ (0\le x\le 1)$$

일 때, $\int_0^1 f(x)F(x)\,dx$의 값은?

① $4-\sqrt{2}$ ② $2+\sqrt{2}$ ③ $5-\sqrt{2}$

④ $1+2\sqrt{2}$ ⑤ $2+2\sqrt{2}$

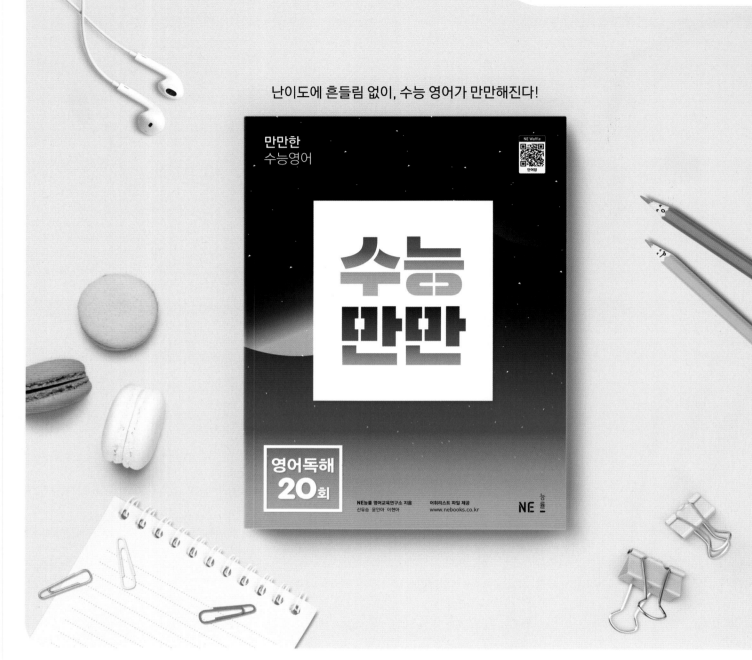

미적분

수능 고난도 상위 5문항 정복

HIGH-END
수능 하이엔드

수능 고난도 상위 5문항 정복

HIGH-END
수능 하이엔드

정답과 해설

미적분

기출예시 1 | 정답 ①

$n \geq 2$일 때, 조건 ㈎에 의하여

$$a_n + b_n = \sum_{k=1}^{n} (a_k + b_k) - \sum_{k=1}^{n-1} (a_k + b_k)$$

$$= \frac{1}{n+1} - \frac{1}{n}$$

$$= -\frac{1}{n(n+1)}$$

$$= -\frac{1}{n^2 + n}$$

$$\therefore \lim_{n \to \infty} n^2 (a_n + b_n) = \lim_{n \to \infty} \frac{-n^2}{n^2 + n}$$

$$= \lim_{n \to \infty} \frac{-1}{1 + \frac{1}{n}} = -1$$

조건 ㈏에 의하여 $\lim_{n \to \infty} n^2 b_n = 2$이므로

$$\lim_{n \to \infty} n^2 a_n = \lim_{n \to \infty} (n^2 a_n + n^2 b_n - n^2 b_n)$$

$$= \lim_{n \to \infty} n^2 (a_n + b_n) - \lim_{n \to \infty} n^2 b_n$$

$$= -1 - 2 = -3$$

기출예시 2 | 정답 2

점 (n, n)에서 직선 $y = x$와 접하는 원의 중심 (a_n, b_n)은 직선 $y = -x + 2n$ 위에 있으므로

$$b_n = -a_n + 2n \quad \cdots\cdots \ ㉠$$

원의 중심이 두 점 (n, n), $(1, 0)$으로부터 같은 거리만큼 떨어져 있으므로

$$\sqrt{(a_n - n)^2 + (b_n - n)^2} = \sqrt{(a_n - 1)^2 + b_n^{\,2}}$$

$$(a_n - n)^2 + (b_n - n)^2 = (a_n - 1)^2 + b_n^{\,2}$$

㉠을 위의 식에 대입하면

$$(a_n - n)^2 + (-a_n + 2n - n)^2 = (a_n - 1)^2 + (-a_n + 2n)^2$$

$$a_n^{\,2} - 2na_n + n^2 + a_n^{\,2} - 2na_n + n^2 = a_n^{\,2} - 2a_n + 1 + a_n^{\,2} - 4na_n + 4n^2$$

$$2a_n = 2n^2 + 1$$

$$\therefore a_n = \frac{2n^2 + 1}{2}$$

이를 ㉠에 대입하면

$$b_n = -\frac{2n^2 + 1}{2} + 2n$$

$$\therefore \lim_{n \to \infty} \frac{a_n - b_n}{n^2} = \lim_{n \to \infty} \frac{2n^2 - 2n + 1}{n^2} = 2$$

참고 원의 중심 (a_n, b_n)과 접점 (n, n)을 지나는 직선은 점 (n, n)에서의 접선 $y = x$와 수직이므로 그 방정식은

$$y = -(x - n) + n$$

$$\therefore y = -x + 2n$$

01-1 여러 가지 수열의 극한

1등급 완성 3단계 문제연습

본문 8~11쪽

1 28	**2** ④	**3** 3	**4** ②
5 12	**6** ③	**7** ④	**8** ②

1 2022년 3월 교육청 미적분 29 [정답률 21%] | 정답 **28**

출제영역 수열의 극한으로 정의된 함수 + 함수의 연속과 불연속

공비에 따른 등비수열의 수렴, 발산 조건을 이해하고 이를 바탕으로 등비수열을 포함한 극한으로 정의된 함수의 그래프의 개형을 파악한 후 주어진 조건을 만족시키는 불연속인 점을 구할 수 있는지를 묻는 문제이다.

> 실수 t에 대하여 직선 $y = tx - 2$가 함수
> $$f(x) = \lim_{n \to \infty} \frac{2x^{2n+1} - 1}{x^{2n} + 1} \quad ❶$$
> 의 그래프와 만나는 점의 개수를 $g(t)$라 하자. 함수 $g(t)$가 $t = a$ 에서 불연속인 모든 a의 값을 작은 수부터 크기순으로 나열한 것 ❷ 을 $a_1, a_2, \cdots, a_m$ (m은 자연수)라 할 때, $m \times a_m$의 값을 구하시오. 28

출제코드 등비수열의 수렴, 발산 조건을 이용하여 함수 $f(x)$를 구하고 함수 $y = f(x)$의 그래프 그리기

❶ 두 등비수열 $\{x^{2n}\}$, $\{x^{2n+1}\}$의 수렴, 발산은 x의 값의 범위에 따라 달라짐을 파악한다.
❷ 함수 $g(t)$의 값은 $x = a$를 기준으로 변함을 파악한다.

해설 | **1단계** x의 값의 범위를 나누어 함수 $f(x)$의 식 구하기

함수 $f(x)$를 구하면 다음과 같다.

(i) $|x| < 1$일 때

$\lim_{n \to \infty} x^n = 0$이므로

$$f(x) = \frac{2 \times 0 - 1}{0 + 1} = -1$$

(ii) $x = 1$일 때

$\lim_{n \to \infty} x^n = 1$이므로

$$f(x) = \frac{2 \times 1 - 1}{1 + 1} = \frac{1}{2}$$

(iii) $x = -1$일 때

$\lim_{n \to \infty} x^{2n} = 1$, $\lim_{n \to \infty} x^{2n+1} = -1$이므로

$$f(x) = \frac{2 \times (-1) - 1}{1 + 1} = -\frac{3}{2}$$

(iv) $|x| > 1$일 때

$\lim_{n \to \infty} \left(\frac{1}{x}\right)^n = 0$이므로

$$f(x) = \lim_{n \to \infty} \frac{2x - \left(\frac{1}{x}\right)^{2n}}{1 + \left(\frac{1}{x}\right)^{2n}} = \frac{2x - 0}{1 + 0} = 2x$$

(i)~(iv)에 의하여 $f(x) = \begin{cases} -1 & (-1 < x < 1) \\ \dfrac{1}{2} & (x = 1) \\ -\dfrac{3}{2} & (x = -1) \\ 2x & (x < -1 \ \text{또는} \ x > 1) \end{cases}$

|2단계| 함수 $y=f(x)$의 그래프 그리기

함수 $y=f(x)$의 그래프는 다음 그림과 같다.

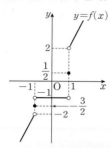

|3단계| 기울기 t의 값에 따른 함수 $g(t)$의 식을 구하여 함수 $g(t)$가 불연속인 모든 a의 값 구하기

직선 $y=tx-2$는 t의 값에 관계없이 항상 점 $(0, -2)$를 지나므로 t의 값에 따른 직선 $y=tx-2$는 다음 그림과 같다.

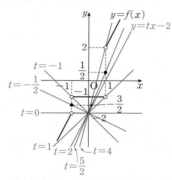

따라서 함수 $g(t)$가 불연속인 모든 a의 값을 작은 수부터 크기순으로 나열하면

$-1, -\dfrac{1}{2}, 0, 1, 2, \dfrac{5}{2}, 4$ **why?** ❶

$\therefore m=7, a_m=a_7=4$

$\therefore m \times a_m = 7 \times 4 = 28$

해설특강 📝

why? ❶ 기울기 t의 값에 따른 함수 $g(t)$를 구하면 다음과 같다.

(i) $-1 \leq t < -\dfrac{1}{2}$ 또는 $-\dfrac{1}{2} < t \leq 0$일 때

$\qquad g(t)=0$

(ii) $t < -1$ 또는 $t = -\dfrac{1}{2}$ 또는 $0 < t \leq 1$ 또는 $t=2$ 또는 $t \geq 4$일 때

$\qquad g(t)=1$

(iii) $1 < t < 2$ 또는 $2 < t < \dfrac{5}{2}$ 또는 $\dfrac{5}{2} < t < 4$일 때

$\qquad g(t)=2$

(iv) $t=\dfrac{5}{2}$일 때

$\qquad g(t)=3$

따라서 함수 $y=g(t)$의 그래프는 다음과 같다.

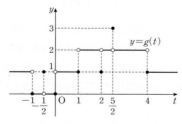

출제영역 수열의 극한＋수열의 귀납적 정의＋합성함수

합성함수의 값을 구해 귀납적으로 정의된 수열의 일반항을 추론하여 그 극한값을 구할 수 있는지를 묻는 문제이다.

함수 $f(x)=\begin{cases} x+2 & (x \leq 0) \\ -\dfrac{1}{2}x & (x>0) \end{cases}$ 의 그래프가 그림과 같다. ❶

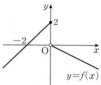

수열 $\{a_n\}$은 $a_1=1$이고

$a_{n+1}=f(f(a_n)) \ (n \geq 1)$ ❷

을 만족시킬 때, $\displaystyle\lim_{n \to \infty} a_n$의 값은?

① $\dfrac{1}{3}$ ② $\dfrac{2}{3}$ ③ 1

✓④ $\dfrac{4}{3}$ ⑤ $\dfrac{5}{3}$

출제코드 합성함수의 값을 구하여 귀납적으로 정의된 수열 $\{a_n\}$의 일반항 추론하기

❶ 함수 $f(x)$는 x가 양수이면 x에 $-\dfrac{1}{2}$을 곱하고, x가 양수가 아니면 x에 2를 더하는 함수임을 파악한다.

❷ 이 식에 $n=1, 2, 3, \cdots$을 차례로 대입하여 $a_2, a_3, a_4, \cdots$의 값을 직접 구하고 일반항 a_n을 추론한다.

해설 **|1단계|** 주어진 식에 $n=1, 2, 3, \cdots$을 차례로 대입하여 수열 $\{a_n\}$의 일반항 추론하기

$a_1=1$

$a_2=f(f(a_1))=f(f(1))$

$\quad =f\left(-\dfrac{1}{2}\right)=-\dfrac{1}{2}+2$

$a_3=f(f(a_2))=f\left(f\left(-\dfrac{1}{2}+2\right)\right)$

$\quad =f\left(\left(-\dfrac{1}{2}\right)^2+2\left(-\dfrac{1}{2}\right)\right)$

$\quad =\left(-\dfrac{1}{2}\right)^2+2\left(-\dfrac{1}{2}\right)+2$

> $n=1, 2, 3, \cdots$을 차례로 대입하여 수열의 일반항을 추론할 때는 계산을 끝까지 하지 않고 연산의 형태를 살려서 표현하는 것이 일반항을 추론하기 쉬운 경우가 있다.

$a_4=f(f(a_3))$

$\quad =f\left(f\left(\left(-\dfrac{1}{2}\right)^2+2\left(-\dfrac{1}{2}\right)+2\right)\right)$

$\quad =f\left(\left(-\dfrac{1}{2}\right)^3+2\left(-\dfrac{1}{2}\right)^2+2\left(-\dfrac{1}{2}\right)\right)$

$\quad =\left(-\dfrac{1}{2}\right)^3+2\left(-\dfrac{1}{2}\right)^2+2\left(-\dfrac{1}{2}\right)+2$

$\quad\quad\vdots$

$a_n=\left(-\dfrac{1}{2}\right)^{n-1}+2\left(-\dfrac{1}{2}\right)^{n-2}+2\left(-\dfrac{1}{2}\right)^{n-3}+\cdots+2$

$\quad =\left(-\dfrac{1}{2}\right)^{n-1}+\sum_{k=1}^{n-1}2\left(-\dfrac{1}{2}\right)^{k-1}=\left(-\dfrac{1}{2}\right)^{n-1}+\dfrac{4}{3}\left\{1-\left(-\dfrac{1}{2}\right)^{n-1}\right\}$

$\quad =\dfrac{4}{3}-\dfrac{1}{3}\left(-\dfrac{1}{2}\right)^{n-1}$

$\therefore \lim\limits_{n\to\infty} a_n = \lim\limits_{n\to\infty} \left\{ \dfrac{4}{3} - \dfrac{1}{3} \left(-\dfrac{1}{2} \right)^{n-1} \right\}$

$\qquad = \dfrac{4}{3} - \lim\limits_{n\to\infty} \dfrac{1}{3} \left(-\dfrac{1}{2} \right)^{n-1}$

$\qquad = \dfrac{4}{3}$

다른 풀이 모든 자연수 n에 대하여 $a_n > 0$이므로 **how? ❶**

$a_{n+1} = f(f(a_n))$

$\qquad = f\left(-\dfrac{1}{2} a_n \right)$

$\qquad = -\dfrac{1}{2} a_n + 2 \left(\because -\dfrac{1}{2} a_n < 0 \right)$

즉, 모든 자연수 n에 대하여 $a_{n+1} = -\dfrac{1}{2} a_n + 2$가 성립한다.

$\lim\limits_{n\to\infty} a_n$이 수렴하므로 $\lim\limits_{n\to\infty} a_n = \alpha$로 놓으면 **why? ❷**

$\lim\limits_{n\to\infty} a_{n+1} = \lim\limits_{n\to\infty} a_n = \alpha$

$a_{n+1} = -\dfrac{1}{2} a_n + 2$의 양변에 극한을 취하면

$\lim\limits_{n\to\infty} a_{n+1} = \lim\limits_{n\to\infty} \left(-\dfrac{1}{2} a_n + 2 \right) = -\dfrac{1}{2} \lim\limits_{n\to\infty} a_n + 2$

$\alpha = -\dfrac{1}{2}\alpha + 2$, $\dfrac{3}{2}\alpha = 2$

$\therefore \alpha = \dfrac{4}{3}$

즉, $\lim\limits_{n\to\infty} a_n = \dfrac{4}{3}$이다.

해설특강

how? ❶ $0 < x < 2$일 때, $f(x) = -\dfrac{1}{2}x$이므로

$\qquad -1 < f(x) < 0$

$\qquad -1 < f(x) < 0$이므로 $f(f(x)) = f(x) + 2$

$\qquad \therefore 1 < f(f(x)) < 2$

따라서 $0 < x < 2$인 x에 대하여

$\qquad 1 < f(f(x)) < 2$ $\qquad$ …… ㉠

이고, $0 < a_1 = 1 < 2$이므로

$\qquad 1 < a_2 < 2$

$\qquad 1 < a_2 < 2$, 즉 $0 < a_2 < 2$이므로 ㉠에 의하여

$\qquad 1 < a_3 < 2$

$\qquad \qquad \vdots$

즉, 모든 자연수 n에 대하여

$\qquad 1 < a_{n+1} = f(f(a_n)) < 2$

$\qquad \therefore a_n > 0$

why? ❷ 모든 자연수 n에 대하여 $a_{n+1} = -\dfrac{1}{2} a_n + 2$가 성립하므로

$\qquad 0 < a_n < 2$이면 $1 < a_{n+1} < 2$

$\qquad 1 < a_{n+1} < 2$이면 $1 < a_{n+2} < \dfrac{3}{2}$

$\qquad 1 < a_{n+2} < \dfrac{3}{2}$이면 $\dfrac{5}{4} < a_{n+3} < \dfrac{3}{2}$

$\qquad \qquad \vdots$

즉, n의 값이 커질수록 수열 $\{a_n\}$의 값의 범위가 점점 작아지므로 수열 $\{a_n\}$의 값은 어느 한 값에 수렴하게 됨을 알 수 있다.

핵심 개념 수열의 귀납적 정의 (수학 I)

일반적으로 수열 $\{a_n\}$을 첫째항 a_1의 값과 이웃하는 두 항 a_n, a_{n+1} $(n=1, 2, 3, \cdots)$ 사이의 관계식으로 정의하는 것을 그 수열의 귀납적 정의라 한다.

---

3 2016학년도 6월 평가원 A 14 [정답률 60%] 변형 **|정답 3**

출제영역 수열의 극한＋이차방정식의 풀이

이차방정식을 풀어 주어진 함수를 구하고, 그 함수가 포함된 수열의 극한값을 구할 수 있는지를 묻는 문제이다.

함수 $f(x)$가 $f(x) = (x-2)^2$일 때, 자연수 n에 대하여 방정식 $f(x) = n$의 두 근을 α, β $(\alpha > \beta)$라 하자. $N(n) = \alpha - \beta$라 할 때, ❶

$$\lim_{n\to\infty} \dfrac{N((k+1)n) + N(n) + N(k+1)}{\sqrt{n}} = 2k$$

를 만족시키는 실수 k의 값을 구하시오. 3

출제코드 $\lim\limits_{n\to\infty} \dfrac{N((k+1)n) + N(n) + N(k+1)}{\sqrt{n}}$의 값 구하기

❶ 이차방정식 $f(x) = n$, 즉 이차방정식 $(x-2)^2 - n = 0$의 두 근 α, β를 구한 후 차를 구하여 함수 $N(n) = \alpha - \beta$를 n에 대한 식으로 나타낸다.

해설 |1단계| 방정식 $f(x) = n$의 두 근을 구하여 $N(n) = \alpha - \beta$를 n에 대한 식으로 나타내기

방정식 $f(x) = n$에서 $(x-2)^2 = n$이므로

$x - 2 = \sqrt{n}$ 또는 $x - 2 = -\sqrt{n}$

$\therefore \alpha = 2 + \sqrt{n}$, $\beta = 2 - \sqrt{n}$ $(\because \alpha > \beta)$

$\therefore N(n) = \alpha - \beta = (2 + \sqrt{n}) - (2 - \sqrt{n}) = 2\sqrt{n}$

|2단계| $\lim\limits_{n\to\infty} \dfrac{N((k+1)n) + N(n) + N(k+1)}{\sqrt{n}}$의 값 구하기

$N(n) = 2\sqrt{n}$이므로

$\lim\limits_{n\to\infty} \dfrac{N((k+1)n) + N(n) + N(k+1)}{\sqrt{n}}$

$= \lim\limits_{n\to\infty} \dfrac{2\sqrt{(k+1)n} + 2\sqrt{n} + 2\sqrt{k+1}}{\sqrt{n}}$

$= \lim\limits_{n\to\infty} \left(2\sqrt{k+1} + 2 + 2\sqrt{\dfrac{k+1}{n}} \right)$ $\quad \dfrac{\infty}{\infty}$ 꼴의 극한값이므로 분모와 분자를 각각 $\sqrt{n}$으로 나눈다.

$= 2\sqrt{k+1} + 2$

|3단계| k의 값 구하기

즉, $2\sqrt{k+1} + 2 = 2k$에서

$\sqrt{k+1} + 1 = k$, $\sqrt{k+1} = k - 1$ (단, $k \geq 1$)

$k + 1 = (k-1)^2$, $k^2 - 3k = 0$

$k(k-3) = 0$ $\qquad \therefore k = 3$ $(\because k \geq 1)$

참고 다음과 같이 이차방정식의 근과 계수의 관계를 이용하여 $N(n) = \alpha - \beta$를 n에 대한 식으로 나타낼 수도 있다.

자연수 n에 대하여 이차방정식 $(x-2)^2 = n$, 즉 $x^2 - 4x + 4 - n = 0$의 두 근이 α, β이므로 이차방정식의 근과 계수의 관계에 의하여

$\alpha + \beta = 4$, $\alpha\beta = 4 - n$

$\therefore \alpha - \beta = \sqrt{(\alpha+\beta)^2 - 4\alpha\beta} = \sqrt{4^2 - 4(4-n)} = 2\sqrt{n}$

출제영역 수열의 극한 + 자연수의 거듭제곱의 합

등비수열의 성질을 이용하여 조건을 만족시키는 수열의 일반항을 구한 후 주어진 식의 극한값을 구할 수 있는지를 묻는 문제이다.

자연수 n에 대하여 집합 $\{2^k \mid 1 \leq k \leq 2n, k$는 자연수$\}$의 세 원소 a, b, c $(a < b < c)$가 이 순서대로 등비수열을 이룰 때, 집합 $\{a, b, c\}$ **①** 의 개수를 T_n이라 하자. $\lim\limits_{n \to \infty} \dfrac{T_n}{2n^2+1}$의 값은? **②**

① $\dfrac{1}{4}$ ✓② $\dfrac{1}{2}$ ③ $\dfrac{3}{4}$

④ 1 ⑤ $\dfrac{5}{4}$

출제코드 자연수 n에 대하여 조건을 만족시키는 등비수열의 공비로 가능한 값 구하기

① a, b, c $(a < b < c)$는 집합 $\{2^k \mid 1 \leq k \leq 2n, k$는 자연수$\}$의 원소이므로 이 세 원소가 이루는 등비수열의 공비도 2^k $(k$는 자연수$)$ 꼴임을 파악한다.

② 공비가 r일 경우 a의 값이 2^1일 때부터 지수를 1씩 늘려가면서 각각 b, c의 값을 구하여 공비가 r일 경우 집합 $\{a, b, c\}$의 개수를 모두 구한다.

해설 |1단계| 자연수 n에 대하여 등비수열의 공비로 가능한 값 구하기

자연수 n에 대하여

$\{2^k \mid 1 \leq k \leq 2n, k$는 자연수$\} = \{2^1, 2^2, 2^3, \cdots, 2^{2n-2}, 2^{2n-1}, 2^{2n}\}$

이므로 등비수열을 이루는 이 집합의 세 원소 a, b, c $(a < b < c)$에 대하여 등비수열의 공비를 r라 할 때 r의 값으로 가능한 것은 $2^1, 2^2, 2^3, \cdots, 2^{n-1}$이다. **why? ①**

|2단계| T_n 구하기

집합 $\{2^k \mid 1 \leq k \leq 2n, k$는 자연수$\}$의 세 원소 a, b, c $(a < b < c)$가 이 순서대로 등비수열을 이룰 때 등비수열의 공비 r의 값에 따라 a, b, c를 원소로 갖는 집합의 개수를 구하면 다음과 같다. **how? ②**

$r = 2^1$일 때, $\{2^1, 2^2, 2^3\}, \cdots, \{2^{2n-2}, 2^{2n-1}, 2^{2n}\}$의 $2n-2$

$r = 2^2$일 때, $\{2^1, 2^3, 2^5\}, \cdots, \{2^{2n-4}, 2^{2n-2}, 2^{2n}\}$의 $2n-4$

$r = 2^3$일 때, $\{2^1, 2^4, 2^7\}, \cdots, \{2^{2n-6}, 2^{2n-3}, 2^{2n}\}$의 $2n-6$

$\vdots$

$r = 2^{n-1}$일 때, $\{2^1, 2^n, 2^{2n-1}\}, \{2^2, 2^{n+1}, 2^{2n}\}$의 2

따라서 세 원소 a, b, c $(a < b < c)$가 이 순서대로 등비수열을 이루는 집합 $\{a, b, c\}$의 개수 T_n은

$T_n = (2n-2) + (2n-4) + (2n-6) + \cdots + 2$
$\quad\quad\quad\quad\quad\quad\quad\quad\quad\quad\quad \lfloor\, 2 = 2n - 2(n-1)$

$\quad = \sum\limits_{k=1}^{n-1}(2n-2k)$

$\quad = 2n(n-1) - 2 \times \dfrac{n(n-1)}{2}$

$\quad = n^2 - n$

|3단계| $\lim\limits_{n \to \infty} \dfrac{T_n}{2n^2+1}$의 값 구하기

$\therefore \lim\limits_{n \to \infty} \dfrac{T_n}{2n^2+1} = \lim\limits_{n \to \infty} \dfrac{n^2-n}{2n^2+1} = \dfrac{1}{2}$

해설특강 ✎

why? ① 자연수 n에 대하여 집합

$\{2^k \mid 1 \leq k \leq 2n, k$는 자연수$\} = \{2^1, 2^2, 2^3, \cdots, 2^{2n-2}, 2^{2n-1}, 2^{2n}\}$

의 세 원소 a, b, c $(a < b < c)$가 등비수열을 이룰 때 등비수열의 공비의 최댓값을 r_1이라 하면 $2^1 \times r_1^2 = 2^{2n-1}$이 성립하므로 $r_1 = 2^{n-1}$이 된다.

또, 공비의 최솟값을 r_2라 하면 $2^1 \times r_2^2 = 2^3$이 성립하므로 $r_2 = 2$가 된다.

따라서 r의 값으로 가능한 것은 $2^1, 2^2, 2^3, \cdots, 2^{n-1}$이다.

how? ② 등비수열의 공비 r의 값이 $2^1, 2^2, 2^3, \cdots, 2^{n-1}$일 때의 집합 $\{a, b, c\}$의 개수를 각각 구해서 모두 더하면 T_n과 같게 된다.

핵심 개념 자연수의 거듭제곱의 합 (수학 I)

(1) $\sum\limits_{k=1}^{n} k = 1 + 2 + 3 + \cdots + n = \dfrac{n(n+1)}{2}$

(2) $\sum\limits_{k=1}^{n} k^2 = 1^2 + 2^2 + 3^2 + \cdots + n^2 = \dfrac{n(n+1)(2n+1)}{6}$

(3) $\sum\limits_{k=1}^{n} k^3 = 1^3 + 2^3 + 3^3 + \cdots + n^3 = \left\{\dfrac{n(n+1)}{2}\right\}^2$

다른 풀이 a, b, c가 이 순서대로 등비수열을 이루므로

$b^2 = ac$

따라서 a, c의 값을 결정해 주면 b의 값은 $b = \sqrt{ac}$로 결정된다.

이때 $a = 2^l$, $c = 2^m$ $(l, m$은 자연수, $1 \leq l < m \leq 2n)$이라 하면 a, b, c는 모두 자연수이므로 $l + m = ($짝수$)$가 되어야 한다.

$l + m = ($짝수$)$가 되는 경우는 l, m 모두 짝수일 때와 l, m 모두 홀수일 때가 있다.

(i) l, m 모두 짝수일 때

1부터 $2n$까지 자연수 중 짝수의 개수는 n이므로 l, m 모두 짝수인 경우의 수는

$_n\text{C}_2 = \dfrac{n(n-1)}{2}$

(ii) l, m 모두 홀수일 때

1부터 $2n$까지 자연수 중 홀수의 개수는 n이므로 l, m 모두 홀수인 경우의 수는

$_n\text{C}_2 = \dfrac{n(n-1)}{2}$

(i), (ii)에 의하여

$T_n = \dfrac{n(n-1)}{2} + \dfrac{n(n-1)}{2} = n(n-1)$

$\therefore \lim\limits_{n \to \infty} \dfrac{T_n}{2n^2+1} = \lim\limits_{n \to \infty} \dfrac{n(n-1)}{2n^2+1} = \dfrac{1}{2}$

핵심 개념 등차중항과 등비중항 (수학 I)

(1) 등차중항: 세 수 a, b, c가 이 순서대로 등차수열을 이룰 때, b를 a와 c의 등차중항이라 한다.

→ $b = \dfrac{a+c}{2}$

(2) 등비중항: 세 수 a, b, c가 이 순서대로 등비수열을 이룰 때, b를 a와 c의 등비중항이라 한다.

→ $b^2 = ac$

출제영역 수열의 극한 + 함수의 극대와 극소

삼차함수에서 극값을 가지기 위한 조건과 수열의 극한을 이용하여 주어진 극한값을 구할 수 있는지를 묻는 문제이다.

자연수 n에 대하여 삼차함수 $f(x)=x(x-n)(x-kn^2)$이 극대가 되는 x의 값을 a_n이라 하고, x에 대한 방정식 $f(x)=f(a_n)$의 ①근 중에서 a_n이 아닌 근을 b_n이라 하자. $\lim_{n\to\infty}\dfrac{b_n}{n^2}=2$일 때, ②$\lim_{n\to\infty}\dfrac{f(kn^2+3n)}{n^5}$의 값을 구하시오. (단, $k>1$) 12

출제코드 함수 $f(x)$가 극대가 되는 x의 값을 구하고, $f(x)-f(a_n)$을 x에 대한 식으로 나타내기

① 삼차함수 $y=f(x)$의 그래프의 개형을 이용하여 $f'(x)=0$인 x의 값 중 극대가 되는 x의 값을 찾아 a_n을 구한다.

② 방정식 $f(x)=f(a_n)$은 $x=a_n$을 중근으로 가지고 $x=b_n$을 나머지 한 근으로 가지므로 $f(x)-f(a_n)=(x-a_n)^2(x-b_n)$으로 놓고, $f(0)=0$임을 이용한다.

해설 |1단계| a_n의 값 구하기

$f(x)=x(x-n)(x-kn^2)$에서

$f'(x)=(x-n)(x-kn^2)+x(x-kn^2)+x(x-n)$
$\quad\quad=3x^2-2(kn^2+n)x+kn^3$

$f'(x)=0$에서

$x=\dfrac{kn^2+n-\sqrt{k^2n^4-kn^3+n^2}}{3}$

또는 $x=\dfrac{kn^2+n+\sqrt{k^2n^4-kn^3+n^2}}{3}$

함수 $f(x)$가 최고차항의 계수가 1인 삼차함수이므로 함수 $f(x)$는

$x=\dfrac{kn^2+n-\sqrt{k^2n^4-kn^3+n^2}}{3}$에서 극댓값을 갖는다.

$\therefore a_n=\dfrac{kn^2+n-\sqrt{k^2n^4-kn^3+n^2}}{3}$ ······ ㉠

|2단계| $f(x)-f(a_n)=(x-a_n)^2(x-b_n)$으로 놓고, $\lim_{n\to\infty}\dfrac{b_n}{n^2}=2$임을 이용하여 k의 값 구하기

삼차함수 $y=f(x)=x(x-n)(x-kn^2)$의 그래프의 개형은 다음 그림과 같다.

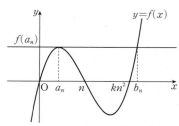

방정식 $f(x)=f(a_n)$, 즉 $f(x)-f(a_n)=0$은 $x=a_n$ (중근)과 $x=b_n$을 근으로 가지므로

$f(x)-f(a_n)=(x-a_n)^2(x-b_n)$

이때 $f(0)=0$이므로

$-f(a_n)=(-a_n)^2\times(-b_n)$

$a_n{}^2b_n=f(a_n)$

$a_n{}^2b_n=a_n(a_n-n)(a_n-kn^2)$

이때 $a_n\neq0$이므로

$a_nb_n=(a_n-n)(a_n-kn^2)$
$\quad\quad=a_n{}^2-(kn^2+n)a_n+kn^3$

$\therefore b_n=a_n-(kn^2+n)+\dfrac{kn^3}{a_n}$

$\lim_{n\to\infty}\dfrac{b_n}{n^2}=2$에서

$\lim_{n\to\infty}\dfrac{b_n}{n^2}=\lim_{n\to\infty}\dfrac{1}{n^2}\left\{a_n-(kn^2+n)+\dfrac{kn^3}{a_n}\right\}$

$\quad=\lim_{n\to\infty}\left\{\dfrac{a_n}{n^2}-\left(k+\dfrac{1}{n}\right)+\dfrac{kn}{a_n}\right\}$

$\quad=\lim_{n\to\infty}\left\{\dfrac{a_n}{n}\times\dfrac{1}{n}-\left(k+\dfrac{1}{n}\right)+k\times\dfrac{n}{a_n}\right\}=2$ ······ ㉡

이때 ㉠에서

$\lim_{n\to\infty}\dfrac{a_n}{n}=\lim_{n\to\infty}\dfrac{kn^2+n-\sqrt{k^2n^4-kn^3+n^2}}{3n}$

$\quad=\lim_{n\to\infty}\dfrac{kn+1-\sqrt{k^2n^2-kn+1}}{3}$

$\quad=\lim_{n\to\infty}\dfrac{(kn+1-\sqrt{k^2n^2-kn+1})(kn+1+\sqrt{k^2n^2-kn+1})}{3(kn+1+\sqrt{k^2n^2-kn+1})}$

$\quad=\lim_{n\to\infty}\dfrac{(kn+1)^2-(k^2n^2-kn+1)}{3(kn+1+\sqrt{k^2n^2-kn+1})}$

$\quad=\lim_{n\to\infty}\dfrac{kn}{kn+1+\sqrt{k^2n^2-kn+1}}$

$\quad=\lim_{n\to\infty}\dfrac{k}{k+\dfrac{1}{n}+\sqrt{k^2-\dfrac{k}{n}+\dfrac{1}{n^2}}}$

$\quad=\dfrac{k}{k+k}\ (\because k>0)$

$\quad=\dfrac{1}{2}$

이므로 ㉡에 대입하면

$\dfrac{1}{2}\times0-(k+0)+k\times2=2$

$\therefore k=2$

|3단계| $\lim_{n\to\infty}\dfrac{f(kn^2+3n)}{n^5}$의 값 구하기

따라서 $f(x)=x(x-n)(x-2n^2)$이므로

$\lim_{n\to\infty}\dfrac{f(kn^2+3n)}{n^5}=\lim_{n\to\infty}\dfrac{f(2n^2+3n)}{n^5}$

$\quad=\lim_{n\to\infty}\dfrac{(2n^2+3n)(2n^2+2n)3n}{n^5}$

$\quad=\lim_{n\to\infty}\dfrac{3(2n+2)(2n+3)}{n^2}$

$\quad=\lim_{n\to\infty}3\left(2+\dfrac{2}{n}\right)\left(2+\dfrac{3}{n}\right)$

$\quad=3\times2\times2$

$\quad=12$

출제영역 수열의 극한＋자연수의 거듭제곱의 합

조건을 만족시키는 부분집합의 개수로 정의된 수열 $\{a_n\}$의 일반항을 구하여 주어진 극한값을 구할 수 있는지를 묻는 문제이다.

자연수 n에 대하여 집합
$$A_n=\{x\,|\,x는\ 2n\ 이하의\ 자연수\}$$
의 부분집합 B_n이 다음 조건을 만족시킨다.

(가) $n(B_n)=2$ ❶ ――3n보다 크거나 같다.
(나) 집합 B_n의 모든 원소의 합은 $3n$보다 작지 않다. ❶

집합 B_n의 개수를 a_n이라 할 때, $\displaystyle\lim_{n\to\infty}\frac{1}{n^2}\left(\sum_{k=1}^{2n}a_k-\frac{2}{3}n^3\right)$의 값은?

① $\dfrac{1}{2}$ ② 1 ✓③ $\dfrac{3}{2}$

④ 2 ⑤ $\dfrac{5}{2}$

킬러코드 n이 짝수인 경우와 홀수인 경우로 나누어 a_n 구하기

❶ 집합 B_n의 두 원소를 a, $b\ (a<b)$로 놓으면 $1\le a<b\le 2n$, $a+b\ge 3n$ 이므로 이를 이용하여 a, b의 값의 범위를 구한다.

해설 |1단계| 자연수 n에 대하여 조건을 만족시키는 집합 B_n의 두 원소 사이의 관계식 구하기

조건 (가)에서 집합 B_n의 원소의 개수는 2이므로 이 두 원소를 a, $b\ (a<b)$라 하자.

자연수 n에 대하여 집합
$A_n=\{x\,|\,x는\ 2n\ 이하의\ 자연수\}$
$\quad=\{1, 2, 3, \cdots, n, n+1, \cdots, 2n-1, 2n\}$
이므로
$1\le a<b\le 2n$ ……㉠

또, 조건 (나)에서 $a+b\ge 3n$이므로
$b\ge -a+3n$ ……㉡

㉠, ㉡에서
$-a+3n\le b\le 2n$ (단, $1\le a<b\le 2n$)

|2단계| a_n 구하기

따라서 a의 값으로 가능한 것은
$n, n+1, n+2, \cdots, 2n-1$ why? ❶

이므로 a의 값에 따라 b의 값의 개수를 구하면 다음과 같다.

$a=n$일 때, $b=2n$의 1

$a=n+1$일 때, $b=2n-1, 2n$의 2

$a=n+2$일 때, $b=2n-2, 2n-1, 2n$의 3
$\qquad\vdots$
$a=2n-3$일 때, $b=2n-2, 2n-1, 2n$의 3

$a=2n-2$일 때, $b=2n-1, 2n$의 2

$a=2n-1$일 때, $b=2n$의 1

$n=1, 2, 3, \cdots$일 때 조건을 만족시키는 b의 값의 개수를 a의 값에 따라 나타내면 다음과 같다.

$n=1$	1	$a=1$일 때
$n=2$	1 1	$a=2, 3$일 때
$n=3$	1 2 1	$a=3, 4, 5$일 때
$n=4$	1 2 2 1	$a=4, 5, 6, 7$일 때
$n=5$	1 2 3 2 1	$a=5, 6, 7, 8, 9$일 때
$n=6$	1 2 3 3 2 1	$a=6, 7, 8, 9, 10, 11$일 때
$\vdots$		

따라서 자연수 k에 대하여 집합 B_n의 개수는

(i) $n=2k-1$일 때
$a_n=a_{2k-1}=2\{1+2+\cdots+(k-1)\}+k$ how? ❷
$\qquad=2\times\dfrac{(k-1)\{(k-1)+1\}}{2}+k$
$\qquad=k(k-1)+k$
$\qquad=k^2$

(ii) $n=2k$일 때
$a_n=a_{2k}=2(1+2+3+\cdots+k)$ how? ❷
$\qquad=2\times\dfrac{k(k+1)}{2}$
$\qquad=k(k+1)$

|3단계| $\displaystyle\sum_{k=1}^{2n}a_k$의 값 구하기

$\therefore \displaystyle\sum_{k=1}^{2n}a_k=\sum_{k=1}^{n}a_{2k-1}+\sum_{k=1}^{n}a_{2k}$
$\qquad=\displaystyle\sum_{k=1}^{n}k^2+\sum_{k=1}^{n}(k^2+k)=\sum_{k=1}^{n}(2k^2+k)$
$\qquad=2\times\dfrac{n(n+1)(2n+1)}{6}+\dfrac{n(n+1)}{2}$
$\qquad=\dfrac{n(n+1)(4n+5)}{6}$

|4단계| $\displaystyle\lim_{n\to\infty}\frac{1}{n^2}\left(\sum_{k=1}^{2n}a_k-\frac{2}{3}n^3\right)$의 값 구하기

$\therefore \displaystyle\lim_{n\to\infty}\frac{1}{n^2}\left(\sum_{k=1}^{2n}a_k-\frac{2}{3}n^3\right)=\lim_{n\to\infty}\frac{1}{n^2}\left\{\frac{n(n+1)(4n+5)}{6}-\frac{2}{3}n^3\right\}$
$\qquad=\displaystyle\lim_{n\to\infty}\left(\frac{1}{n^2}\times\frac{9n^2+5n}{6}\right)$
$\qquad=\displaystyle\lim_{n\to\infty}\frac{9n^2+5n}{6n^2}$
$\qquad=\dfrac{3}{2}$

해설특강 ✎

why? ❶ $-a+3n\le b\le 2n$에서 $-a+3n\le 2n$이므로 $a\ge n$
또, $a<b\le 2n$에서 $a<2n$, 즉 $a\le 2n-1$
$\therefore n\le a\le 2n-1$

how? ❷ $n=2k-1$일 때, a의 값에 따른 b의 값의 개수는 $1, 2, \cdots, k-1, k,$ $k-1, \cdots, 2, 1$이므로
$a_{2k-1}=1+2+\cdots+(k-1)+k+(k-1)+\cdots+2+1$
$\qquad=2\{1+2+\cdots+(k-1)\}+k$

$n=2k$일 때, a의 값에 따른 b의 값의 개수는 $1, 2, 3, \cdots, k, k, \cdots, 3,$ $2, 1$이므로
$a_{2k}=1+2+3+\cdots+k+k+\cdots+3+2+1$
$\qquad=2(1+2+3+\cdots+k)$

참고 $n=1, 2, 3, \cdots$일 때의 a_n을 구하면 다음과 같다.

(i) $n=1$일 때

집합 $A_1=\{1, \overset{\overset{2\times1=2}{\frown}}{2}\}$이므로 원소의 개수가 2인 A_1의 부분집합 중 두 원소의 합이 3보다 작지 않은 집합 B_1의 개수는

$a_1=1=1^2 \underset{\underset{\{1, 2\}}{\smile}}{\overset{\overset{3\times1=3}{\frown}}{}}$

(ii) $n=2$일 때

집합 $A_2=\{1, 2, 3, \overset{\overset{2\times2=4}{\frown}}{4}\}$이므로 원소의 개수가 2인 A_2의 부분집합 중 두 원소의 합이 6보다 작지 않은 집합 B_2의 개수는

$a_2=2=2\times1 \underset{\underset{\{2, 4\}, \{3, 4\}}{\smile}}{\overset{\overset{3\times2=6}{\frown}}{}}$

(iii) $n=3$일 때

집합 $A_3=\{1, 2, 3, 4, 5, \overset{\overset{2\times3=6}{\frown}}{6}\}$이므로 원소의 개수가 2인 A_3의 부분집합 중 두 원소의 합이 9보다 작지 않은 집합 B_3의 개수는

$a_3=4=2^2 \underset{\underset{\substack{\{3, 6\}, \{4, 5\}, \\ \{4, 6\}, \{5, 6\}}}{\smile}}{\overset{\overset{3\times3=9}{\frown}}{}}$

(iv) $n=4$일 때

집합 $A_4=\{1, 2, 3, \cdots, \overset{\overset{2\times4=8}{\frown}}{8}\}$이므로 원소의 개수가 2인 A_4의 부분집합 중 두 원소의 합이 12보다 작지 않은 집합 B_4의 개수는

$a_4=6=2(1+2) \underset{\underset{\substack{\{4, 8\}, \{5, 7\}, \{5, 8\}, \\ \{6, 7\}, \{6, 8\}, \{7, 8\}}}{\smile}}{\overset{\overset{3\times4=12}{\frown}}{}}$

(v) $n=5$일 때

집합 $A_5=\{1, 2, 3, \cdots, \overset{\overset{2\times5=10}{\frown}}{10}\}$이므로 원소의 개수가 2인 A_5의 부분집합 중 두 원소의 합이 15보다 작지 않은 집합 B_5의 개수는

$a_5=9=3^2 \underset{\underset{\substack{\{5, 10\}, \{6, 9\}, \{6, 10\}, \\ \{7, 8\}, \{7, 9\}, \{7, 10\}, \\ \{8, 9\}, \{8, 10\}, \{9, 10\}}}{\smile}}{\overset{\overset{3\times5=15}{\frown}}{}}$

⋮

$\therefore a_n=\begin{cases} k^2 & (n=2k-1) \\ 2(1+2+3+\cdots+k) & (n=2k) \end{cases}$

7

정답 ④

출제영역 수열의 극한의 성질＋수열의 귀납적 정의＋수열의 극한의 대소 관계

수열의 극한의 대소 관계를 이용하여 수열의 극한값을 구할 수 있는지를 묻는 문제이다.

> 모든 자연수 n에 대하여 수열 $\{a_n\}$이
>
> $a_1=\dfrac{2}{5}$, $a_{n+1}=\dfrac{4}{5-a_n}$ ❶
>
> 를 만족시킬 때, $\lim\limits_{n\to\infty} a_n$의 값은?
>
> ① $\dfrac{22}{25}$ ② $\dfrac{23}{25}$ ③ $\dfrac{24}{25}$
>
> ✓④ 1 ⑤ $\dfrac{26}{25}$

출제코드 모든 자연수 n에 대하여 $\alpha_n \le a_n \le \beta_n$ 꼴로 나타내기

❶ 첫째항 a_1과 이웃하는 두 항 a_n, a_{n+1} 사이의 관계식을 이용하여 수열 $\{a_n\}$의 일반항 또는 그 값의 범위를 구한다.

해설 |1단계| 모든 자연수 n에 대하여 $0<a_n<1$임을 알기

$0<a_n<1$이면

$4<5-a_n<5$

$\dfrac{1}{5}<\dfrac{1}{5-a_n}<\dfrac{1}{4}$

$\dfrac{4}{5}<\dfrac{4}{5-a_n}<1$ $\therefore \dfrac{4}{5}<a_{n+1}<1$

이때 $0<a_1=\dfrac{2}{5}<1$이므로

$\dfrac{4}{5}<a_2<1$

즉, $0<a_2<1$이므로

$\dfrac{4}{5}<a_3<1$

⋮

따라서 모든 자연수 n에 대하여

$0<a_n<1$ ...... ㉠

|2단계| 모든 자연수 n에 대하여 $\alpha_n \le a_n \le \beta_n$ 꼴로 나타내기

$a_{n+1}=\dfrac{4}{5-a_n}$에서

$1-a_{n+1}=1-\dfrac{4}{5-a_n}=\dfrac{1-a_n}{5-a_n}$

이때 $0<a_n<1$이므로 $5-a_n>4$에서

$\dfrac{1-a_n}{5-a_n}<\dfrac{1}{4}(1-a_n)$

즉, $1-a_{n+1}<\dfrac{1}{4}(1-a_n)$이므로

$1-a_n<\dfrac{1}{4}(1-a_{n-1})<\dfrac{1}{4^2}(1-a_{n-2})<\cdots<\dfrac{1}{4^{n-1}}(1-a_1)$

$1-a_n<\left(\dfrac{1}{4}\right)^{n-1}(1-a_1)=\dfrac{3}{5}\times\left(\dfrac{1}{4}\right)^{n-1}\left(\because a_1=\dfrac{2}{5}\right)$

$\therefore a_n>1-\dfrac{3}{5}\times\left(\dfrac{1}{4}\right)^{n-1}$ ...... ㉡

㉠, ㉡에 의하여 모든 자연수 n에 대하여

$1-\dfrac{3}{5}\times\left(\dfrac{1}{4}\right)^{n-1}<a_n<1$

|3단계| 수열의 극한의 대소 관계를 이용하여 $\lim\limits_{n\to\infty} a_n$의 값 구하기

이때

$\lim\limits_{n\to\infty}\left\{1-\dfrac{3}{5}\times\left(\dfrac{1}{4}\right)^{n-1}\right\}=1$, $\lim\limits_{n\to\infty}1=1$

이므로 수열의 극한의 대소 관계에 의하여

$\lim\limits_{n\to\infty}a_n=1$

다른 풀이 $\lim\limits_{n\to\infty}a_n$이 수렴하므로 $\lim\limits_{n\to\infty}a_n=\alpha$로 놓으면 **why?** ❶

$\lim\limits_{n\to\infty}a_{n+1}=\lim\limits_{n\to\infty}a_n=\alpha$

$a_{n+1}=\dfrac{4}{5-a_n}$의 양변에 극한을 취하면

$\lim\limits_{n\to\infty}a_{n+1}=\lim\limits_{n\to\infty}\dfrac{4}{5-a_n}$

$\lim\limits_{n\to\infty}a_{n+1}=\dfrac{4}{5-\lim\limits_{n\to\infty}a_n}$

$\alpha=\dfrac{4}{5-\alpha}$

$5\alpha-\alpha^2=4$

$\alpha^2-5\alpha+4=0$

$(\alpha-1)(\alpha-4)=0$

$\therefore \alpha=1 \ (\because 0\le\alpha\le1)$ **why?** ❷

즉, $\lim\limits_{n\to\infty}a_n=1$이다.

why? ❶ 모든 자연수 n에 대하여 $a_{n+1}=\dfrac{4}{5-a_n}$이므로

$0<a_n<1$이면 $\dfrac{4}{5}<a_{n+1}<1$

$\dfrac{4}{5}<a_{n+1}<1$이면 $\dfrac{16}{21}<a_{n+2}<1$

$\dfrac{16}{21}<a_{n+2}<1$이면 $\dfrac{84}{89}<a_{n+3}<1$

$\vdots$

즉, n의 값이 커질수록 수열 $\{a_n\}$의 값의 범위가 점점 작아지므로 수열 $\{a_n\}$의 값은 어느 한 값에 수렴하게 됨을 알 수 있다.

why? ❷ 모든 자연수 n에 대하여 $0<a_n<1$이므로

$0\le\lim\limits_{n\to\infty}a_n\le1$ $\therefore 0\le\alpha\le1$

8

출제영역 수열의 극한의 성질＋수열의 합과 일반항 사이의 관계＋등비수열의 극한

수열의 극한의 성질과 수열의 합과 일반항 사이의 관계를 이용하여 주어진 식의 극한값을 구할 수 있는지를 묻는 문제이다.

> 자연수 n에 대하여 모든 항이 양수인 수열 $\{a_n\}$이
>
> $\displaystyle\sum_{k=1}^{n}(a_{k+1}+a_k)^2=3\Big(1-\dfrac{1}{4^n}\Big)$, $a_{n+1}=3a_n-\dfrac{5}{2^n}$ ❶
>
> 를 만족시키고, 모든 항이 양수인 수열 $\{b_n\}$에 대하여
>
> $\lim\limits_{n\to\infty}\dfrac{a_nb_n+2^{n+1}a_n}{\dfrac{3}{a_nb_n}-a_n}=39$ ❷
>
> 가 성립할 때, $\lim\limits_{n\to\infty}\dfrac{3b_{n+1}-2b_n}{2^n}$의 값은?
>
> ① 9 ✓② 18 ③ 36
> ④ 72 ⑤ 144

출제코드 수열의 합과 일반항 사이의 관계를 이용하여 $a_{n+1}+a_n$ 구하기

❶ $a_k=(a_{k+1}+a_k)^2$, $\displaystyle\sum_{k=1}^{n}a_k=S_n$이라 하면 $\displaystyle\sum_{k=1}^{n}(a_{k+1}+a_k)^2=\sum_{k=1}^{n}a_k=S_n$이므로 S_n-S_{n-1}을 구하여 a_n, 즉 $(a_{n+1}+a_n)^2$을 구한다.

❷ 수열 $\{a_n\}$의 일반항을 구하여 $\lim\limits_{n\to\infty}a_nb_n$의 값을 구한다.

해설 |1단계| $\displaystyle\sum_{k=1}^{n}(a_{k+1}+a_k)^2=3\Big(1-\dfrac{1}{4^n}\Big)$에서 a_n과 a_{n+1} 사이의 관계식 구하기

$\displaystyle\sum_{k=1}^{n}(a_{k+1}+a_k)^2=3\Big(1-\dfrac{1}{4^n}\Big)$에서

$(a_{n+1}+a_n)^2=\displaystyle\sum_{k=1}^{n}(a_{k+1}+a_k)^2-\sum_{k=1}^{n-1}(a_{k+1}+a_k)^2$

$=3\Big(1-\dfrac{1}{4^n}\Big)-3\Big(1-\dfrac{1}{4^{n-1}}\Big)$

$=\dfrac{9}{4^n}$ (단, $n\ge2$) $\quad$ ...... ㉠

$n=1$이면

$(a_2+a_1)^2=3\Big(1-\dfrac{1}{4}\Big)=\dfrac{9}{4}$

이고 이는 ㉠에 $n=1$을 대입하여 얻은 값과 같으므로 모든 자연수 n에 대하여

$(a_{n+1}+a_n)^2=\dfrac{9}{4^n}$

이때 수열 $\{a_n\}$은 모든 항이 양수이므로

$a_{n+1}+a_n>0$

$\therefore a_{n+1}+a_n=\dfrac{3}{2^n}$ $\quad$ ...... ㉡

|2단계| 수열 $\{a_n\}$의 일반항 구하기

한편, $a_{n+1}=3a_n-\dfrac{5}{2^n}$에서

$a_{n+1}-3a_n=-\dfrac{5}{2^n}$ $\quad$ ...... ㉢

㉡-㉢을 하면

$4a_n=\dfrac{3}{2^n}+\dfrac{5}{2^n}=\dfrac{8}{2^n}$

$\therefore a_n=\dfrac{1}{2^{n-1}}$ $\quad$ ...... ㉣

|3단계| 수열 $\{b_n\}$의 일반항 구하기

$\lim\limits_{n\to\infty}\dfrac{a_nb_n+2^{n+1}a_n}{\dfrac{3}{a_nb_n}-a_n}=39$에 ㉣을 대입하면

$\lim\limits_{n\to\infty}\dfrac{\dfrac{b_n}{2^{n-1}}+4}{\dfrac{3}{\dfrac{b_n}{2^{n-1}}}-\dfrac{1}{2^{n-1}}}=39$

이때 $\lim\limits_{n\to\infty}\dfrac{b_n}{2^{n-1}}$의 값이 존재해야 하므로 $\lim\limits_{n\to\infty}\dfrac{b_n}{2^{n-1}}=k$로 놓으면

$\dfrac{k+4}{\dfrac{3}{k}}=39$, $k^2+4k=117$

$k^2+4k-117=0$, $(k+13)(k-9)=0$

$\therefore k=9$ ($\because k\ge0$) **why? ❶**

즉, $\lim\limits_{n\to\infty}\dfrac{b_n}{2^{n-1}}=9$이므로

$\lim\limits_{n\to\infty}\dfrac{b_{n+1}}{2^n}=9$

|4단계| 주어진 식의 극한값 구하기

$\therefore \lim\limits_{n\to\infty}\dfrac{3b_{n+1}-2b_n}{2^n}=\lim\limits_{n\to\infty}\Big(3\times\dfrac{b_{n+1}}{2^n}-\dfrac{b_n}{2^{n-1}}\Big)$

$=3\times9-9$

$=18$

해설특강 ✏️

why? ❶ $b_n>0$이므로 $\dfrac{b_n}{2^{n-1}}>0$

따라서 $\lim\limits_{n\to\infty}\dfrac{b_n}{2^{n-1}}\ge0$이므로

$k\ge0$

핵심 개념 수열의 합과 일반항 사이의 관계 (수학 I)

수열 $\{a_n\}$의 첫째항부터 제n항까지의 합을 S_n이라 하면

$a_1=S_1$, $a_n=S_n-S_{n-1}$ $(n\ge2)$

01-2 수열의 극한의 활용 – 도형, 좌표평면

1 16	**2** 50	**3** ①	**4** ②
5 ③	**6** 215	**7** ⑤	**8** ①

1　2017학년도 수능 나 28 [정답률 60%]　|정답 **16**

출제영역 **수열의 극한의 그래프에의 활용 + 등비수열의 극한**

곡선 위의 두 점 사이의 거리를 포함한 식의 극한값을 구할 수 있는지를 묻는 문제이다.

> 자연수 n에 대하여 직선 $x=4^n$이 곡선 $y=\sqrt{x}$와 만나는 점을 P_n❶이라 하자. 선분 P_nP_{n+1}의 길이를 L_n이라 할 때, $\displaystyle\lim_{n\to\infty}\left(\dfrac{L_{n+1}}{L_n}\right)^2$의 값을 구하시오. 16

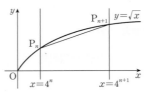

출제코드 두 점의 좌표를 구하여 L_n에 대한 극한값 구하기

❶ $x=4^n$을 $y=\sqrt{x}$에 대입하여 점 P_n의 좌표를 구한다.

❷ 두 점 P_n, P_{n+1}의 좌표를 이용하여 두 점 P_n, P_{n+1} 사이의 거리, 즉 선분 P_nP_{n+1}의 길이 L_n을 n에 대한 식으로 나타낸다.

해설　|1단계| 두 점 P_n, P_{n+1}의 좌표 각각 구하기

두 점 P_n, P_{n+1}은 x좌표가 각각 4^n, 4^{n+1}인 곡선 $y=\sqrt{x}$ 위의 점이므로

$P_n(4^n,\ \sqrt{4^n})$, 즉 $P_n(4^n,\ 2^n)$

$P_{n+1}(4^{n+1},\ \sqrt{4^{n+1}})$, 즉 $P_{n+1}(4^{n+1},\ 2^{n+1})$

|2단계| 선분 P_nP_{n+1}의 길이 L_n 구하기

$$
\begin{aligned}
L_n=\overline{P_nP_{n+1}}&=\sqrt{(4^{n+1}-4^n)^2+(2^{n+1}-2^n)^2}\\
&=\sqrt{(3\times4^n)^2+(2^n)^2}\\
&=\sqrt{9\times16^n+4^n}
\end{aligned}
$$

> └ 두 점 (x_1, y_1), (x_2, y_2) 사이의 거리는 $\sqrt{(x_2-x_1)^2+(y_2-y_1)^2}$

|3단계| $\displaystyle\lim_{n\to\infty}\left(\dfrac{L_{n+1}}{L_n}\right)^2$의 값 구하기

$$
\begin{aligned}
\therefore \lim_{n\to\infty}\left(\frac{L_{n+1}}{L_n}\right)^2&=\lim_{n\to\infty}\left(\frac{\sqrt{9\times16^{n+1}+4^{n+1}}}{\sqrt{9\times16^n+4^n}}\right)^2\\
&=\lim_{n\to\infty}\frac{9\times16\times16^n+4\times4^n}{9\times16^n+4^n}\quad\text{how?❶}\\
&=\lim_{n\to\infty}\frac{9\times16+4\times\left(\frac{1}{4}\right)^n}{9+\left(\frac{1}{4}\right)^n}\\
&=\frac{9\times16+4\times0}{9+0}=16
\end{aligned}
$$

해설특강

how?❶ 분모와 분자 모두 a^n 꼴을 포함한 $\dfrac{\infty}{\infty}$ 꼴의 극한이므로 분모 중 밑이 가장 큰 거듭제곱으로 분모와 분자를 각각 나누어 극한값을 구한다. 여기서는 분모와 분자를 각각 16^n으로 나눈다.

2　2010학년도 수능 나 25 [정답률 12%]　|정답 **50**

출제영역 **수열의 극한의 도형에의 활용**

수열 $\{a_{2n}\}$과 수열 $\{a_{2n+1}\}$의 일반항을 추론하고 극한값을 구할 수 있는지를 묻는 문제이다.

> 그림과 같이 한 변의 길이가 2인 정사각형 A와 한 변의 길이가 1인 정사각형 B는 변이 서로 평행하고, A의 두 대각선의 교점과 B의 두 대각선의 교점이 일치하도록 놓여 있다. A와 A의 내부에서 B의 내부를 제외한 영역을 R❶라 하자. 2 이상인 자연수 n에 대하여 한 변의 길이가 $\dfrac{1}{n}$인 작은 정사각형을 다음 규칙에 따라 R에 그린다.
>
> > (가) 작은 정사각형의 한 변은 A의 한 변에 평행하다.
> > (나) 작은 정사각형들의 내부는 서로 겹치지 않도록 한다.
>
> 이와 같은 규칙에 따라 R에 그릴 수 있는 한 변의 길이가 $\dfrac{1}{n}$인 작은 정사각형의 최대 개수를 a_n이라 하자. 예를 들어, $a_2=12$, $a_3=20$이다. $\displaystyle\lim_{n\to\infty}\dfrac{a_{2n+1}-a_{2n}}{a_{2n}-a_{2n-1}}=c$❸라 할 때, $100c$의 값을 구하시오. 50

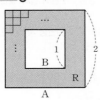

출제코드 영역 R에 그릴 수 있는 정사각형의 한 변의 길이가 $\dfrac{1}{2n}$과 $\dfrac{1}{2n+1}$인 경우로 나누어 a_{2n}과 a_{2n+1} 각각 구하기

❶ 어두운 영역 R의 폭이 $\dfrac{1}{2}$이다.

❷ 그릴 수 있는 정사각형의 최대 개수라는 표현에서 영역 R의 내부에 정사각형이 꽉 차게 그려지지 않을 수도 있음을 파악한다.

❸ 주어진 식에 두 수열 $\{a_{2n}\}$, $\{a_{2n+1}\}$의 일반항이 포함되어 있으므로 수열 $\{a_{2n}\}$과 수열 $\{a_{2n+1}\}$의 일반항을 각각 구한다. 즉, 한 변의 길이가 $\dfrac{1}{2n}$인 정사각형으로 채울 때와 한 변의 길이가 $\dfrac{1}{2n+1}$인 정사각형으로 채울 때의 최대 개수를 다르게 구해야 함을 의미한다.

해설　|1단계| a_{2n} 구하기

한 변의 길이가 $\dfrac{1}{2n}$인 정사각형을 정사각형 C_1이라 하자.

정사각형 A의 한 변의 길이가 2이므로 정사각형 A의 가로와 세로에 각각 그릴 수 있는 정사각형 C_1의 최대 개수는

$$2\div\frac{1}{2n}=2\times2n=4n$$

또, 정사각형 A를 세로 방향으로 사등분한 사각형에 그릴 수 있는 정사각형 C_1의 최대 개수는 $4n\times\dfrac{1}{4}=n$이다.

따라서 정사각형 B의 가로와 세로에 각각 그릴 수 있는 정사각형 C_1의 최대 개수는 $2n$이므로 영역 R에 그릴 수 있는 정사각형 C_1의 최대 개수는

$$a_{2n}=(4n)^2-(2n)^2=12n^2$$

|2단계| a_{2n+1}, a_{2n-1} **구하기**

한편, 한 변의 길이가 $\dfrac{1}{2n+1}$인 정사각형을 정사각형 C_2라 하자.

정사각형 A의 가로와 세로에 각각 그릴 수 있는 정사각형 C_2의 최대 개수는

$$2 \div \frac{1}{2n+1} = 2 \times (2n+1) = 4n+2$$

또, 정사각형 A를 세로 방향으로 사등분한 사각형에 그릴 수 있는 정사각형 C_2의 최대 개수는

$$(4n+2) \times \frac{1}{4} = n + \frac{1}{2}$$

보다 작거나 같으므로 n이다.

이때 오른쪽 그림과 같이 정사각형 A의 가로에 포함되는 정사각형의 개수를 영역 R에 포함되는 부분과 포함되지 않는 부분으로 나누어 구할 수 있으므로 영역 R에 그릴 수 있는 정사각형 C_2의 최대 개수는

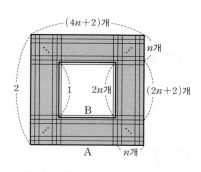

$$a_{2n+1} = (4n+2) \times n \times 2 + n \times (2n+2) \times 2$$
$$= 2n(6n+4) = 12n^2 + 8n$$

$$\therefore a_{2n-1} = 12(n-1)^2 + 8(n-1)$$
$$= 12n^2 - 16n + 4$$

> a_{2n-1}은 a_{2n+1}에서 n 대신 $n-1$을 대입한 것과 같다.

|3단계| $\displaystyle\lim_{n\to\infty} \dfrac{a_{2n+1}-a_{2n}}{a_{2n}-a_{2n-1}}$ **의 값을 구하고 $100c$의 값 계산하기**

$$\therefore \lim_{n\to\infty} \frac{a_{2n+1}-a_{2n}}{a_{2n}-a_{2n-1}} = \lim_{n\to\infty} \frac{(12n^2+8n)-12n^2}{12n^2-(12n^2-16n+4)}$$
$$= \lim_{n\to\infty} \frac{8n}{16n-4} = \frac{1}{2}$$

따라서 $c = \dfrac{1}{2}$이므로 $100c = 100 \times \dfrac{1}{2} = 50$

다른 풀이 |2단계| a_{2n+1}, a_{2n-1} **구하기**

한편, 한 변의 길이가 $\dfrac{1}{2n+1}$인 정사각형을 정사각형 C_2라 하자.

정사각형 A의 가로와 세로에 각각 그릴 수 있는 정사각형 C_2의 최대 개수는

$$2 \div \frac{1}{2n+1} = 2 \times (2n+1) = 4n+2$$

오른쪽 그림과 같이 정사각형 B로 인해 그리지 못하는 작은 정사각형의 개수는 B를 포함한 붉은 선으로 이루어진 정사각형에 그릴 수 있는 정사각형 C_2의 최대 개수와 같으므로

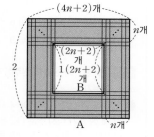

$$a_{2n+1} = (4n+2)^2 - (2n+2)^2$$
$$= 12n^2 + 8n$$

주의 한 변의 길이가 $\dfrac{1}{2n+1}$인 정사각형을 그리는 경우 영역 R에 꼭 맞게 다 채워지지 않기 때문에 정사각형 B로 인해 그리지 못하는 작은 정사각형의 개수는 $(2n+1)^2$이 아님에 주의한다.

출제영역 수열의 극한의 그래프에의 활용 + 등비수열의 극한

두 곡선이 한 점에서 만날 조건을 이용하여 수열 $\{a_n\}$의 일반항을 구하고 주어진 식의 극한값을 구할 수 있는지를 묻는 문제이다.

> 자연수 n에 대하여 두 곡선
> $$y = x^2 - 2^n x + k,\ y = -x^2 + 3^{n-1} x$$
> 가 x좌표가 a_n인 한 점에서만 만날 때, $\displaystyle\lim_{n\to\infty} \frac{a_n}{2^n + 3^n}$❶의 값은?
> (단, k는 상수이다.)
>
> ✔① $\dfrac{1}{12}$　　　② $\dfrac{1}{6}$　　　③ $\dfrac{1}{4}$
>
> ④ $\dfrac{1}{3}$　　　⑤ $\dfrac{1}{2}$

출제코드 두 곡선의 방정식을 연립하여 얻은 x에 대한 이차방정식이 중근을 가짐을 이용하여 a_n 구하기

❶ 두 곡선이 이차함수의 그래프이므로 두 방정식을 연립하여 나오는 x에 대한 이차방정식은 중근 a_n을 갖는다.

해설 |1단계| 두 곡선이 오직 한 점에서 만나는 조건 찾기

두 곡선 $y = x^2 - 2^n x + k$, $y = -x^2 + 3^{n-1}x$가 x좌표가 a_n인 한 점에서만 만나므로 이차방정식 $x^2 - 2^n x + k = -x^2 + 3^{n-1}x$, 즉 $2x^2 - (2^n + 3^{n-1})x + k = 0$이 중근 $x = a_n$을 갖는다.

|2단계| a_n **구하기**

따라서 $2x^2 - (2^n + 3^{n-1})x + k = 2(x - a_n)^2$이므로
$$2x^2 - (2^n + 3^{n-1})x + k = 2(x^2 - 2a_n x + a_n^2)$$
$$2x^2 - (2^n + 3^{n-1})x + k = 2x^2 - 4a_n x + 2a_n^2$$

위 등식은 x에 대한 항등식이므로
$$4a_n = 2^n + 3^{n-1}$$
$$\therefore a_n = \frac{2^n + 3^{n-1}}{4}$$

|3단계| $\displaystyle\lim_{n\to\infty} \dfrac{a_n}{2^n + 3^n}$ **의 값 구하기**

$$\therefore \lim_{n\to\infty} \frac{a_n}{2^n + 3^n} = \lim_{n\to\infty} \frac{\frac{2^n + 3^{n-1}}{4}}{2^n + 3^n} = \frac{1}{4}\lim_{n\to\infty} \frac{2^n + 3^{n-1}}{2^n + 3^n}$$
$$= \frac{1}{4}\lim_{n\to\infty} \frac{\left(\frac{2}{3}\right)^n + \frac{1}{3}}{\left(\frac{2}{3}\right)^n + 1} = \frac{1}{4} \times \frac{0 + \frac{1}{3}}{0 + 1} = \frac{1}{12}$$

다른 풀이 두 곡선 $y = x^2 - 2^n x + k$, $y = -x^2 + 3^{n-1}x$가 x좌표가 a_n인 한 점에서만 만나므로 이차방정식 $x^2 - 2^n x + k = -x^2 + 3^{n-1}x$, 즉 $2x^2 - (2^n + 3^{n-1})x + k = 0$이 중근 $x = a_n$을 갖는다.

따라서 이차방정식의 근과 계수의 관계에 의하여
$$2a_n = -\frac{-(2^n + 3^{n-1})}{2} \qquad \therefore a_n = \frac{2^n + 3^{n-1}}{4}$$

핵심 개념 등비수열의 극한

수열 $\left\{ \dfrac{c^n + d^n}{a^n + b^n} \right\}$ (a, b, c, d는 실수) 꼴의 극한값은 다음과 같은 순서로 구한다.

(i) $|a| > |b|$이면 a^n, $|a| < |b|$이면 b^n으로 분모, 분자를 각각 나눈다.

(ii) $|r| < 1$이면 $\displaystyle\lim_{n\to\infty} r^n = 0$임을 이용하여 주어진 수열의 극한값을 구한다.

출제영역 수열의 극한의 도형에의 활용＋원의 성질

원의 성질을 이용하여 주어진 두 수열의 일반항을 각각 구하고 극한값을 구할 수 있는지를 묻는 문제이다.

자연수 n에 대하여 점 $(4n-1, 3n)$을 중심으로 하고 원점을 지나는 원 C_n이 있다. 원 C_n 위의 점 P_n과 점 $A(-1, 0)$에 대하여 선분 $P_n A$의 길이의 최댓값을 a_n이라 하고, 원 C_n이 x축과 만나서 생기는 현의 길이를 b_n이라 하자. $\lim\limits_{n\to\infty}\dfrac{a_n}{b_n}$의 값은?

① 1　　　　✓② $\dfrac{5}{4}$　　　　③ $\dfrac{3}{2}$

④ $\dfrac{7}{4}$　　　　⑤ 2

출제코드 원의 성질을 이용하여 a_n과 b_n 구하기

❶ 점 $A(-1, 0)$과 원 C_n의 중심 $(4n-1, 3n)$을 지나는 직선과 원의 교점이 P_n일 때 선분 $P_n A$의 길이가 최대 또는 최소이다.

❷ 원 C_n이 x축과 만나는 두 점 중 하나는 원점이므로 원의 중심에서 현에 내린 수선의 발의 x좌표는 현의 길이의 $\dfrac{1}{2}$과 같다.

해설 |1단계| a_n 구하기

자연수 n에 대하여 원 C_n의 중심을 $C_n(4n-1, 3n)$이라 하면 원점 O에 대하여 원 C_n의 반지름의 길이는 선분 OC_n의 길이와 같으므로

$$\overline{OC_n}=\sqrt{(4n-1)^2+(3n)^2}$$
$$=\sqrt{25n^2-8n+1}$$

다음 그림과 같이 원 C_n 위의 점 P_n과 점 $A(-1, 0)$에 대하여 선분 $P_n A$의 길이가 최대일 때는 점 $A(-1, 0)$과 원의 중심 $C_n(4n-1, 3n)$을 지나는 직선이 원 C_n과 만나는 두 점 중 점 A와 가깝지 않은 점이 점 P_n일 때이다.

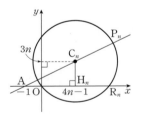

이때 점 $A(-1, 0)$과 원의 중심 $C_n(4n-1, 3n)$ 사이의 거리를 d라 하면

$$d=\sqrt{\{4n-1-(-1)\}^2+(3n-0)^2}$$
$$=\sqrt{25n^2}=5n$$

이므로

$$a_n=d+\overline{OC_n}=5n+\sqrt{25n^2-8n+1}$$

|2단계| b_n 구하기

한편, 원 C_n이 x축과 만나는 점 중 원점이 아닌 점을 R_n이라 하고, 원의 중심 $C_n(4n-1, 3n)$에서 x축에 내린 수선의 발을 H_n이라 하자.

이때 점 H_n의 좌표는 $(4n-1, 0)$이고 점 H_n은 선분 OR_n의 중점이므로

└ 원의 중심에서 현에 내린 수선의 발은 현의 길이를 이등분한다.

$$b_n=\overline{OR_n}=2\overline{OH_n}$$
$$=2(4n-1)=8n-2$$

|3단계| $\lim\limits_{n\to\infty}\dfrac{a_n}{b_n}$의 값 구하기

$$\therefore \lim_{n\to\infty}\frac{a_n}{b_n}=\lim_{n\to\infty}\frac{5n+\sqrt{25n^2-8n+1}}{8n-2}$$

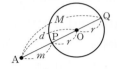　$\dfrac{\infty}{\infty}$ 꼴이므로 분모의 최고차항으로 분모와 분자를 각각 나눈다.

$$=\lim_{n\to\infty}\frac{5+\sqrt{25-\dfrac{8}{n}+\dfrac{1}{n^2}}}{8-\dfrac{2}{n}}$$

$$=\frac{5+\sqrt{25-0+0}}{8-0}=\frac{5}{4}$$

핵심 개념 원 밖의 한 점과 원 위의 점 사이의 거리의 최대·최소 (고등 수학)

원 밖의 한 점 A와 원 위의 점 사이의 거리의 최댓값을 M, 최솟값을 m이라 하면

$$M=\overline{AQ}=\overline{AO}+\overline{OQ}=d+r$$
$$m=\overline{AP}=\overline{AO}-\overline{OP}=d-r$$

참고 원의 중심과 원이 지나는 한 점이 주어지면 원은 하나로 결정된다.

출제영역 수열의 극한의 도형에의 활용

작은 원이 큰 원의 둘레를 따라 회전하는 규칙을 발견하여 수열의 일반항을 구하고 극한값을 구할 수 있는지를 묻는 문제이다.

점 O를 중심으로 하고 반지름의 길이가 7인 원 O가 있다. 원 O 위의 점 P에 대하여 선분 OP 위의 점 C를 중심으로 하고 원 O와 점 P에서 만나는 반지름의 길이가 3인 원 C가 있다. 이때 [그림 1]과 같이 선분 OC가 원 C와 만나는 위치에 있는 원 C 위의 점을 A라 하자. [그림 2]와 같이 원 C가 원 O의 원주 위에서 시곗바늘이 도는 방향과 같은 방향으로 회전하면서 원 O의 둘레를 시곗바늘이 도는 방향과 반대 방향으로 n바퀴 도는 동안, 점 A가 원 C와 함께 이동하다가 다시 선분 OC 위에 놓이는 횟수를 a_n이라 하자.

$\lim\limits_{n\to\infty}\dfrac{a_{3n-2}}{n}$의 값은?

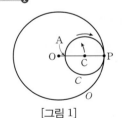　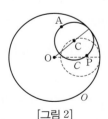

[그림 1]　　　　[그림 2]

① 5　　　　② 6　　　　✓③ 7

④ 8　　　　⑤ 9

출제코드 원 C가 원 O의 원주를 따라 회전할 때 생기는 규칙을 발견하여 a_{3n-2} 구하기

❶ 원 C가 원 O의 원주 위에서 시곗바늘이 도는 방향과 같은 방향으로 1회전할 때 점 A가 다시 선분 OC 위에 놓이게 된다.

따라서 a_n은 원 C가 원 O의 둘레를 1바퀴 도는 동안 원 C가 원 O의 원주 위에서 시곗바늘이 도는 방향과 같은 방향으로 회전한 수와 같다.

❷ 원 C가 원 O의 둘레를 $(3n-2)$바퀴 도는 동안의 점 A가 선분 OC 위에 놓이는 횟수를 n에 대한 식으로 나타내서 a_{3n-2}를 구한 후 대입하여 주어진 극한값을 구한다.

해설 |1단계| 원주 위의 운동을 수직선 위의 운동으로 바꾸어 생각하기

원 C의 반지름의 길이는 3이므로 원 C의 원주의 길이는

$2\pi \times 3 = 6\pi$

원 O의 반지름의 길이는 7이므로 원 O의 원주의 길이는

$2\pi \times 7 = 14\pi$

[그림 1]에서의 원 O 위의 점 P가 수직선 위의 원점에 있다고 생각하고 원 C가 시곗바늘이 도는 방향과 같은 방향으로 회전하며 수직선 위를 움직인다고 가정하자.

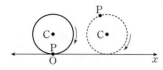

원점에 있던 점 P가 원을 따라 움직이며 다시 수직선 위에 놓이는 순간의 점 P의 좌표를 차례로 나열하면

$6\pi, 12\pi, 18\pi, 24\pi, \cdots$

즉, 점 P의 좌표는 6π의 배수가 된다.

|2단계| 수열 $\{a_{3n-2}\}$의 일반항을 구하여 $\lim\limits_{n\to\infty}\dfrac{a_{3n-2}}{n}$의 값 구하기

그런데 원 O의 원주의 길이는 14π이므로 원 C가 원 O의 원주를 $(3n-2)$바퀴 도는 만큼 수직선 위에서 움직이면 원 C가 움직인 거리는

$14\pi \times (3n-2) = (42n-28)\pi$

이때 점 P가 다시 원 O의 원주 위에 놓이는 횟수는 수직선 위의 $0 < x \le (42n-28)\pi$인 범위에서 x좌표가 6π의 배수인 점의 개수와 같다. **why? ❶**

$\dfrac{(42n-28)\pi}{6\pi} = \dfrac{6(7n-5)+2}{6}$

$\qquad = 7n-5+\dfrac{1}{3}$

에서 6π의 배수인 점의 개수는 $7n-5$이므로

$a_{3n-2} = 7n-5$

$\therefore \lim\limits_{n\to\infty}\dfrac{a_{3n-2}}{n} = \lim\limits_{n\to\infty}\dfrac{7n-5}{n} = 7$

해설특강 ✏️

why? ❶ 두 점 A, P는 원 C의 지름의 양 끝 점이므로 원 C가 회전하는 동안 점 A가 다시 선분 OC 위에 놓일 때, 점 P는 다시 원 O의 원주 위에 놓인다.

즉, 원 C가 원 O의 원주 위에서 시곗바늘이 도는 방향과 같은 방향으로 1회전할 때 점 A는 다시 선분 OC 위에 놓인다.

따라서 원 C가 원 O의 둘레를 시곗바늘이 도는 방향과 반대 방향으로 n바퀴 돌 때, 점 P가 다시 원 O의 원주 위에 놓이는 횟수 또한 a_n과 같다.

6

출제영역 수열의 극한의 그래프에의 활용

주어진 곡선에 접하는 접선과 도형의 성질을 이용하여 주어진 수열의 극한값을 구할 수 있는지를 묻는 문제이다.

그림과 같이 자연수 n에 대하여 곡선

$$T_n : y = \dfrac{\sqrt{3}}{2n}x^2$$

위의 점 $P_n\left(n, \dfrac{\sqrt{3}}{2}n\right)$에서 x축에 내린 수선의 발을 H_n이라 하고, 선분 P_nH_n을 지름으로 하는 원을 C_n, 곡선 T_n 위의 점 P_n에서의 접선 l_n이 원 C_n 및 x축과 만나는 점을 각각 Q_n, R_n이라 하자. 곡선 T_n과 직선 l_n 및 선분 OR_n으로 둘러싸인 부분의 넓이를 $f(n)$, 점 P_n을 포함하지 않는 호 Q_nH_n과 두 선분 Q_nR_n, R_nH_n으로 둘러싸인 부분의 넓이를 $g(n)$이라 할 때,

$$\lim_{n\to\infty}\dfrac{f(n)+g(n)}{n^2+n} = \dfrac{q}{p}\sqrt{3} - \dfrac{\pi}{32}$$

이다. $p+q$의 값을 구하시오. **215**

(단, O는 원점이고, p와 q는 서로소인 자연수이다.)

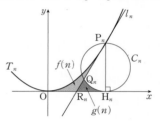

출제코드 주어진 곡선에 접하는 접선의 방정식을 구하고, 접선의 기울기와 원의 성질을 이용하여 $f(n)+g(n)$을 n에 대하여 나타내기

❶ $\overline{P_nH_n} = \dfrac{\sqrt{3}}{2}n$이므로 원 C_n의 반지름의 길이가 $\dfrac{\sqrt{3}}{4}n$임을 파악한다.

❷ 이차함수의 식을 미분하여 접선 l_n의 기울기를 구한다.

❸ 점 P_n을 포함하지 않는 호 Q_nH_n과 두 선분 P_nQ_n, P_nH_n으로 둘러싸인 부분의 넓이를 $h(n)$이라 하고, $f(n)+g(n) = \{f(n)+g(n)+h(n)\} - h(n)$임을 이용하여 $f(n)+g(n)$을 n에 대하여 나타낸다.

해설 |1단계| 직선 l_n의 방정식 구하기

$y = \dfrac{\sqrt{3}}{2n}x^2$에서 $y' = \dfrac{\sqrt{3}}{n}x$이므로 곡선 T_n 위의 점 $P_n\left(n, \dfrac{\sqrt{3}}{2}n\right)$에서의 접선 l_n의 방정식은

$y - \dfrac{\sqrt{3}}{2}n = \sqrt{3}(x-n)$ $\quad \therefore y = \sqrt{3}x - \dfrac{\sqrt{3}}{2}n$

|2단계| $f(n)+g(n)$을 n에 대하여 나타내기

직선 l_n의 기울기가 $\sqrt{3}$이므로 직선 l_n과 x축의 양의 방향이 이루는 각의 크기는 $\dfrac{\pi}{3}$이고, $\angle R_nP_nH_n = \dfrac{\pi}{6}$이다.

원 C_n의 중심을 C_n이라 하면 $\angle Q_nC_nH_n = 2\angle R_nP_nH_n = 2 \times \dfrac{\pi}{6} = \dfrac{\pi}{3}$이다.

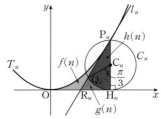

점 P_n을 포함하지 않는 호 Q_nH_n과 두 선분 P_nQ_n, P_nH_n으로 둘러싸인 부분의 넓이를 $h(n)$이라 하면 다음과 같다. **why? ❶**

(i) $f(n)+g(n)+h(n)$은 곡선 T_n과 x축 및 선분 P_nH_n으로 둘러싸인 부분의 넓이와 같으므로

$$f(n)+g(n)+h(n)=\int_0^n \frac{\sqrt{3}}{2n}x^2\,dx$$
$$=\left[\frac{\sqrt{3}}{6n}x^3\right]_0^n$$
$$=\frac{\sqrt{3}}{6}n^2$$

(ii) $h(n)$은 삼각형 $C_nP_nQ_n$의 넓이와 부채꼴 $C_nQ_nH_n$의 넓이의 합과 같으므로

$$h(n)=\frac{1}{2}\times\overline{C_nP_n}^2\times\sin\frac{2}{3}\pi+\frac{1}{2}\times\overline{C_nQ_n}^2\times\frac{\pi}{3}$$
$$=\frac{1}{2}\times\left(\frac{\sqrt{3}}{4}n\right)^2\times\frac{\sqrt{3}}{2}+\frac{1}{2}\times\left(\frac{\sqrt{3}}{4}n\right)^2\times\frac{\pi}{3}$$
$$=\left(\frac{3\sqrt{3}}{64}+\frac{\pi}{32}\right)n^2$$

(i), (ii)에서
$$f(n)+g(n)=\{f(n)+g(n)+h(n)\}-h(n)$$
$$=\frac{\sqrt{3}}{6}n^2-\left(\frac{3\sqrt{3}}{64}+\frac{\pi}{32}\right)n^2$$
$$=\left(\frac{23\sqrt{3}}{192}-\frac{\pi}{32}\right)n^2$$

|3단계| 극한값을 구하고, $p+q$의 값 구하기

$$\therefore \lim_{n\to\infty}\frac{f(n)+g(n)}{n^2+n}=\lim_{n\to\infty}\frac{\left(\frac{23\sqrt{3}}{192}-\frac{\pi}{32}\right)n^2}{n^2+n}$$
$$=\lim_{n\to\infty}\frac{\frac{23\sqrt{3}}{192}-\frac{\pi}{32}}{1+\frac{1}{n}}$$
$$=\frac{23\sqrt{3}}{192}-\frac{\pi}{32}$$

따라서 $p=192$, $q=23$이므로
$$p+q=192+23=215$$

해설특강 ✏️

why? ❶ $f(n)$, $g(n)$을 각각 구할 수도 있으나,
$f(n)+g(n)=\{f(n)+g(n)+h(n)\}-h(n)$을 이용하여 넓이를 구하는 것이 더 편리하다.

핵심 개념 | 삼각형의 넓이 (수학 I)

삼각형 ABC의 넓이를 S라 하면
$$S=\frac{1}{2}bc\sin A$$
$$=\frac{1}{2}ca\sin B$$
$$=\frac{1}{2}ab\sin C$$

출제영역 수열의 극한의 그래프에의 활용

원의 성질과 삼각함수를 이용하여 주어진 수열의 극한값을 구할 수 있는지를 묻는 문제이다.

그림과 같이 1보다 큰 자연수 n에 대하여 중심이 제1사분면에 있고 반지름의 길이가 1인 원 C_n이 직선 $y=\frac{2n}{n^2-1}x$와 x축에 동시에 접한다. 원 C_n이 직선 $y=\frac{2n}{n^2-1}x$ 및 x축과 접하는 점을 각각 P_n, Q_n이라 하고, 삼각형 OP_nQ_n의 넓이를 S_n이라 할 때, $\lim_{n\to\infty}\frac{S_n}{n}$의 값은? (단, O는 원점이다.)

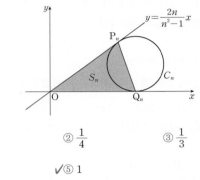

① $\frac{1}{5}$ ② $\frac{1}{4}$ ③ $\frac{1}{3}$

④ $\frac{1}{2}$ ✓⑤ 1

출제코드 점과 직선 사이의 거리를 이용하여 원 C_n의 중심의 좌표를 구하고, 삼각형의 넓이를 구하는 공식을 이용하여 S_n 구하기

❶ 원 C_n의 중심을 C_n이라 하고, 점 C_n과 직선 $y=\frac{2n}{n^2-1}x$ 사이의 거리가 1임을 이용하여 점 C_n의 좌표를 구한다.

❷ $\angle P_nOQ_n=\theta_n$이라 하고, $\tan\theta_n=\frac{2n}{n^2-1}$임을 이용하여 $\sin\theta_n$의 값을 구한 후 S_n을 구한다.

해설 **|1단계|** 원 C_n의 중심을 C_n이라 하고, 점 C_n의 좌표 구하기

원 C_n의 중심을 C_n이라 하고, 점 C_n의 좌표를 $(c_n, 1)$ $(c_n>0)$이라 하자.

점 $C_n(c_n, 1)$과 직선 $\frac{2n}{n^2-1}x-y=0$ 사이의 거리가 1이므로

$$\frac{\left|\frac{2n}{n^2-1}\times c_n-1\right|}{\sqrt{\left(\frac{2n}{n^2-1}\right)^2+(-1)^2}}=1,\quad \left|\frac{2n}{n^2-1}\times c_n-1\right|=\frac{n^2+1}{n^2-1}\ \textbf{how? ❶}$$

(i) $\frac{2n}{n^2-1}\times c_n-1=\frac{n^2+1}{n^2-1}$일 때

$$\frac{2n}{n^2-1}\times c_n=1+\frac{n^2+1}{n^2-1},\quad \frac{2n}{n^2-1}\times c_n=\frac{2n^2}{n^2-1}$$
$$\therefore c_n=n$$

(ii) $\frac{2n}{n^2-1}\times c_n-1=-\frac{n^2+1}{n^2-1}$일 때

$$\frac{2n}{n^2-1}\times c_n=1-\frac{n^2+1}{n^2-1},\quad \frac{2n}{n^2-1}\times c_n=-\frac{2}{n^2-1}$$
$$\therefore c_n=-\frac{1}{n}$$

그런데 $c_n>0$이므로 조건을 만족시키지 않는다.

(i), (ii)에 의하여 $c_n = n$

즉, $C_n(n, 1)$이다.

|2단계| 직선 $y = \dfrac{2n}{n^2-1}x$와 x축의 양의 방향과 이루는 각의 크기를 θ_n이라 하고, $\sin \theta_n$의 값 구하기

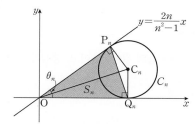

한편, 직선 $y = \dfrac{2n}{n^2-1}x$와 x축의 양의 방향과 이루는 각의 크기를 θ_n

이라 하면

$\tan \theta_n = \dfrac{2n}{n^2-1}$

즉, $\dfrac{\sin \theta_n}{\cos \theta_n} = \dfrac{2n}{n^2-1}$이므로

$\cos \theta_n = \dfrac{n^2-1}{2n} \sin \theta_n$ ...... ㉠

㉠을 $\sin^2 \theta_n + \cos^2 \theta_n = 1$에 대입하면

$\sin^2 \theta_n + \left(\dfrac{n^2-1}{2n}\right)^2 \sin^2 \theta_n = 1$

$\left(\dfrac{n^2+1}{2n}\right)^2 \sin^2 \theta_n = 1$

$\therefore \sin^2 \theta_n = \left(\dfrac{2n}{n^2+1}\right)^2$

$0 < \theta_n < \dfrac{\pi}{2}$이므로

$\sin \theta_n = \dfrac{2n}{n^2+1}$ **how? ❷**

|3단계| S_n 구하기

점 C_n의 x좌표가 n이므로

$\overline{OQ_n} = n$

원의 접선의 성질에 의하여

$\overline{OP_n} = \overline{OQ_n} = n$

따라서 삼각형 OP_nQ_n의 넓이는

$S_n = \dfrac{1}{2} \times \overline{OP_n} \times \overline{OQ_n} \times \sin \theta_n$

$= \dfrac{1}{2} \times n \times n \times \dfrac{2n}{n^2+1}$

$= \dfrac{n^3}{n^2+1}$

|4단계| $\displaystyle\lim_{n \to \infty} \dfrac{S_n}{n}$의 값 구하기

$\therefore \displaystyle\lim_{n \to \infty} \dfrac{S_n}{n} = \lim_{n \to \infty} \dfrac{n^3}{n(n^2+1)}$

$= \displaystyle\lim_{n \to \infty} \dfrac{n^2}{n^2+1}$

$= \displaystyle\lim_{n \to \infty} \dfrac{1}{1 + \dfrac{1}{n^2}}$

$= 1$

해설특강 ✏️

how? ❶ $\sqrt{\left(\dfrac{2n}{n^2-1}\right)^2 + (-1)^2} = \sqrt{\dfrac{4n^2}{(n^2-1)^2} + 1}$

$= \sqrt{\dfrac{4n^2 + (n^4 - 2n^2 + 1)}{(n^2-1)^2}}$

$= \sqrt{\dfrac{n^4 + 2n^2 + 1}{(n^2-1)^2}} = \sqrt{\dfrac{(n^2+1)^2}{(n^2-1)^2}}$

$= \dfrac{n^2+1}{n^2-1}$ $(\because n > 1)$

how? ❷ 삼각함수의 덧셈정리를 이용하여 $\sin \theta_n$의 값을 구할 수도 있다.

$\overline{OC_n} = \sqrt{n^2+1}$이므로 직각삼각형 OC_nQ_n에서

$\sin \dfrac{\theta_n}{2} = \dfrac{1}{\sqrt{n^2+1}}$, $\cos \dfrac{\theta_n}{2} = \dfrac{n}{\sqrt{n^2+1}}$

$\therefore \sin \theta_n = \sin\left(2 \times \dfrac{\theta_n}{2}\right) = 2 \sin \dfrac{\theta_n}{2} \cos \dfrac{\theta_n}{2}$

$= 2 \times \dfrac{1}{\sqrt{n^2+1}} \times \dfrac{n}{\sqrt{n^2+1}}$

$\left.\begin{array}{l} \sin(\alpha+\beta) \\ = \sin\alpha\cos\beta + \cos\alpha\sin\beta \\ \text{에서 } \alpha=\beta \text{이면} \\ \sin 2\alpha = 2\sin\alpha\cos\alpha \end{array}\right.$

$= \dfrac{2n}{n^2+1}$

핵심 개념 **점과 직선 사이의 거리 (고등 수학)**

점 (x_1, y_1)과 직선 $ax + by + c = 0$ 사이의 거리는

$\dfrac{|ax_1 + by_1 + c|}{\sqrt{a^2 + b^2}}$

8
|정답 ①|

출제영역 수열의 극한의 도형에의 활용 + 등비수열의 극한

직각삼각형의 닮음을 이용하여 삼각형의 넓이를 n에 대한 식으로 나타내고 극한값을 구할 수 있는지를 묻는 문제이다.

그림과 같이 한 변의 길이가 1인 정삼각형 ABC가 있다. 자연수 n에 대하여 변 BC를 $1 : 2^{n-1}$으로 내분하는 점을 P_n이라 하고, 점 P_n에서 변 AB에 내린 수선의 발을 Q_n, 점 P_n을 지나고 변 BC에 수직인 직선이 변 AB와 만나는 점을 R_n이라 할 때, 삼각형 $P_nQ_nR_n$의 넓이를 S_n이라 하자. $\displaystyle\lim_{n \to \infty}(4^{n-1} \times S_n)$의 값은? **❷**

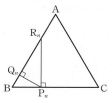

✓① $\dfrac{3\sqrt{3}}{8}$ 　　② $\dfrac{\sqrt{3}}{2}$ 　　③ $\dfrac{3\sqrt{3}}{4}$

④ $\dfrac{3\sqrt{3}}{2}$ 　　⑤ $3\sqrt{3}$

출제코드 직각삼각형의 닮음을 이용하여 S_n 구하기

❶ $\overline{BP_n} : \overline{CP_n} = 1 : 2^{n-1}$에서 선분 BP_n의 길이를 구한다.

❷ 삼각형 $P_nQ_nR_n$과 서로 닮음인 직각삼각형을 찾아 닮음비를 이용하여 삼각형 $P_nQ_nR_n$의 넓이를 구한다.

$\overline{BC}=1$이고 $\overline{BP_n}:\overline{CP_n}=1:2^{n-1}$이므로

$$\overline{BP_n}=\frac{1}{1+2^{n-1}}$$

직각삼각형 BP_nR_n에서 $\angle R_nBP_n=\dfrac{\pi}{3}$이므로

$$\overline{P_nR_n}=\overline{BP_n}\tan\frac{\pi}{3}=\frac{\sqrt{3}}{1+2^{n-1}}$$

|2단계| S_n 구하기

한편, $\triangle BQ_nP_n\sim\triangle P_nQ_nR_n$이고 **why? ❶**

닮음비는 $\overline{BP_n}:\overline{P_nR_n}=\dfrac{1}{1+2^{n-1}}:\dfrac{\sqrt{3}}{1+2^{n-1}}=1:\sqrt{3}$이므로

$$\triangle BQ_nP_n:\triangle P_nQ_nR_n=1^2:(\sqrt{3})^2=1:3$$

$$\therefore \triangle P_nQ_nR_n=3\triangle BQ_nP_n=\frac{3}{4}\triangle BP_nR_n$$

$$\therefore S_n=\frac{3}{4}\triangle BP_nR_n$$
$$=\frac{3}{4}\times\frac{1}{2}\times\overline{BP_n}\times\overline{P_nR_n}$$
$$=\frac{3}{8}\times\frac{1}{1+2^{n-1}}\times\frac{\sqrt{3}}{1+2^{n-1}}$$
$$=\frac{3\sqrt{3}}{8\{(2^{n-1})^2+2\times2^{n-1}+1\}}$$
$$=\frac{3\sqrt{3}}{8(2^{2n-2}+2^n+1)}=\frac{3\sqrt{3}}{2^{2n+1}+2^{n+3}+8}$$

|3단계| $\lim\limits_{n\to\infty}(4^{n-1}\times S_n)$의 값 구하기

$$\therefore \lim_{n\to\infty}(4^{n-1}\times S_n)=\lim_{n\to\infty}\left(4^{n-1}\times\frac{3\sqrt{3}}{2^{2n+1}+2^{n+3}+8}\right)$$
$$=\lim_{n\to\infty}\frac{3\sqrt{3}\times4^{n-1}}{2^{2n+1}+2^{n+3}+8}$$
$$=\lim_{n\to\infty}\frac{3\sqrt{3}\times2^{-3}}{1+2^{-n+2}+2^{-2n+2}}$$
$\dfrac{\infty}{\infty}$ 꼴이므로 분모의 거듭제곱 중 밑이 가장 큰 2^{2n+1}으로 분모와 분자를 각각 나눈다.
$$=\frac{3\sqrt{3}\times2^{-3}}{1+0+0}=\frac{3\sqrt{3}}{8}$$

다른 풀이 $S_n=\dfrac{1}{2}\times\overline{P_nQ_n}\times\overline{Q_nR_n}$
$$=\frac{1}{2}\times\overline{P_nQ_n}\times\overline{P_nQ_n}\tan\frac{\pi}{3}$$
$$=\frac{\sqrt{3}}{2}\times\overline{P_nQ_n}^2$$
$$=\frac{\sqrt{3}}{2}\times\left(\overline{BP_n}\times\sin\frac{\pi}{3}\right)^2$$
$$=\frac{3\sqrt{3}}{8}\times\left(\frac{1}{1+2^{n-1}}\right)^2$$
$$=\frac{3\sqrt{3}}{8(4^{n-1}+2^n+1)}$$

$$\therefore \lim_{n\to\infty}(4^{n-1}\times S_n)=\lim_{n\to\infty}\frac{3\sqrt{3}\times4^{n-1}}{8(4^{n-1}+2^n+1)}=\frac{3\sqrt{3}}{8}$$

해설특강 ✏️

why? ❶ 두 삼각형 BQ_nP_n과 $P_nQ_nR_n$에서
$$\angle BQ_nP_n=\angle P_nQ_nR_n=90°$$
$$\angle P_nBQ_n=90°-\angle BP_nQ_n=\angle R_nP_nQ_n$$
$$\therefore \triangle BP_nQ_n\sim\triangle P_nR_nQ_n \text{ (AA 닮음)}$$

본문 17쪽

기출예시 1 | 정답 ③

부채꼴 $O_1A_1B_1$의 반지름의 길이는 1이고, 중심각의 크기는 $\dfrac{\pi}{4}$이므로

$$S_1=\frac{1}{2}\times1^2\times\frac{\pi}{4}=\frac{\pi}{8}$$

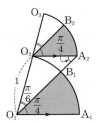

$\overline{O_1A_1}\parallel\overline{O_2A_2}$이므로

$$\angle O_1A_2O_2=\angle A_1O_1A_2=\frac{\pi}{4} \text{ (엇각)}$$

삼각형 $O_1A_2O_2$에서 사인법칙에 의하여

$$\frac{\overline{O_2A_2}}{\sin\dfrac{\pi}{6}}=\frac{\overline{O_1O_2}}{\sin\dfrac{\pi}{4}}$$

$$\frac{\overline{O_2A_2}}{\dfrac{1}{2}}=\frac{1}{\dfrac{\sqrt{2}}{2}}$$

$$\therefore \overline{O_2A_2}=\frac{1}{\sqrt{2}}$$

즉, 두 부채꼴 $O_1A_1B_1$, $O_2A_2B_2$의 닮음비는 $1:\dfrac{1}{\sqrt{2}}$이므로 넓이의 비는 $1^2:\left(\dfrac{1}{\sqrt{2}}\right)^2=1:\dfrac{1}{2}$이다.

따라서 수열 $\{S_n\}$은 첫째항이 $\dfrac{\pi}{8}$, 공비가 $\dfrac{1}{2}$인 등비수열의 첫째항부터 제n항까지의 합과 같으므로

$$S_n=\sum_{k=1}^{n}\frac{\pi}{8}\left(\frac{1}{2}\right)^{k-1}$$

$$\therefore \lim_{n\to\infty}S_n=\lim_{n\to\infty}\sum_{k=1}^{n}\frac{\pi}{8}\left(\frac{1}{2}\right)^{k-1}$$
$$=\sum_{n=1}^{\infty}\frac{\pi}{8}\left(\frac{1}{2}\right)^{n-1}$$
$$=\frac{\dfrac{\pi}{8}}{1-\dfrac{1}{2}}=\frac{\pi}{4}$$

핵심 개념 사인법칙 (수학 I)

삼각형 ABC의 외접원의 반지름의 길이를 R라 하면
$$\frac{a}{\sin A}=\frac{b}{\sin B}=\frac{c}{\sin C}=2R$$

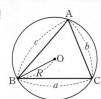

02-1 등비급수의 도형에의 활용

1등급 완성 3단계 문제연습

본문 18~21쪽

1 ①	**2** ②	**3** ②	**4** ③
5 11	**6** ④	**7** ②	**8** ③

---

1 2021학년도 6월 평가원 가 20 [정답률 38%] |정답 ①

출제영역 등비급수의 도형에의 활용

무한히 반복되는 닮은 도형들의 넓이의 합을 등비급수를 이용하여 구할 수 있는 지를 묻는 문제이다.

그림과 같이 $\overline{AB_1}=3$, $\overline{AC_1}=2$이고 $\angle B_1AC_1=\dfrac{\pi}{3}$인 삼각형 AB_1C_1이 있다. $\angle B_1AC_1$의 이등분선이 선분 B_1C_1과 만나는 점을 D_1, 세 점 A, D_1, C_1을 지나는 원이 선분 AB_1과 만나는 점 중 A가 아닌 점을 B_2라 할 때, 두 선분 B_1B_2, B_1D_1과 호 B_2D_1로 둘러싸인 부분과 선분 C_1D_1과 호 C_1D_1로 둘러싸인 부분인 ⟋ 모양의 도형에 색칠하여 얻은 그림을 R_1이라 하자. 그림 R_1에서 점 B_2를 지나고 직선 B_1C_1에 평행한 직선이 두 선분 AD_1, AC_1과 만나는 점을 각각 D_2, C_2라 하자. 세 점 A, D_2, C_2를 지나는 원이 선분 AB_2와 만나는 점 중 A가 아닌 점을 B_3이라 할 때, 두 선분 B_2B_3, B_2D_2와 호 B_3D_2로 둘러싸인 부분과 선분 C_2D_2와 호 C_2D_2로 둘러싸인 부분인 ⟋ 모양의 도형에 색칠하여 얻은 그림을 R_2라 하자. 이와 같은 과정을 계속하여 n번째 얻은 그림 R_n에 색칠되어 있는 부분의 넓이를 S_n이라 할 때, $\displaystyle\lim_{n\to\infty}S_n$의 값은?

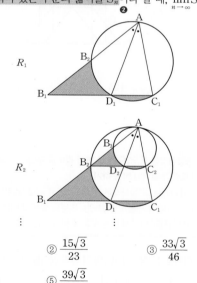

✓① $\dfrac{27\sqrt{3}}{46}$ ② $\dfrac{15\sqrt{3}}{23}$ ③ $\dfrac{33\sqrt{3}}{46}$

④ $\dfrac{18\sqrt{3}}{23}$ ⑤ $\dfrac{39\sqrt{3}}{46}$

출제코드 삼각형 $B_1D_1B_2$의 넓이를 구하여 S_1과 그림 R_2에 새롭게 색칠되는 도형의 넓이의 비 구하기

❶ 두 삼각형 AB_1C_1과 AB_2C_2가 서로 닮음임을 파악한다.

❷ 그림 R_n과 R_{n+1}에서 새롭게 색칠되는 부분의 넓이의 비는 두 그림이 같은 방법으로 만들어지기 때문에 닮은 도형을 찾아 닮음비를 이용하여 구한다.

해설 |1단계| 삼각형 $B_1D_1B_2$의 넓이를 구하여 S_1 구하기

호 B_2D_1, 호 D_1C_1에 대한 원주각의 크기가 같으므로 두 호 B_2D_1, D_1C_1의 길이는 서로 같다.

따라서 그림 R_1에 색칠된 부분의 넓이는 삼각형 $B_1D_1B_2$의 넓이와 같다. **why?** ❶

삼각형 AB_1C_1에서 코사인법칙에 의하여

$$\overline{B_1C_1}^2=\overline{AB_1}^2+\overline{AC_1}^2-2\times\overline{AB_1}\times\overline{AC_1}\times\cos(\angle B_1AC_1)$$
$$=3^2+2^2-2\times3\times2\times\cos\dfrac{\pi}{3}$$
$$=9+4-6=7$$

$$\therefore\ \overline{B_1C_1}=\sqrt{7}$$

$\angle B_1AC_1$의 이등분선이 선분 B_1C_1과 만나는 점이 D_1이므로

$$\overline{AB_1}:\overline{AC_1}=\overline{B_1D_1}:\overline{C_1D_1}$$

즉, $\overline{B_1D_1}:\overline{C_1D_1}=3:2$이므로

$$\overline{B_1D_1}=\dfrac{3}{5}\times\sqrt{7}=\dfrac{3\sqrt{7}}{5},\ \overline{C_1D_1}=\dfrac{2}{5}\times\sqrt{7}=\dfrac{2\sqrt{7}}{5}$$

또, 오른쪽 그림과 같이 삼각형 AD_1C_1의 외접원의 중심을 O라 하면

$$\angle D_1OC_1=\angle B_2OD_1=\dfrac{\pi}{3}\ \text{why? ❷}$$

따라서 두 삼각형 D_1OC_1, B_2OD_1은 모두 정삼각형이다.

즉, $\angle B_2D_1C_1=\dfrac{2}{3}\pi$이므로

$$\angle B_2D_1B_1=\dfrac{\pi}{3}$$

따라서 삼각형 $B_1D_1B_2$의 넓이는

$$\triangle B_1D_1B_2=\dfrac{1}{2}\times\overline{B_1D_1}\times\overline{B_2D_1}\times\sin(\angle B_1D_1B_2)$$

두 삼각형 D_1OC_1, B_2OD_1이 정삼각형이므로 $\overline{B_2D_1}=\overline{C_1D_1}=\dfrac{2\sqrt{7}}{5}$

$$=\dfrac{1}{2}\times\dfrac{3\sqrt{7}}{5}\times\dfrac{2\sqrt{7}}{5}\times\sin\dfrac{\pi}{3}$$
$$=\dfrac{21\sqrt{3}}{50}$$

이므로 $S_1=\dfrac{21\sqrt{3}}{50}$

|2단계| 도형의 닮음을 이용하여 S_1과 그림 R_2에 새롭게 색칠되는 도형의 넓이의 비를 구하고 S_n 구하기

삼각형 $B_1D_1B_2$에서 코사인법칙에 의하여

$$\overline{B_1B_2}^2=\overline{B_1D_1}^2+\overline{B_2D_1}^2-2\times\overline{B_1D_1}\times\overline{B_2D_1}\times\cos(\angle B_1D_1B_2)$$
$$=\left(\dfrac{3\sqrt{7}}{5}\right)^2+\left(\dfrac{2\sqrt{7}}{5}\right)^2-2\times\dfrac{3\sqrt{7}}{5}\times\dfrac{2\sqrt{7}}{5}\times\cos\dfrac{\pi}{3}$$
$$=\dfrac{63}{25}+\dfrac{28}{25}-\dfrac{42}{25}=\dfrac{49}{25}$$

$$\therefore\ \overline{B_1B_2}=\dfrac{7}{5}$$

$\overline{AB_2}=\overline{AB_1}-\overline{B_1B_2}=3-\dfrac{7}{5}=\dfrac{8}{5}$이므로 두 삼각형 AB_1C_1과 AB_2C_2의 닮음비는 $3:\dfrac{8}{5}=1:\dfrac{8}{15}$이고 넓이의 비는

$$1^2:\left(\dfrac{8}{15}\right)^2=1:\dfrac{64}{225}$$

한편, 그림 R_2에 새롭게 색칠되는 도형도 삼각형 AB_2C_2에서 같은 방법으로 만들어지므로 그림 R_1의 색칠된 부분의 넓이 S_1과 그림 R_2에 새롭게 색칠되는 도형의 넓이의 비도 $1:\dfrac{64}{225}$이다.

따라서 수열 $\{S_n\}$은 첫째항이 $\dfrac{21\sqrt{3}}{50}$, 공비가 $\dfrac{64}{225}$인 등비수열의 첫

째항부터 제n항까지의 합과 같으므로

$$S_n = \sum_{k=1}^{n} \frac{21\sqrt{3}}{50}\left(\frac{64}{225}\right)^{k-1}$$

|3단계| 극한값 $\lim\limits_{n\to\infty} S_n$ 구하기

$$\therefore \lim_{n\to\infty} S_n = \lim_{n\to\infty} \sum_{k=1}^{n} \frac{21\sqrt{3}}{50}\left(\frac{64}{225}\right)^{k-1}$$

$$= \sum_{n=1}^{\infty} \frac{21\sqrt{3}}{50}\left(\frac{64}{225}\right)^{n-1}$$

$$= \frac{\dfrac{21\sqrt{3}}{50}}{1-\dfrac{64}{225}}$$

$$= \frac{27\sqrt{3}}{46}$$

해설특강 ✎

why? ❶ $\angle B_2AD_1 = \angle C_1AD_1$이므로 다음 그림의 색칠된 두 부분의 넓이가 같다.

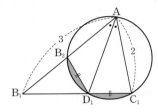

따라서 그림 R_1에 색칠된 부분의 넓이는 삼각형 $B_1D_1B_2$의 넓이와 같다.

why? ❷ $\angle B_1AC_1$의 이등분선이 선분 B_1C_1과 만나는 점이 D_1이므로

$$\angle B_2AD_1 = \angle C_1AD_1$$
$$= \frac{1}{2} \times \frac{\pi}{3} = \frac{\pi}{6}$$

원주각과 중심각의 관계에 의하여

$$\angle D_1OC_1 = \angle B_2OD_1$$
$$= 2 \times \frac{\pi}{6} = \frac{\pi}{3}$$

핵심 개념 코사인법칙 (수학 Ⅰ)

삼각형 ABC에 대하여

$a^2 = b^2 + c^2 - 2bc \cos A$
$b^2 = c^2 + a^2 - 2ca \cos B$
$c^2 = a^2 + b^2 - 2ab \cos C$

출제영역 등비급수의 도형에의 활용

일정한 규칙에 의하여 무한히 그려지는 도형에서 색칠되어 있는 부분의 넓이를 등비급수를 이용하여 구할 수 있는지를 묻는 문제이다.

그림과 같이 한 변의 길이가 4인 정사각형 $A_1B_1C_1D_1$이 있다. 선분 C_1D_1의 중점을 E_1이라 하고, 직선 A_1B_1 위에 두 점 F_1, G_1을 $\overline{E_1F_1}=\overline{E_1G_1}$, $\overline{E_1F_1} : \overline{F_1G_1}=5 : 6$이 되도록 잡고 이등변삼각형 $E_1F_1G_1$을 그린다. 선분 D_1A_1과 선분 E_1F_1의 교점을 P_1, 선분 B_1C_1과 선분 G_1E_1의 교점을 Q_1이라 할 때, 네 삼각형 $E_1D_1P_1$, $P_1F_1A_1$, $Q_1B_1G_1$, $E_1Q_1C_1$로 만들어진 ⼳ 모양의 도형에 색칠하여 얻은 그림을 R_1이라 하자. 그림 R_1에 선분 F_1G_1 위의 두 점 A_2, B_2와 선분 G_1E_1 위의 점 C_2, 선분 E_1F_1 위의 점 D_2를 꼭짓점으로 하는 정사각형 $A_2B_2C_2D_2$를 그리고, 그림 R_1을 얻는 것과 같은 방법으로 정사각형 $A_2B_2C_2D_2$에 ⼳ 모양의 도형을 그리고 색칠하여 얻은 그림을 R_2라 하자. 이와 같은 과정을 계속하여 n번째 얻은 그림 R_n에 색칠되어 있는 부분의 넓이를 S_n이라 할 때, $\lim\limits_{n\to\infty} S_n$의 값은?

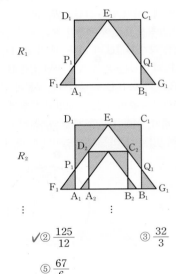

① $\dfrac{61}{6}$ ✓② $\dfrac{125}{12}$ ③ $\dfrac{32}{3}$

④ $\dfrac{131}{12}$ ⑤ $\dfrac{67}{6}$

출제코드 이등변삼각형 E_1F_1G의 각 변의 길이를 구하여 S_1과 그림 R_2에 새롭게 색칠되는 도형의 넓이의 비 구하기

❶ 정사각형 $A_1B_1C_1D_1$과 정사각형 $A_2B_2C_2D_2$가 서로 닮음임을 파악한다.
❷ 그림 R_n과 R_{n+1}에서 새롭게 색칠되는 부분의 넓이의 비는 두 그림이 같은 방법으로 만들어지기 때문에 닮은 도형을 찾아 닮음비를 이용하여 구한다.

해설 |1단계| 이등변삼각형 $E_1F_1G_1$의 각 변의 길이를 구하여 S_1 구하기

오른쪽 그림과 같이 점 E_1에서 변 A_1B_1에 내린 수선의 발을 H라 하면

$\overline{E_1H}=4$

이때 $\overline{E_1F_1} : \overline{F_1G_1}=5 : 6$이므로

$\overline{E_1F_1}=5a \ (a>0)$로 놓으면

$\overline{F_1G_1}=6a$

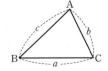

$\therefore \overline{F_1H}=\dfrac{1}{2}\overline{F_1G_1}=3a$

직각삼각형 E_1F_1H에서 $\overline{E_1F_1}^2 = \overline{E_1H}^2 + \overline{F_1H}^2$이므로

$(5a)^2 = 4^2 + (3a)^2$, $a^2 = 1$ $\therefore a=1 \ (\because a>0)$

또, 두 삼각형 $D_1P_1E_1$과 $A_1P_1F_1$은 서로 닮음이고 **how? ❶**

$\overline{D_1E_1}=2$, $\overline{F_1A_1}=\overline{F_1H}-\overline{A_1H}=3-2=1$

이므로 닮음비는 2 : 1이다.

$\therefore \overline{D_1P_1}=4\times\dfrac{2}{3}=\dfrac{8}{3}$, $\overline{A_1P_1}=4\times\dfrac{1}{3}=\dfrac{4}{3}$

따라서 그림 R_1에서 색칠된 부분의 넓이 S_1은

$S_1=2(\triangle D_1P_1E_1+\triangle A_1P_1F_1)$

$=2\times\left(\dfrac{1}{2}\times 2\times\dfrac{8}{3}+\dfrac{1}{2}\times 1\times\dfrac{4}{3}\right)=\dfrac{20}{3}$

|2단계| 도형의 닮음을 이용하여 S_1과 그림 R_2에 새롭게 색칠되는 도형의 넓이의 비를 구하고 S_n 구하기

한편, 오른쪽 그림과 같이 $\overline{D_2C_2}$의 중점을 E_2라 하고

$\overline{D_2C_2}=2b$ $(b>0)$로 놓으면

$\overline{E_1E_2}=\overline{E_1H}-\overline{E_2H}=4-2b$

이때 두 직각삼각형 E_1F_1H와 $E_1D_2E_2$는 서로 닮음이므로

$\overline{F_1H}:\overline{E_1H}=\overline{D_2E_2}:\overline{E_1E_2}$

$3:4=b:(4-2b)$

$4b=12-6b$ $\quad\therefore b=\dfrac{6}{5}$

따라서 두 직각삼각형 E_1F_1H와 $E_1D_2E_2$의 닮음비는

$2:\dfrac{6}{5}=1:\dfrac{3}{5}$이므로 넓이의 비는

$1^2:\left(\dfrac{3}{5}\right)^2=1:\dfrac{9}{25}$

한편, 그림 R_2에 새롭게 색칠되는 도형도 정사각형 $A_2B_2C_2D_2$에서 같은 방법으로 만들어지므로 그림 R_1의 색칠된 부분의 넓이 S_1과 그림 R_2에 새롭게 색칠되는 도형의 넓이의 비도 $1:\dfrac{9}{25}$이다.

따라서 수열 $\{S_n\}$은 첫째항이 $\dfrac{20}{3}$, 공비가 $\dfrac{9}{25}$인 등비수열의 첫째항부터 제n항까지의 합과 같으므로

$S_n=\sum\limits_{k=1}^{n}\dfrac{20}{3}\left(\dfrac{9}{25}\right)^{k-1}$

|3단계| 극한값 $\lim\limits_{n\to\infty}S_n$ 구하기

$\therefore \lim\limits_{n\to\infty}S_n=\lim\limits_{n\to\infty}\sum\limits_{k=1}^{n}\dfrac{20}{3}\left(\dfrac{9}{25}\right)^{k-1}$

$=\sum\limits_{n=1}^{\infty}\dfrac{20}{3}\left(\dfrac{9}{25}\right)^{n-1}$

$=\dfrac{\dfrac{20}{3}}{1-\dfrac{9}{25}}=\dfrac{125}{12}$

해설특강 🖉

how? ❶ $\triangle D_1P_1E_1$과 $\triangle A_1P_1F_1$에서

$\angle P_1D_1E_1=\angle P_1A_1F_1=90°$

$\angle D_1P_1E_1=\angle A_1P_1F_1$ (맞꼭지각)

$\therefore \triangle D_1P_1E_1\backsim\triangle A_1P_1F_1$ (AA 닮음)

참고 한 예각의 크기가 서로 같은 두 직각삼각형은 서로 닮음이다.

출제영역 등비급수의 도형에의 활용
무한히 반복되는 닮은 도형들의 넓이의 합을 등비급수를 이용하여 구할 수 있는지를 묻는 문제이다.

그림과 같이 한 변의 길이가 3인 정사각형 $A_1B_1C_1D_1$이 있다. 정사각형 $A_1B_1C_1D_1$의 대각선 A_1C_1 위의 두 점 E_1, F_1을 삼각형 $D_1E_1F_1$이 정삼각형이 되도록 잡고, 선분 A_1B_1 위의 점 A_2, 선분 B_1C_1 위의 점 B_2 및 대각선 A_1C_1 위의 두 점 C_2, D_2를 사각형 $A_2B_2C_2D_2$가 정사각형이 되도록 잡자. **❶** 정사각형 $A_1B_1C_1D_1$의 내부와 정삼각형 $D_1E_1F_1$의 외부 및 정사각형 $A_2B_2C_2D_2$의 외부의 공통영역에 색칠하여 얻은 그림인 ◇ 모양의 도형을 R_1이라 하자. **❷** 그림 R_1에 정사각형 $A_2B_2C_2D_2$의 내부에 그림 R_1을 얻는 것과 같은 방법으로 하여 만들어지는 ◇ 모양의 도형에 색칠하여 얻은 그림을 R_2라 하자. **❸** 이와 같은 과정을 계속하여 n번째 얻은 그림 R_n에 색칠되어 있는 부분의 넓이를 S_n이라 할 때, $\lim\limits_{n\to\infty}S_n$의 값은?

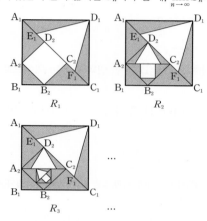

$R_1 \qquad R_2$

$R_3 \qquad \cdots$

① $\dfrac{9(7-3\sqrt{3})}{14}$ ✔② $\dfrac{9(14-3\sqrt{3})}{14}$ ③ $\dfrac{9(7-3\sqrt{3})}{7}$

④ $\dfrac{9(14-3\sqrt{3})}{7}$ ⑤ $\dfrac{18(7-3\sqrt{3})}{7}$

출제코드 정사각형 $A_2B_2C_2D_2$의 한 변의 길이를 구하여 S_1과 그림 R_2에 새롭게 색칠되는 도형의 넓이의 비 구하기

❶ 삼각형 $A_1B_1C_1$과 새로 만들어지는 세 삼각형 $A_1D_2A_2$, $A_2B_1B_2$, $B_2C_2C_1$은 서로 닮음인 직각이등변삼각형이다.

❷ 그림 R_1에 색칠되어 있는 부분의 넓이 S_1은 정사각형 $A_1B_1C_1D_1$의 넓이에서 정삼각형 $D_1E_1F_1$과 정사각형 $A_2B_2C_2D_2$의 넓이를 뺀 것과 같다.

❸ 두 정사각형은 항상 닮음이므로 정사각형 $A_2B_2C_2D_2$의 한 변의 길이의 비를 구하여 S_1과 R_2에서 새롭게 색칠된 부분의 넓이의 비를 구할 수 있다.

해설 **|1단계|** 정삼각형 $D_1E_1F_1$과 정사각형 $A_2B_2C_2D_2$의 한 변의 길이를 구하여 S_1 구하기

오른쪽 그림과 같이 점 D_1에서 대각선 A_1C_1에 내린 수선의 발을 H_1이라 하면 직각삼각형 $A_1H_1D_1$에서

$\overline{A_1D_1}:\overline{D_1H_1}=3:\overline{D_1H_1}$

$=\sqrt{2}:1$ **why? ❶**

$\therefore \overline{D_1H_1}=\dfrac{3}{\sqrt{2}}$

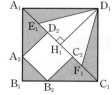

직각삼각형 $D_1E_1H_1$에서

$$\overline{D_1E_1} : \overline{D_1H_1} = \overline{D_1E_1} : \frac{3}{\sqrt{2}} = 2 : \sqrt{3} \text{ why? ❷}$$

$$\therefore \overline{D_1E_1} = \sqrt{6}$$

따라서 정삼각형 $D_1E_1F_1$의 한 변의 길이는 $\sqrt{6}$이므로 그 넓이는

$$\frac{\sqrt{3}}{4} \times (\sqrt{6})^2 = \frac{3\sqrt{3}}{2} \quad \text{— 한 변의 길이가 } a\text{인 정삼각형의 넓이는 } \frac{\sqrt{3}}{4}a^2\text{이다.}$$

한편, 정사각형 $A_2B_2C_2D_2$의 한 변의 길이를 x라 하면 직각삼각형 $A_1A_2D_2$에서

$$\overline{A_1A_2} : \overline{A_2D_2} = \overline{A_1A_2} : x = \sqrt{2} : 1$$

$$\therefore \overline{A_1A_2} = \sqrt{2}x$$

직각삼각형 $A_2B_1B_2$에서

$$\overline{A_2B_1} : \overline{A_2B_2} = \overline{A_2B_1} : x = 1 : \sqrt{2}$$

$$\therefore \overline{A_2B_1} = \frac{x}{\sqrt{2}}$$

$\overline{A_1B_1} = \overline{A_1A_2} + \overline{A_2B_1}$에서

$$3 = \sqrt{2}x + \frac{x}{\sqrt{2}}, \ 3\sqrt{2} = 2x + x$$

$$3\sqrt{2} = 3x \quad \therefore x = \sqrt{2}$$

따라서 정사각형 $A_2B_2C_2D_2$의 한 변의 길이는 $\sqrt{2}$이므로 그 넓이는

$$(\sqrt{2})^2 = 2$$

이고, 정사각형 $A_1B_1C_1D_1$의 넓이는 $3^2 = 9$이므로 그림 R_1에서 색칠된 부분의 넓이 S_1은

$$S_1 = 9 - \left(\frac{3\sqrt{3}}{2} + 2\right) = 7 - \frac{3\sqrt{3}}{2}$$

|2단계| 도형의 닮음을 이용하여 S_1과 그림 R_2에 새롭게 색칠되는 도형의 넓이의 비를 구하고 S_n 구하기

이때 정사각형 $A_1B_1C_1D_1$과 정사각형 $A_2B_2C_2D_2$는 서로 닮음이고 닮음비는 $3 : \sqrt{2}$이므로 넓이의 비는 ┌ 두 정사각형은 항상 서로 닮음이고 닮음비는 한 변의 길이의 비와 같다.

$$3^2 : (\sqrt{2})^2 = 9 : 2$$

한편, 그림 R_2에 새롭게 색칠되는 도형도 정사각형 $A_2B_2C_2D_2$에서 같은 방법으로 만들어지므로 그림 R_1의 색칠된 부분의 넓이 S_1과 그림 R_2에 새롭게 색칠되는 도형의 넓이의 비도 $9 : 2$이다.

따라서 수열 $\{S_n\}$은 첫째항이 $7 - \frac{3\sqrt{3}}{2}$, 공비가 $\frac{2}{9}$인 등비수열의 첫째항부터 제n항까지의 합과 같으므로

$$S_n = \sum_{k=1}^{n} \left(7 - \frac{3\sqrt{3}}{2}\right)\left(\frac{2}{9}\right)^{k-1}$$

|3단계| 극한값 $\lim_{n \to \infty} S_n$ 구하기

$$\therefore \lim_{n \to \infty} S_n = \lim_{n \to \infty} \sum_{k=1}^{n} \left(7 - \frac{3\sqrt{3}}{2}\right)\left(\frac{2}{9}\right)^{k-1} = \sum_{n=1}^{\infty} \left(7 - \frac{3\sqrt{3}}{2}\right)\left(\frac{2}{9}\right)^{n-1}$$

$$= \frac{7 - \frac{3\sqrt{3}}{2}}{1 - \frac{2}{9}} = \frac{9(14 - 3\sqrt{3})}{14}$$

해설특강 ✎

why? ❶ 직각삼각형 $A_1H_1D_1$에서 $\angle D_1A_1H_1 = \angle A_1D_1H_1 = 45°$이므로 $\overline{A_1D_1} : \overline{D_1H_1} = \sqrt{2} : 1$이다.

why? ❷ 직각삼각형 $D_1E_1H_1$에서 $\angle D_1E_1H_1 = 60°$, $\angle E_1D_1H_1 = 30°$이므로 $\overline{D_1E_1} : \overline{E_1H_1} = 2 : \sqrt{3}$이다.

출제영역 등비급수의 도형에의 활용

무한히 반복되는 닮은 도형들의 넓이의 합을 등비급수를 이용하여 구할 수 있는지를 묻는 문제이다.

그림과 같이 한 변의 길이가 4인 정삼각형 AB_1C_1과 점 A를 지나고 선분 B_1C_1의 중점 M_1에서 선분 B_1C_1에 접하는 원 C_1이 있다. ❶ 이때 삼각형 AB_1C_1의 내부와 원 C_1의 외부의 공통부분에 색칠하여 얻은 그림을 R_1이라 하자. 그림 R_1에서 원 C_1과 두 선분 AB_1, AC_1이 만나는 점 중 점 A가 아닌 점을 각각 B_2, C_2라 하고, ❷ 점 A를 지나고 선분 B_2C_2의 중점 M_2에서 선분 B_2C_2에 접하는 원 C_2를 그린다. 이때 삼각형 AB_2C_2의 내부와 원 C_2의 외부의 공통부분에 색칠하여 얻은 그림을 R_2라 하자. 이와 같은 과정을 계속하여 n번째 얻은 그림 R_n에 색칠되어 있는 부분의 넓이를 S_n이라 할 때, $\lim_{n \to \infty} S_n$의 값은?

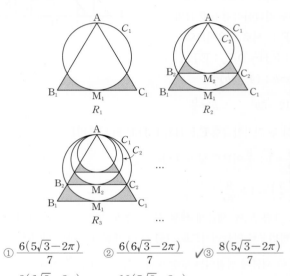

R_1　　R_2

R_3　　…

① $\dfrac{6(5\sqrt{3} - 2\pi)}{7}$ 　② $\dfrac{6(6\sqrt{3} - 2\pi)}{7}$ 　✓③ $\dfrac{8(5\sqrt{3} - 2\pi)}{7}$

④ $\dfrac{8(6\sqrt{3} - 2\pi)}{7}$ 　⑤ $\dfrac{10(5\sqrt{3} - 2\pi)}{7}$

출제코드 원 C_1의 반지름의 길이를 구하여 S_1과 그림 R_2에서 새롭게 색칠되는 도형의 넓이의 비 구하기

❶ 원 C_1의 지름의 길이는 삼각형 AB_1C_1의 높이와 같음을 알 수 있으므로 원 C_1의 반지름의 길이를 구할 수 있다.

❷ 삼각형 AB_2C_2는 정삼각형임을 알 수 있으므로 정삼각형 AB_2C_2의 한 변의 길이를 구하여 삼각형 AB_1C_1과 삼각형 AB_2C_2의 넓이의 비를 구할 수 있다.

해설 **|1단계|** 원 C_1의 반지름의 길이를 구하고 S_1 구하기

점 M_1은 선분 B_1C_1의 중점이고 삼각형 AB_1C_1은 정삼각형이므로

$$\angle AM_1C_1 = 90°$$

한편, 원 C_1이 선분 B_1C_1과 점 M_1에서 접하므로 원 C_1의 중심을 O_1이라 하면

$$\angle O_1M_1C_1 = 90°$$

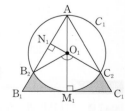

따라서 점 O_1은 선분 AM_1 위의 점이고 원 C_1이 점 A를 지나므로 선분 AM_1은 원 C_1의 지름이다.

이때 원 C_1의 반지름의 길이를 r_1이라 하면

$$r_1 = \frac{1}{2}\overline{AM_1} = \frac{1}{2} \times \frac{\sqrt{3}}{2}\overline{AB_1} = \frac{\sqrt{3}}{4} \times 4 = \sqrt{3}$$

한편, $\overline{AB_2}=\overline{AC_2}$이고 $\angle B_2AC_2=60°$이므로 ┌ 삼각형 AB_2C_1과 원 C_1은 직선 AM_1에 대하여 대칭이다.

삼각형 AB_2C_2는 정삼각형이고, 원 C_1은 삼각형 AB_2C_2의 외접원이므로

$$\angle AO_1B_2=\angle B_2O_1C_2=120°$$

$\therefore$ (부채꼴 $O_1B_2C_2$의 넓이)$=\pi\times(\sqrt{3})^2\times\dfrac{120}{360}=\pi$

점 O_1에서 선분 AB_2에 내린 수선의 발을 N_1이라 하면

$\angle AO_1N_1=\dfrac{1}{2}\angle AO_1B_2=60°$이므로

$$\overline{AB_2}=2\overline{AN_1}=2\overline{AO_1}\sin 60°$$
$$=2\times\sqrt{3}\times\dfrac{\sqrt{3}}{2}=3$$

정삼각형 AB_2C_2에서

$$\triangle AO_1B_2+\triangle AO_1C_2=\dfrac{2}{3}\triangle AB_2C_2 \text{ why? } ❶$$
$$=\dfrac{2}{3}\times\dfrac{\sqrt{3}}{4}\times 3^2$$
$$=\dfrac{3\sqrt{3}}{2}$$

따라서 그림 R_1에 색칠된 부분의 넓이 S_1은

$$S_1=\triangle AB_1C_1-\{(\text{부채꼴 }O_1B_2C_2\text{의 넓이})+\triangle AO_1B_2+\triangle AO_1C_2\}$$
$$=\dfrac{\sqrt{3}}{4}\times 4^2-\left(\pi+\dfrac{3\sqrt{3}}{2}\right)$$
$$=4\sqrt{3}-\left(\pi+\dfrac{3\sqrt{3}}{2}\right)=\dfrac{5\sqrt{3}-2\pi}{2}$$

|2단계| 도형의 닮음을 이용하여 S_1과 그림 R_2에 새롭게 색칠되는 도형의 넓이의 비를 구하고 S_n 구하기

이때 정삼각형 AB_1C_1과 정삼각형 AB_2C_2는 서로 닮음이고 닮음비는 $4:3$이므로 넓이의 비는 ┌ 두 정삼각형은 항상 서로 닮음이고 닮음비는 한 변의 길이의 비와 같다.

$$4^2:3^2=16:9$$

한편, 그림 R_2에 새롭게 색칠되는 도형도 정삼각형 AB_2C_2에서 같은 방법으로 만들어지므로 그림 R_1의 색칠된 부분의 넓이 S_1과 그림 R_2에 새롭게 색칠되는 도형의 넓이의 비도 $16:9$이다.

따라서 수열 $\{S_n\}$은 첫째항이 $\dfrac{5\sqrt{3}-2\pi}{2}$, 공비가 $\dfrac{9}{16}$인 등비수열의 첫째항부터 제n항까지의 합과 같으므로

$$S_n=\sum_{k=1}^{n}\dfrac{5\sqrt{3}-2\pi}{2}\left(\dfrac{9}{16}\right)^{k-1}$$

|3단계| 극한값 $\lim_{n\to\infty}S_n$ 구하기

$$\therefore \lim_{n\to\infty}S_n=\lim_{n\to\infty}\sum_{k=1}^{n}\dfrac{5\sqrt{3}-2\pi}{2}\left(\dfrac{9}{16}\right)^{k-1}=\sum_{n=1}^{\infty}\dfrac{5\sqrt{3}-2\pi}{2}\left(\dfrac{9}{16}\right)^{n-1}$$
$$=\dfrac{\dfrac{5\sqrt{3}-2\pi}{2}}{1-\dfrac{9}{16}}=\dfrac{8(5\sqrt{3}-2\pi)}{7}$$

해설특강 ✏️

why? ❶ 정삼각형의 외접원의 중심은 무게중심과 일치하며, 삼각형 ABC의 무게중심 G에 대하여 세 삼각형 ABG, BCG, CAG의 넓이는 모두 같다.

→ $\triangle ABG=\triangle BCG=\triangle CAG=\dfrac{1}{3}\triangle ABC$

출제영역 등비급수의 도형에의 활용

닮은 도형들의 넓이의 합의 극한값을 등비급수를 이용하여 구할 수 있는지를 묻는 문제이다.

그림과 같이 $\overline{A_1B_1}=2$, $\overline{A_1D_1}=2\sqrt{2}$인 직사각형 $A_1B_1C_1D_1$이 있다. 점 B_1을 중심으로 하고 점 A_1을 지나는 원이 선분 B_1C_1과 만나는 점을 E_1, 점 C_1을 중심으로 하고 점 D_1을 지나는 원이 선분 B_1C_1과 만나는 점을 F_1이라 하고, 호 A_1E_1과 호 D_1F_1이 만나는 점을 G_1이라 하자. 이때 두 선분 A_1B_1, B_1F_1과 두 호 A_1G_1, G_1F_1로 둘러싸인 부분과 두 선분 D_1C_1, C_1E_1과 두 호 D_1G_1, G_1E_1로 둘러싸인 부분인 ⋈ 모양의 도형에 색칠하여 얻은 그림을 R_1이라 하자. 그림 R_1에서 선분 E_1F_1 위의 두 점 B_2, C_2와 호 G_1F_1 위의 점 A_2, 호 G_1E_1 위의 점 D_2를 $\overline{A_2B_2}:\overline{A_2D_2}=1:\sqrt{2}$인 직사각형이 되도록 잡는다. ❶ 점 B_2를 중심으로 하고 점 A_2를 지나는 원이 선분 B_2C_2와 만나는 점을 E_2, 점 C_2를 중심으로 하고 점 D_2를 지나는 원이 선분 B_2C_2와 만나는 점을 F_2라 하고, 호 A_2E_2와 호 D_2F_2가 만나는 점을 G_2라 하자. 그림 R_1을 얻는 것과 같은 방법으로 직사각형 $A_2B_2C_2D_2$의 내부에 ⋈ 모양의 도형을 그리고 색칠하여 얻은 그림을 R_2라 하자. 이와 같은 과정을 계속하여 n번째 얻은 그림 R_n에 색칠되어 있는 부분의 넓이를 S_n이라 할 때, $\lim_{n\to\infty}S_n=\dfrac{q}{p}$이다. $p+q$의 값을 구하시오.　**11**

(단, p와 q는 서로소인 자연수이다.)

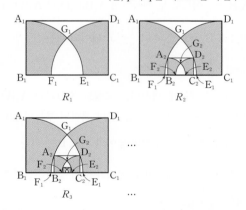

R_1　　　R_2

R_3

출제코드 선분 A_2B_2의 길이를 구하여 S_1과 그림 R_2에서 새롭게 색칠되는 도형의 넓이의 비 구하기

❶ 직사각형 $A_1B_1C_1D_1$과 직사각형 $A_2B_2C_2D_2$는 이웃하는 두 변의 길이의 비가 서로 같으므로 닮음임을 알 수 있다.

해설 **|1단계|** S_1 구하기

$\overline{B_1G_1}=\overline{C_1G_1}=2$이므로 삼각형 $G_1B_1C_1$은 이등변삼각형이다.

오른쪽 그림과 같이 점 G_1에서 선분 B_1C_1에 내린 수선의 발을 H라 하면

$$\overline{B_1H}=\dfrac{1}{2}\overline{B_1C_1}=\sqrt{2}$$

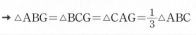

이므로 피타고라스 정리에 의하여

$$\overline{G_1H}=\sqrt{\overline{B_1G_1}^2-\overline{B_1H}^2}=\sqrt{2^2-(\sqrt{2})^2}=\sqrt{2}$$

즉, $\overline{B_1H}:\overline{G_1H}:\overline{B_1G_1}=1:1:\sqrt{2}$이므로 삼각형 B_1G_1H는 $\angle G_1B_1H=45°$, $\angle B_1HG_1=90°$인 직각이등변삼각형이다.

따라서 $\angle A_1B_1G_1=\angle G_1B_1E_1=45°$이다.

이때 점 G_1에서 두 선분 A_1B_1, C_1D_1에 내린 수선의 발을 각각 I_1, J_1이라 하면 두 선분 A_1I_1, G_1I_1과 호 A_1G_1로 둘러싸인 도형은 두 선분 E_1H, G_1H와 호 E_1G_1로 둘러싸인 도형과 합동이다. **how? ❶**

마찬가지로 두 선분 D_1J_1, G_1J_1과 호 D_1G_1로 둘러싸인 도형은 두 선분 F_1H, G_1H와 호 F_1G_1로 둘러싸인 도형과 합동이다.

따라서 그림 R_1에 색칠된 부분의 넓이 S_1은 직사각형 $I_1B_1C_1J_1$의 넓이와 같으므로

$$S_1 = \overline{I_1B_1} \times \overline{B_1C_1} = \overline{G_1H} \times \overline{B_1C_1} = \sqrt{2} \times 2\sqrt{2} = 4$$

|2단계| 도형의 닮음을 이용하여 S_1과 그림 R_2에 새롭게 색칠되는 도형의 넓이의 비를 구하고 S_n 구하기

한편, $\overline{A_2B_2} : \overline{A_2D_2} = 1 : \sqrt{2}$이고,

$\overline{B_2H} = \dfrac{1}{2}\overline{A_2D_2}$이므로

$\overline{A_2B_2} : \overline{B_2H} = 1 : \dfrac{\sqrt{2}}{2} = 2 : \sqrt{2}$

이때 $\overline{B_2H} = \sqrt{2}k$ $(k>0)$라 하면

$\overline{C_2D_2} = 2k$이고, $\overline{C_2H} = \sqrt{2}k$이므로

$\overline{B_1C_2} = \overline{B_1H} + \overline{HC_2} = \sqrt{2} + \sqrt{2}k = \sqrt{2}(1+k)$

따라서 직각삼각형 $D_2B_1C_2$에서 피타고라스 정리에 의하여

$2^2 = \{\sqrt{2}(1+k)\}^2 + (2k)^2$, $3k^2 + 2k - 1 = 0$

$(k+1)(3k-1) = 0$ $\therefore k = \dfrac{1}{3}$ $(\because k>0)$

따라서 $\overline{A_2B_2} = \dfrac{2}{3}$이므로 두 직사각형 $A_1B_1C_1D_1$과 $A_2B_2C_2D_2$의 닮음비는 $\overline{A_1B_1} : \overline{A_2B_2} = 2 : \dfrac{2}{3} = 1 : \dfrac{1}{3}$이고 넓이의 비는

$1^2 : \left(\dfrac{1}{3}\right)^2 = 1 : \dfrac{1}{9}$

한편, 그림 R_2에 새롭게 색칠되는 도형도 직사각형 $A_2B_2C_2D_2$에서 같은 방법으로 만들어지므로 그림 R_1의 색칠된 부분의 넓이 S_1과 그림 R_2에 새롭게 색칠되는 도형의 넓이의 비도 $1 : \dfrac{1}{9}$이다.

따라서 수열 $\{S_n\}$은 첫째항이 4, 공비가 $\dfrac{1}{9}$인 등비수열의 첫째항부터 제n항까지의 합과 같으므로

$$S_n = \sum_{k=1}^{n} 4\left(\dfrac{1}{9}\right)^{k-1}$$

|3단계| 극한값 $\lim_{n\to\infty} S_n$을 구하여 $p+q$의 값 계산하기

$$\therefore \lim_{n\to\infty} S_n = \lim_{n\to\infty} \sum_{k=1}^{n} 4\left(\dfrac{1}{9}\right)^{k-1} = \sum_{n=1}^{\infty} 4\left(\dfrac{1}{9}\right)^{n-1} = \dfrac{4}{1-\dfrac{1}{9}} = \dfrac{9}{2}$$

따라서 $p=2$, $q=9$이므로 $p+q = 2+9 = 11$

참고 모양이 특이해서 넓이를 직접 구하기 어려운 도형은 몇 개의 부분으로 나눈 후 넓이가 같은 도형으로 이동시켜 넓이를 계산하기 쉬운 도형으로 변형한다.

다른 풀이 사분원 $B_1A_1E_1$의 넓이를 a_1, 부채꼴 $B_1G_1E_1$의 넓이를 a_2, 삼각형 G_1B_1H의 넓이를 a_3이라 하면 모양의 도형에 색칠된 부분의 넓이 S_1은

$S_1 = 2\{a_1 - 2(a_2 - a_3)\}$

$= 2\left\{\pi \times 2^2 \times \dfrac{1}{4} - 2\left(\pi \times 2^2 \times \dfrac{45}{360} - \dfrac{1}{2} \times \sqrt{2} \times \sqrt{2}\right)\right\} = 4$

해설특강

how? ❶ $\angle A_1B_1G_1 = \angle G_1B_1E_1 = 45°$이므로 부채꼴 $B_1A_1G_1$과 부채꼴 $B_1G_1E_1$은 합동이고, 직각이등변삼각형 $B_1I_1G_1$과 B_1HG_1도 합동이다.

따라서 두 선분 A_1I_1, G_1I_1과 호 A_1G_1로 둘러싸인 도형 (부채꼴 $B_1A_1G_1$에서 직각이등변삼각형 $B_1I_1G_1$을 뺀 부분)은 두 선분 E_1H, G_1H와 호 E_1G_1로 둘러싸인 도형 (부채꼴 $B_1G_1E_1$에서 직각이등변삼각형 B_1HG_1을 뺀 부분)과 합동이다.

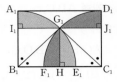

6
2019학년도 6월 평가원 나 18 [정답률 67%] 변형   **|정답 ④|**

출제영역 등비급수의 도형에의 활용

닮은 도형들의 둘레의 길이의 합의 극한값을 등비급수를 이용하여 구할 수 있는지를 묻는 문제이다.

그림과 같이 $\overline{AB} = 1$, $\overline{AD} = 2$인 직사각형 ABCD가 있다. 중심이 B이고 반지름의 길이가 $\overline{BC}$인 원과 선분 AD의 교점을 F, 중심이 C이고 반지름의 길이가 $\overline{BC}$인 원과 선분 AD의 교점을 E라 하고 선분 BC의 중점을 M이라 하자. 두 선분 AB, AE와 호 BE로 둘러싸인 모양의 도형에 색칠하고, 두 선분 DC, DF와 호 CF로 둘러싸인 모양의 도형에 색칠하여 얻은 그림을 R_1이라 하자. 그림 R_1에 선분 BM 위의 점 H, I와 선분 EM 위의 점 J와 호 BE 위의 점 G를 꼭짓점으로 하고 $GH : GJ = 1 : 2$인 직사각형 GHIJ를 그리고, 선분 CM 위의 점 Q, R와 선분 FM 위의 점 P와 호 CF 위의 점 S를 꼭짓점으로 하고 $\overline{PQ} : \overline{PS} = 1 : 2$인 직사각형 PQRS를 그린다. 두 직사각형 GHIJ, PQRS에 그림 R_1을 얻는 것과 같은 방법으로 모양의 도형을 각각 그리고 색칠하여 얻은 그림을 R_2라 하자. 이와 같은 과정을 계속하여 n번째 얻은 그림 R_n에 색칠된 부분의 둘레의 길이를 l_n이라 할 때, $\lim_{n\to\infty} l_n$의 값은?

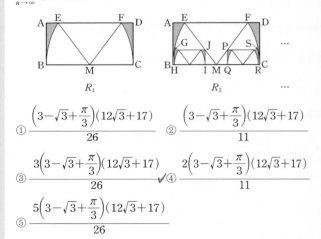

R_1 R_2

① $\dfrac{\left(3-\sqrt{3}+\dfrac{\pi}{3}\right)(12\sqrt{3}+17)}{26}$

② $\dfrac{\left(3-\sqrt{3}+\dfrac{\pi}{3}\right)(12\sqrt{3}+17)}{11}$

③ $\dfrac{3\left(3-\sqrt{3}+\dfrac{\pi}{3}\right)(12\sqrt{3}+17)}{26}$

④ $\dfrac{2\left(3-\sqrt{3}+\dfrac{\pi}{3}\right)(12\sqrt{3}+17)}{11}$ ✓

⑤ $\dfrac{5\left(3-\sqrt{3}+\dfrac{\pi}{3}\right)(12\sqrt{3}+17)}{26}$

출제코드 부채꼴 ECB의 중심각의 크기를 구하여 l_1과 그림 R_2에서 새롭게 색칠되는 도형의 둘레의 길이의 비 구하기

❶ 직각삼각형의 특수각을 이용하여 부채꼴 ECB의 중심각의 크기를 구하면 l_1을 구할 수 있다.

❷ 두 직사각형 ABCD, PQRS는 서로 닮음이므로 직사각형 PQRS의 세로의 길이를 구하면 두 직사각형의 닮음비를 구할 수 있다.

해설 **|1단계|** 부채꼴 ECB의 중심각의 크기를 구하고 l_1 구하기

오른쪽 그림과 같이 점 E에서 선분 BC에
내린 수선의 발을 E′이라 하면
$\overline{EE'}=1$, $\overline{CE}=\overline{BC}=2$

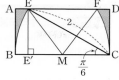

직각삼각형 EE′C에서
$\overline{E'C}=\sqrt{\overline{CE}^2-\overline{EE'}^2}=\sqrt{2^2-1^2}=\sqrt{3}$ $\quad \tan(\angle E'CE)=\dfrac{\overline{EE'}}{\overline{E'C}}=\dfrac{1}{\sqrt{3}}$

즉, 삼각형 EE′C는 $\angle E'CE=\dfrac{\pi}{6}$인 직각삼각형이므로

$\overline{AE}=\overline{AD}-\overline{DE}=2-\sqrt{3}$, $\overline{AB}=1$, $\overset{\frown}{BE}=2\times\dfrac{\pi}{6}=\dfrac{\pi}{3}$

따라서 그림 R_1에 색칠된 부분의 둘레의 길이 l_1은

$l_1=2(\overline{AE}+\overline{AB}+\overset{\frown}{BE})=2\left\{(2-\sqrt{3})+1+\dfrac{\pi}{3}\right\}$

$\quad=2\left(3-\sqrt{3}+\dfrac{\pi}{3}\right)$

|2단계| 도형의 닮음을 이용하여 l_1과 그림 R_2에 새롭게 색칠되는 도형의 둘레의 길이의 비를 구하고 l_n 구하기

한편, 합동인 두 직사각형 GHIJ, PQRS의 세로의 길이를
a $(0<a<1)$로 놓으면 가로의 길이는 $2a$이다.

두 직각삼각형 EE′M, PQM은

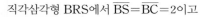

AA 닮음이므로 $\overline{E'M}=\overline{E'C}-\overline{MC}=\sqrt{3}-1$
$\overline{EE'}:\overline{E'M}=\overline{PQ}:\overline{MQ}$

즉, $1:(\sqrt{3}-1)=a:\overline{MQ}$이므로
$\overline{MQ}=a(\sqrt{3}-1)$

직각삼각형 BRS에서 $\overline{BS}=\overline{BC}=2$이고
$\overline{BR}=\overline{BM}+\overline{MQ}+\overline{QR}$
$\quad=1+a(\sqrt{3}-1)+2a$
$\quad=(\sqrt{3}+1)a+1$
이므로 $\overline{BS}^2=\overline{BR}^2+\overline{SR}^2$에서
$2^2=\{(\sqrt{3}+1)a+1\}^2+a^2$, $(5+2\sqrt{3})a^2+(2\sqrt{3}+2)a-3=0$
$\{(5+2\sqrt{3})a-3\}(a+1)=0$
$\therefore a=\dfrac{3}{5+2\sqrt{3}}=\dfrac{3(5-2\sqrt{3})}{13}$ $(\because 0<a<1)$

따라서 두 직사각형 ABCD, PQRS의 닮음비는

$1:\dfrac{3(5-2\sqrt{3})}{13}$

이때 그림 R_1에 색칠한 도형의 개수와 그림 R_2에 새롭게 색칠한 도형의 개수의 비가 $1:2$이므로 수열 $\{l_n\}$은 첫째항이 $2\left(3-\sqrt{3}+\dfrac{\pi}{3}\right)$, 공비가 $\dfrac{6(5-2\sqrt{3})}{13}$인 등비수열의 첫째항부터 제$n$항까지의 합과 같다.

$\therefore l_n=\displaystyle\sum_{k=1}^{n}2\left(3-\sqrt{3}+\dfrac{\pi}{3}\right)\left\{\dfrac{6(5-2\sqrt{3})}{13}\right\}^{k-1}$

|3단계| 극한값 $\displaystyle\lim_{n\to\infty}l_n$ 구하기

$\therefore \displaystyle\lim_{n\to\infty}l_n=\lim_{n\to\infty}\sum_{k=1}^{n}2\left(3-\sqrt{3}+\dfrac{\pi}{3}\right)\left\{\dfrac{6(5-2\sqrt{3})}{13}\right\}^{k-1}$

$\quad=\displaystyle\sum_{n=1}^{\infty}2\left(3-\sqrt{3}+\dfrac{\pi}{3}\right)\left\{\dfrac{6(5-2\sqrt{3})}{13}\right\}^{n-1}$

$\quad=\dfrac{2\left(3-\sqrt{3}+\dfrac{\pi}{3}\right)}{1-\dfrac{6(5-2\sqrt{3})}{13}}$

$\quad=\dfrac{26\left(3-\sqrt{3}+\dfrac{\pi}{3}\right)}{12\sqrt{3}-17}$

$\quad=\dfrac{26\left(3-\sqrt{3}+\dfrac{\pi}{3}\right)(12\sqrt{3}+17)}{(12\sqrt{3}-17)(12\sqrt{3}+17)}$

$\quad=\dfrac{2\left(3-\sqrt{3}+\dfrac{\pi}{3}\right)(12\sqrt{3}+17)}{11}$

7

|정답 ②

출제영역 등비급수의 도형에의 활용

닮은 도형들의 넓이의 합의 극한값을 등비급수를 이용하여 구할 수 있는지를 묻는 문제이다.

그림과 같이 한 변의 길이가 1인 정사각형 $A_1B_1C_1D_1$이 있다. 점 C_1을 중심으로 하고 두 점 B_1, D_1을 지나는 사분원의 외부와 직각삼각형 $A_1B_1C_1$의 내부의 공통부분에 색칠하여 얻은 그림을 R_1이 ❶ 라 하자. 그림 R_1에서 호 B_1D_1 위의 점 A_2와 선분 A_1C_1 위의 점 B_2, 선분 C_1D_1 위의 두 점 C_2, D_2를 꼭짓점으로 하는 정사각형 $A_2B_2C_2D_2$를 그리자. 정사각형 $A_2B_2C_2D_2$에서 그림 R_1을 얻는 ❷ 것과 같은 방법으로 사분원을 그리고 사분원의 외부와 직각삼각형 $A_2B_2C_2$의 내부의 공통부분에 색칠하여 얻은 그림을 R_2라 하자. 이와 같은 과정을 계속하여 n번째 얻은 그림 R_n에 색칠되어 있는 부분의 넓이를 S_n이라 할 때, $\displaystyle\lim_{n\to\infty}S_n$의 값은?

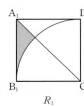 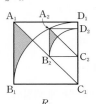

R_1 $\qquad$ R_2

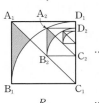

R_3 $\qquad$ ...

① $\dfrac{5(6-\pi)}{32}$ $\qquad$ ✓② $\dfrac{5(4-\pi)}{32}$ $\qquad$ ③ $\dfrac{5(6-\pi)}{16}$

④ $\dfrac{5(4-\pi)}{16}$ $\qquad$ ⑤ $\dfrac{5(6-\pi)}{8}$

출제코드 정사각형 $A_2B_2C_2D_2$의 한 변의 길이를 구하여 S_1과 그림 R_2에서 새롭게 색칠되는 도형의 넓이의 비 구하기

❶ 그림 R_1에서 색칠된 부분의 넓이 S_1은 정사각형 $A_1B_1C_1D_1$의 넓이에서 사분원 $C_1B_1D_1$의 넓이를 뺀 것의 $\dfrac{1}{2}$과 같음을 이용하여 구할 수 있다.

❷ 모든 정사각형은 항상 닮음이므로 정사각형 $A_2B_2C_2D_2$의 한 변의 길이를 구하면 닮음비를 구할 수 있다.

|1단계| S_1 구하기

그림 R_1에서 색칠된 부분의 넓이 S_1은 정사각형 $A_1B_1C_1D_1$의 넓이에서 사분원 $C_1B_1D_1$의 넓이를 뺀 것의 $\frac{1}{2}$과 같으므로

$$S_1 = \frac{1}{2}\left(\overline{A_1B_1}^2 - \pi \times \overline{A_1B_1}^2 \times \frac{1}{4}\right)$$
$$= \frac{1}{2}\left(1^2 - \pi \times 1^2 \times \frac{1}{4}\right)$$
$$= \frac{4-\pi}{8}$$

|2단계| 도형의 닮음을 이용하여 S_1과 그림 R_2에 새롭게 색칠되는 도형의 넓이의 비를 구하고 S_n 구하기

한편,
$$\angle C_1B_2C_2 = \angle B_2C_1C_2 = 45°,$$
$$\angle B_2C_2C_1 = 90°$$
이므로 삼각형 $B_2C_2C_1$은 직각이등변삼각형이다.

$$\therefore \overline{B_2C_2} = \overline{C_1C_2}$$

이때 정사각형 $A_2B_2C_2D_2$의 한 변의 길이를 a라 하면
$$\overline{A_2D_2} = a,$$
$$\overline{C_1D_2} = \overline{C_1C_2} + \overline{C_2D_2} = a + a = 2a$$

이므로 직각삼각형 $A_2C_1D_2$에서 피타고라스 정리에 의하여
$$\overline{A_2C_1}^2 = \overline{C_1D_2}^2 + \overline{A_2D_2}^2$$
$$1^2 = (2a)^2 + a^2$$
$$1 = 5a^2$$
$$\therefore a = \frac{\sqrt{5}}{5}$$

따라서 두 정사각형 $A_1B_1C_1D_1$과 $A_2B_2C_2D_2$의 닮음비는
$$\overline{A_1B_1} : \overline{A_2B_2} = 1 : \frac{\sqrt{5}}{5}$$

이므로 넓이의 비는
$$1^2 : \left(\frac{\sqrt{5}}{5}\right)^2 = 1 : \frac{1}{5}$$

한편, 그림 R_2에 새롭게 색칠되는 도형도 정사각형 $A_2B_2C_2D_2$에서 같은 방법으로 만들어지므로 그림 R_1의 색칠된 부분의 넓이 S_1과 그림 R_2에 새롭게 색칠되는 도형의 넓이의 비도 $1 : \frac{1}{5}$이다.

따라서 수열 $\{S_n\}$은 첫째항이 $\frac{4-\pi}{8}$, 공비가 $\frac{1}{5}$인 등비수열의 첫째항부터 제n항까지의 합과 같으므로
$$S_n = \sum_{k=1}^{n} \frac{4-\pi}{8}\left(\frac{1}{5}\right)^{k-1}$$

|3단계| 극한값 $\lim_{n\to\infty} S_n$ 구하기

$$\therefore \lim_{n\to\infty} S_n = \lim_{n\to\infty} \sum_{k=1}^{n} \frac{4-\pi}{8}\left(\frac{1}{5}\right)^{k-1}$$
$$= \sum_{n=1}^{\infty} \frac{4-\pi}{8}\left(\frac{1}{5}\right)^{n-1}$$
$$= \frac{\frac{4-\pi}{8}}{1-\frac{1}{5}}$$
$$= \frac{5(4-\pi)}{32}$$

8

출제영역 등비급수의 도형에의 활용

닮은 도형들의 넓이의 합의 극한값을 등비급수를 이용하여 구할 수 있는지를 묻는 문제이다.

그림과 같이 반지름의 길이가 2인 원 C_1이 있다. $\overset{\frown}{A_1B_1} = \overset{\frown}{B_1C_1} = \overset{\frown}{C_1A_1}$을 만족시키도록 원 C_1 위의 세 점 A_1, B_1, C_1을 잡는다. 점 A_1을 중심으로 하고 두 점 B_1, C_1을 호의 양 끝으로 하는 부채꼴 $A_1B_1C_1$을 그리고 원 C_1의 내부와 부채꼴 $A_1B_1C_1$의 외부의 공통부분에 색칠하여 얻은 그림을 R_1이라 하자. 그림 R_1에서 점 A_1과 원 C_1의 중심을 지나는 직선이 호 B_1C_1과 만나는 점을 M_1이라 하고, 점 M_1을 지나고 두 선분 A_1B_1, A_1C_1에 각각 접하는 원 C_2를 그린다. 원 C_2와 선분 A_1M_1이 만나는 점 중 M_1이 아닌 점을 A_2라 하고 $\overset{\frown}{A_2B_2} = \overset{\frown}{B_2C_2} = \overset{\frown}{C_2A_2}$를 만족시키도록 원 C_2 위의 두 점 B_2, C_2를 잡는다. 원 C_2에서 그림 R_1을 얻는 것과 같은 방법으로 부채꼴 $A_2B_2C_2$를 그리고 원 C_2의 내부와 부채꼴 $A_2B_2C_2$의 외부의 공통부분에 색칠하여 얻은 그림을 R_2라 하자. 이와 같은 과정을 계속하여 n번째 얻은 그림 R_n에 색칠되어 있는 부분의 넓이를 S_n이라 할 때, $\lim_{n\to\infty} S_n$의 값은?

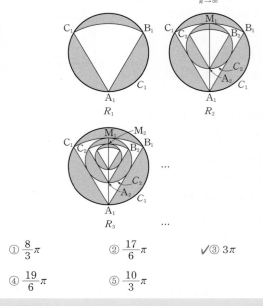

① $\frac{8}{3}\pi$ ② $\frac{17}{6}\pi$ ✓③ 3π

④ $\frac{19}{6}\pi$ ⑤ $\frac{10}{3}\pi$

출제코드 원 C_2의 반지름의 길이를 구하여 S_1과 그림 R_2에서 새롭게 색칠되는 도형의 넓이의 비 구하기

❶ 삼각형 $A_1B_1C_1$은 정삼각형이므로 $\angle B_1A_1C_1 = 60°$이다. 따라서 선분 A_1C_1의 길이를 구하면 부채꼴 $A_1B_1C_1$의 넓이를 구할 수 있다.

❷ 그림 R_1에서 색칠된 부분의 넓이 S_1은 원 C_1의 넓이에서 부채꼴 $A_1B_1C_1$의 넓이를 빼서 구할 수 있다.

❸ 원 C_2의 중심은 선분 A_1M_1 위의 점임을 알 수 있고, 원과 접선의 성질을 이용하여 원 C_2의 반지름의 길이를 구할 수 있다.

|1단계| S_1 구하기

$\overset{\frown}{A_1B_1} = \overset{\frown}{B_1C_1} = \overset{\frown}{C_1A_1}$이므로
$$\overline{A_1B_1} = \overline{B_1C_1} = \overline{C_1A_1}$$

즉, 삼각형 $A_1B_1C_1$은 정삼각형이므로 $\angle B_1A_1C_1 = 60°$이다.

오른쪽 그림과 같이 원 C_1의 중심을 O_1이라 하고 점 O_1에서 선분 A_1B_1에 내린 수선의 발

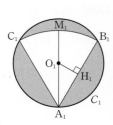

을 H_1이라 하면 $\overline{O_1A_1}=2$, $\angle O_1A_1H_1=30°$이므로

$$\begin{aligned}\overline{A_1B_1}&=2\overline{A_1H_1}\\&=2\times\overline{O_1A_1}\cos 30°\\&=2\times 2\times\frac{\sqrt{3}}{2}=2\sqrt{3}\end{aligned}$$

따라서 그림 R_1에 색칠된 부분의 넓이 S_1은 원 C_1의 넓이에서 부채꼴 $A_1B_1C_1$의 넓이를 뺀 것과 같으므로

$$S_1=\pi\times 2^2-\pi\times(2\sqrt{3})^2\times\frac{60}{360}=2\pi$$

|2단계| 도형의 닮음을 이용하여 S_1과 그림 R_2에 새롭게 색칠되는 도형의 넓이의 비를 구하고 S_n 구하기

오른쪽 그림과 같이 원 C_2와 선분 A_1B_1의 접점을 N_2라 하고 원 C_2의 반지름의 길이를 r_2, 원 C_2의 중심을 O_2라 하면 점 O_2는 선분 A_1M_1 위에 있으므로

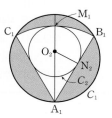

$$\overline{O_2M_1}=r_2, \quad \overline{O_2N_2}=r_2,$$
$$\overline{A_1O_2}=\overline{A_1M_1}-\overline{O_2M_1}=2\sqrt{3}-r_2$$

직각삼각형 $O_2A_1N_2$에서 $\angle O_2A_1N_2=30°$이므로

$$\overline{A_1O_2}:\overline{O_2N_2}=(2\sqrt{3}-r_2):r_2=2:1$$

원의 중심과 접점을 이은 직선은 그 접선에 수직이다. 즉, $\overline{A_1B_1}\perp\overline{O_2N_2}$

$$2\sqrt{3}-r_2=2r_2$$
$$\therefore r_2=\frac{2\sqrt{3}}{3}$$

따라서 두 원 C_1, C_2의 닮음비는 $2:\dfrac{2\sqrt{3}}{3}=1:\dfrac{\sqrt{3}}{3}$이므로 넓이의 비는

$$1^2:\left(\frac{\sqrt{3}}{3}\right)^2=1:\frac{1}{3}$$

한편, 그림 R_2에 새롭게 색칠되는 도형도 원 C_2에서 같은 방법으로 만들어지므로 그림 R_1의 색칠된 부분의 넓이 S_1과 그림 R_2에 새롭게 색칠되는 도형의 넓이의 비도 $1:\dfrac{1}{3}$이다.

따라서 수열 $\{S_n\}$은 첫째항이 2π, 공비가 $\dfrac{1}{3}$인 등비수열의 첫째항부터 제n항까지의 합과 같으므로

$$S_n=\sum_{k=1}^{n}2\pi\left(\frac{1}{3}\right)^{k-1}$$

|3단계| 극한값 $\lim\limits_{n\to\infty}S_n$ 구하기

$$\begin{aligned}\therefore \lim_{n\to\infty}S_n&=\lim_{n\to\infty}\sum_{k=1}^{n}2\pi\left(\frac{1}{3}\right)^{k-1}\\&=\sum_{n=1}^{\infty}2\pi\left(\frac{1}{3}\right)^{n-1}\\&=\frac{2\pi}{1-\frac{1}{3}}=3\pi\end{aligned}$$

핵심 개념 중심각에 대한 호와 현 (중등 수학)

(1) 한 원 또는 합동인 두 원에서 크기가 같은 두 중심각에 대한 현의 길이와 호의 길이는 각각 같다.

(2) 한 원 또는 합동인 두 원에서 길이가 같은 두 호 또는 두 현에 대한 중심각의 크기는 각각 같다.

(3) 한 원에서 부채꼴의 호의 길이는 그 중심각의 크기에 정비례한다. 그러나 현의 길이는 중심각의 크기에 정비례하지 않는다.

02-2 등비급수의 좌표평면에의 활용

1등급 완성 3단계 문제연습

본문 22~24쪽

1 37	**2** ③	**3** ①	**4** 6
5 124	**6** ②		

1 2012학년도 수능 나 28 [정답률 47%] | 정답 **37**

출제영역 등비급수의 좌표평면에의 활용

좌표평면 위의 사각형의 넓이인 수열 $\{a_n\}$의 일반항을 구해서 주어진 급수의 합을 구할 수 있는지를 묻는 문제이다.

좌표평면에서 자연수 n에 대하여 점 P_n의 좌표를 $(n, 3^n)$, 점 Q_n의 좌표를 $(n, 0)$이라 하자. 사각형 $P_nQ_{n+1}Q_{n+2}P_{n+1}$의 넓이를 a_n❶이라 할 때, $\displaystyle\sum_{n=1}^{\infty}\frac{1}{a_n}=\frac{q}{p}$❷이다. p^2+q^2의 값을 구하시오. 37

(단, p와 q는 서로소인 자연수이다.)

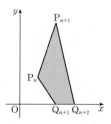

출제코드 사각형 $P_nQ_{n+1}Q_{n+2}P_{n+1}$의 넓이 a_n 구하기

❶ 두 점 Q_{n+1}, P_{n+1}의 x좌표가 같으므로 두 삼각형 $P_nQ_{n+1}P_{n+1}$과 $Q_{n+1}Q_{n+2}P_{n+1}$로 나누어 사각형 $P_nQ_{n+1}Q_{n+2}P_{n+1}$의 넓이 a_n을 구한다.

❷ a_n을 대입하여 주어진 급수의 합을 구한다.

해설 **|1단계|** 사각형 $P_nQ_{n+1}Q_{n+2}P_{n+1}$의 넓이 a_n 구하기

사각형 $P_nQ_{n+1}Q_{n+2}P_{n+1}$의 꼭짓점의 좌표는

$P_n(n, 3^n)$, $P_{n+1}(n+1, 3^{n+1})$, $Q_{n+1}(n+1, 0)$, $Q_{n+2}(n+2, 0)$

오른쪽 그림에서 점 P_{n+1}과 점 Q_{n+1}의 x좌표가 같으므로 $\overline{P_{n+1}Q_{n+1}}$을 밑변으로 보면 삼각형 $P_nQ_{n+1}P_{n+1}$과 삼각형 $Q_{n+1}Q_{n+2}P_{n+1}$의 높이는 1로 같다.

따라서 사각형 $P_nQ_{n+1}Q_{n+2}P_{n+1}$의 넓이 a_n은

$$\begin{aligned}a_n&=\triangle P_nQ_{n+1}P_{n+1}+\triangle Q_{n+1}Q_{n+2}P_{n+1}\\&=2\triangle P_nQ_{n+1}P_{n+1}\\&=2\times\frac{1}{2}\times 3^{n+1}\times 1=3^{n+1}\end{aligned}$$

|2단계| $\displaystyle\sum_{n=1}^{\infty}\frac{1}{a_n}$의 값을 구하여 p^2+q^2의 값 계산하기

$$\therefore \sum_{n=1}^{\infty}\frac{1}{a_n}=\sum_{n=1}^{\infty}\left(\frac{1}{3}\right)^{n+1}=\frac{\left(\frac{1}{3}\right)^2}{1-\frac{1}{3}}=\frac{1}{6}$$

따라서 $p=6$, $q=1$이므로
$$p^2+q^2=6^2+1^2=37$$

출제영역 **등비급수의 좌표평면에의 활용**

같은 과정을 계속하여 좌표평면에 n번째 얻은 도형의 넓이를 구해서 주어진 급수의 합을 구할 수 있는지를 묻는 문제이다.

좌표평면에 원 C_1: $(x-4)^2+y^2=1$이 있다. 그림과 같이 원점에서 원 C_1에 기울기가 양수인 접선 l을 그었을 때 생기는 접점을 P_1이라 하자. 중심이 직선 l 위에 있고 점 P_1을 지나며 x축에 접하는 원을 C_2라 하고 이 원과 x축의 접점을 P_2라 하자. 중심이 x축 위에 있고 점 P_2를 지나며 직선 l에 접하는 원을 C_3이라 하고 이 원과 직선 l의 접점을 P_3이라 하자. 중심이 직선 l 위에 있고 점 P_3을 지나며 x축에 접하는 원을 C_4라 하고 이 원과 x축의 접점을 P_4라 하자. 이와 같은 과정을 계속할 때, 원 C_n의 넓이를 S_n❷이라 하자. $\sum\limits_{n=1}^{\infty} S_n$의 값은? (단, 원 C_{n+1}의 반지름의 길이는 원 C_n의 반지름의 길이보다 작다.)

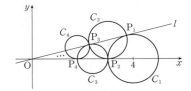

① $\dfrac{3}{2}\pi$ ② 2π ✓③ $\dfrac{5}{2}\pi$

④ 3π ⑤ $\dfrac{7}{2}\pi$

출제코드 **원 C_2의 반지름의 길이를 구해서 두 원 C_1, C_2의 닮음비를 이용하여 수열 $\{S_n\}$의 공비 구하기**

❶ 두 원 C_1, C_2의 중심을 각각 Q_1, Q_2라 하면 $\triangle OP_1Q_1 \backsim \triangle OP_2Q_2$이므로 두 원의 반지름의 길이의 비를 구할 수 있다.

❷ 자연수 n에 대하여 원 C_n의 중심은 x축과 고정된 직선 l 위에 번갈아 존재하므로 두 원 C_n과 C_{n+1}의 넓이의 비는 일정함을 알 수 있다.

해설 **|1단계| 원 C_1의 넓이 S_1과 수열 $\{S_n\}$의 일반항 구하기**

원 C_1의 반지름의 길이는 1이므로 $S_1=\pi$이다.

다음 그림과 같이 두 원 C_1, C_2의 중심을 각각 Q_1, Q_2라 하면

$\angle OP_1Q_1 = \angle OP_2Q_2 = 90°$ — 원의 중심과 접점을 이은 직선은 그 접선에 수직이다.

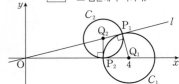

직각삼각형 OP_1Q_1에서 $\overline{OP_1}=\sqrt{4^2-1^2}=\sqrt{15}$

이때 $\triangle OP_1Q_1 \backsim \triangle OP_2Q_2$이므로 $\overline{OP_1}:\overline{OP_2}=\overline{P_1Q_1}:\overline{P_2Q_2}$

$\sqrt{15}:3=1:\overline{P_2Q_2}$ ∴ $\overline{P_2Q_2}=\dfrac{3}{\sqrt{15}}$ —AA 닮음

따라서 두 원 C_1, C_2의 닮음비는 $\overline{P_1Q_1}:\overline{P_2Q_2}=1:\dfrac{3}{\sqrt{15}}$이므로 넓이의 비는 $1:\left(\dfrac{3}{\sqrt{15}}\right)^2=1:\dfrac{3}{5}$

즉, 수열 $\{S_n\}$은 첫째항이 π, 공비가 $\dfrac{3}{5}$인 등비수열이므로 **why? ❶**

$S_n=\pi\left(\dfrac{3}{5}\right)^{n-1}$

|2단계| $\sum\limits_{n=1}^{\infty} S_n$의 값 구하기

∴ $\sum\limits_{n=1}^{\infty} S_n=\sum\limits_{n=1}^{\infty}\pi\left(\dfrac{3}{5}\right)^{n-1}=\dfrac{\pi}{1-\dfrac{3}{5}}=\dfrac{5}{2}\pi$

해설특강 ✏

why? ❶ 원 C_1, C_2, C_3, $\cdots$의 중심은 x축과 고정된 직선 l 위에 번갈아 존재하므로 오른쪽 그림과 같이 원 C_n의 중심을 Q_n이라 하면

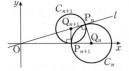

$\angle OP_nQ_n = \angle OP_{n+1}Q_{n+1}=90°$

$\angle Q_nOP_n = \angle Q_{n+1}OP_{n+1}$

따라서 두 직각삼각형 Q_nOP_n, $Q_{n+1}OP_{n+1}$은 서로 닮음(AA 닮음)이므로 $\overline{Q_nP_n}$과 $\overline{Q_{n+1}P_{n+1}}$의 길이의 비는 일정하다. 즉, 두 원 C_n과 C_{n+1}의 반지름의 길이의 비가 일정하므로 두 원 C_n과 C_{n+1}의 넓이의 비도 일정하고, 수열 $\{S_n\}$은 등비수열이 된다.

출제영역 **등비급수의 좌표평면에의 활용＋부채꼴의 호의 길이**

일정한 규칙에 의하여 무한히 그려지는 원의 내부에서의 호의 길이의 합을 등비급수를 이용하여 구할 수 있는지를 묻는 문제이다.

그림과 같이 원점을 중심으로 하고 반지름의 길이가 3인 원 O_1을 그리고, 원 O_1이 좌표축과 만나는 네 점을 각각 $A_1(0, 3)$, $B_1(-3, 0)$, $C_1(0, -3)$, $D_1(3, 0)$이라 하자. 두 점 B_1, D_1을 모두 지나고 두 점 A_1, C_1을 각각 중심으로 하는 두 원이 원 O_1의 내부에서 y축과 만나는 점을 각각 C_2, A_2라 할 때, 호 $B_1A_2D_1$과 호 $B_1C_2D_1$의 길이의 합을 $l_1$❶이라 하자. 선분 A_2C_2를 지름으로 하는 원 O_2를 그리고, 원 O_2가 x축과 만나는 두 점을 각각 B_2, D_2라 하자. 두 점 B_2, D_2를 모두 지나고 두 점 A_2, C_2를 각각 중심으로 하는 두 원이 원 O_2의 내부에서 y축과 만나는 점을 각각 C_3, A_3이라 할 때, 호 $B_2A_3D_2$와 호 $B_2C_3D_2$의 길이의 합을 $l_2$❷라 하자. 이와 같은 과정을 계속하여 n번째 얻은 호 $B_nA_{n+1}D_n$과 호 $B_nC_{n+1}D_n$의 길이의 합을 l_n이라 할 때, $\sum\limits_{n=1}^{\infty} l_n$의 값은?

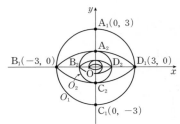

✓① $3(1+\sqrt{2})\pi$ ② $3(1+\sqrt{3})\pi$ ③ $3(1+\sqrt{5})\pi$

④ $\dfrac{3(1+\sqrt{2})}{2}\pi$ ⑤ $\dfrac{3(1+\sqrt{3})}{2}\pi$

출제코드 **원 O_2의 반지름의 길이를 구해서 두 원 O_1, O_2의 닮음비 구하기**

❶ 반지름의 길이가 $\overline{B_1C_1}$이고 중심각의 크기가 $\angle B_1C_1D_1$인 부채꼴 $C_1B_1D_1$에서 호 $B_1A_2D_1$의 길이를 구한다.

❷ 호 $B_2A_3D_2$와 호 $B_2C_3D_2$도 원 O_2의 내부에서 같은 방법으로 만들어지므로 원 O_1과 원 O_2의 닮음비를 구하여 l_1과 l_2의 길이의 비를 구한다.

위의 그림에서 부채꼴 $C_1B_1D_1$은 중심각의 크기가 $90°$이고 반지름의 길이는 $3\sqrt{2}$이다. **how? ❶**

따라서 호 $B_1A_2D_1$의 길이는 반지름의 길이가 $3\sqrt{2}$인 원의 둘레의 길이의 $\dfrac{1}{4}$과 같으므로

$l_1 = 2 \times (\text{호 } B_1A_2D_1$의 길이$)$ **how? ❷**

$\quad = 2 \times 2\pi \times 3\sqrt{2} \times \dfrac{1}{4}$

$\quad = 3\sqrt{2}\pi$

│2단계│ 수열 $\{l_n\}$의 일반항 구하기

한편, 원 O_2의 반지름의 길이를 r라 하면

$r = \overline{A_2C_1} - \overline{OC_1} = 3\sqrt{2} - 3$

따라서 두 원 O_1, O_2의 닮음비는

$3 : 3(\sqrt{2}-1) = 1 : (\sqrt{2}-1)$

이고, 호 $B_2A_3D_2$와 호 $B_2C_3D_2$도 원 O_2의 내부에서 같은 방법으로 만들어지므로 l_1과 l_2의 비도

$1 : (\sqrt{2}-1)$

이다.

즉, 수열 $\{l_n\}$은 첫째항이 $3\sqrt{2}\pi$, 공비가 $(\sqrt{2}-1)$인 등비수열이므로

$l_n = 3\sqrt{2}\pi(\sqrt{2}-1)^{n-1}$

│3단계│ $\displaystyle\sum_{n=1}^{\infty} l_n$의 값 구하기

$\therefore \displaystyle\sum_{n=1}^{\infty} l_n = \sum_{n=1}^{\infty} 3\sqrt{2}\pi(\sqrt{2}-1)^{n-1}$

$\qquad\qquad = \dfrac{3\sqrt{2}\pi}{1-(\sqrt{2}-1)}$

$\qquad\qquad = \dfrac{3\sqrt{2}\pi}{2-\sqrt{2}}$

$\qquad\qquad = 3(1+\sqrt{2})\pi$

해설특강 ✎

how? ❶ 반원에 대한 원주각의 크기는 $90°$이므로

$\quad \angle B_1C_1D_1 = 90°$

또, 직각이등변삼각형 OC_1B_1에서

$\quad \overline{C_1B_1} = \sqrt{3^2+3^2} = 3\sqrt{2}$

how? ❷ 각 단계별로 그려지는 도형은 각각 x축에 대하여 대칭이다.

즉, 호 $B_nA_{n+1}D_n$과 호 $B_nC_{n+1}D_n$은 x축에 대하여 대칭이므로

$\quad (\text{호 } B_nA_{n+1}D_n$의 길이$) = (\text{호 } B_nC_{n+1}D_n$의 길이$)$

$\quad \therefore l_n = (\text{호 } B_nA_{n+1}D_n$의 길이$) + (\text{호 } B_nC_{n+1}D_n$의 길이$)$

$\qquad\quad = 2 \times (\text{호 } B_nA_{n+1}D_n$의 길이$)$

4

출제영역 등비급수의 좌표평면에의 활용 ＋ 이차함수의 그래프의 성질 ＋ 삼각형의 무게중심

좌표평면에서 곡선과 직선의 교점에 의하여 만들어지는 사각형의 넓이를 n에 대한 식으로 표현하고, 그 넓이의 합을 등비급수를 이용하여 구할 수 있는지를 묻는 문제이다.

그림과 같이 좌표평면에서 곡선 $y=2x^2$과 직선 $y=\dfrac{1}{2^{n-1}}$이 만나는 두 점을 각각 A_n, B_n이라 할 때, 점 $P_n\left(0, \dfrac{4}{3\times2^n}\right)$에 대하여 ❶ 직선 A_nP_n이 직선 OB_n과 만나는 점을 C_n, 선분 A_nB_n이 y축과 만나는 점을 D_n이라 하자. 사각형 $B_nC_nP_nD_n$의 넓이 S_n에 대하여 ❷

$\displaystyle\sum_{n=1}^{\infty} S_n = \dfrac{a\sqrt{2}+b}{21}$일 때, $a+b$의 값을 구하시오. 　6

(단, O는 원점이고, a, b는 유리수이다.)

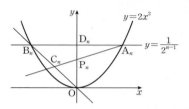

출제코드 점 P_n의 성질을 이용하여 사각형 $B_nC_nP_nD_n$의 넓이 구하기

❶ 점 P_n은 선분 OD_n을 $2:1$로 내분하는 점이므로 삼각형 OA_nB_n의 무게중심이다.

❷ 사각형 $B_nC_nP_nD_n$의 넓이는 삼각형 OA_nB_n의 넓이를 이용하여 구한다.

해설 │1단계│ 사각형 $B_nC_nP_nD_n$의 넓이를 삼각형 OA_nB_n의 넓이로 나타내기

삼각형 OA_nB_n은 이등변삼각형이므로 선분 OD_n은 선분 A_nB_n을 수직이등분하고, 점 $P_n\left(0, \dfrac{4}{3\times2^n}\right)$는 선분 OD_n을 $2:1$로 내분하는 점이므로 **how? ❶**

점 P_n은 삼각형 OA_nB_n의 무게중심이다. 　삼각형의 무게중심은 삼각형의 세 중선의 교점으로서 중선을 $2:1$로 내분한다.

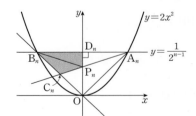

$\therefore \triangle B_nC_nP_n = \triangle B_nD_nP_n = \dfrac{1}{6}\triangle OA_nB_n$

$\therefore \square B_nC_nP_nD_n = \dfrac{1}{3}\triangle OA_nB_n$

│2단계│ 사각형 $B_nC_nP_nD_n$의 넓이 S_n 구하기

한편, 곡선 $y=2x^2$과 직선 $y=\dfrac{1}{2^{n-1}}$이 만나는 두 점 A_n, B_n의 x좌표는

$2x^2 = \dfrac{1}{2^{n-1}}$에서 $x^2 = \dfrac{1}{2^n}$

$\therefore x = \pm\dfrac{1}{\sqrt{2^n}}$

이때 삼각형 OA_nB_n의 넓이는

$$\triangle OA_nB_n = \frac{1}{2} \times \overline{A_nB_n} \times \overline{OD_n}$$

$$= \frac{1}{2} \times \frac{2}{\sqrt{2^n}} \times \frac{1}{2^{n-1}}$$

$$= \frac{2}{(2\sqrt{2})^n}$$

이므로

$$S_n = \frac{1}{3} \triangle OA_nB_n$$

$$= \frac{1}{3} \times \frac{2}{(2\sqrt{2})^n}$$

$$= \frac{2}{3} \times \left(\frac{1}{2\sqrt{2}} \right)^n$$

|3단계| $\sum\limits_{n=1}^{\infty} S_n$의 값을 구하여 $a+b$의 값 계산하기

$$\therefore \sum_{n=1}^{\infty} S_n = \sum_{n=1}^{\infty} \left\{ \frac{2}{3} \times \left(\frac{1}{2\sqrt{2}} \right)^n \right\}$$

$$= \frac{\dfrac{2}{3} \times \dfrac{1}{2\sqrt{2}}}{1 - \dfrac{1}{2\sqrt{2}}}$$

$$= \frac{2}{3(2\sqrt{2}-1)}$$

$$= \frac{4\sqrt{2}+2}{21}$$

따라서 $a=4$, $b=2$이므로

$$a+b = 4+2 = 6$$

참고 직선 A_nP_n과 직선 OB_n이 만나는 점 C_n의 좌표를 직접 구해서 삼각형 $A_nB_nC_n$의 높이를 구할 수도 있지만 계산이 훨씬 복잡하다.
이 경우 점 P_n이 삼각형 OA_nB_n의 무게중심임을 이용하면 점 C_n의 좌표를 직접 구하지 않고도 사각형의 넓이를 간단하게 구할 수 있다.

해설특강 ✎

how? ❶ 점 $P_n \left(0, \dfrac{4}{3 \times 2^n} \right)$에서

$$\overline{OP_n} : \overline{OD_n} = \frac{4}{3 \times 2^n} : \frac{1}{2^{n-1}}$$

$$= \frac{2}{3} \times \frac{1}{2^{n-1}} : \frac{1}{2^{n-1}}$$

$$= 2 : 3$$

$$\therefore \overline{OP_n} : \overline{P_nD_n} = 2 : 1$$

핵심 개념 삼각형의 무게중심과 넓이 (중등 수학)

점 G가 삼각형 ABC의 무게중심일 때

$$\triangle ABG = \triangle BCG = \triangle CAG = \frac{1}{3} \triangle ABC$$

$$\triangle AFG = \triangle BFG = \triangle BDG = \triangle CDG$$

$$= \triangle CEG = \triangle AEG = \frac{1}{6} \triangle ABC$$

출제영역 등비급수의 좌표평면에의 활용

조건을 만족시키는 삼각형의 세 꼭짓점의 좌표를 구해서 삼각형의 넓이를 수열의 일반항으로 하는 급수의 합을 구할 수 있는지를 묻는 문제이다.

자연수 n에 대하여 좌표평면에서 점 $A_n \left(\dfrac{1}{2^{n-3}}, 0 \right)$이고, 점 A_n을 지나면서 y축에 평행한 직선이 곡선 $y = 2x^2 + 1$과 만나는 점을 B_n❶이라 하자. 그림과 같이 삼각형 $A_{n+2}A_nB_{n+1}$의 넓이를 S_n❷이라 할 때, $\sum\limits_{n=1}^{\infty} S_n = \dfrac{q}{p}$이다. $p+q$의 값을 구하시오. **124**

(단, p와 q는 서로소인 자연수이다.)

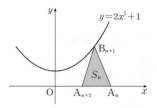

출제코드 세 점 A_n, A_{n+2}, B_{n+1}의 좌표를 구해서 삼각형의 밑변의 길이와 높이 구하기

❶ 점 B_{n+1}의 x좌표가 $\dfrac{1}{2^{n-2}}$이고, 점 B_{n+1}은 곡선 $y = 2x^2 + 1$ 위의 점이므로 y좌표를 구할 수 있다.

❷ 삼각형 $A_{n+2}A_nB_{n+1}$은 선분 $A_{n+2}A_n$이 밑변, 선분 $A_{n+1}B_{n+1}$이 높이이고, 밑변이 x축 위에 있으므로 세 점 A_n, A_{n+2}, B_{n+1}의 좌표를 구하여 S_n을 구한다.

해설 |1단계| 삼각형 $A_{n+2}A_nB_{n+1}$의 세 꼭짓점 A_{n+2}, A_n, B_{n+1}의 좌표를 구해서 밑변의 길이와 높이 구하기

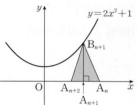

$A_n \left(\dfrac{1}{2^{n-3}}, 0 \right)$, $A_{n+2} \left(\dfrac{1}{2^{n-1}}, 0 \right)$이므로

$$\overline{A_{n+2}A_n} = \frac{1}{2^{n-3}} - \frac{1}{2^{n-1}}$$

$$= \frac{1}{2^{n-1}}(4-1) = \frac{3}{2^{n-1}}$$

점 B_{n+1}의 x좌표가 $\dfrac{1}{2^{n-2}}$이므로 y좌표는

$\underset{\underset{\text{점 } A_{n+1}\text{의 } x\text{좌표와 같다.}}{\big\uparrow}}{}$

$$y = 2 \times \left(\frac{1}{2^{n-2}} \right)^2 + 1$$

$$= \frac{1}{2^{2n-5}} + 1$$

$$\therefore \underbrace{\overline{A_{n+1}B_{n+1}}}_{\text{점 } B_{n+1}\text{의 } y\text{좌표와 같다.}} = \frac{1}{2^{2n-5}} + 1$$

|2단계| 삼각형 $A_{n+2}A_nB_{n+1}$의 넓이 S_n 구하기

따라서 삼각형 $A_{n+2}A_nB_{n+1}$은 선분 $A_{n+2}A_n$이 밑변이고, 선분 $A_{n+1}B_{n+1}$이 높이인 삼각형이므로 넓이 S_n은

$$S_n = \frac{1}{2} \times \overline{A_{n+2}A_n} \times \overline{A_{n+1}B_{n+1}}$$

$$= \frac{1}{2} \times \frac{3}{2^{n-1}} \times \left(\frac{1}{2^{2n-5}} + 1 \right)$$

$$= \frac{3}{2^{3n-5}} + \frac{3}{2^n}$$

$$= \frac{96}{8^n} + \frac{3}{2^n}$$

|3단계| $\sum\limits_{n=1}^{\infty} S_n$의 값을 구하여 $p+q$의 값 계산하기

$$\therefore \sum_{n=1}^{\infty} S_n = \sum_{n=1}^{\infty} \left(\frac{96}{8^n} + \frac{3}{2^n} \right)$$

$$= \sum_{n=1}^{\infty} \frac{96}{8^n} + \sum_{n=1}^{\infty} \frac{3}{2^n}$$

$$= \frac{12}{1-\dfrac{1}{8}} + \frac{\dfrac{3}{2}}{1-\dfrac{1}{2}}$$

$$= \frac{96}{7} + 3 = \frac{117}{7}$$

따라서 $p=7$, $q=117$이므로

$$p+q = 7+117 = 124$$

6

|정답②|

출제영역 등비급수의 좌표평면에의 활용＋좌표축에 접하는 원의 성질

좌표축에 접하는 원의 성질을 이용하여 원의 넓이 S_n을 n에 대한 식으로 표현하고, 원의 넓이의 합을 등비급수를 이용하여 구할 수 있는지를 묻는 문제이다.

좌표평면에서 자연수 n에 대하여 직선 $y=n$이 두 직선 $x=\left(\dfrac{2}{5}\right)^n$,

$x=\left(\dfrac{3}{2}\right)^n$과 만나는 점을 각각 A_n, B_n이라 하고, 두 점 A_n, B_n을
　　　　　　　　　　　　　　　　　　두 점 A_n, B_n의 y좌표가 같다.
지나고 y축에 접하는 원의 y축과의 접점을 C_n이라 하자. 점 $D_n(0, n)$
　　　　　　　　　　　　　❶
에 대하여 선분 C_nD_n을 지름으로 하는 원의 넓이를 S_n이라 할 때,
　　　　　　　　❷

$\sum\limits_{n=1}^{\infty} S_n$의 값은?

① $\dfrac{1}{4}\pi$　　　　✓② $\dfrac{3}{8}\pi$　　　　③ $\dfrac{1}{2}\pi$

④ $\dfrac{5}{8}\pi$　　　　⑤ $\dfrac{3}{4}\pi$

출제코드 세 점 A_n, B_n, C_n을 지나는 원의 반지름의 길이 구하기
❶ 원이 y축에 접하므로 원의 반지름의 길이는 원의 중심의 x좌표와 같다.
　따라서 원의 중심의 x좌표를 구하면 원의 반지름의 길이를 구할 수 있다.
❷ 선분 C_nD_n의 길이는 원의 중심과 선분 A_nB_n 사이의 거리와 같으므로 원의 중심에서 선분 A_nB_n에 내린 수선의 길이를 구한다.

해설 **|1단계|** 세 점 A_n, B_n, C_n을 지나는 원의 반지름의 길이 구하기

다음 그림과 같이 두 점 A_n, B_n을 지나고 y축에 접하는 원을 T_n이라 하고, 원 T_n의 중심을 O_n, 반지름의 길이를 r_n, 점 O_n에서 선분 A_nB_n에 내린 수선의 발을 H_n이라 하자.
　　　　　　　　　　점 H_n은 선분 A_nB_n의 중점이다.

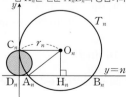

원 T_n은 y축에 접하므로 r_n은 원의 중심 O_n의 x좌표와 같고, 원의 중심 O_n의 x좌표는 점 H_n의 x좌표와 같으므로 **why? ❶**

$r_n = \dfrac{1}{2}\left\{\left(\dfrac{2}{5}\right)^n + \left(\dfrac{3}{2}\right)^n\right\}$　두 점 (x_1, y_1), (x_2, y_2)를 잇는 선분의 중점의 좌표는 $\left(\dfrac{x_1+x_2}{2}, \dfrac{y_1+y_2}{2}\right)$이다.

|2단계| 선분 C_nD_n의 길이를 구하고 S_n 구하기

$\overline{C_nD_n} = \overline{O_nH_n}$이고,

$$\overline{A_nH_n} = \overline{D_nH_n} - \overline{D_nA_n}$$

$$= r_n - \left(\frac{2}{5}\right)^n$$

$$= \frac{1}{2}\left\{\left(\frac{2}{5}\right)^n + \left(\frac{3}{2}\right)^n\right\} - \left(\frac{2}{5}\right)^n$$

$$= \frac{1}{2}\left\{\left(\frac{3}{2}\right)^n - \left(\frac{2}{5}\right)^n\right\}$$

이므로 직각삼각형 $O_nA_nH_n$에서 피타고라스 정리에 의하여

$$\overline{O_nH_n} = \sqrt{\overline{O_nA_n}^2 - \overline{A_nH_n}^2}$$

$$= \sqrt{r_n^2 - \overline{A_nH_n}^2}$$

$$= \sqrt{\frac{1}{4}\left\{\left(\frac{2}{5}\right)^n + \left(\frac{3}{2}\right)^n\right\}^2 - \frac{1}{4}\left\{\left(\frac{3}{2}\right)^n - \left(\frac{2}{5}\right)^n\right\}^2}$$

$$= \frac{1}{2}\sqrt{\left\{\left(\frac{2}{5}\right)^n + \left(\frac{3}{2}\right)^n\right\}^2 - \left\{\left(\frac{3}{2}\right)^n - \left(\frac{2}{5}\right)^n\right\}^2}$$

$$= \frac{1}{2}\sqrt{2 \times 2 \times \left(\frac{2}{5}\right)^n \times \left(\frac{3}{2}\right)^n}$$

$$= \sqrt{\left(\frac{3}{5}\right)^n}$$

$$\therefore \overline{C_nD_n} = \overline{O_nH_n} = \sqrt{\left(\frac{3}{5}\right)^n}$$

따라서 선분 C_nD_n을 지름으로 하는 원의 넓이 S_n은

$$S_n = \pi \times \left(\frac{1}{2}\overline{C_nD_n}\right)^2$$

$$= \pi \times \left\{\frac{1}{2} \times \sqrt{\left(\frac{3}{5}\right)^n}\right\}^2$$

$$= \frac{\pi}{4}\left(\frac{3}{5}\right)^n$$

|3단계| $\sum\limits_{n=1}^{\infty} S_n$의 값 구하기

$$\therefore \sum_{n=1}^{\infty} S_n = \sum_{n=1}^{\infty} \frac{\pi}{4}\left(\frac{3}{5}\right)^n = \frac{\dfrac{\pi}{4} \times \dfrac{3}{5}}{1 - \dfrac{3}{5}} = \frac{3}{8}\pi$$

해설특강 ✎

why? ❶ 두 점 A_n, B_n의 y좌표가 같으므로 선분 A_nB_n은 x축과 평행하고 선분 A_nB_n과 선분 O_nH_n은 서로 수직이므로 선분 O_nH_n은 x축과 수직이다.
즉, 선분 O_nH_n은 y축과 평행하므로 원의 중심 O_n의 x좌표는 점 H_n의 x좌표와 같다.

핵심 개념 좌표축에 접하는 원의 방정식 (고등 수학)

(1) x축에 접하는 원의 방정식은
　　$(x-a)^2 + (y \pm r)^2 = r^2$

(2) y축에 접하는 원의 방정식은
　　$(x \pm r)^2 + (y-b)^2 = r^2$

본문 25쪽

기출예시 1 │정답④

다음 그림과 같이 직선 PA와 원 $x^2+y^2=1$의 접점을 Q, 점 P에서 x축에 내린 수선의 발을 R라 하자.

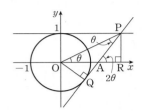

이때 $\triangle PAR \equiv \triangle OAQ$ (ASA 합동)이므로

$\overline{PA}=\overline{OA}=\dfrac{5}{4}$ ┌─ $\angle PRA=\angle OQA=90°$, $\overline{PR}=\overline{OQ}=1$,
$\angle PAR=\angle OAQ$ (맞꼭지각)이므로 $\triangle PAR \equiv \triangle OAQ$

즉, 삼각형 PAO는 이등변삼각형이다.

따라서 $\angle APO=\angle AOP=\theta$이므로 삼각형 PAR에서

$\angle PAR=\theta+\theta=2\theta$

한편, 직각삼각형 AOQ에서 피타고라스 정리에 의하여

$\overline{AQ}^2=\overline{OA}^2-\overline{OQ}^2=\left(\dfrac{5}{4}\right)^2-1^2=\dfrac{9}{16}$

즉, $\overline{AQ}=\dfrac{3}{4}$이므로

$\overline{AR}=\overline{AQ}=\dfrac{3}{4}$

직각삼각형 POR에서

$\overline{OR}=\overline{OA}+\overline{AR}=\dfrac{5}{4}+\dfrac{3}{4}=2$

$\therefore \tan\theta=\dfrac{\overline{PR}}{\overline{OR}}=\dfrac{1}{2}$ ······ ㉠

또, 직각삼각형 PAR에서

$\tan 2\theta=\dfrac{\overline{PR}}{\overline{AR}}=\dfrac{1}{\frac{3}{4}}=\dfrac{4}{3}$ ······ ㉡

㉠, ㉡에서

$\tan 3\theta=\tan(\theta+2\theta)$

$=\dfrac{\tan\theta+\tan 2\theta}{1-\tan\theta\tan 2\theta}$

$=\dfrac{\frac{1}{2}+\frac{4}{3}}{1-\frac{1}{2}\times\frac{4}{3}}=\dfrac{11}{2}$

1등급 완성 3단계 문제연습

본문 26~29쪽

1 ③	**2** 18	**3** 50	**4** ②
5 ④	**6** ②	**7** ④	**8** ③

---

1 2013학년도 9월 평가원 가 19 [정답률 71%] │정답 ③

출제영역 삼각함수의 덧셈정리＋부채꼴의 호의 길이

삼각형의 넓이 사이의 관계식과 삼각함수의 덧셈정리를 이용하여 코사인값을 구할 수 있는지를 묻는 문제이다.

> 그림과 같이 좌표평면에서 원점을 중심으로 하고 반지름의 길이가 1, 2, 4인 세 반원을 각각 O_1, O_2, O_3이라 하자. 세 점 P_1, P_2, P_3은 선분 OB 위에서 동시에 출발하여 각각 세 반원 O_1, O_2, O_3 위를 같은 속력으로 시계 반대 방향으로 움직이고 있다.❶ $\angle BOP_3=\theta$라 하고 삼각형 ABP_1의 넓이를 S_1, 삼각형 ABP_2의 넓이를 S_2, 삼각형 ABP_3의 넓이를 S_3이라 하자.❷
>
> $3S_3=2(S_1+S_2)$일 때, $\cos^3\theta$의 값은? $\left(단, 0<\theta<\dfrac{\pi}{4}\right)$❷
>
>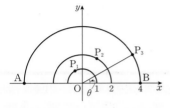
>
> ① $\dfrac{1}{2}$ ② $\dfrac{2}{3}$ ✓③ $\dfrac{3}{4}$
>
> ④ $\dfrac{4}{5}$ ⑤ $\dfrac{5}{6}$

출제코드 세 점 P_1, P_2, P_3의 y좌표를 각 θ에 대한 삼각함수로 나타내기

❶ 세 점 P_1, P_2, P_3의 속력이 같으므로 움직인 거리도 같음을 이용하여 $\angle BOP_1$, $\angle BOP_2$, $\angle BOP_3$ 사이의 관계를 찾는다.
❷ 세 점 P_1, P_2, P_3의 y좌표를 각 θ에 대한 삼각함수로 나타내어 세 삼각형의 넓이 사이의 관계식을 각 θ에 대한 식으로 나타낸다.

해설 │**1단계**│ $\angle BOP_1=\theta_1$, $\angle BOP_2=\theta_2$로 놓고 세 각 θ, θ_1, θ_2 사이의 관계식 구하기

$\angle BOP_1=\theta_1$, $\angle BOP_2=\theta_2$라 하고 세 점 P_1, P_2, P_3이 움직인 거리를 각각 l_1, l_2, l_3이라 하면

$l_1=1\times\theta_1=\theta_1$, $l_2=2\times\theta_2=2\theta_2$, $l_3=4\times\theta=4\theta$ **why?** ❶

이고, 세 점의 속력은 같으므로 $l_1=l_2=l_3$에서

$\theta_1=2\theta_2=4\theta$

$\therefore \theta_1=4\theta$, $\theta_2=2\theta$

│**2단계**│ 세 삼각형의 넓이 S_1, S_2, S_3을 각 θ에 대한 식으로 나타내기

세 삼각형 ABP_1, ABP_2, ABP_3은 밑변의 길이가 $\overline{AB}=8$이고 높이는 각각 세 점 P_1, P_2, P_3의 y좌표와 같으므로 **how?** ❷

$S_1=\dfrac{1}{2}\times 8\times\underset{\underset{\text{점 }P_1\text{의 }y\text{좌표}}{\uparrow}}{\sin\theta_1}=\dfrac{1}{2}\times 8\times\sin 4\theta=4\sin 4\theta$

$S_2=\dfrac{1}{2}\times 8\times\underset{\underset{\text{점 }P_2\text{의 }y\text{좌표}}{\uparrow}}{2\sin\theta_2}=\dfrac{1}{2}\times 8\times 2\sin 2\theta=8\sin 2\theta$

$S_3=\dfrac{1}{2}\times 8\times\underset{\underset{\text{점 }P_3\text{의 }y\text{좌표}}{\uparrow}}{4\sin\theta}=16\sin\theta$

│**3단계**│ 삼각형의 넓이 사이의 관계로부터 $\cos^3\theta$의 값 구하기

$3S_3=2(S_1+S_2)$에서

$3\times 16\sin\theta=2(4\sin 4\theta+8\sin 2\theta)$

$6\sin\theta=\sin 4\theta+2\sin 2\theta=2\sin 2\theta\cos 2\theta+4\sin\theta\cos\theta$ **how?** ❸

$=4\sin\theta\cos\theta\cos 2\theta+4\sin\theta\cos\theta$ ······ ㉠

⊙의 양변을 $2\sin\theta$로 나누면

$3 = 2\cos\theta\cos 2\theta + 2\cos\theta$ — $0 < \theta < \dfrac{\pi}{4}$에서 $\sin\theta \neq 0$이므로 양변을 나눌 수 있다.

$\quad = 2\cos\theta(2\cos^2\theta - 1) + 2\cos\theta$ **how? ❹**

$\quad = 4\cos^3\theta$

$\therefore \cos^3\theta = \dfrac{3}{4}$

해설특강 ✎

why? ❶ 반지름의 길이가 r이고 중심각의 크기가 θ인 부채꼴의 호의 길이를 l이라 하면 $l = r\theta$이다.

how? ❷ 점 P가 중심이 원점이고 반지름의 길이가 r인 원 위의 점일 때, 점 P의 좌표는 $(r\cos\theta, r\sin\theta)$임을 이용한다.

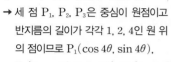

→ 세 점 P_1, P_2, P_3은 중심이 원점이고 반지름의 길이가 각각 1, 2, 4인 원 위의 점이므로 $P_1(\cos 4\theta, \sin 4\theta)$, $P_2(2\cos 2\theta, 2\sin 2\theta)$, $P_3(4\cos\theta, 4\sin\theta)$이다.

how? ❸ 삼각함수의 덧셈정리에 의하여

$\sin 2\theta = \sin(\theta + \theta) = \sin\theta\cos\theta + \cos\theta\sin\theta = 2\sin\theta\cos\theta$

how? ❹ 삼각함수의 덧셈정리에 의하여

$\cos 2\theta = \cos(\theta + \theta) = \cos\theta\cos\theta - \sin\theta\sin\theta$

$\quad = \cos^2\theta - \sin^2\theta = \cos^2\theta - (1 - \cos^2\theta) = 2\cos^2\theta - 1$

---

2 2022년 4월 교육청 미적분 29 [정답률 18%] | **정답 18**

출제영역 삼각함수의 덧셈정리 + 사인법칙

사인법칙과 삼각함수의 덧셈정리를 이용하여 직선의 기울기를 구할 수 있는지를 묻는 문제이다.

그림과 같이 좌표평면 위의 제2사분면에 있는 점 A를 지나고 기울기가 각각 m_1, m_2 ($0 < m_1 < m_2 < 1$)인 두 직선을 l_1, l_2라 하고, 직선 l_1을 y축에 대하여 대칭이동한 직선을 l_3이라 하자. 직선 l_3이 두 직선 l_1, l_2와 만나는 점을 각각 B, C라 하면 삼각형 ABC가 다음 조건을 만족시킨다. ❶

> (가) $\overline{AB} = 12$, $\overline{AC} = 9$ ❷
> (나) 삼각형 ABC의 외접원의 반지름의 길이는 $\dfrac{15}{2}$이다. ❷

$78 \times m_1 \times m_2$의 값을 구하시오. 18

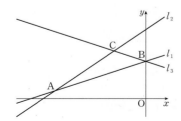

출제코드 삼각형 ABC에서 사인법칙을 이용하여 주어진 값 구하기

❶ 직선 l이 x축의 양의 방향과 이루는 각의 크기를 θ라 하면 직선 l의 기울기는 $\tan\theta$임을 이용한다.

❷ 삼각형 ABC에서 두 변의 길이와 외접원의 반지름의 길이가 주어져 있을 때 사인법칙을 이용하여 내각에 대한 삼각함수의 값을 구할 수 있다.

해설 |1단계| 두 직선 l_1, l_2가 x축의 양의 방향과 이루는 각의 크기를 각각 α, β라 하고 사인법칙을 이용하여 α, β 사이의 관계식 구하기

두 직선 l_1, l_2가 x축의 양의 방향과 이루는 각의 크기를 각각 α, β라 하면

$m_1 = \tan\alpha$, $m_2 = \tan\beta$

이때 $0 < m_1 < m_2 < 1$이므로

$0 < \alpha < \beta < \dfrac{\pi}{4}$

직선 l_3은 직선 l_1을 y축에 대하여 대칭이동한 직선이므로

$\angle ABC = 2\alpha$ **why? ❶**

한편, $\angle BAC = \beta - \alpha$이므로 **why? ❶**

$\angle ACB = \pi - \angle ABC - \angle BAC = \pi - 2\alpha - (\beta - \alpha) = \pi - (\alpha + \beta)$

삼각형 ABC에서 사인법칙에 의하여

$\dfrac{\overline{AC}}{\sin(\angle ABC)} = \dfrac{\overline{AB}}{\sin(\angle ACB)} = 2 \times \dfrac{15}{2}$ (∵ 조건 (나))

$\therefore \dfrac{9}{\sin 2\alpha} = \dfrac{12}{\sin\{\pi - (\alpha + \beta)\}} = 15$ (∵ 조건 (가)) ⋯⋯ ⊙

|2단계| m_1의 값 구하기

⊙에서 $\dfrac{9}{\sin 2\alpha} = 15$이므로 $\sin 2\alpha = \dfrac{3}{5}$

이때 $0 < 2\alpha < \dfrac{\pi}{2}$이므로

$\cos 2\alpha = \sqrt{1 - \sin^2 2\alpha} = \sqrt{1 - \left(\dfrac{3}{5}\right)^2} = \dfrac{4}{5}$

즉, $\tan 2\alpha = \dfrac{\sin 2\alpha}{\cos 2\alpha} = \dfrac{\frac{3}{5}}{\frac{4}{5}} = \dfrac{3}{4}$이므로

$\dfrac{2\tan\alpha}{1 - \tan^2\alpha} = \dfrac{3}{4}$ **how? ❷**

$3\tan^2\alpha + 8\tan\alpha - 3 = 0$, $(\tan\alpha + 3)(3\tan\alpha - 1) = 0$

$\therefore \tan\alpha = -3$ 또는 $\tan\alpha = \dfrac{1}{3}$

이때 $0 < \alpha < \dfrac{\pi}{4}$이므로

$m_1 = \tan\alpha = \dfrac{1}{3}$

|3단계| m_2의 값 구하기

⊙에서 $\dfrac{12}{\sin\{\pi - (\alpha + \beta)\}} = 15$이므로

$\sin\{\pi - (\alpha + \beta)\} = \sin(\alpha + \beta) = \dfrac{4}{5}$

이때 $0 < \alpha + \beta < \dfrac{\pi}{2}$이므로

$\cos(\alpha + \beta) = \sqrt{1 - \sin^2(\alpha + \beta)} = \sqrt{1 - \left(\dfrac{4}{5}\right)^2} = \dfrac{3}{5}$

즉, $\tan(\alpha + \beta) = \dfrac{\sin(\alpha + \beta)}{\cos(\alpha + \beta)} = \dfrac{\frac{4}{5}}{\frac{3}{5}} = \dfrac{4}{3}$이므로

$\dfrac{\tan\alpha + \tan\beta}{1 - \tan\alpha\tan\beta} = \dfrac{4}{3}$, $\dfrac{\frac{1}{3} + \tan\beta}{1 - \frac{1}{3}\tan\beta} = \dfrac{4}{3}$ $\left(\because \tan\alpha = \dfrac{1}{3}\right)$

$1+3\tan\beta=4-\dfrac{4}{3}\tan\beta,\ \dfrac{13}{3}\tan\beta=3\qquad\therefore\tan\beta=\dfrac{9}{13}$

$\therefore m_2=\tan\beta=\dfrac{9}{13}$

|4단계| $78\times m_1\times m_2$의 값 구하기

$\therefore 78\times m_1\times m_2=78\times\dfrac{1}{3}\times\dfrac{9}{13}=18$

해설특강 ✎

why? ❶

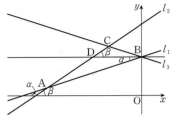

위의 그림과 같이 x축에 평행하고 점 B를 지나는 직선과 직선 l_2가 만나는 점을 D라 하면

$\alpha=\angle ABD$ (엇각), $\beta=\angle CDB$ (동위각)

직선 l_3은 직선 l_1을 y축에 대하여 대칭이동한 직선이므로

$\angle CBD=\angle ABD=\alpha\qquad\therefore\angle ABC=2\alpha$

$\angle ABD=\alpha,\ \angle CDB=\beta$이므로 $\angle BAC=\beta-\alpha$

how? ❷ 삼각함수의 덧셈정리에 의하여

$\tan 2\alpha=\tan(\alpha+\alpha)=\dfrac{\tan\alpha+\tan\alpha}{1-\tan\alpha\tan\alpha}=\dfrac{2\tan\alpha}{1-\tan^2\alpha}$

---

3 2007학년도 수능 가 28 [정답률 56%] 변형　　　　|정답**50**

출제영역 **삼각함수의 덧셈정리＋원의 접선의 성질**

원의 접선의 성질과 삼각함수의 덧셈정리를 이용하여 삼각함수의 값을 구할 수 있는지를 묻는 문제이다.

> 그림과 같이 원 $x^2+y^2=4$ 위의 서로 다른 두 점 A, B가 각각 제1사분면과 제2사분면에 있다. 점 A에서의 접선이 x축과 만나는 점을 P, 점 B에서의 접선이 x축과 만나는 점을 Q라 할 때, 다음 조건을 만족시킨다.
>
> (가) $\overline{AP}+\overline{BQ}=5\sqrt{2}$ ❶
>
> (나) 삼각형 OAP의 넓이는 삼각형 OBQ의 넓이의 4배이다. ❶
>
> $4\tan^2(\angle AOB)$의 값을 구하시오. (단, O는 원점이다.) 50

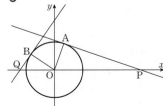

출제코드 두 직각삼각형 OAP, OBQ에서 $\angle AOP$와 $\angle BOQ$의 탄젠트값 각각 구하기

❶ 직각을 낀 삼각형을 찾아 각의 크기 조건과 변의 길이 조건을 확인한다.
　➡ 직각삼각형 OAP, OBQ

❷ $\angle AOB$의 크기를 $\angle AOP$, $\angle BOQ$를 이용하여 나타낸다.

해설 **|1단계|** 조건 (가)를 이용하여 $\tan(\angle AOP)$와 $\tan(\angle BOQ)$에 대한 식 구하기

원의 접선은 그 접점을 지나는 원의 반지름과 서로 수직이므로

$\angle OAP=\angle OBQ=90°$

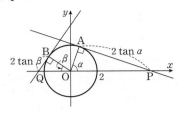

위의 그림과 같이 $\angle AOP=\alpha$, $\angle BOQ=\beta$라 하면

$\overline{OA}=\overline{OB}=2$이므로

직각삼각형 OAP에서

$\overline{AP}=\overline{OA}\times\tan\alpha=2\tan\alpha$

직각삼각형 OBQ에서

$\overline{BQ}=\overline{OB}\times\tan\beta=2\tan\beta$

조건 (가)에 의하여

$2\tan\alpha+2\tan\beta=5\sqrt{2}$

$\therefore\tan\alpha+\tan\beta=\dfrac{5\sqrt{2}}{2}\qquad\cdots\cdots\ \bigcirc$

|2단계| 조건 (나)를 이용하여 $\tan(\angle AOP)$와 $\tan(\angle BOQ)$에 대한 식 구하기

직각삼각형 OAP의 넓이는

$\dfrac{1}{2}\times\overline{OA}\times\overline{AP}=\dfrac{1}{2}\times2\times2\tan\alpha$

$\qquad\qquad\qquad\qquad=2\tan\alpha$

직각삼각형 OBQ의 넓이는

$\dfrac{1}{2}\times\overline{OB}\times\overline{BQ}=\dfrac{1}{2}\times2\times2\tan\beta$

$\qquad\qquad\qquad\qquad=2\tan\beta$

조건 (나)에 의하여

$2\tan\alpha=4\times2\tan\beta$

$\therefore\tan\alpha=4\tan\beta\qquad\cdots\cdots\ \bigcirc\!\!\!\bigcirc$

|3단계| $\tan(\angle AOB)$의 값을 구하여 $4\tan^2(\angle AOB)$의 값 계산하기

$\bigcirc$, $\bigcirc\!\!\!\bigcirc$을 연립하여 풀면

$\tan\alpha=2\sqrt{2},\ \tan\beta=\dfrac{\sqrt{2}}{2}$

$\therefore\tan(\alpha+\beta)=\dfrac{\tan\alpha+\tan\beta}{1-\tan\alpha\tan\beta}$

$\qquad\qquad\quad=\dfrac{2\sqrt{2}+\dfrac{\sqrt{2}}{2}}{1-2\sqrt{2}\times\dfrac{\sqrt{2}}{2}}$

$\qquad\qquad\quad=\dfrac{\dfrac{5\sqrt{2}}{2}}{1-2}=-\dfrac{5\sqrt{2}}{2}$

이때 $\angle AOB=\pi-(\alpha+\beta)$이므로

$\tan(\angle AOB)=\tan\{\pi-(\alpha+\beta)\}$

$\qquad\qquad\quad=-\tan(\alpha+\beta)$

$\qquad\qquad\quad=\dfrac{5\sqrt{2}}{2}$

$\therefore 4\tan^2(\angle AOB)=4\times\left(\dfrac{5\sqrt{2}}{2}\right)^2=50$

---

4 2014학년도 수능 예비 시행 B 16 변형　　　|정답 ②

출제영역 삼각함수의 덧셈정리＋원의 접선의 성질

원의 접선의 성질과 삼각함수의 덧셈정리를 이용하여 삼각함수의 값을 구할 수 있는지를 묻는 문제이다.

그림과 같이 직선 $y=2$ 위에 있고 x좌표가 1보다 큰 점 P에서 원 $x^2+y^2=1$에 그은 두 접선을 각각 l, m이라 하자. 두 직선 l, m이 x축과 만나는 점을 각각 A, B, 원과 접하는 점을 각각 C, D라 하고 $\angle POB=\alpha$, $\angle BOD=\beta$라 하자. $\overline{AC}=\dfrac{12}{5}$일 때, $\tan(\alpha-\beta)$의 값은?
(단, O는 원점이고, 직선 l의 기울기는 직선 m의 기울기보다 작다.)

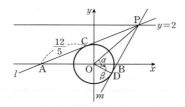

① $\dfrac{61}{245}$　　✓② $\dfrac{62}{245}$　　③ $\dfrac{9}{35}$

④ $\dfrac{64}{245}$　　⑤ $\dfrac{13}{49}$

출제코드 수선을 그어서 만든 직각삼각형을 이용하여 $\tan\alpha$의 값 구하기

❶ 원 밖의 한 점에서 원에 접선을 그은 경우 다음 두 가지를 이용한다.
　① 원의 접선과 그 접점을 지나는 원의 반지름은 서로 수직이다.
　② 원 밖의 한 점에서 원에 그은 두 접선의 길이는 서로 같다.
❷ 직각을 낀 삼각형을 찾아 각의 크기 조건과 변의 길이 조건을 확인한다. 직각삼각형이 바로 드러나지 않으면 수선을 그어 생각한다.
　→ 직각삼각형 PCO, PDO, ACO
❸ 직각삼각형의 한 예각의 크기가 α, $\alpha+\beta$이므로 이 각의 탄젠트값을 이용하여 $\tan(\alpha-\beta)$의 값을 구한다.

해설 |1단계| $\tan\alpha$의 값 구하기

다음 그림과 같이 점 P에서 x축에 내린 수선의 발을 H라 하고, $\overline{OC}$를 그으면 원의 접선과 그 접점을 지나는 원의 반지름은 서로 수직이므로
$\overline{OC}\perp l$, $\overline{OD}\perp m$

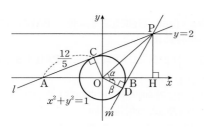

직각삼각형 ACO에서 $\overline{OC}=1$이므로

$\overline{AO}=\dfrac{13}{5}$ **how? ❶**

한편, $\overline{PH}=2$이고 삼각형 ACO와 삼각형 AHP는 서로 닮음이므로 그 닮음비는

$\overline{OC}:\overline{PH}=1:2$ **why? ❷**

$\therefore \overline{AH}=2\times\overline{AC}=\dfrac{24}{5}$

$\overline{OH}=\overline{AH}-\overline{AO}=\dfrac{24}{5}-\dfrac{13}{5}=\dfrac{11}{5}$

따라서 직각삼각형 POH에서

$\tan\alpha=\dfrac{\overline{PH}}{\overline{OH}}=\dfrac{2}{\frac{11}{5}}=\dfrac{10}{11}$ ⋯⋯ ㉠

|2단계| $\tan(\alpha+\beta)$의 값 구하기

두 삼각형 PCO와 PDO는 서로 합동이므로 **why? ❸**
$\angle POC=\angle POD=\alpha+\beta$

이때
$\overline{AP}=2\times\overline{AO}=\dfrac{26}{5}$
└ 삼각형 ACO와 삼각형 AHP는 닮음비가 1 : 2이다.

이므로
$\overline{CP}=\overline{AP}-\overline{AC}$
$=\dfrac{26}{5}-\dfrac{12}{5}=\dfrac{14}{5}$

따라서 직각삼각형 PCO에서
$\tan(\alpha+\beta)=\dfrac{\overline{CP}}{\overline{OC}}=\dfrac{14}{5}$ ⋯⋯ ㉡

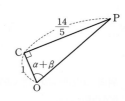

|3단계| $\tan\beta$의 값 구하기

$\tan\beta=\tan\{(\alpha+\beta)-\alpha\}$

$=\dfrac{\tan(\alpha+\beta)-\tan\alpha}{1+\tan(\alpha+\beta)\tan\alpha}$

$=\dfrac{\dfrac{14}{5}-\dfrac{10}{11}}{1+\dfrac{14}{5}\times\dfrac{10}{11}}$ ($\because$ ㉠, ㉡)

$=\dfrac{\dfrac{104}{55}}{\dfrac{39}{11}}$

$=\dfrac{8}{15}$

|4단계| $\tan(\alpha-\beta)$의 값 구하기

따라서 $\tan\alpha=\dfrac{10}{11}$, $\tan\beta=\dfrac{8}{15}$이므로

$\tan(\alpha-\beta)=\dfrac{\tan\alpha-\tan\beta}{1+\tan\alpha\tan\beta}$

$=\dfrac{\dfrac{10}{11}-\dfrac{8}{15}}{1+\dfrac{10}{11}\times\dfrac{8}{15}}$

$=\dfrac{\dfrac{62}{165}}{\dfrac{49}{33}}$

$=\dfrac{62}{245}$

how? ❶ 삼각형 ACO에서 피타고라스 정리에 의하여

$$\overline{AO}=\sqrt{\overline{AC}^2+\overline{OC}^2}=\sqrt{\left(\frac{12}{5}\right)^2+1^2}=\frac{13}{5}$$

한편, 오른쪽 그림과 같이 직각삼각형
의 세 변의 길이의 비 5 : 12 : 13을
이용하여 구할 수도 있다.

$$\therefore \overline{AO}=\frac{13}{5}$$

why? ❷ 두 삼각형 ACO와 AHP에서

$$\underline{\angle OAC=\angle PAH, \angle ACO=\angle AHP=90°}$$
이므로 └─ 두 쌍의 대응각의 크기가 각각 같다.

△ACO∽△AHP (AA 닮음)

why? ❸ 두 직각삼각형 PCO와 PDO에서

$$\underline{\overline{PO}는 공통, \overline{OC}=\overline{OD}=1}$$
이므로 └─ 두 직각삼각형에서 빗변의 길이와
        다른 한 변의 길이가 각각 같다.

△PCO≡△PDO (RHS 합동)

참고 $\overline{CP}$의 길이는 다음과 같이 구할 수도 있다.

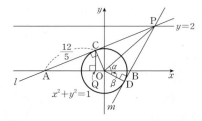

위의 그림과 같이 점 C에서 x축에 내린 수선의 발을 Q라 하면 삼각형
CAO의 넓이는

$$\frac{1}{2}\times\overline{AC}\times\overline{CO}=\frac{1}{2}\times\overline{AO}\times\overline{CQ}$$

이므로

$$\frac{12}{5}\times1=\frac{13}{5}\times\overline{CQ}$$

$$\therefore \overline{CQ}=\frac{12}{13}$$

즉, 점 C는 y좌표가 $\frac{12}{13}$이고 원 $x^2+y^2=1$ 위의 점이므로 점 C의 x좌표는

$$x^2+\left(\frac{12}{13}\right)^2=1, x^2=\frac{25}{169} \qquad \therefore x=-\frac{5}{13}(\because x<0)$$

$$\therefore C\left(-\frac{5}{13}, \frac{12}{13}\right)$$

따라서 원 $x^2+y^2=1$ 위의 점 C에서의 접선의 방정식은

$$\underline{-\frac{5}{13}x+\frac{12}{13}y=1}, 즉 5x-12y+13=0$$
                                        원 $x^2+y^2=r^2$ 위의 점 (x_1, y_1)에서의
이 접선과 직선 $y=2$의 교점의 x좌표는   접선의 방정식은 $x_1x+y_1y=r^2$이다.

$$5x-12\times2+13=0 \qquad \therefore x=\frac{11}{5}$$

$$\therefore P\left(\frac{11}{5}, 2\right)$$

이때 점 $A\left(-\frac{13}{5}, 0\right)$이므로

$$\overline{AP}=\sqrt{\left(\frac{11}{5}+\frac{13}{5}\right)^2+(2-0)^2}=\frac{26}{5}$$

$$\therefore \overline{CP}=\overline{AP}-\overline{AC}=\frac{26}{5}-\frac{12}{5}=\frac{14}{5}$$

핵심 개념 **삼각형의 합동 조건과 닮음 조건 (중등 수학)**

합동 조건	닮음 조건
(1) SSS 합동: 세 쌍의 대응변의 길이가 각각 같을 때	(1) SSS 닮음: 세 쌍의 대응변의 길이의 비가 같을 때
(2) SAS 합동: 두 쌍의 대응변의 길이가 각각 같고, 그 끼인각의 크기가 같을 때	(2) SAS 닮음: 두 쌍의 대응변의 길이의 비가 같고, 그 끼인각의 크기가 같을 때
(3) ASA 합동: 한 쌍의 대응변의 길이가 같고, 그 양 끝 각의 크기가 각각 같을 때	(3) AA 닮음: 두 쌍의 대응각의 크기가 각각 같을 때 을 때 을 때

---

5 2012학년도 9월 평가원 가 27 [정답률 63%] 변형   **|정답 ④**

출제영역 **삼각함수의 덧셈정리＋삼각함수의 성질**

삼각함수의 덧셈정리와 삼각함수의 성질을 이용하여 탄젠트값의 최댓값과 최솟
값을 구할 수 있는지를 묻는 문제이다.

그림과 같이 $\angle ABC=\dfrac{\pi}{2}$인 직각삼각형 ABC에서 선분 BC 위의
❶
점 P에 대하여 $\overline{PB}=1$, $\overline{PC}=7.4$, $\angle CAP=\dfrac{\pi}{4}$이다. $\angle APC=\theta$
❶
에 대하여 $\tan\theta$의 최댓값을 M, 최솟값을 m이라 할 때, $M-m$
❷
의 값은?

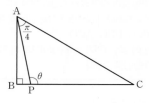

① 4   ② $\dfrac{21}{5}$ ③ $\dfrac{22}{5}$

✓④ $\dfrac{23}{5}$ ⑤ $\dfrac{24}{5}$

출제코드 **두 직각삼각형 ABP, ABC에서 ∠PAB와 ∠CAB의 탄젠트값
구하기**

❶ 직각삼각형을 이용하여 탄젠트값을 구하려면 ∠PAB의 크기와 선분 AB
의 길이를 미지수로 놓는다.

➡ $\angle CAP=\dfrac{\pi}{4}$이므로 ∠CAB의 크기도 ∠PAB의 크기를 이용하여 나
타낼 수 있다.

❷ ∠PAB의 크기를 각 θ에 대한 식으로 나타낸 후 삼각함수의 성질을 이용
하여 $\tan\theta$의 최댓값과 최솟값을 구한다.

해설 **|1단계|** $\overline{AB}=x$로 놓고 $\tan(\angle PAB)$와 $\tan(\angle CAB)$를 x에 대한
식으로 나타내기

$\angle PAB=\alpha$, $\overline{AB}=x\ (x>0)$로 놓으면

직각삼각형 ABP에서

$$\tan(\angle PAB)=\tan\alpha=\frac{\overline{BP}}{\overline{AB}}=\frac{1}{x}$$

직각삼각형 ABC에서

$$\tan(\angle CAB)=\tan\left(\alpha+\frac{\pi}{4}\right)=\frac{\overline{BC}}{\overline{AB}}=\frac{8.4}{x}$$

|2단계| **삼각함수의 덧셈정리를 이용하여 x의 값 구하기**

이때

$$\tan\left(\alpha+\frac{\pi}{4}\right)=\frac{\tan\alpha+\tan\frac{\pi}{4}}{1-\tan\alpha\tan\frac{\pi}{4}}$$

$$=\frac{\frac{1}{x}+1}{1-\frac{1}{x}\times1}=\frac{x+1}{x-1}$$

이므로

$$\frac{x+1}{x-1}=\frac{8.4}{x}$$

$x^2+x=8.4x-8.4,\ x^2-7.4x+8.4=0$

$5x^2-37x+42=0,\ (5x-7)(x-6)=0$

$$\therefore x=\frac{7}{5}\ \text{또는}\ x=6\quad\cdots\cdots\ \bigcirc$$

|3단계| $\tan\theta$의 **최댓값과 최솟값을 구하고 $M-m$의 값 계산하기**

삼각형 ABP에서 $\angle APC=\angle ABP+\angle PAB$이므로

$$\theta=\frac{\pi}{2}+\alpha$$

└─ 삼각형의 한 외각의 크기는 그와 이웃하지 않는
　　두 내각의 크기의 합과 같다.

$$\therefore\ \tan\theta=\tan\left(\frac{\pi}{2}+\alpha\right)$$
$$=-\cot\alpha=-x$$

이때 $\bigcirc$에 의하여

$$\tan\theta=-\frac{7}{5}\ \text{또는}\ \tan\theta=-6$$

즉, $M=-\frac{7}{5}$, $m=-6$이므로

$$M-m=-\frac{7}{5}-(-6)=\frac{23}{5}$$

핵심 개념 **일반각에 대한 삼각함수의 성질 (수학 I)**

각 $\frac{n}{2}\pi\pm\theta$ (n은 정수)에 대한 삼각함수는 다음과 같이 변형한다.

(i) n이 짝수이면 ➡ 그대로

    $\sin\to\sin,\ \cos\to\cos,\ \tan\to\tan$

(ii) n이 홀수이면 ➡ 반대로

    $\sin\to\cos,\ \cos\to\sin,\ \tan\to\cot$

(iii) θ를 예각으로 생각하여 원래 함수의 부호에 따른다.

6

출제영역 **삼각함수의 덧셈정리 + 삼각함수의 활용**

삼각함수의 덧셈정리를 이용하여 삼각형의 넓이를 구할 수 있는지를 묻는 문제
이다.

그림과 같이 길이가 4인 선분 AB를 지름으로 하는 반원의 중심
을 O라 하자. 호 AB 위의 서로 다른 두 점 P, Q에 대하여 삼각
형 POQ의 넓이가 $\sqrt{3}$이다. ❶ 호 PQ 위의 점 R에 대하여 삼각형
POR의 넓이가 $\dfrac{4\sqrt{7}}{7}$ ❷ 일 때, 삼각형 QOR의 넓이는? ❸

(단, $\angle POQ>90°$)

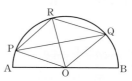

① $\dfrac{9\sqrt{7}}{14}$ ✓② $\dfrac{5\sqrt{7}}{7}$ ③ $\dfrac{11\sqrt{7}}{14}$

④ $\dfrac{6\sqrt{7}}{7}$ ⑤ $\dfrac{13\sqrt{7}}{14}$

출제코드 **두 변의 길이와 그 끼인각의 크기를 알 때, 삼각형의 넓이 구하기**

❶ 삼각형의 두 변의 길이와 넓이가 주어진 경우이므로 그 끼인각인 $\angle POQ$의
　사인값을 구할 수 있다.

❷ 삼각형의 두 변의 길이와 넓이가 주어진 경우이므로 그 끼인각인 $\angle POR$의
　사인값을 구할 수 있다.

❸ $\angle QOR$의 크기를 $\angle POQ$와 $\angle POR$로 나타낸 후 삼각함수의 덧셈정리
　를 이용한다.

➡ $\sin(\angle QOR)$의 값을 알면 삼각형 QOR의 넓이를 구할 수 있다.

해설 **|1단계|** $\angle POQ$의 **크기 구하기**

반원의 반지름의 길이가 2이므로 $\overline{OP}=\overline{OR}=\overline{OQ}=2$

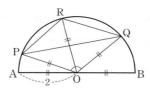

삼각형 POQ의 넓이가 $\sqrt{3}$이므로

$$\triangle POQ=\frac{1}{2}\times\overline{OP}\times\overline{OQ}\times\sin(\angle POQ)$$

$$=\frac{1}{2}\times2^2\times\sin(\angle POQ)=\sqrt{3}\ \text{why?}\ ❶$$

$$\therefore\ \sin(\angle POQ)=\frac{\sqrt{3}}{2}$$

이때 $\angle POQ>90°$이므로

$$\angle POQ=\frac{2}{3}\pi\ \text{how?}\ ❷$$

|2단계| $\sin(\angle POR)$의 **값 구하기**

삼각형 POR의 넓이가 $\dfrac{4\sqrt{7}}{7}$이므로 $\angle POR=\theta$라 하면

$$\triangle POR=\frac{1}{2}\times\overline{OP}\times\overline{OR}\times\sin\theta$$

$$=\frac{1}{2}\times2^2\times\sin\theta=\frac{4\sqrt{7}}{7}$$

$$\therefore\ \sin\theta=\frac{2\sqrt{7}}{7}$$

|3단계| 삼각형 QOR의 넓이 구하기

$\angle QOR = \angle POQ - \angle POR = \dfrac{2}{3}\pi - \theta$이므로

$\sin(\angle QOR) = \sin\left(\dfrac{2}{3}\pi - \theta\right)$

$\qquad\qquad\quad = \sin\dfrac{2}{3}\pi\cos\theta - \cos\dfrac{2}{3}\pi\sin\theta$

$\qquad\qquad\quad = \dfrac{\sqrt{3}}{2}\cos\theta + \dfrac{1}{2}\sin\theta$

이때 $\sin\theta = \dfrac{2\sqrt{7}}{7}$에서

$\cos\theta = \sqrt{1 - \left(\dfrac{2\sqrt{7}}{7}\right)^2} = \dfrac{\sqrt{21}}{7}$ **why? ❸**

이므로

$\sin(\angle QOR) = \dfrac{\sqrt{3}}{2}\cos\theta + \dfrac{1}{2}\sin\theta$

$\qquad\qquad\quad = \dfrac{\sqrt{3}}{2}\times\dfrac{\sqrt{21}}{7} + \dfrac{1}{2}\times\dfrac{2\sqrt{7}}{7}$

$\qquad\qquad\quad = \dfrac{3\sqrt{7}}{14} + \dfrac{\sqrt{7}}{7}$

$\qquad\qquad\quad = \dfrac{5\sqrt{7}}{14}$

$\therefore \triangle QOR = \dfrac{1}{2}\times\overline{OQ}\times\overline{OR}\times\sin(\angle QOR)$

$\qquad\qquad\quad = \dfrac{1}{2}\times 2^2\times\dfrac{5\sqrt{7}}{14}$

$\qquad\qquad\quad = \dfrac{5\sqrt{7}}{7}$

해설특강 ✎

why? ❶ 두 변의 길이가 a, b이고 그 끼인각의 크기가 θ인 삼각형의 넓이 S는

$\qquad S = \dfrac{1}{2}ab\sin\theta$

how? ❷ $\sin(\angle POQ) = \dfrac{\sqrt{3}}{2}$인 $\angle POQ$의 크기는 $\dfrac{\pi}{3}$ 또는 $\dfrac{2}{3}\pi$이다.

이때 조건에서 $\angle POQ > 90°$이므로

$\qquad \angle POQ = \dfrac{2}{3}\pi$

why? ❸ $\sin\theta = \dfrac{2\sqrt{7}}{7}$에서 θ는 예각일 수도 있고, 둔각일 수도 있다.

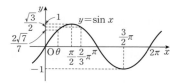

그런데 $\theta < \dfrac{2}{3}\pi$이고 $\sin\theta = \dfrac{2\sqrt{7}}{7} < \dfrac{\sqrt{3}}{2} = \sin\dfrac{2}{3}\pi$이므로 위의 그림에서 알 수 있듯이 θ는 예각이다.

따라서 $\cos\theta > 0$이다.

참고 $\sin\theta = \dfrac{2\sqrt{7}}{7}$에서 $\cos$는 직각삼각형을 이용하여 다음과 같이 구할 수도 있다.

θ를 예각으로 간주하면 $\sin\theta = \dfrac{2\sqrt{7}}{7}$인 직각삼각형은 오른쪽 그림과 같다.

$\therefore \cos\theta = \dfrac{\sqrt{21}}{7}$

7

출제영역 삼각함수의 덧셈정리 + 원주각과 중심각

삼각함수의 덧셈정리를 이용하여 주어진 각의 탄젠트값을 구할 수 있는지를 묻는 문제이다.

그림과 같은 <u>사각형 ABCD에서 $\overline{AB} = \overline{AC} = \overline{AD}$</u>이다. **❶**

$\angle BDC = \angle CAD = \theta$라 할 때, **❷** $\tan\theta = \dfrac{3}{4}$이다. **❸** $\tan(\angle ABD)$ **❸** 의 값은? (단, $0 < \theta < \dfrac{\pi}{2}$)

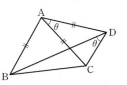

① $\dfrac{6}{13}$ ② $\dfrac{7}{13}$ ③ $\dfrac{8}{13}$

✓④ $\dfrac{9}{13}$ ⑤ $\dfrac{10}{13}$

출제코드 중심이 A인 원에서의 중심각의 크기와 원주각의 크기 사이의 관계 이용하기

❶ 세 점 B, C, D는 점 A를 중심으로 하는 한 원 위에 있음을 알 수 있다.

❷ 원주각의 크기와 중심각의 크기 사이의 관계를 이용하여 $\angle BAC$와 $\angle CBD$의 크기를 각 θ에 대한 식으로 나타낸다.

❸ $\tan\theta$의 값이 주어졌으므로 $\angle ABD$의 크기를 각 θ에 대한 식으로 나타내면 삼각함수의 덧셈정리를 이용하여 $\tan(\angle ABD)$의 값을 구할 수 있다.

해설 **|1단계|** 세 각 $\angle BAC$, $\angle CBD$, $\angle ABD$의 크기를 각 θ를 이용하여 나타내기

$\overline{AB} = \overline{AC} = \overline{AD}$이므로 세 점 B, C, D는 점 A를 중심으로 하는 한 원 위에 있다. 이때 $\angle BAC$와 $\angle BDC$는 각각 호 BC의 중심각과 원주각이므로 <u>중심각의 크기와 원주각의 크기 사이의 관계</u>에 의하여

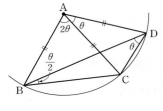

$\angle BAC = 2\angle BDC = 2\theta$ ← 한 호에 대한 원주각의 크기는 그 호에 대한 중심각의 크기의 $\dfrac{1}{2}$이다.

또, $\angle CAD$와 $\angle CBD$는 각각 호 CD의 중심각과 원주각이므로

$\angle CBD = \dfrac{1}{2}\angle CAD = \dfrac{\theta}{2}$

삼각형 ABC는 $\overline{AB} = \overline{AC}$인 이등변삼각형이므로

$\angle ABC = \dfrac{1}{2}\times(\pi - \angle BAC) = \dfrac{1}{2}\times(\pi - 2\theta) = \dfrac{\pi}{2} - \theta$

$\therefore \angle ABD = \angle ABC - \angle CBD = \left(\dfrac{\pi}{2} - \theta\right) - \dfrac{\theta}{2} = \dfrac{\pi}{2} - \dfrac{3}{2}\theta$

|2단계| $\tan\dfrac{\theta}{2}$의 값 구하기

한편, $\tan\theta = \dfrac{3}{4}$이고 $\tan\theta = \dfrac{2\tan\dfrac{\theta}{2}}{1 - \tan^2\dfrac{\theta}{2}}$에서

$\dfrac{3}{4} = \dfrac{2\tan\dfrac{\theta}{2}}{1 - \tan^2\dfrac{\theta}{2}}$, $3\tan^2\dfrac{\theta}{2} + 8\tan\dfrac{\theta}{2} - 3 = 0$

$$\left(3\tan\frac{\theta}{2}-1\right)\left(\tan\frac{\theta}{2}+3\right)=0$$

$$\therefore \tan\frac{\theta}{2}=\frac{1}{3} \ \text{또는} \ \tan\frac{\theta}{2}=-3$$

이때 $0<\theta<\dfrac{\pi}{2}$이므로 $\tan\dfrac{\theta}{2}=\dfrac{1}{3}$

|3단계| $\tan(\angle ABD)$의 값 구하기

$\tan\theta=\dfrac{3}{4}$, $\tan\dfrac{\theta}{2}=\dfrac{1}{3}$이므로

$$\tan\frac{3}{2}\theta=\tan\left(\theta+\frac{\theta}{2}\right)=\frac{\tan\theta+\tan\dfrac{\theta}{2}}{1-\tan\theta\tan\dfrac{\theta}{2}}$$

$$=\frac{\dfrac{3}{4}+\dfrac{1}{3}}{1-\dfrac{3}{4}\times\dfrac{1}{3}}=\frac{13}{9}$$

$$\therefore \tan(\angle ABD)=\tan\left(\frac{\pi}{2}-\frac{3}{2}\theta\right)=\cot\frac{3}{2}\theta$$

$$=\frac{1}{\tan\dfrac{3}{2}\theta}=\frac{9}{13}$$

참고 $\angle ABD$의 크기는 다음과 같이 구할 수도 있다.
삼각형 ABD는 $\overline{AB}=\overline{AD}$인 이등변삼각형이므로

$$\angle ABD=\angle ADB=\frac{1}{2}\times(\pi-\angle BAD)$$

$$=\frac{1}{2}\times(\pi-3\theta)=\frac{\pi}{2}-\frac{3}{2}\theta$$

8
|정답 ③

원주각의 크기와 중심각의 크기 사이의 관계 및 삼각함수의 덧셈정리를 이용하여 삼각형의 넓이를 구할 수 있는지를 묻는 문제이다.

그림과 같이 중심이 O이고 길이가 2인 선분 AB를 지름으로 하는 반원 위의 서로 다른 두 점 P, Q에 대하여 $\angle POQ=90°$이다. 두 선분 PO와 AQ의 교점을 R라 할 때, 삼각형 PRQ의 넓이가 $\dfrac{1}{3}$이다. 삼각형 QOB의 넓이는?

(단, 점 P는 점 Q보다 점 A에 더 가깝다.)

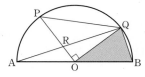

① $\dfrac{1}{10}$ ② $\dfrac{1}{5}$ ✓③ $\dfrac{3}{10}$

④ $\dfrac{2}{5}$ ⑤ $\dfrac{1}{2}$

출제코드 삼각형 QRO에서 $\tan(\angle OQR)$의 값 구하기

❶ 삼각형 PRQ의 높이와 넓이가 주어졌으므로 밑변 PR의 길이를 구할 수 있다.

❷ $\angle QOB$와 관련있는 각을 찾아본다.
　① 원주각의 크기와 중심각의 크기 사이의 관계에 의하여
　　$\angle QOB=2\angle QAB$
　② 이등변삼각형의 성질에 의하여 $\angle QAO=\angle AQO$

$\angle POQ=90°$이고 삼각형 PRQ의 넓이가 $\dfrac{1}{3}$이므로

$$\frac{1}{3}=\frac{1}{2}\times\overline{PR}\times\overline{OQ}=\frac{1}{2}\times\overline{PR}$$

$$\therefore \overline{PR}=\frac{2}{3}$$

└ 삼각형 PRQ에서 밑변을 $\overline{PR}$로 보면 높이는 $\overline{OQ}$의 길이와 같고 $\overline{OQ}=$(반원의 반지름의 길이)$=1$이다.

|2단계| 선분 OR의 길이를 이용하여 $\tan(\angle OQR)$의 값 구하기

$\angle OAQ=\angle OQA=\theta$라 하면
└ 삼각형 AOQ는 $\overline{OA}=\overline{OQ}$인 이등변삼각형이므로 밑각의 크기가 같다.

$\angle QOB=2\theta$ why? ❶

직각삼각형 QOR에서

$$\overline{OR}=\overline{OP}-\overline{PR}=1-\frac{2}{3}=\frac{1}{3}$$

$$\therefore \tan\theta=\frac{\overline{OR}}{\overline{OQ}}=\frac{1}{3}$$

|3단계| 삼각형 QOB의 넓이 구하기

$$\tan 2\theta=\frac{2\tan\theta}{1-\tan^2\theta}=\frac{\dfrac{2}{3}}{1-\dfrac{1}{9}}=\frac{3}{4}$$이므로

$$\sin 2\theta=\frac{3}{5}$$ how? ❷

따라서 삼각형 QOB의 넓이는

$$\frac{1}{2}\times\overline{OQ}\times\overline{OB}\times\sin 2\theta=\frac{1}{2}\sin 2\theta$$ why? ❸

$$=\frac{1}{2}\times\frac{3}{5}=\frac{3}{10}$$

해설 특강

why? ❶ 한 호에 대한 중심각의 크기는 원주각의 크기의 2배이므로
$$\angle QOB=2\times\angle QAB=2\theta$$
와 같이 구할 수도 있다.

how? ❷ $\tan 2\theta=\dfrac{3}{4}$에서 2θ는 예각이므로 오른쪽 직각삼각형에서

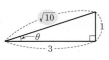

$$\sin 2\theta=\frac{3}{5}, \ \cos 2\theta=\frac{4}{5}$$

한편, 삼각함수 사이의 관계를 이용하면 다음과 같이 구할 수도 있다.

$$\cos^2 2\theta=\frac{1}{\sec^2 2\theta}=\frac{1}{1+\tan^2 2\theta}=\frac{1}{1+\left(\dfrac{3}{4}\right)^2}=\frac{16}{25}$$

이때 $0<2\theta<\dfrac{\pi}{2}$이므로

$$\cos 2\theta=\frac{4}{5}, \ \sin 2\theta=\frac{3}{5}$$

why? ❸ 두 변의 길이가 a, b이고 그 끼인각의 크기가 θ인 삼각형의 넓이 S는
$$S=\frac{1}{2}ab\sin\theta$$

참고 $\sin 2\theta$의 값은 다음과 같이 구할 수도 있다.

$\tan\theta=\dfrac{1}{3}$에서 θ는 예각이므로 오른쪽 직각삼각형에서

$$\sin\theta=\frac{1}{\sqrt{10}}=\frac{\sqrt{10}}{10}, \ \cos\theta=\frac{3}{\sqrt{10}}=\frac{3\sqrt{10}}{10}$$

$$\therefore \sin 2\theta=2\sin\theta\cos\theta=2\times\frac{\sqrt{10}}{10}\times\frac{3\sqrt{10}}{10}=\frac{3}{5}$$

본문 30쪽

기출예시 1 | 정답 ①

점 $P(2^n, 0)$에서 원 C의 반지름의 길이가 2^n이다.

이때 $\angle POQ = \theta$라 하면 호 PQ의 길이가 π이므로

$$2^n\theta = \pi \qquad \therefore \theta = \frac{\pi}{2^n}$$

$$\therefore Q\left(2^n\cos\frac{\pi}{2^n}, 2^n\sin\frac{\pi}{2^n}\right), H\left(2^n\cos\frac{\pi}{2^n}, 0\right)$$

따라서

$$\overline{OQ} = 2^n,$$

$$\overline{HP} = \overline{OP} - \overline{OH} = 2^n - 2^n\cos\frac{\pi}{2^n} = 2^n\left(1-\cos\frac{\pi}{2^n}\right)$$

이므로

$$\lim_{n\to\infty}(\overline{OQ}\times\overline{HP}) = \lim_{n\to\infty}\left\{2^n\times 2^n\left(1-\cos\frac{\pi}{2^n}\right)\right\}$$

$$= \lim_{n\to\infty}\frac{2^{2n}\left(1-\cos\frac{\pi}{2^n}\right)\left(1+\cos\frac{\pi}{2^n}\right)}{1+\cos\frac{\pi}{2^n}}$$

$$= \lim_{n\to\infty}\frac{2^{2n}\left(1-\cos^2\frac{\pi}{2^n}\right)}{1+\cos\frac{\pi}{2^n}}$$

$$= \lim_{n\to\infty}\frac{2^{2n}\sin^2\frac{\pi}{2^n}}{1+\cos\frac{\pi}{2^n}}$$

$$= \lim_{n\to\infty}\left\{\left(\frac{\sin\frac{\pi}{2^n}}{\frac{\pi}{2^n}}\right)^2\times\frac{\pi^2}{1+\cos\frac{\pi}{2^n}}\right\} \quad\cdots\cdots \, \unicode{x3c0}$$

$$= \lim_{n\to\infty}\left(\frac{\sin\frac{\pi}{2^n}}{\frac{\pi}{2^n}}\right)^2\times\lim_{n\to\infty}\frac{\pi^2}{1+\cos\frac{\pi}{2^n}}$$

$$= 1^2\times\frac{\pi^2}{1+1}$$

$$= \frac{\pi^2}{2}$$

참고 ㉠에서 $\frac{1}{2^n} = t$로 놓으면 $n\to\infty$일 때 $t\to 0$이므로

$$\lim_{n\to\infty}\left\{\left(\frac{\sin\frac{\pi}{2^n}}{\frac{\pi}{2^n}}\right)^2\times\frac{\pi^2}{1+\cos\frac{\pi}{2^n}}\right\} = \lim_{t\to 0}\left(\frac{\sin\pi t}{\pi t}\right)^2\times\lim_{t\to 0}\frac{\pi^2}{1+\cos\pi t}$$

$$= 1^2\times\frac{\pi^2}{1+1} = \frac{\pi^2}{2}$$

핵심 개념 부채꼴의 호의 길이와 넓이 (수학 I)

반지름의 길이가 r, 중심각의 크기가 θ인 부채꼴의 호의 길이 l과 넓이 S는

(1) $l = r\theta$

(2) $S = \frac{1}{2}r^2\theta = \frac{1}{2}rl$

1

2019학년도 수능 가 18 [정답률 67%]

| 정답 ②

출제영역 삼각함수의 극한 + 삼각형의 넓이 + 부채꼴의 넓이

삼각형의 내각의 이등분선의 성질과 삼각형의 넓이, 부채꼴의 넓이를 이용하여 삼각함수의 극한값을 구할 수 있는지를 묻는 문제이다.

그림과 같이 $\overline{AB}=1$, $\angle B = \frac{\pi}{2}$ ❶ 인 직각삼각형 ABC에서 $\angle C$를 이등분하는 ❷ 직선과 선분 AB의 교점을 D, 중심이 A이고 반지름의 길이가 $\overline{AD}$인 원과 선분 AC의 교점을 E라 하자. $\angle A = \theta$ ❶ 일 때, 부채꼴 ADE의 넓이를 $S(\theta)$, 삼각형 BCE의 넓이를 $T(\theta)$ ❸ 라 하자. $\displaystyle\lim_{\theta\to 0+}\frac{\{S(\theta)\}^2}{T(\theta)}$의 값은?

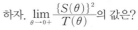

① $\frac{1}{4}$ ✓② $\frac{1}{2}$ ③ $\frac{3}{4}$

④ 1 ⑤ $\frac{5}{4}$

출제코드 부채꼴의 넓이와 삼각형의 넓이를 각 θ에 대한 식으로 나타내기

❶ $\overline{AC}$, $\overline{BC}$의 길이를 각 θ에 대한 삼각함수로 나타낸다.

❷ 삼각형의 내각의 이등분선의 성질을 이용하여 $\overline{AD}$의 길이를 각 θ에 대한 삼각함수로 나타낸다.

❸ $\overline{CE}$, $\overline{BC}$의 길이와 $\angle C$의 크기를 이용하여 삼각형 BCE의 넓이를 구한다.

해설 | 1단계 | 삼각형의 내각의 이등분선의 성질을 이용하여 $S(\theta)$, $T(\theta)$의 식 구하기

$\overline{AB}=1$, $\angle A = \theta$이므로

$$\overline{AC} = \frac{1}{\cos\theta}, \quad \overline{BC} = \tan\theta \text{ why? } ❶$$

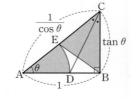

또, $\overline{AC} : \overline{BC} = \overline{AD} : \overline{BD}$이므로

$$\frac{1}{\cos\theta} : \tan\theta = \overline{AD} : \overline{BD}$$

└ 삼각형의 내각의 이등분선의 성질

$$\overline{AD}\tan\theta = \frac{\overline{BD}}{\cos\theta}$$

$$\therefore \overline{BD} = \overline{AD}\tan\theta\cos\theta$$

$$= \overline{AD}\times\frac{\sin\theta}{\cos\theta}\times\cos\theta$$

$$= \overline{AD}\sin\theta$$

이때 $\overline{AB}=1$이므로

$$\overline{AD} + \overline{BD} = 1$$

$$\overline{AD} + \overline{AD}\sin\theta = 1, \quad (1+\sin\theta)\overline{AD} = 1$$

$$\therefore \overline{AD} = \frac{1}{1+\sin\theta}$$

또, $\overline{AC}=\dfrac{1}{\cos\theta}$, $\overline{AE}=\overline{AD}=\dfrac{1}{1+\sin\theta}$이므로

$\overline{CE}=\overline{AC}-\overline{AE}$

$\qquad=\dfrac{1}{\cos\theta}-\dfrac{1}{1+\sin\theta}$

따라서 부채꼴 ADE의 넓이는

$S(\theta)=\dfrac{1}{2}\times\overline{AD}^2\times\theta$

$\qquad=\dfrac{1}{2}\times\left(\dfrac{1}{1+\sin\theta}\right)^2\times\theta$

$\qquad=\dfrac{\theta}{2(1+\sin\theta)^2}$

삼각형 BCE의 넓이는

$T(\theta)=\dfrac{1}{2}\times\overline{CE}\times\overline{BC}\times\sin\left(\dfrac{\pi}{2}-\theta\right)$ ⎿∠C

$\qquad=\dfrac{1}{2}\times\left(\dfrac{1}{\cos\theta}-\dfrac{1}{1+\sin\theta}\right)\times\tan\theta\times\cos\theta$

$\qquad=\dfrac{\tan\theta(1+\sin\theta-\cos\theta)}{2(1+\sin\theta)}$

|2단계| $\displaystyle\lim_{\theta\to0+}\dfrac{\{S(\theta)\}^2}{T(\theta)}$의 값 구하기

$\therefore\displaystyle\lim_{\theta\to0+}\dfrac{\{S(\theta)\}^2}{T(\theta)}$

$=\displaystyle\lim_{\theta\to0+}\dfrac{\left\{\dfrac{\theta}{2(1+\sin\theta)^2}\right\}^2}{\dfrac{\tan\theta(1+\sin\theta-\cos\theta)}{2(1+\sin\theta)}}$

$=\displaystyle\lim_{\theta\to0+}\dfrac{\theta^2}{2\tan\theta(1+\sin\theta)^3(1+\sin\theta-\cos\theta)}$

$=\dfrac{1}{2}\displaystyle\lim_{\theta\to0+}\left\{\dfrac{\theta}{\tan\theta}\times\dfrac{1}{(1+\sin\theta)^3}\times\dfrac{\theta}{1+\sin\theta-\cos\theta}\right\}$ **how? ❷**

$=\dfrac{1}{2}\times1\times1\times1$

$=\dfrac{1}{2}$

해설특강 ✏️

why? ❶ 직각삼각형 ABC에서

$\cos\theta=\dfrac{\overline{AB}}{\overline{AC}}$이므로 $\overline{AC}=\dfrac{1}{\cos\theta}$

$\tan\theta=\dfrac{\overline{BC}}{\overline{AB}}$이므로 $\overline{BC}=\tan\theta$

how? ❷ $\displaystyle\lim_{\theta\to0+}\dfrac{1-\cos\theta}{\theta}=\lim_{\theta\to0+}\dfrac{(1-\cos\theta)(1+\cos\theta)}{\theta(1+\cos\theta)}$

$\qquad\qquad=\displaystyle\lim_{\theta\to0+}\left(\dfrac{\sin\theta}{\theta}\times\dfrac{\sin\theta}{1+\cos\theta}\right)$

$\qquad\qquad=1\times\dfrac{0}{1+1}=0$

$\therefore\displaystyle\lim_{\theta\to0+}\dfrac{\theta}{1+\sin\theta-\cos\theta}=\lim_{\theta\to0+}\dfrac{1}{\dfrac{\sin\theta}{\theta}+\dfrac{1-\cos\theta}{\theta}}$

$\qquad\qquad\qquad\qquad\qquad=\dfrac{1}{1+0}=1$

출제영역 삼각함수의 극한+사인법칙

부채꼴과 삼각형의 넓이를 이용하여 삼각함수의 극한값을 구할 수 있는지를 묻는 문제이다.

그림과 같이 길이가 2인 선분 AB를 지름으로 하는 반원이 있다. 호 AB 위에 두 점 P, Q를 ∠PAB=θ, ∠QBA=2θ가 되도록 잡고, 두 선분 AP, BQ의 교점을 R라 하자. 선분 AB 위의 점 S, 선분 BR 위의 점 T, 선분 AR 위의 점 U를 선분 UT가 선분 AB에 평행하고 삼각형 STU가 정삼각형이 되도록 잡는다. 두 선분 AR, QR와 호 AQ로 둘러싸인 부분의 넓이를 $f(\theta)$, 삼각형 STU의 넓이를 $g(\theta)$라 할 때, $\displaystyle\lim_{\theta\to0+}\dfrac{g(\theta)}{\theta\times f(\theta)}=\dfrac{q}{p}\sqrt{3}$이다.

$p+q$의 값을 구하시오. **11**

$\left(\text{단, }0<\theta<\dfrac{\pi}{6}\text{이고, }p\text{와 }q\text{는 서로소인 자연수이다.}\right)$

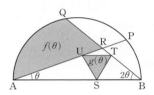

출제코드 $f(\theta)$와 $g(\theta)$를 구하기 위해 필요한 선분의 길이를 각 θ에 대한 식으로 나타내기

❶ 선분 AB의 중점을 M으로 놓고,

　$f(\theta)=$(부채꼴 AMQ의 넓이)+(삼각형 BMQ의 넓이)

　　　　　　　　　　　　　　　－(삼각형 ABR의 넓이)

　임을 이용한다.

❷ 정삼각형 STU의 한 변의 길이를 a라 하면 $g(\theta)=\dfrac{\sqrt{3}}{4}a^2$임을 이용한다.

해설 **|1단계|** $f(\theta)$의 식 구하기

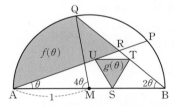

위의 그림과 같이 선분 AB의 중점을 M이라 하면

$f(\theta)=$(부채꼴 AMQ의 넓이)+(삼각형 BMQ의 넓이)

　　　　　　　　　　　　　－(삼각형 ABR의 넓이)

(부채꼴 AMQ의 넓이)$=\dfrac{1}{2}\times1^2\times4\theta=2\theta$ **why? ❶**

(삼각형 BMQ의 넓이)$=\dfrac{1}{2}\times1^2\times\sin(\pi-4\theta)$

$\qquad\qquad\qquad\qquad=\dfrac{1}{2}\sin4\theta$

삼각형 ABR에서 ∠ARB=$\pi-3\theta$이므로 사인법칙에 의하여

$\dfrac{2}{\sin(\pi-3\theta)}=\dfrac{\overline{BR}}{\sin\theta}$

$\dfrac{2}{\sin3\theta}=\dfrac{\overline{BR}}{\sin\theta}$

$\therefore\overline{BR}=\dfrac{2\sin\theta}{\sin3\theta}$

(삼각형 ABR의 넓이)$=\dfrac{1}{2}\times\overline{AB}\times\overline{BR}\times\sin2\theta$

$$=\dfrac{1}{2}\times2\times\dfrac{2\sin\theta}{\sin3\theta}\times\sin2\theta$$

$$=\dfrac{2\sin\theta\sin2\theta}{\sin3\theta}$$

$$\therefore\ f(\theta)=2\theta+\dfrac{1}{2}\sin4\theta-\dfrac{2\sin\theta\sin2\theta}{\sin3\theta}$$

|2단계| $g(\theta)$의 식 구하기

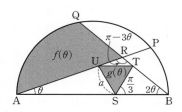

위의 그림과 같이 정삼각형 STU의 한 변의 길이를 a라 하면 삼각형 BST에서 사인법칙에 의하여

$$\dfrac{\overline{ST}}{\sin(\angle SBT)}=\dfrac{\overline{BT}}{\sin(\angle BST)}$$

$$\dfrac{a}{\sin2\theta}=\dfrac{\overline{BT}}{\sin\dfrac{\pi}{3}}$$

$$\therefore\ \overline{BT}=\dfrac{\sqrt{3}a}{2\sin2\theta}$$

└ $\overline{UT}\,/\!/\,\overline{AB}$이므로 $\angle BST=\angle UTS=\dfrac{\pi}{3}$ (엇각)

선분 UT와 선분 AB가 평행하므로 두 삼각형 RUT, RAB는 서로 닮음이다.

└ ∠TRU (공통),
∠RUT=∠RAB (동위각)
∴ △RUT∽△RAB (AA 닮음)

따라서 $\overline{RT}:\overline{RB}=\overline{UT}:\overline{AB}$이고

$$\overline{RT}=\overline{RB}-\overline{BT}=\dfrac{2\sin\theta}{\sin3\theta}-\dfrac{\sqrt{3}a}{2\sin2\theta}\text{이므로}$$

$$\left(\dfrac{2\sin\theta}{\sin3\theta}-\dfrac{\sqrt{3}a}{2\sin2\theta}\right):\dfrac{2\sin\theta}{\sin3\theta}=a:2$$

$$\therefore\ a=\dfrac{4\sin\theta\sin2\theta}{2\sin\theta\sin2\theta+\sqrt{3}\sin3\theta}\quad\textbf{how?❷}$$

$g(\theta)=\dfrac{\sqrt{3}}{4}a^2$이므로

$$g(\theta)=\dfrac{\sqrt{3}}{4}\times\left(\dfrac{4\sin\theta\sin2\theta}{2\sin\theta\sin2\theta+\sqrt{3}\sin3\theta}\right)^2$$

$$=\dfrac{4\sqrt{3}\sin^2\theta\sin^22\theta}{(2\sin\theta\sin2\theta+\sqrt{3}\sin3\theta)^2}$$

|3단계| $\displaystyle\lim_{\theta\to0+}\dfrac{g(\theta)}{\theta\times f(\theta)}$의 값 구하기

$$\lim_{\theta\to0+}\dfrac{g(\theta)}{\theta\times f(\theta)}=\lim_{\theta\to0+}\dfrac{\dfrac{g(\theta)}{\theta^2}}{\dfrac{f(\theta)}{\theta}}\text{이고}$$

$$\lim_{\theta\to0+}\dfrac{f(\theta)}{\theta}=\lim_{\theta\to0+}\left(2+\dfrac{\sin4\theta}{2\theta}-\dfrac{2\sin\theta\sin2\theta}{\theta\sin3\theta}\right)$$

$$=\lim_{\theta\to0+}\left(2+2\times\dfrac{\sin4\theta}{4\theta}-\dfrac{4\times\dfrac{\sin\theta}{\theta}\times\dfrac{\sin2\theta}{2\theta}}{3\times\dfrac{\sin3\theta}{3\theta}}\right)$$

$$=2+2-\dfrac{4}{3}=\dfrac{8}{3}$$

$$\lim_{\theta\to0+}\dfrac{g(\theta)}{\theta^2}=\lim_{\theta\to0+}\dfrac{4\sqrt{3}\sin^2\theta\sin^22\theta}{\theta^2(2\sin\theta\sin2\theta+\sqrt{3}\sin3\theta)^2}$$

$$=\lim_{\theta\to0+}\dfrac{4\sqrt{3}\times\dfrac{\sin^2\theta}{\theta^2}\times\dfrac{\sin^22\theta}{(2\theta)^2}\times4}{\left(\dfrac{2\sin\theta\sin2\theta}{\theta}+\dfrac{3\sqrt{3}\sin3\theta}{3\theta}\right)^2}$$

$$=\dfrac{4\sqrt{3}\times1\times1\times4}{(2\times0+3\sqrt{3})^2}=\dfrac{16\sqrt{3}}{27}$$

이므로

$$\lim_{\theta\to0+}\dfrac{g(\theta)}{\theta\times f(\theta)}=\lim_{\theta\to0+}\dfrac{\dfrac{g(\theta)}{\theta^2}}{\dfrac{f(\theta)}{\theta}}$$

$$=\dfrac{\dfrac{16\sqrt{3}}{27}}{\dfrac{8}{3}}=\dfrac{2}{9}\sqrt{3}$$

따라서 $p=9$, $q=2$이므로

$$p+q=9+2=11$$

해설특강 ✎

why?❶ $\angle AMQ$와 $\angle ABQ$는 각각 호 AQ에 대한 중심각과 원주각이므로

$$\angle AMQ=2\angle ABQ=2\times2\theta=4\theta$$

$\overline{AM}=1$이므로

(부채꼴 AMQ의 넓이)$=\dfrac{1}{2}\times\overline{AM}^2\times\angle AMQ$

$$=\dfrac{1}{2}\times1^2\times4\theta$$

$$=2\theta$$

how?❷ $\left(\dfrac{2\sin\theta}{\sin3\theta}-\dfrac{\sqrt{3}a}{2\sin2\theta}\right):\dfrac{2\sin\theta}{\sin3\theta}=a:2$에서

$$\dfrac{2a\sin\theta}{\sin3\theta}=\dfrac{4\sin\theta}{\sin3\theta}-\dfrac{\sqrt{3}a}{\sin2\theta}$$

$$\left(\dfrac{2\sin\theta}{\sin3\theta}+\dfrac{\sqrt{3}}{\sin2\theta}\right)a=\dfrac{4\sin\theta}{\sin3\theta}$$

$$\dfrac{(2\sin\theta\sin2\theta+\sqrt{3}\sin3\theta)a}{\sin2\theta\sin3\theta}=\dfrac{4\sin\theta}{\sin3\theta}$$

$$\therefore\ a=\dfrac{4\sin\theta}{\sin3\theta}\times\dfrac{\sin2\theta\sin3\theta}{2\sin\theta\sin2\theta+\sqrt{3}\sin3\theta}$$

$$=\dfrac{4\sin\theta\sin2\theta}{2\sin\theta\sin2\theta+\sqrt{3}\sin3\theta}$$

핵심 개념 **사인법칙 (수학 I)**

삼각형 ABC의 외접원의 반지름의 길이를 R라 하면

$$\dfrac{a}{\sin A}=\dfrac{b}{\sin B}=\dfrac{c}{\sin C}=2R$$

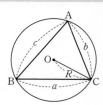

이등변삼각형의 성질과 삼각형의 넓이를 이용하여 삼각함수로 나타낸 넓이의 극한값을 구할 수 있는지를 묻는 문제이다.

그림과 같이 $\overline{AB}=\overline{AC}=1$인 이등변삼각형 ABC에서 중심이 C❶ 이고 선분 AB에 접하는 원이 두 선분 AB, AC 및 선분 BC의❷ 연장선과 만나는 점을 각각 D, E, F라 하자. $\angle BAC=\theta$라 할 때, 삼각형 BFD의 넓이를 $f(\theta)$, 삼각형 CFE의 넓이를 $g(\theta)$❸라 하자. $\displaystyle\lim_{\theta\to 0+}\dfrac{f(\theta)}{\theta\times g(\theta)}$의 값은? $\left(\text{단, }0<\theta<\dfrac{\pi}{2}\right)$

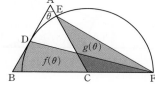

① $\dfrac{1}{5}$　　② $\dfrac{1}{4}$　　③ $\dfrac{1}{3}$

④ $\dfrac{1}{2}$　　✓⑤ 1

출제코드 이등변삼각형의 성질을 이용하여 선분 BC의 길이를 θ로 나타내고, 반원의 반지름의 길이를 구하여 $f(\theta)$, $g(\theta)$를 θ에 대한 식으로 나타내기

❶ 점 A에서 선분 BC에 내린 수선의 발을 H라 하면 $\angle BAH=\angle CAH=\dfrac{\theta}{2}$ 임을 이용하여 선분 BC의 길이를 각 θ에 대한 삼각함수로 나타낸다.

❷ $\overline{CD}\perp\overline{AB}$임을 이용하여 직각삼각형 ACD에서 선분 CD의 길이를 각 θ에 대한 삼각함수로 나타낸다.

❸ $\overline{BD}$, $\overline{BF}$의 길이와 $\angle DBF$의 크기를 이용하여 $f(\theta)$를 구하고, $\overline{CF}$, $\overline{CE}$의 길이와 $\angle ECF$의 크기를 이용하여 $g(\theta)$를 구한다.

해설 |1단계| $f(\theta)$의 식 구하기

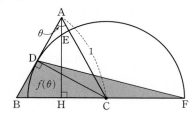

삼각형 ABC가 $\overline{AB}=\overline{AC}=1$인 이등변삼각형이므로 위의 그림과 같이 점 A에서 선분 BC에 내린 수선의 발을 H라 하면

$$\angle BAH=\angle CAH=\frac{\theta}{2}$$

$$\therefore \overline{BC}=2\,\overline{BH}=2\times\overline{AB}\times\sin\frac{\theta}{2}$$

$$=2\sin\frac{\theta}{2}\ (\because \overline{AB}=1)$$

$\overline{CD}\perp\overline{AB}$, $\overline{AC}=1$이므로 직각삼각형 ACD에서

$$\overline{CD}=\overline{AC}\times\sin\theta=\sin\theta$$

$$\overline{AD}=\overline{AC}\times\cos\theta=\cos\theta$$

이때 점 C를 중심으로 하고 선분 AB에 접하는 반원의 반지름의 길이는

$$\overline{CF}=\overline{CD}=\sin\theta$$

따라서 삼각형 BFD의 넓이는

$$f(\theta)=\frac{1}{2}\times\overline{BD}\times\overline{BF}\times\sin(\angle DBF)$$

$$=\frac{1}{2}\times(\overline{AB}-\overline{AD})\times(\overline{BC}+\overline{CF})\times\sin(\angle DBF)$$

$$=\frac{1}{2}\times(1-\cos\theta)\times\left(2\sin\frac{\theta}{2}+\sin\theta\right)\times\sin\left(\frac{\pi}{2}-\frac{\theta}{2}\right)$$

$$=\frac{1}{2}\cos\frac{\theta}{2}(1-\cos\theta)\left(2\sin\frac{\theta}{2}+\sin\theta\right)$$

|2단계| $g(\theta)$의 식 구하기

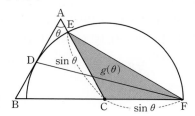

삼각형 CFE에서

$$\overline{CF}=\overline{CE}=\sin\theta$$

$$\angle ECF=\pi-\angle ACB=\pi-\left(\frac{\pi}{2}-\frac{\theta}{2}\right)=\frac{\pi}{2}+\frac{\theta}{2}$$

이므로 삼각형 CFE의 넓이는

$$g(\theta)=\frac{1}{2}\times\overline{CF}\times\overline{CE}\times\sin(\angle ECF)$$

$$=\frac{1}{2}\times\sin\theta\times\sin\theta\times\sin\left(\frac{\pi}{2}+\frac{\theta}{2}\right)$$

$$=\frac{1}{2}\sin^2\theta\cos\frac{\theta}{2}$$

|3단계| $\displaystyle\lim_{\theta\to 0+}\dfrac{f(\theta)}{\theta\times g(\theta)}$의 값 구하기

$$\therefore \lim_{\theta\to 0+}\frac{f(\theta)}{\theta\times g(\theta)}=\lim_{\theta\to 0+}\frac{\dfrac{1}{2}\cos\dfrac{\theta}{2}(1-\cos\theta)\left(2\sin\dfrac{\theta}{2}+\sin\theta\right)}{\theta\times\dfrac{1}{2}\sin^2\theta\cos\dfrac{\theta}{2}}$$

$$=\lim_{\theta\to 0+}\frac{(1-\cos\theta)\left(2\sin\dfrac{\theta}{2}+\sin\theta\right)}{\theta\sin^2\theta}$$

$$=\lim_{\theta\to 0+}\left(\frac{1-\cos\theta}{\sin^2\theta}\times\frac{2\sin\dfrac{\theta}{2}+\sin\theta}{\theta}\right)$$

$$=\lim_{\theta\to 0+}\left\{\frac{1-\cos\theta}{1-\cos^2\theta}\times\left(\frac{2\sin\dfrac{\theta}{2}}{\theta}+\frac{\sin\theta}{\theta}\right)\right\}$$

$$=\lim_{\theta\to 0+}\left\{\frac{1}{1+\cos\theta}\times\left(\frac{\sin\dfrac{\theta}{2}}{\dfrac{\theta}{2}}+\frac{\sin\theta}{\theta}\right)\right\}$$

$$=\frac{1}{1+1}\times(1+1)=1$$

핵심 개념 이등변삼각형의 성질 (중등 수학)

이등변삼각형에서 다음은 모두 일치한다.
① 꼭지각의 이등분선
② 밑변의 수직이등분선
③ 꼭지각의 꼭짓점에서 밑변에 그은 수선
④ 꼭지각의 꼭짓점과 밑변의 중점을 지나는 직선

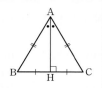

출제영역 삼각함수의 극한＋사인법칙

원의 성질과 사인법칙 및 삼각형과 부채꼴의 넓이를 이용하여 삼각함수로 나타낸 넓이의 극한값을 구할 수 있는지를 묻는 문제이다.

그림과 같이 길이가 2인 선분 AB를 지름으로 하는 반원의 호 AB 위에 점 P가 있다. ∠PAB=θ라 할 때, 선분 AB 위의 점 Q 를 ∠APQ=2θ가 되도록 잡는다. 선분 AB의 중점을 O라 하고, 점 O에서 선분 AP에 내린 수선의 발을 H라 할 때, 두 선분 BH, PQ가 만나는 점을 R라 하자. 호 BP와 두 선분 BR, PR로 둘러 싸인 부분의 넓이를 $f(\theta)$, 사각형 OQRH의 넓이를 $g(\theta)$라 할 ❷

때, $\lim_{\theta \to 0+} \dfrac{f(\theta)-g(\theta)}{\theta}=a$이다. 90a의 값을 구하시오. 15
❶

$$\left(단, 0<\theta<\frac{\pi}{4}\right)$$

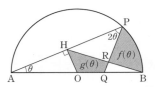

출제코드 $f(\theta)-g(\theta)$를 구하기 위해 필요한 도형의 넓이를 각 θ에 대한 식으로 나타내기

❶ 삼각형 BRQ의 넓이를 $h(\theta)$라 하고,
$f(\theta)-g(\theta)=\{f(\theta)+h(\theta)\}-\{g(\theta)+h(\theta)\}$
임을 이용한다.

❷ $f(\theta)+h(\theta)=$(부채꼴 OBP의 넓이)－(삼각형 OPQ의 넓이),
$g(\theta)+h(\theta)=$(삼각형 OBH의 넓이)
임을 이용한다.

❸ ∠AQP의 크기를 구하고, 삼각형 OPQ에서 사인법칙을 이용하여 선분 OQ의 길이를 θ에 대한 식으로 나타낸다.

해설 |1단계| 삼각형 BRQ의 넓이를 $h(\theta)$라 하고, $f(\theta)+h(\theta)$의 식 구하기

삼각형 BRQ의 넓이를 $h(\theta)$라 하면

$f(\theta)-g(\theta)=\{f(\theta)+h(\theta)\}-\{g(\theta)+h(\theta)\}$ ······ ㉠

$f(\theta)+h(\theta)=$(부채꼴 OBP의 넓이)－(삼각형 OPQ의 넓이)
······ ㉡

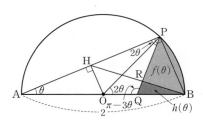

호 PB의 원주각의 크기는 θ이므로 호 PB의 중심각의 크기는 2θ, 즉 ∠POB=2θ이므로

(부채꼴 OBP의 넓이)=$\dfrac{1}{2}\times 1^2\times 2\theta=\theta$

∠OQP=$\pi-3\theta$이므로 **why?** ❶

삼각형 OPQ에서 사인법칙에 의하여

$$\frac{\overline{OP}}{\sin(\angle OQP)}=\frac{\overline{OQ}}{\sin(\angle OPQ)}$$

$$\frac{1}{\sin(\pi-3\theta)}=\frac{\overline{OQ}}{\sin\theta}$$

└ ∠OAH=∠OPH=θ이므로
∠OPQ=∠APQ－∠OPH=$2\theta-\theta=\theta$

$\therefore \overline{OQ}=\dfrac{\sin\theta}{\sin 3\theta}$

따라서 삼각형 OPQ의 넓이는

$$\frac{1}{2}\times\overline{OP}\times\overline{OQ}\times\sin 2\theta=\frac{1}{2}\times 1\times\frac{\sin\theta}{\sin 3\theta}\times\sin 2\theta$$

$$=\frac{\sin\theta\sin 2\theta}{2\sin 3\theta}$$

$\therefore f(\theta)+h(\theta)=\theta-\dfrac{\sin\theta\sin 2\theta}{2\sin 3\theta}$ (∵ ㉡) ······ ㉢

|2단계| $g(\theta)+h(\theta)$의 식 구하기

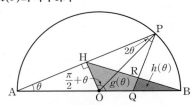

직각삼각형 AOH에서
$\overline{OH}=\overline{OA}\times\sin\theta=\sin\theta$

삼각형 OBH에서
$\overline{OB}=1$, $\overline{OH}=\sin\theta$

$\angle BOH=\dfrac{\pi}{2}+\theta$ ── 삼각형의 한 외각의 크기는 그와 이웃하지 않는 두 내각의 크기의 합과 같다.

$\therefore g(\theta)+h(\theta)=$(삼각형 OBH의 넓이)

$$=\frac{1}{2}\times\overline{OB}\times\overline{OH}\times\sin(\angle BOH)$$

$$=\frac{1}{2}\times\overline{OB}\times\overline{OH}\times\sin\left(\frac{\pi}{2}+\theta\right)$$

$$=\frac{1}{2}\times 1\times\sin\theta\times\cos\theta$$

$$=\frac{1}{2}\sin\theta\cos\theta$$ ······ ㉣

|3단계| $f(\theta)-g(\theta)$의 식을 구하고, 90a의 값 구하기

㉢, ㉣을 ㉠에 대입하면

$$f(\theta)-g(\theta)=\theta-\frac{\sin\theta\sin 2\theta}{2\sin 3\theta}-\frac{1}{2}\sin\theta\cos\theta$$

$\therefore \lim_{\theta\to 0+}\dfrac{f(\theta)-g(\theta)}{\theta}$

$$=\lim_{\theta\to 0+}\left(1-\frac{1}{2}\times\frac{\sin\theta}{\theta}\times\frac{\sin 2\theta}{\sin 3\theta}-\frac{1}{2}\times\frac{\sin\theta}{\theta}\times\cos\theta\right)$$

$$=1-\frac{1}{2}\times 1\times\frac{2}{3}-\frac{1}{2}\times 1\times 1 \text{ how? ❷}$$

$$=1-\frac{1}{3}-\frac{1}{2}$$

$$=\frac{1}{6}$$

즉, $a=\dfrac{1}{6}$이므로

$90a=90\times\dfrac{1}{6}=15$

why? ❶ 삼각형 AQP에서 $\angle PAQ = \theta$, $\angle APQ = 2\theta$이므로

$$\angle OQP = \angle AQP = \pi - (\angle PAQ + \angle APQ)$$
$$= \pi - (\theta + 2\theta) = \pi - 3\theta$$

how? ❷ $$\lim_{\theta \to 0+} \frac{\sin 2\theta}{\sin 3\theta} = \lim_{\theta \to 0+} \frac{\dfrac{\sin 2\theta}{2\theta} \times 2}{\dfrac{\sin 3\theta}{3\theta} \times 3}$$

$$= \frac{1 \times 2}{1 \times 3} = \frac{2}{3}$$

---

5 2018학년도 6월 평가원 가 28 [정답률 44%] 변형 　　|정답 ①

삼각함수의 극한+삼각형의 넓이
이등변삼각형의 성질과 삼각형의 넓이를 이용하여 삼각함수의 극한값을 구할 수 있는지를 묻는 문제이다.

그림과 같이 반지름의 길이가 2이고 $\angle AOB = \theta$인 부채꼴 AOB ❶ 가 있다. 점 B를 지나고 선분 BO에 수직인 직선 위의 점 C와 선분 BO 위의 점 D에 대하여 변 CE 위에 점 A가 오도록 정사각형 CBDE를 그린다. ❷ 선분 ED와 선분 AO의 교점을 F라 할 때, 삼각형 ABF의 넓이를 $S(\theta)$라 하자. ❸ $\lim\limits_{\theta \to 0+} \dfrac{S(\theta)}{\theta^2}$의 값은?

$$\left(단, 0 < \theta < \frac{\pi}{2} \right)$$

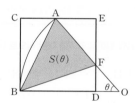

✓① 2　　　② $\dfrac{5}{2}$　　　③ 3

④ $\dfrac{7}{2}$　　　⑤ 4

삼각형 ABC의 세 변의 길이를 각 θ에 대한 삼각함수로 나타내기
❶ 삼각형 ABO는 이등변삼각형이므로 이등변삼각형의 성질을 이용한다.
　➡ 이등변삼각형에서 꼭지각의 이등분선은 밑변을 수직이등분한다.
❷ 사각형 CBDE는 정사각형이므로 모든 변의 길이가 같다.
❸ $\overline{AB}$, $\overline{AF}$의 길이와 $\angle BAF$의 크기를 이용하여 $S(\theta)$를 구한다.

|1단계| 선분 AB의 길이를 각 θ에 대한 식으로 나타내기

삼각형 ABO는 $\overline{AO} = \overline{BO}$인 이등변삼각형이므로 다음 그림과 같이 $\angle AOB$의 이등분선과 밑변 AB의 교점을 M이라 하면 $\overline{AM} = \overline{BM}$, $\overline{AB} \perp \overline{OM}$

즉, 직각삼각형 OAM에서 $\angle AOM = \angle BOM = \dfrac{\theta}{2}$이므로

$$\overline{AM} = \overline{AO} \times \sin(\angle AOM)$$
$$= 2 \sin \frac{\theta}{2}$$
$$\therefore \overline{AB} = 2\,\overline{AM}$$
$$= 4 \sin \frac{\theta}{2} \qquad \cdots\cdots \ ㉠$$

|2단계| 선분 AF의 길이를 각 θ에 대한 식으로 나타내기

한편, 이등변삼각형 ABO에서

$$\angle ABO = \angle BAO$$
$$= \frac{1}{2}(\pi - \angle AOB)$$
$$= \frac{\pi}{2} - \frac{\theta}{2}$$

이때

$$\angle BAC = \angle ABO$$
$$= \frac{\pi}{2} - \frac{\theta}{2} \quad \text{why? ❶}$$

이므로 직각삼각형 ABC에서

$$\overline{AC} = \overline{AB} \times \cos(\angle BAC)$$
$$= \overline{AB} \times \cos\left(\frac{\pi}{2} - \frac{\theta}{2}\right)$$
$$= 4 \sin \frac{\theta}{2} \times \sin \frac{\theta}{2}$$
$$= 4 \sin^2 \frac{\theta}{2}$$

$$\overline{BC} = \overline{AB} \times \sin(\angle BAC)$$
$$= \overline{AB} \times \sin\left(\frac{\pi}{2} - \frac{\theta}{2}\right)$$
$$= 4 \sin \frac{\theta}{2} \times \cos \frac{\theta}{2}$$
$$= 4 \sin \frac{\theta}{2} \cos \frac{\theta}{2}$$

$$\therefore \overline{AE} = \overline{CE} - \overline{AC}$$
$$= 4 \sin \frac{\theta}{2} \cos \frac{\theta}{2} - 4 \sin^2 \frac{\theta}{2} \quad \text{how? ❷}$$
$$= 4 \sin \frac{\theta}{2} \left(\cos \frac{\theta}{2} - \sin \frac{\theta}{2} \right)$$

따라서 직각삼각형 AFE에서

$$\overline{AF} = \frac{\overline{AE}}{\cos(\angle FAE)}$$
$$= \frac{4 \sin \dfrac{\theta}{2} \left(\cos \dfrac{\theta}{2} - \sin \dfrac{\theta}{2} \right)}{\cos \theta} \qquad \cdots\cdots \ ㉡ \ \text{why? ❸}$$

|3단계| $S(\theta)$의 식 구하기

㉠, ㉡에 의하여

$$S(\theta) = \frac{1}{2} \times \overline{AB} \times \overline{AF} \times \sin(\angle BAF)$$

$$= \frac{1}{2} \times 4 \sin \frac{\theta}{2} \times \frac{4 \sin \dfrac{\theta}{2} \left(\cos \dfrac{\theta}{2} - \sin \dfrac{\theta}{2} \right)}{\cos \theta} \times \cos \frac{\theta}{2} \quad \text{how? ❹}$$

$$= 8 \sin^2 \frac{\theta}{2} \times \frac{\cos \dfrac{\theta}{2} \left(\cos \dfrac{\theta}{2} - \sin \dfrac{\theta}{2} \right)}{\cos \theta}$$

|4단계| $\displaystyle\lim_{\theta\to0+}\dfrac{S(\theta)}{\theta^2}$의 값 구하기

$\therefore \displaystyle\lim_{\theta\to0+}\dfrac{S(\theta)}{\theta^2}$

$=\displaystyle\lim_{\theta\to0+}\left\{\dfrac{8\sin^2\dfrac{\theta}{2}}{\theta^2}\times\dfrac{\cos\dfrac{\theta}{2}\left(\cos\dfrac{\theta}{2}-\sin\dfrac{\theta}{2}\right)}{\cos\theta}\right\}$

$=8\times\dfrac{1}{4}\displaystyle\lim_{\theta\to0+}\dfrac{\sin^2\dfrac{\theta}{2}}{\left(\dfrac{\theta}{2}\right)^2}\times\lim_{\theta\to0+}\dfrac{\cos\dfrac{\theta}{2}\left(\cos\dfrac{\theta}{2}-\sin\dfrac{\theta}{2}\right)}{\cos\theta}$

$=8\times\dfrac{1}{4}\times1\times1=2$

해설특강 ✎

why? ❶ $\overline{CE}\parallel\overline{BO}$이므로 $\angle BAC=\angle ABO=\dfrac{\pi}{2}-\dfrac{\theta}{2}$ (엇각)이다.

how? ❷ 사각형 CBDE는 정사각형이므로

$$\overline{CE}=\overline{BC}=4\sin\dfrac{\theta}{2}\cos\dfrac{\theta}{2}$$

why? ❸ $\overline{CE}\parallel\overline{BO}$이므로 $\angle FAE=\angle FOD=\theta$ (엇각)이다.

how? ❹ $\angle BAF=\dfrac{\pi}{2}-\dfrac{\theta}{2}$이므로

$$\sin(\angle BAF)=\sin\left(\dfrac{\pi}{2}-\dfrac{\theta}{2}\right)=\cos\dfrac{\theta}{2}$$

참고 $\overline{AB}$, $\overline{AC}$, $\overline{BC}$의 길이는 다음과 같이 구할 수도 있다.

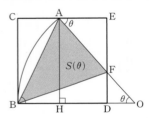

위의 그림과 같이 점 A에서 선분 BO에 내린 수선의 발을 H라 하자.

직각삼각형 AHO에서

$\overline{AH}=\overline{AO}\times\sin\theta=2\sin\theta$

즉, 정사각형 CBDE의 한 변의 길이는 $2\sin\theta$이다.

또, 삼각형 ABO는 $\overline{AO}=\overline{BO}$인 이등변삼각형이므로

$\angle ABO=\angle BAO=\dfrac{1}{2}(\pi-\angle AOB)=\dfrac{\pi}{2}-\dfrac{\theta}{2}$

따라서 직각삼각형 ABC에서

$\angle ABC=\dfrac{\pi}{2}-\left(\dfrac{\pi}{2}-\dfrac{\theta}{2}\right)=\dfrac{\theta}{2}$ ┌ $\sin\theta=2\sin\dfrac{\theta}{2}\cos\dfrac{\theta}{2}$

$\therefore \overline{AB}=\dfrac{\overline{BC}}{\cos(\angle ABC)}=\dfrac{2\overline{\sin\theta}}{\cos\dfrac{\theta}{2}}$

$=\dfrac{4\sin\dfrac{\theta}{2}\cos\dfrac{\theta}{2}}{\cos\dfrac{\theta}{2}}=4\sin\dfrac{\theta}{2}$

$\overline{AC}=\overline{AB}\times\sin(\angle ABC)$

$=4\sin\dfrac{\theta}{2}\times\sin\dfrac{\theta}{2}$

$=4\sin^2\dfrac{\theta}{2}$

$\overline{BC}=\overline{AH}=2\sin\theta$

---

6 **|정답 ③**

출제영역 삼각함수의 극한＋삼각함수의 성질
평행선과 삼각함수의 성질, 삼각형의 넓이를 이용하여 삼각함수의 극한값을 구할 수 있는지를 묻는 문제이다.

그림과 같이 길이가 2인 선분 AB를 지름으로 하는 반원이 있다. 반원 위의 두 점 C, D에 대하여 $\overline{AB}\parallel\overline{CD}$이고 점 B에서 직선 CD에 내린 수선의 발을 E, 점 E에서 직선 BC에 내린 수선의 발을 F, 선분 BD와 선분 EF의 교점을 G라 하자. $\angle CAB=\theta$일 때, 삼각형 BGF의 넓이를 $S(\theta)$라 하자. $\displaystyle\lim_{\theta\to\frac{\pi}{2}-}\dfrac{S(\theta)}{\left(\dfrac{\pi}{2}-\theta\right)^3}$의 값

은? $\left($단, $\dfrac{\pi}{4}<\theta<\dfrac{\pi}{2}\right)$

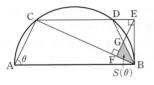

① $\dfrac{1}{4}$　　　② $\dfrac{1}{2}$　　　✓③ 1

④ 2　　　⑤ 4

출제코드 삼각형의 넓이를 구하기 위해 필요한 선분의 길이를 각 θ에 대한 식으로 나타내기
❶ 사각형 ABDC는 등변사다리꼴임을 파악하고 평행선의 성질을 이용한다.
❷ $\overline{BF}$, $\overline{BG}$의 길이와 $\angle GBF$의 크기를 이용하여 $S(\theta)$를 구한다.
❸ $\dfrac{\pi}{2}-\theta=t$로 놓고 $t\to0+$일 때의 극한값을 구하는 식으로 변형한다.

해설 **|1단계|** 선분 BE의 길이를 각 θ에 대한 식으로 나타내기

삼각형 ABC는 $\angle ACB=\dfrac{\pi}{2}$인 직각삼각형이므로

$\overline{AC}=\overline{AB}\times\cos(\angle CAB)$ └ 반원에 대한 원주각의 크기는 $\dfrac{\pi}{2}$이다.

$=2\cos\theta$

또, $\overline{AB}\parallel\overline{CD}$이므로 $\angle DBA=\angle CAB=\theta$이고

$\overline{BD}=\overline{AC}=2\cos\theta$ └ 사각형 ABDC는 등변사다리꼴이다.

$\overline{AB}\parallel\overline{CD}$이므로

$\angle BDE=\angle DBA=\theta$ (엇각)

직각삼각형 BDE에서

$\overline{BE}=\overline{BD}\times\sin(\angle BDE)$

$=2\cos\theta\sin\theta$

$=\sin2\theta$ **how? ❶**

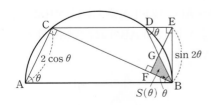

|2단계| $S(\theta)$의 식 구하기

한편, $\angle CBA=\dfrac{\pi}{2}-\theta$이므로

$\angle CBE=\theta$ └ 직각삼각형 ABC에서 $\angle ACB=\dfrac{\pi}{2}$

따라서 직각삼각형 EFB에서

$\overline{BF} = \overline{BE} \times \cos(\angle EBF)$

$\quad = \sin 2\theta \cos \theta$

또, $\angle GBF = \angle DBA - \angle CBA = \theta - \left(\dfrac{\pi}{2} - \theta\right) = 2\theta - \dfrac{\pi}{2}$이므로

직각삼각형 GBF에서

$\overline{BG} = \dfrac{\overline{BF}}{\cos(\angle GBF)}$

$\quad = \dfrac{\sin 2\theta \cos \theta}{\cos\left(2\theta - \dfrac{\pi}{2}\right)}$

$\quad = \dfrac{\sin 2\theta \cos \theta}{\sin 2\theta}$

$\quad = \cos \theta$

$\therefore S(\theta) = \dfrac{1}{2} \times \overline{BF} \times \overline{BG} \times \sin(\angle GBF)$

$\quad = \dfrac{1}{2} \times \sin 2\theta \cos \theta \times \cos \theta \times \sin\left(2\theta - \dfrac{\pi}{2}\right)$

$\quad = \dfrac{1}{2} \times \sin 2\theta \cos \theta \times \cos \theta \times (-\cos 2\theta)$

$\quad = -\dfrac{1}{2} \sin 2\theta \cos 2\theta \cos^2 \theta$

$\quad = -\dfrac{1}{4} \sin 4\theta \cos^2 \theta$ why? ❷

|3단계| $\displaystyle\lim_{\theta \to \frac{\pi}{2}^-} \dfrac{S(\theta)}{\left(\dfrac{\pi}{2} - \theta\right)^3}$의 값 구하기

$\dfrac{\pi}{2} - \theta = t$로 놓으면 $\theta = \dfrac{\pi}{2} - t$이고 $\theta \to \dfrac{\pi}{2}^-$일 때 $t \to 0+$이므로

$\displaystyle\lim_{\theta \to \frac{\pi}{2}^-} \dfrac{S(\theta)}{\left(\dfrac{\pi}{2} - \theta\right)^3} = \lim_{\theta \to \frac{\pi}{2}^-} \dfrac{-\dfrac{1}{4} \sin 4\theta \cos^2 \theta}{\left(\dfrac{\pi}{2} - \theta\right)^3}$

$\quad = \displaystyle\lim_{t \to 0+} \dfrac{-\dfrac{1}{4} \sin(2\pi - 4t) \cos^2\left(\dfrac{\pi}{2} - t\right)}{t^3}$

$\quad = \displaystyle\lim_{t \to 0+} \dfrac{\dfrac{1}{4} \sin 4t \sin^2 t}{t^3}$

$\quad = \displaystyle\lim_{t \to 0+} \dfrac{\sin 4t}{4t} \times \lim_{t \to 0+} \left(\dfrac{\sin t}{t}\right)^2$

$\quad = 1 \times 1$

$\quad = 1$

해설특강 ✏️

how? ❶ $\overline{BE}$의 길이는 다음과 같이 구할 수도 있다.

직각삼각형 BDE에서 $\angle DBE = \dfrac{\pi}{2} - \theta$이므로

$\overline{BE} = \overline{BD} \times \cos(\angle DBE)$

$\quad = 2\cos\theta \cos\left(\dfrac{\pi}{2} - \theta\right)$

$\quad = 2\cos\theta \sin\theta$

$\quad = \sin 2\theta$

why? ❷ $\dfrac{\pi}{4} < \theta < \dfrac{\pi}{2}$에서 $\pi < 4\theta < 2\pi$이므로

$\sin 4\theta < 0$

즉, $S(\theta) > 0$이다.

참고 $S(\theta)$는 다음과 같이 구할 수도 있다.

직각삼각형 BFG에서

$\overline{FG} = \overline{BF} \times \tan(\angle GBF)$

$\quad = \sin 2\theta \cos \theta \times \tan\left(2\theta - \dfrac{\pi}{2}\right)$

$\quad = \sin 2\theta \cos \theta \times \left(-\dfrac{1}{\tan 2\theta}\right)$

$\quad = -\cos\theta \cos 2\theta$

$\therefore S(\theta) = \dfrac{1}{2} \times \overline{BF} \times \overline{FG}$

$\quad = \dfrac{1}{2} \times \sin 2\theta \cos \theta \times (-\cos\theta \cos 2\theta)$

$\quad = -\dfrac{1}{4} \sin 4\theta \cos^2 \theta$

핵심개념 **일반각에 대한 삼각함수의 성질 (수학 I)**

각 $\dfrac{n}{2}\pi \pm \theta$ (n은 정수)에 대한 삼각함수는 다음과 같이 변형한다.

(ⅰ) n이 짝수이면 → 그대로

$\quad \sin \to \sin, \quad \cos \to \cos, \quad \tan \to \tan$

(ⅱ) n이 홀수이면 → 반대로

$\quad \sin \to \cos, \quad \cos \to \sin, \quad \tan \to \cot$

(ⅲ) θ를 예각으로 생각하여 원래 함수의 부호에 따른다.

7

|정답 ⑤

출제영역 **삼각함수의 극한 + 삼각형의 내각의 이등분선의 성질**

삼각형의 내각의 이등분선의 성질, 원주각의 성질을 이용하여 삼각함수의 극한값을 구할 수 있는지를 묻는 문제이다.

그림과 같이 $\overline{AB} = \overline{AC} = 2$이고 $\angle BAC = 90°$인 직각이등변삼각형 ABC가 있다. 삼각형 ABC의 외접원 위의 점 P에 대하여 ❷ 선분 AP와 선분 BC가 만나는 점을 Q라 하자. ❸ $\angle PAB = \theta$라 할 때, $\displaystyle\lim_{\theta \to 0+} \dfrac{\overline{BQ} \times \overline{QC}}{\theta}$의 값은?

(단, 점 P는 점 A를 포함하지 않는 호 BC 위의 점이다.)

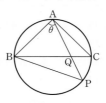

① 2 　　　　② $2\sqrt{2}$ 　　　　③ 4

④ $4\sqrt{2}$ 　　✓⑤ 8

출제코드 삼각형의 내각의 이등분선의 성질을 이용하여 두 선분 BQ, QC의 길이를 각각 각 θ에 대한 식으로 나타내기

❶ $\angle BAC = 90°$에서 $\overline{BC}$가 삼각형 ABC의 외접원의 지름임을 알 수 있다.

❷ 원 위의 네 점 A, B, P, C를 이용하여 만들어지는 각 중에서 원주각의 성질을 이용하여 크기가 같은 각들을 확인한다.

❸ 삼각형의 내각의 이등분선의 성질을 이용하여 두 선분 BQ, QC의 길이를 각각 각 θ에 대한 식으로 나타낸다.

해설 |1단계| 두 선분 BQ, QC의 길이를 각 θ에 대한 식으로 나타내기

오른쪽 그림에서 $\angle BAC = 90°$이므로

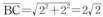

$\overline{BC}$는 삼각형 ABC의 외접원의 지름이고 그 길이는

$\overline{BC} = \sqrt{2^2 + 2^2} = 2\sqrt{2}$

또, 삼각형 ABC는 $\overline{AB} = \overline{AC} = 2$인 이등변삼각형이므로

$\angle ABC = \angle ACB$

이때 $\angle ABC = \angle APC$, $\angle ACB = \angle APB$이므로 **why? ❶**

$\angle APB = \angle APC$

즉, 직선 AP는 $\angle BPC$의 이등분선이므로

$\overline{BP} : \overline{PC} = \overline{BQ} : \overline{QC}$ **why? ❷**

이때 $\angle BCP = \angle BAP = \theta$이므로 **why? ❸**

직각삼각형 BPC에서

$\overline{BP} = \overline{BC} \times \sin(\angle BCP) = 2\sqrt{2}\sin\theta$

$\overline{PC} = \overline{BC} \times \cos(\angle BCP) = 2\sqrt{2}\cos\theta$

따라서

$\overline{BQ} : \overline{QC} = 2\sqrt{2}\sin\theta : 2\sqrt{2}\cos\theta$
$= \sin\theta : \cos\theta$

이므로

$\overline{BQ} = \overline{BC} \times \dfrac{\sin\theta}{\sin\theta + \cos\theta} = \dfrac{2\sqrt{2}\sin\theta}{\sin\theta + \cos\theta}$

$\overline{QC} = \overline{BC} \times \dfrac{\cos\theta}{\sin\theta + \cos\theta} = \dfrac{2\sqrt{2}\cos\theta}{\sin\theta + \cos\theta}$

|2단계| $\displaystyle\lim_{\theta \to 0+} \dfrac{\overline{BQ} \times \overline{QC}}{\theta}$의 값 구하기

$\therefore \displaystyle\lim_{\theta \to 0+} \dfrac{\overline{BQ} \times \overline{QC}}{\theta} = \lim_{\theta \to 0+} \dfrac{\dfrac{2\sqrt{2}\sin\theta}{\sin\theta + \cos\theta} \times \dfrac{2\sqrt{2}\cos\theta}{\sin\theta + \cos\theta}}{\theta}$

$= \displaystyle\lim_{\theta \to 0+} \dfrac{8\sin\theta\cos\theta}{\theta(\sin\theta + \cos\theta)^2}$

$= 8 \times \displaystyle\lim_{\theta \to 0+} \dfrac{\sin\theta}{\theta} \times \lim_{\theta \to 0+} \dfrac{\cos\theta}{(\sin\theta + \cos\theta)^2}$

$= 8 \times 1 \times 1$

$= 8$

해설특강

why? ❶ $\angle ABC$와 $\angle APC$는 모두 호 AC에 대한 원주각이므로
$\angle ABC = \angle APC$
$\angle ACB$와 $\angle APB$는 모두 호 AB에 대한 원주각이므로
$\angle ACB = \angle APB$

why? ❷ 삼각형의 내각의 이등분선의 성질이 성립한다.
→ 삼각형 ABC에서 각 BAC의 이등분선이 변 BC와 만나는 점을 D라 하면
$\overline{AB} : \overline{AC} = \overline{BD} : \overline{CD}$

why? ❸ $\angle BCP$와 $\angle BAP$는 모두 호 BP에 대한 원주각이므로
$\angle BCP = \angle BAP$

8

|정답 ②

출제영역 삼각함수의 극한 + 삼각형의 내접원

사각형의 성질과 삼각형의 내접원의 성질을 이용하여 삼각함수의 극한값을 구할 수 있는지를 묻는 문제이다.

그림과 같이 $\overline{AB}=2$, $\overline{BC}=4$, $\angle ABC = \theta$인 평행사변형 ABCD ❶가 있다. 선분 AD의 중점을 M, 점 M에서 직선 BC에 내린 수선의 발을 H, 점 H에서 두 직선 MB, MC에 내린 수선의 발을 각각 I, J라 하자. 삼각형 MIJ에 내접하는 원의 반지름의 길이를 ❷ $r(\theta)$라 할 때, $\displaystyle\lim_{\theta \to 0+} \dfrac{r(\theta)}{\theta^2}$의 값은? ❸

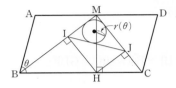

① $\dfrac{1}{4}$ ✓② $\dfrac{1}{2}$ ③ 1

④ 2 ⑤ 4

킬러코드 사각형 MIHJ가 어떤 사각형인지 파악하고 삼각형 MIJ의 세 변의 길이를 각 θ에 대한 식으로 나타내기

❶ $\overline{BC}$의 중점을 N으로 놓고 사각형 ABNM, MNCD가 어떤 사각형인지 파악한다.

❷ 사각형 MIHJ가 어떤 사각형인지 파악한다.

❸ 삼각형의 내접원의 성질과 원의 접선의 길이의 성질을 이용하여 $r(\theta)$를 구한다.

해설 |1단계| 세 선분 IJ, MI, MJ의 길이를 각 θ에 대한 식으로 나타내기

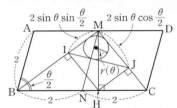

위의 그림과 같이 선분 BC의 중점을 N이라 하고 $\overline{MN}$을 그으면 두 사각형 ABNM, MNCD는 모두 마름모이므로

$\angle BMN + \angle CMN = 90°$ **why? ❶**

따라서 사각형 MIHJ는 직사각형이다. **why? ❷**

이때 직각삼각형 MNH에서

$\overline{MN} = \overline{AB} = 2$, $\angle MNH = \angle ABC = \theta$ (동위각)

이므로

$\overline{MH} = \overline{MN} \times \sin(\angle MNH) = 2\sin\theta$

$\therefore \overline{IJ} = \overline{MH} = 2\sin\theta$
└ 직사각형의 두 대각선의 길이는 서로 같다.

또, 직각삼각형 MIJ에서

$\angle IJM = \dfrac{\theta}{2}$ **why? ❸**

이므로

$\overline{MI} = \overline{IJ} \times \sin(\angle IJM) = 2\sin\theta\sin\dfrac{\theta}{2}$

$\overline{MJ} = \overline{IJ} \times \cos(\angle IJM) = 2\sin\theta\cos\dfrac{\theta}{2}$

|2단계| $r(\theta)$**의 식 구하기**

삼각형 MIJ의 내접원의 중심에서 $\overline{\text{MI}}$, $\overline{\text{IJ}}$, $\overline{\text{JM}}$에 내린 수선의 발을 각각 P, Q, R라 하자.

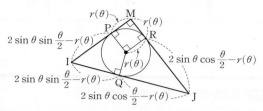

위의 그림에서

$\overline{\text{IJ}} = \overline{\text{IQ}} + \overline{\text{QJ}} = \{\overline{\text{MI}} - r(\theta)\} + \{\overline{\text{MJ}} - r(\theta)\}$ **why? ❹**

이므로

$2\sin\theta = 2\sin\theta\sin\dfrac{\theta}{2} - r(\theta) + 2\sin\theta\cos\dfrac{\theta}{2} - r(\theta)$

$\therefore r(\theta) = \sin\theta\left(\sin\dfrac{\theta}{2} + \cos\dfrac{\theta}{2} - 1\right)$

|3단계| $\displaystyle\lim_{\theta\to0+}\dfrac{r(\theta)}{\theta^2}$ **의 값 구하기**

$\displaystyle\lim_{\theta\to0+}\dfrac{r(\theta)}{\theta^2} = \lim_{\theta\to0+}\dfrac{\sin\theta\left(\sin\dfrac{\theta}{2} + \cos\dfrac{\theta}{2} - 1\right)}{\theta^2}$

$\displaystyle = \lim_{\theta\to0+}\left\{\dfrac{\sin\theta}{\theta} \times \left(\dfrac{\sin\dfrac{\theta}{2}}{\theta} + \dfrac{\cos\dfrac{\theta}{2} - 1}{\theta}\right)\right\}$

이때

$\displaystyle\lim_{\theta\to0+}\dfrac{\cos\dfrac{\theta}{2} - 1}{\theta} = \lim_{\theta\to0+}\dfrac{\left(\cos\dfrac{\theta}{2} - 1\right)\left(\cos\dfrac{\theta}{2} + 1\right)}{\theta\left(\cos\dfrac{\theta}{2} + 1\right)}$

$\displaystyle = \lim_{\theta\to0+}\dfrac{-\sin^2\dfrac{\theta}{2}}{\theta\left(\cos\dfrac{\theta}{2} + 1\right)}$

$\displaystyle = -\dfrac{1}{2}\lim_{\theta\to0+}\dfrac{\sin\dfrac{\theta}{2}}{\dfrac{\theta}{2}} \times \lim_{\theta\to0+}\dfrac{\sin\dfrac{\theta}{2}}{\cos\dfrac{\theta}{2} + 1}$

$= -\dfrac{1}{2} \times 1 \times 0 = 0$

이므로

$\displaystyle\lim_{\theta\to0+}\dfrac{r(\theta)}{\theta^2} = \lim_{\theta\to0+}\dfrac{\sin\theta}{\theta} \times \lim_{\theta\to0+}\left(\dfrac{\sin\dfrac{\theta}{2}}{\theta} + \dfrac{\cos\dfrac{\theta}{2} - 1}{\theta}\right)$ **why? ❺**

$\displaystyle = \lim_{\theta\to0+}\dfrac{\sin\theta}{\theta} \times \lim_{\theta\to0+}\left(\dfrac{1}{2} \times \dfrac{\sin\dfrac{\theta}{2}}{\dfrac{\theta}{2}} + \dfrac{\cos\dfrac{\theta}{2} - 1}{\theta}\right)$

$= 1 \times \left(\dfrac{1}{2} + 0\right) = \dfrac{1}{2}$

다른 풀이 삼각형 MIJ의 넓이에서

$\dfrac{1}{2} \times r(\theta) \times (\overline{\text{MI}} + \overline{\text{MJ}} + \overline{\text{IJ}}) = \dfrac{1}{2} \times \overline{\text{MI}} \times \overline{\text{MJ}}$

$r(\theta) \times \left(2\sin\theta\sin\dfrac{\theta}{2} + 2\sin\theta\cos\dfrac{\theta}{2} + 2\sin\theta\right)$

$= 2\sin\theta\sin\dfrac{\theta}{2} \times 2\sin\theta\cos\dfrac{\theta}{2}$

$\therefore r(\theta) = \dfrac{4\sin^2\theta\sin\dfrac{\theta}{2}\cos\dfrac{\theta}{2}}{2\sin\theta\left(\sin\dfrac{\theta}{2} + \cos\dfrac{\theta}{2} + 1\right)} = \dfrac{\sin^2\theta}{\sin\dfrac{\theta}{2} + \cos\dfrac{\theta}{2} + 1}$

$\therefore \displaystyle\lim_{\theta\to0+}\dfrac{r(\theta)}{\theta^2} = \lim_{\theta\to0+}\left\{\left(\dfrac{\sin\theta}{\theta}\right)^2 \times \dfrac{1}{\sin\dfrac{\theta}{2} + \cos\dfrac{\theta}{2} + 1}\right\}$

$= 1 \times \dfrac{1}{2} = \dfrac{1}{2}$

해설특강 ✎

why? ❶ 마름모의 한 대각선은 내각을 이등분하므로

$\angle\text{AMN} = 2\angle\text{BMN}$

$\angle\text{DMN} = 2\angle\text{CMN}$

이때 $\angle\text{AMN} + \angle\text{DMN} = 180°$이므로

$\angle\text{BMN} + \angle\text{CMN} = 90°$

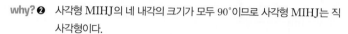

why? ❷ 사각형 MIHJ의 네 내각의 크기가 모두 90°이므로 사각형 MIHJ는 직사각형이다.

why? ❸ 직각삼각형 MHB에서

$\angle\text{BMH} = \dfrac{\pi}{2} - \dfrac{\theta}{2}$

직각삼각형 IMH에서

$\angle\text{MHI} = \dfrac{\theta}{2}$

이때 $\triangle\text{IMH} \equiv \triangle\text{MIJ}$(SSS 합동)이므로

$\angle\text{IJM} = \angle\text{MHI} = \dfrac{\theta}{2}$

why? ❹ 원 밖의 한 점에서 그 원에 그은 두 접선의 길이는 같으므로

$\overline{\text{MP}} = \overline{\text{MR}}$, $\overline{\text{IP}} = \overline{\text{IQ}}$, $\overline{\text{JQ}} = \overline{\text{JR}}$이다.

why? ❺ $\displaystyle\lim_{\theta\to0+}\dfrac{\sin\theta}{\theta}$ 와 $\displaystyle\lim_{\theta\to0+}\left(\dfrac{\sin\dfrac{\theta}{2}}{\theta} + \dfrac{\cos\dfrac{\theta}{2} - 1}{\theta}\right)$이 모두 수렴하므로

$\displaystyle\lim_{\theta\to0+}\left\{\dfrac{\sin\theta}{\theta} \times \left(\dfrac{\sin\dfrac{\theta}{2}}{\theta} + \dfrac{\cos\dfrac{\theta}{2} - 1}{\theta}\right)\right\}$

$\displaystyle = \lim_{\theta\to0+}\dfrac{\sin\theta}{\theta} \times \lim_{\theta\to0+}\left(\dfrac{\sin\dfrac{\theta}{2}}{\theta} + \dfrac{\cos\dfrac{\theta}{2} - 1}{\theta}\right)$

핵심 개념 삼각형의 내접원과 원의 접선의 성질 (중등 수학)

(1) 삼각형의 내접원의 성질

원 O가 $\triangle$ABC의 내접원이고 점 D, E, F가 접점일 때

$\overline{\text{AD}} = \overline{\text{AF}}$
$\overline{\text{BD}} = \overline{\text{BE}}$ 원 밖의 한 점에서 그 원에
$\overline{\text{CE}} = \overline{\text{CF}}$ 그은 두 접선의 길이는 같다.

(2) 원의 접선의 성질

원 O 밖의 한 점 P에서 원에 그은 두 접선의 접점을 각각 A, B라 할 때

① $\overline{\text{PA}} = \overline{\text{PB}}$
② $\overline{\text{PA}} \perp \overline{\text{OA}}$, $\overline{\text{PB}} \perp \overline{\text{OB}}$
③ $\overline{\text{PO}} \perp \overline{\text{AB}}$

본문 35쪽

기출예시 1 | 정답 **10**

$\lim_{x \to 1} \dfrac{f(x) - \dfrac{\pi}{6}}{x - 1} = k$에서 $x \to 1$일 때 극한값이 존재하고 (분모) $\to 0$

이므로 (분자) $\to 0$이어야 한다.

즉, $\lim_{x \to 1} \left\{ f(x) - \dfrac{\pi}{6} \right\} = 0$에서

$f(1) = \dfrac{\pi}{6}$

$\therefore k = \lim_{x \to 1} \dfrac{f(x) - \dfrac{\pi}{6}}{x - 1}$

$\quad = \lim_{x \to 1} \dfrac{f(x) - f(1)}{x - 1}$

$\quad = f'(1)$

$h(x) = (g \circ f)(x)$로 놓으면

$\underline{h'(x) = g'(f(x))f'(x)}$ ──── 합성함수의 미분법

이때 $g'(x) = \cos x$이므로

$h'(1) = g'(f(1))f'(1)$

$\quad = g'\left(\dfrac{\pi}{6} \right) \times k$

$\quad = k \cos \dfrac{\pi}{6} = \dfrac{\sqrt{3}}{2} k$

또,

$h(1) = (g \circ f)(1) = g(f(1))$

$\quad = g\left(\dfrac{\pi}{6} \right) = \sin \dfrac{\pi}{6}$

$\quad = \dfrac{1}{2}$

이므로 함수 $y = h(x)$의 그래프 위의 $x = 1$인 점에서의 접선의 방정식은

$y - \dfrac{1}{2} = \dfrac{\sqrt{3}}{2} k(x - 1)$

이 직선이 원점을 지나므로

$0 - \dfrac{1}{2} = \dfrac{\sqrt{3}}{2} k(0 - 1)$

$\therefore k = \dfrac{1}{\sqrt{3}}$

$\therefore 30k^2 = 30 \times \left(\dfrac{1}{\sqrt{3}} \right)^2 = 30 \times \dfrac{1}{3} = 10$

핵심 개념 미정계수의 성질 (수학Ⅱ)

두 함수 $f(x)$, $g(x)$에 대하여

(1) $\lim_{x \to a} \dfrac{f(x)}{g(x)} = \alpha$ (α는 실수)이고 $\lim_{x \to a} g(x) = 0$이면 $\lim_{x \to a} f(x) = 0$이다.

(2) $\lim_{x \to a} \dfrac{f(x)}{g(x)} = \alpha$ (α는 0이 아닌 실수)이고 $\lim_{x \to a} f(x) = 0$이면

$\lim_{x \to a} g(x) = 0$이다.

---

1   2021학년도 6월 평가원 가 30 [정답률 4%] | 정답 **331**

출제영역 합성함수의 미분계수 + 함수의 연속과 불연속

합성함수의 미분계수를 구하여 함수의 연속과 불연속을 판단할 수 있는지를 묻는 문제이다.

> 실수 전체의 집합에서 정의된 함수 $f(x)$는 $0 \le x < 3$일 때
> $f(x) = |x - 1| + |x - 2|$이고, 모든 실수 x에 대하여 ❶
> $f(x + 3) = f(x)$를 만족시킨다. 함수 $g(x)$를 ❷
> $$g(x) = \lim_{h \to 0+} \left| \dfrac{f(2^{x+h}) - f(2^x)}{h} \right|$$
> 이라 하자. 함수 $g(x)$가 $x = a$에서 불연속인 a의 값 중에서 열린 ❸
> 구간 $(-5, 5)$에 속하는 모든 값을 작은 수부터 크기순으로 나열
> 한 것을 a_1, a_2, $\cdots$, a_n (n은 자연수)라 할 때, $n + \sum_{k=1}^{n} \dfrac{g(a_k)}{\ln 2}$의 값
> 을 구하시오.   331
>
>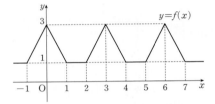

출제코드 합성함수의 미분계수를 구하여 함수 $g(x)$가 불연속인 조건 파악하기

❶ 함수 $f(x)$는 $x = 1$, 2에서 미분가능하지 않음을 파악한다.
❷ 함수 $y = f(x)$의 그래프는 3을 주기로 같은 모양이 반복됨을 파악한다.
❸ 함수 $g(x)$의 값은 함수 $f(2^x)$의 우미분계수의 절댓값과 같음을 파악한다.

해설 | **1단계** | 함수 $g(x)$가 불연속인 조건 파악하기

함수 $f(2^x)$에서 $p(x) = 2^x$이라 하면 함수 $g(x)$는

$$g(x) = \lim_{h \to 0+} \left| \dfrac{f(p(x+h)) - f(p(x))}{h} \right|$$

이므로 함수 $g(x)$의 값은 합성함수 $f(p(x))$의 우미분계수의 절댓값과 같다.

$g(x) = \lim_{h \to 0+} \left| \dfrac{f(p(x+h)) - f(p(x))}{h} \right|$

$\quad = \lim_{h \to 0+} \left| \dfrac{f(p(x+h)) - f(p(x))}{p(x+h) - p(x)} \times \dfrac{p(x+h) - p(x)}{h} \right|$

$\quad = \lim_{h \to 0+} \left| \dfrac{f(p(x+h)) - f(p(x))}{p(x+h) - p(x)} \right| \times \lim_{h \to 0+} \left| \dfrac{p(x+h) - p(x)}{h} \right|$

$\quad = \lim_{h \to 0+} \left| \dfrac{f(p(x+h)) - f(p(x))}{p(x+h) - p(x)} \right| \times 2^x \ln 2$ **how? ❶**

$p(x+h) - p(x) = t$로 놓으면 $h \to 0+$일 때 $t \to 0+$이므로

$g(x) = \lim_{t \to 0+} \left| \dfrac{f(p(x) + t) - f(p(x))}{t} \right| \times 2^x \ln 2$

$\quad = \lim_{t \to 0+} \left| \dfrac{f(2^x + t) - f(2^x)}{t} \right| \times 2^x \ln 2$ ── 모든 실수 x에서 연속

이때 함수 $g(x)$가 $x=a$에서 불연속이려면 $\lim\limits_{t \to 0+}\left|\dfrac{f(2^x+t)-f(2^x)}{t}\right|$

의 값이 $x=a$의 좌우에서 변해야 한다.

즉, 함수 $f(x)$의 우미분계수가 $x=2^a$의 좌우에서 변해야 하므로 함수 $f(x)$가 $x=2^a$에서 미분가능하지 않아야 한다. **why? ❷**

이때 함수 $f(x)$는 x가 정수일 때 미분가능하지 않으므로 함수 $f(x)$는 2^a의 값이 정수가 되는 a에 대하여 $x=2^a$에서 미분가능하지 않다.

|2단계| 함수 $g(x)$가 불연속인 자연수 a의 값 구하기

음이 아닌 정수 k에 대하여 다음과 같다. **why? ❸**

(i) $2^a=3k+1$일 때

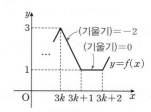

$$\begin{aligned} g(a) &= \lim_{t \to 0+}\left|\dfrac{f(2^a+t)-f(2^a)}{2}\right| \times 2^a \ln 2 \\ &= 0 \times 2^a \ln 2 \\ &= 0 \end{aligned}$$

$\lim\limits_{a \to 0+} g(x)=0 \times 2^a \ln 2 = 0$

$\lim\limits_{a \to 0-} g(x)=|-2| \times 2^a \ln 2 = 2 \times 2^a \ln 2$

이므로 함수 $g(x)$는 $x=a$에서 불연속이다.

(ii) $2^a=3k+2$일 때

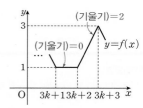

$$\begin{aligned} g(a) &= \lim_{t \to 0+}\left|\dfrac{f(2^a+t)-f(2^a)}{t}\right| \times 2^a \ln 2 \\ &= |2| \times 2^a \ln 2 \\ &= 2 \times 2^a \ln 2 \end{aligned}$$

$\lim\limits_{a \to 0+} g(x)=|2| \times 2^a \ln 2 = 2 \times 2^a \ln 2$

$\lim\limits_{a \to 0-} g(x)=0 \times 2^a \ln 2 = 0$

이므로 함수 $g(x)$는 $x=a$에서 불연속이다.

(iii) $2^a=3k+3$일 때

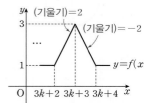

$$\begin{aligned} g(a) &= \lim_{t \to 0+}\left|\dfrac{f(2^a+t)-f(2^a)}{t}\right| \times 2^a \ln 2 \\ &= |-2| \times 2^a \ln 2 \\ &= 2 \times 2^a \ln 2 \end{aligned}$$

$\lim\limits_{a \to 0+} g(x)=|-2| \times 2^a \ln 2 = 2 \times 2^a \ln 2$

$\lim\limits_{a \to 0-} g(x)=|2| \times 2^a \ln 2 = 2 \times 2^a \ln 2$

이므로 함수 $g(x)$는 $x=a$에서 연속이다.

(i), (ii), (iii)에서 함수 $g(x)$는 음이 아닌 정수 k에 대하여 $2^a=3k+1$ 또는 $2^a=3k+2$인 a의 값에서 불연속이다.

|3단계| $n+\sum\limits_{k=1}^{n}\dfrac{g(a_k)}{\ln 2}$의 값 구하기

$-5<a<5$이므로 $\dfrac{1}{32}<2^a<32$이고, 2^a의 값은 3의 배수가 아닌 자연수이므로 2^a의 값의 개수는

$n=31-10=21$

또,

$2^a=3k+1$일 때 $g(a)=0$,

$2^a=3k+2$일 때 $g(a)=2 \times 2^a \ln 2$

이므로

$$\begin{aligned} &\sum_{k=1}^{n}\dfrac{g(a_k)}{\ln 2} \\ &= 0 + \dfrac{2 \times 2 \times \ln 2}{\ln 2} + 0 + \dfrac{2 \times 5 \times \ln 2}{\ln 2} + \cdots + 0 + \dfrac{2 \times 29 \times \ln 2}{\ln 2} + 0 \\ &= 2 \times (2+5+8+\cdots+26+29) \\ &= 2 \times \dfrac{10 \times (2+29)}{2} \\ &= 310 \end{aligned}$$

└─ 첫째항이 2, 끝항이 29이고 공차가 3인 등차수열의 첫째항부터 제10항까지의 합

$\therefore n+\sum\limits_{k=1}^{n}\dfrac{g(a_k)}{\ln 2}=21+310=331$

해설특강 🖊

how? ❶ $\lim\limits_{h \to 0+}\dfrac{p(x+h)-p(x)}{h}=p'(x)$이고 $p'(x)=(2^x)'=2^x \ln 2 > 0$ 이므로

$\lim\limits_{h \to 0+}\left|\dfrac{p(x+h)-p(x)}{h}\right|=2^x \ln 2$

why? ❷ 함수 $f(x)$가 $x=2^a$에서 미분가능하면 우미분계수와 미분계수가 같으므로 $x=2^a$의 좌우에서 우미분계수의 값이 변하지 않게 된다.

why? ❸ 함수 $y=f(x)$의 그래프는 3을 주기로 같은 모양이 반복된다. 또, 모든 실수 a에 대하여 $2^a>0$이므로 2^a의 값은 자연수이어야 한다. 따라서 음이 아닌 정수 k에 대하여 2^a의 값은 $3k+1$ 또는 $3k+2$ 또는 $3k+3$의 값을 가질 수 있다.

핵심 개념 등차수열의 합 (수학 Ⅰ)

등차수열의 첫째항부터 제n항까지의 합을 S_n이라 하면

(1) 첫째항이 a, 제n항이 l일 때

$$S_n=\dfrac{n(a+l)}{2}$$

(2) 첫째항이 a, 공차가 d일 때

$$S_n=\dfrac{n\{2a+(n-1)d\}}{2}$$

출제영역 역함수의 미분법+합성함수의 미분법

역함수의 미분법과 합성함수의 미분법을 이용하여 접선의 기울기를 구할 수 있는 지를 묻는 문제이다.

> 실수 전체의 집합에서 증가하고 미분가능한 함수 $f(x)$가 있다. 곡선 $y=f(x)$ 위의 점 $(2, 1)$에서의 접선의 기울기는 1이다. 함수 $f(2x)$의 역함수를 $g(x)$라 할 때, 곡선 $y=g(x)$ 위의 점 $(1, a)$ 에서의 접선의 기울기는 b이다. $10(a+b)$의 값을 구하시오. 15

출제코드 역함수를 이용하여 합성함수 미분하기

❶ $f(2)=1$, $f'(2)=1$임을 파악한다.
❷ 함수 $f(2x)$와 함수 $g(x)$가 역함수 관계임을 이용하여 a, b의 값을 구한다.
❸ $g(1)=a$, $g'(1)=b$임을 파악한다.

해설 |1단계| 접선의 기울기를 이용하여 식 세우기

곡선 $y=f(x)$ 위의 점 $(2, 1)$에서의 접선의 기울기가 1이므로
$f(2)=1$, $f'(2)=1$ ······ ㉠
곡선 $y=g(x)$ 위의 점 $(1, a)$에서의 접선의 기울기가 b이므로
$g(1)=a$, $g'(1)=b$ ······ ㉡

|2단계| 합성함수의 미분법을 이용하여 a, b의 값을 구하고 $10(a+b)$의 값 계산하기

함수 $f(2x)$의 역함수가 $g(x)$이므로
$g(f(2x))=x$ ······ ㉢
㉢의 양변에 $x=1$을 대입하면
$g(f(2))=1$
㉠에서 $f(2)=1$이므로 $g(1)=1$
㉡에서 $a=g(1)=1$ why? ❶
㉢의 양변을 x에 대하여 미분하면
$g'(f(2x))f'(2x)\times 2=1$ why? ❷ ······ ㉣
㉣의 양변에 $x=1$을 대입하면
$g'(f(2))f'(2)\times 2=1$
㉠에서 $f(2)=1$, $f'(2)=1$이므로
$g'(1)\times 2=1$ ∴ $g'(1)=\dfrac{1}{2}$
㉡에서 $b=g'(1)=\dfrac{1}{2}$
∴ $10(a+b)=10\times\left(1+\dfrac{1}{2}\right)=15$

다른 풀이 주어진 조건에 의하여
$f(2)=1$, $f'(2)=1$, $g(1)=a$, $g'(1)=b$
한편, $f(2x)=h(x)$라 하고 양변을 x에 대하여 미분하면
$f'(2x)\times 2=h'(x)$ ······ ㉠
함수 $f(2x)$, 즉 $h(x)$의 역함수가 $g(x)$이므로
$g(x)=h^{-1}(x)$
이때 $h(1)=f(2)=1$에서 $h^{-1}(1)=1$이므로
$g(1)=a=1$
한편, 역함수의 미분법에 의하여
$g'(x)=\dfrac{1}{h'(g(x))}$

∴ $g'(1)=\dfrac{1}{h'(g(1))}=\dfrac{1}{h'(1)}$

㉠에 의하여 $h'(1)=2f'(2)=2$이므로
$g'(1)=\dfrac{1}{2}$ ∴ $b=g'(1)=\dfrac{1}{2}$
∴ $10(a+b)=10\times\left(1+\dfrac{1}{2}\right)=15$

해설특강 ✎

why? ❶ 두 함수 $f(2x)$, $g(x)$가 서로 역함수 관계에 있으므로 함수 $f(2x)$, $g(x)$는 일대일대응이다.
즉, $g(1)=a$, $g(1)=1$이므로 $a=1$이다.

why? ❷ $g(f(2x))=x$의 좌변은 실제로 3개의 함수가 합성된 것이다.
따라서 양변을 x에 대하여 미분하면 좌변은
$g'(f(2x))f'(2x)\times(2x)'=g'(f(2x))f'(2x)\times 2$이다.

핵심 개념 미분계수의 기하적 의미 (수학Ⅱ)

$x=a$에서 미분가능한 함수 $f(x)$에 대하여 곡 선 $y=f(x)$ 위의 점 $(a, f(a))$에서의 접선의 기울기는 $x=a$에서의 미분계수 $f'(a)$와 같다.

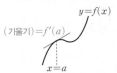

출제영역 합성함수의 미분법

합성함수의 미분법을 이용하여 함수의 미분계수를 구할 수 있는지를 묻는 문제 이다.

> 그림과 같이 원점 O를 지나고 기울기가 $\tan\theta$ $\left(0<\theta<\dfrac{\pi}{2}\right)$인 직 선 l이 원 C: $x^2+(y-1)^2=1$과 원점이 아닌 다른 한 점에서 만 날 때, 직선 l에 의하여 원 C가 나눠진 두 영역 중 작은 쪽의 넓 이를 $f(\theta)$라 하자. 실수 전체의 집합에서 미분가능한 함수 $g(\theta)$ 에 대하여 $f(\theta)=g(\tan\theta)$가 성립할 때, $g'(2)$의 값은?

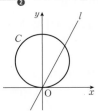

✓① $\dfrac{8}{25}$ ② $\dfrac{2}{5}$ ③ $\dfrac{12}{25}$

④ $\dfrac{14}{25}$ ⑤ $\dfrac{16}{25}$

출제코드 합성함수의 미분법을 이용하여 함수의 미분계수 구하기

❶ 부채꼴의 넓이와 삼각형의 넓이를 이용하여 $f(\theta)$를 구한다.
❷ 합성함수의 미분법을 이용하여 미분한다.

오른쪽 그림과 같이 직선 l이 원 C와 만나는 점 중 원점이 아닌 점을 A, 원 C의 중심을 B라 하자.

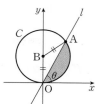

직선 l의 기울기가 $\tan\theta$이므로 직선 l과 x축의 양의 방향이 이루는 각의 크기는 θ이다.

삼각형 BOA는 이등변삼각형이므로

$\angle$OBA$=2\theta$이다. **why? ❶**

이때 $f(\theta)$는 위의 그림에서 색칠한 영역의 넓이이므로

$f(\theta)=$(부채꼴 BOA의 넓이)$-$(삼각형 BOA의 넓이)

$\qquad = \dfrac{1}{2}\times 1^2 \times 2\theta - \dfrac{1}{2}\times 1^2 \times \sin 2\theta$

$\qquad = \theta - \dfrac{1}{2}\sin 2\theta$

|2단계| $f(\theta)=g(\tan\theta)$**의 양변을** θ**에 대하여 미분하기**

실수 전체의 집합에서 미분가능한 함수 $g(\theta)$에 대하여

$f(\theta)=g(\tan\theta)$이므로

$\theta - \dfrac{1}{2}\sin 2\theta = g(\tan\theta)$

위 식의 양변을 θ에 대하여 미분하면

$1-2\times\dfrac{1}{2}\cos 2\theta = g'(\tan\theta)(\tan\theta)'$

$\therefore 1-\cos 2\theta = g'(\tan\theta)\sec^2\theta \qquad \cdots\cdots ㉠$

|3단계| $g'(2)$**의 값 구하기**

$\tan\theta = 2 \left(0 < \theta < \dfrac{\pi}{2}\right)$에서

$\sin\theta = \dfrac{2}{\sqrt{5}}$, $\cos\theta = \dfrac{1}{\sqrt{5}}$ **why? ❷**

㉠에서

$1-(1-2\sin^2\theta)=g'(2)\times\dfrac{1}{\cos^2\theta}$ **how? ❸**

$\therefore g'(2)=2\sin^2\theta\cos^2\theta$

$\qquad = 2\times\dfrac{4}{5}\times\dfrac{1}{5}=\dfrac{8}{25}$

해설특강 ✎

why? ❶ $\angle$OBA$=\pi-2\angle$BOA$=\pi-2\left(\dfrac{\pi}{2}-\theta\right)=2\theta$

why? ❷ $\tan\theta=2\left(0<\theta<\dfrac{\pi}{2}\right)$인 직각삼각형은 오른쪽 그림과 같이 빗변의 길이가 $\sqrt{5}$이므로

$\sin\theta=\dfrac{2}{\sqrt{5}}$, $\cos\theta=\dfrac{1}{\sqrt{5}}$

이다.

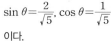

how? ❸ $\cos 2\theta = \cos\theta\cos\theta - \sin\theta\sin\theta = \cos^2\theta - \sin^2\theta$
$\qquad = (1-\sin^2\theta)-\sin^2\theta = 1-2\sin^2\theta$

핵심개념 **삼각함수의 미분**

(1) $(\sin x)'=\cos x$, $(\cos x)'=-\sin x$

(2) $(\tan x)'=\sec^2 x$, $(\cot x)'=-\csc^2 x$

(3) $(\sec x)'=\sec x\tan x$

(4) $(\csc x)'=-\csc x\cot x$

---

4 2022학년도 6월 평가원 미적분 30 [정답률 15%] 변형 | **정답 ⑤**

출제영역 **합성함수의 미분법＋이계도함수**

곡선 위의 점에서의 접선의 방정식과 합성함수의 미분법을 이용하여 주어진 함수의 미분계수를 구할 수 있는지를 묻는 문제이다.

$0<t<\ln 3$인 실수 t와 함수

$\qquad f(x)=\ln(3+2\sin x)\,(0\le x < 2\pi)$

에 대하여 곡선 $y=f(x)$와 직선 $y=t$가 만나는 서로 다른 두 점에서 각각 곡선에 그은 접선이 x축과 만나는 점 사이의 거리를 $g(t)$라 할 때, $g'(\ln 2)$의 값은?
$\qquad\qquad$ ❶ $\qquad\qquad\qquad$ ❷

① $-\dfrac{4\sqrt{3}}{3}\ln 2$ ② $-\dfrac{10\sqrt{3}}{9}\ln 2$ ③ $-\dfrac{8\sqrt{3}}{9}\ln 2$

④ $-\dfrac{2\sqrt{3}}{3}\ln 2$ ✔⑤ $-\dfrac{4\sqrt{3}}{9}\ln 2$

출제코드 곡선 $y=f(x)$와 직선 $y=t$가 만나는 두 점의 x좌표를 각각 $\alpha(t)$, $\beta(t)\,(\alpha(t)<\beta(t))$로 나타내고, 접선의 방정식과 합성함수의 미분법을 이용하여 $g(t)$를 구하고, $g'(t)$를 t에 대한 식으로 나타내기

❶ 곡선 $y=f(x)$의 개형을 그리고, 곡선 $y=f(x)$와 직선 $y=t$가 만나는 두 점의 x좌표를 각각 $\alpha(t)$, $\beta(t)\,(\alpha(t)<\beta(t))$로 놓고, 곡선 $y=f(x)$ 위의 점 $(\alpha(t),t)$, $(\beta(t),t)$에서의 접선의 방정식을 각각 구한다.

❷ $f(\alpha(t))=t$, $f(\beta(t))=t$와 함수 $f(x)$의 도함수 및 이계도함수를 이용하여 $g'(\ln 2)$의 값을 구한다.

해설 | **1단계** **곡선** $y=f(x)$**의 개형 그리기**

$f(x)=\ln(3+2\sin x)$에서

$f'(x)=\dfrac{2\cos x}{3+2\sin x}$

$f'(x)=0$에서 $\cos x = 0$

$0\le x < 2\pi$이므로

$x=\dfrac{\pi}{2}$ 또는 $x=\dfrac{3}{2}\pi$ **how? ❶**

$0\le x<2\pi$에서 함수 $f(x)$의 증가와 감소를 표로 나타내면 다음과 같다.

x	0	$\cdots$	$\dfrac{\pi}{2}$	$\cdots$	$\dfrac{3}{2}\pi$	$\cdots$	(2π)
$f'(x)$		$+$	0	$-$	0	$+$	
$f(x)$	$\ln 3$	↗	$\ln 5$	↘	0	↗	$(\ln 3)$

따라서 $0\le x<2\pi$에서 곡선 $y=f(x)$와 직선 $y=t$는 다음 그림과 같다.

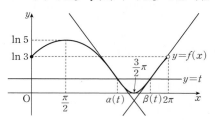

|2단계| **곡선** $y=f(x)$**와 직선** $y=t$**가 만나는 서로 다른 두 점의** x**좌표를 각각** $\alpha(t)$, $\beta(t)\,(\alpha(t)<\beta(t))$**로 놓고** $g(t)$**의 식 구하기**

곡선 $y=f(x)$와 직선 $y=t$가 만나는 서로 다른 두 점의 x좌표를 각각 $\alpha(t)$, $\beta(t)\,(\alpha(t)<\beta(t))$라 하면

$f(\alpha(t))=t$, $f(\beta(t))=t$ $\qquad\cdots\cdots ㉠$

곡선 $y=f(x)$ 위의 점 $(\alpha(t),\ t)$에서의 접선의 방정식은

$$y-t=f'(\alpha(t))(x-\alpha(t))$$

이 직선이 x축과 만나는 점의 x좌표는

$-t=f'(\alpha(t))(x-\alpha(t))$에서

$$x=\alpha(t)-\frac{t}{f'(\alpha(t))}$$

같은 방법으로 하면 곡선 $y=f(x)$ 위의 점 $(\beta(t),\ t)$에서의 접선이 x축과 만나는 점의 x좌표는

$$x=\beta(t)-\frac{t}{f'(\beta(t))}$$

$$\therefore g(t)=\beta(t)-\alpha(t)-t\left\{\frac{1}{f'(\beta(t))}-\frac{1}{f'(\alpha(t))}\right\} \qquad \cdots\cdots ㉡$$

|3단계| $g'(t)$를 구하고 $g'(\ln 2)$의 값을 구하기 위해 필요한 값 구하기

㉡에서

$$g'(t)=\beta'(t)-\alpha'(t)-\left\{\frac{1}{f'(\beta(t))}-\frac{1}{f'(\alpha(t))}\right\}$$
$$-t\left[-\frac{f''(\beta(t))\times\beta'(t)}{\{f'(\beta(t))\}^2}+\frac{f''(\alpha(t))\times\alpha'(t)}{\{f'(\alpha(t))\}^2}\right] \qquad \cdots\cdots ㉢$$

한편, $f(x)=\ln 2$에서 **why? ❷**

$\ln(3+2\sin x)=\ln 2$

$3+2\sin x=2$

$$\therefore \sin x=-\frac{1}{2}$$

$0\le x<2\pi$이므로

$x=\dfrac{7}{6}\pi$ 또는 $x=\dfrac{11}{6}\pi$ **how? ❸**

따라서 $\alpha(\ln 2)=\dfrac{7}{6}\pi$, $\beta(\ln 2)=\dfrac{11}{6}\pi$이므로

$$f'(\alpha(\ln 2))=f'\left(\frac{7}{6}\pi\right)=\frac{2\cos\frac{7}{6}\pi}{3+2\sin\frac{7}{6}\pi}=-\frac{\sqrt{3}}{2},$$

$$f'(\beta(\ln 2))=f'\left(\frac{11}{6}\pi\right)=\frac{2\cos\frac{11}{6}\pi}{3+2\sin\frac{11}{6}\pi}=\frac{\sqrt{3}}{2}$$

㉠에서 $f(\alpha(t))=t$, $f(\beta(t))=t$의 양변을 각각 t에 대하여 미분하면

$f'(\alpha(t))\times\alpha'(t)=1$, $f'(\beta(t))\times\beta'(t)=1$

따라서 $\alpha'(t)=\dfrac{1}{f'(\alpha(t))}$, $\beta'(t)=\dfrac{1}{f'(\beta(t))}$이므로

$$\alpha'(\ln 2)=\frac{1}{f'(\alpha(\ln 2))}=-\frac{2}{\sqrt{3}},$$

$$\beta'(\ln 2)=\frac{1}{f'(\beta(\ln 2))}=\frac{2}{\sqrt{3}}$$

$f'(x)=\dfrac{2\cos x}{3+2\sin x}$에서

$$f''(x)=\frac{-2\sin x\times(3+2\sin x)-2\cos x\times 2\cos x}{(3+2\sin x)^2}$$

$$=\frac{-6\sin x-4\sin^2 x-4\cos^2 x}{(3+2\sin x)^2}$$

$$=-\frac{6\sin x+4}{(3+2\sin x)^2}\ (\because \sin^2 x+\cos^2 x=1)$$

$$\therefore f''(\alpha(\ln 2))=f''\left(\frac{7}{6}\pi\right)=-\frac{6\sin\frac{7}{6}\pi+4}{\left(3+2\sin\frac{7}{6}\pi\right)^2}=-\frac{1}{4},$$

$$f''(\beta(\ln 2))=f''\left(\frac{11}{6}\pi\right)=-\frac{6\sin\frac{11}{6}\pi+4}{\left(3+2\sin\frac{11}{6}\pi\right)^2}=-\frac{1}{4}$$

|4단계| $g'(\ln 2)$의 값 구하기

㉢에서

$g'(\ln 2)$

$$=\beta'(\ln 2)-\alpha'(\ln 2)-\left\{\frac{1}{f'\left(\frac{11}{6}\pi\right)}-\frac{1}{f'\left(\frac{7}{6}\pi\right)}\right\}$$

$$-\ln 2\times\left\{-\frac{f''\left(\frac{11}{6}\pi\right)\times\beta'(\ln 2)}{\left\{f'\left(\frac{11}{6}\pi\right)\right\}^2}+\frac{f''\left(\frac{7}{6}\pi\right)\times\alpha'(\ln 2)}{\left\{f'\left(\frac{7}{6}\pi\right)\right\}^2}\right\}$$

$$=\frac{2}{\sqrt{3}}-\left(-\frac{2}{\sqrt{3}}\right)-\left\{\frac{2}{\sqrt{3}}-\left(-\frac{2}{\sqrt{3}}\right)\right\}$$

$$-\ln 2\times\left\{-\frac{-\frac{1}{4}\times\frac{2}{\sqrt{3}}}{\left(\frac{\sqrt{3}}{2}\right)^2}+\frac{-\frac{1}{4}\times\left(-\frac{2}{\sqrt{3}}\right)}{\left(-\frac{\sqrt{3}}{2}\right)^2}\right\}$$

$$=-\frac{4\sqrt{3}}{9}\ln 2$$

해설 특강 ✎

how? ❶

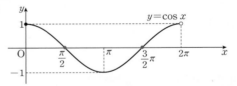

why? ❷ 구하는 값이 $g'(\ln 2)$이므로 $t=\ln 2$일 때의 경우를 생각해야 한다. 즉, 곡선 $y=f(x)$와 직선 $y=\ln 2$가 만나는 서로 다른 두 점의 x좌표는 $\alpha(\ln 2)$, $\beta(\ln 2)$이고, 이 두 값은 방정식 $f(x)=\ln 2$의 서로 다른 두 근이다.

how? ❸

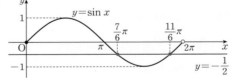

출제영역 합성함수의 미분법＋역함수의 미분법

합성함수와 역함수의 미분법을 이용하여 조건을 만족시키는 함수를 구하고, 주어진 함수의 미분계수를 구할 수 있는지를 묻는 문제이다.

두 양수 a, b에 대하여 양의 실수 전체의 집합에서 정의된 함수 $f(x)=\dfrac{4x^2}{x^2+ax+b}$에 대하여 함수 $f(x)$의 역함수를 $f^{-1}(x)$라 할 때, 정의역이 $\{x\,|\,0<x<4\}$인 두 함수

$g(x)=f(x)-f^{-1}(x),\ h(x)=(g\circ f)(x)$ **❶**

가 다음 조건을 만족시킨다.

　㈎ $g(1)=g(k)=0$ (단, $k\neq1$) **❷**

　㈏ $g'(1)=\dfrac{4}{5}h'(1)$

$|h'(k)|=\dfrac{q}{p}$ 일 때, $p+q$의 값을 구하시오. **23** **❸**

（단, p와 q는 서로소인 자연수이다.）

출제코드 합성함수와 역함수의 미분법을 이용하여 $f(1)$, $f'(1)$의 값을 a, b에 대한 식으로 나타내기

❶ $h(x)=(g\circ f)(x)=g(f(x))=f(f(x))-f^{-1}(f(x))=f(f(x))-x$ 임을 이용한다.

❷ $g(1)=0$, 즉 $f(1)=f^{-1}(1)$이므로 $f(1)$의 값을 구할 수 있다.

❸ 함수 $f(x)$를 구하고, $f(k)=f^{-1}(k)$인 k의 값을 구하여 $|h'(k)|$의 값을 구한다.

해설 |1단계| $f(1)$의 값을 구하고, a, b 사이의 관계식 구하기

$f(x)=\dfrac{4x^2}{x^2+ax+b}$에서

$f'(x)=\dfrac{8x(x^2+ax+b)-4x^2(2x+a)}{(x^2+ax+b)^2}$

$=\dfrac{4x(ax+2b)}{(x^2+ax+b)^2}$

이때 a, b가 양수이므로 $x>0$에서

$f'(x)>0$

조건 ㈎에서 $g(1)=0$이므로

$f(1)-f^{-1}(1)=0$

$\therefore f(1)=f^{-1}(1)$

$f(1)=f^{-1}(1)=t\ (t>0)$로 놓으면

$f(t)=1$

즉, 두 점 $(1,\,t)$, $(t,\,1)$은 곡선 $y=f(x)$ 위에 있다.

$t\neq1$일 때, 두 점 $(1,\,t)$, $(t,\,1)$을 지나는 직선의 기울기는

$\dfrac{1-t}{t-1}=-1$

이므로 평균값 정리에 의하여 $f'(c)=-1$인 c가 존재한다.

그런데 $x>0$인 모든 실수 x에 대하여 $f'(x)>0$이므로 조건을 만족시키지 않는다.

따라서 $t=1$, 즉 $f(1)=1$이므로

$\dfrac{4}{1+a+b}=1$

$\therefore a+b=3$　　　　……㉠

|2단계| k의 값과 함수 $f(x)$의 식 구하기

$f^{-1}(1)=1$이므로 역함수의 미분법에 의하여

$g'(1)=f'(1)-(f^{-1})'(1)$

$=f'(1)-\dfrac{1}{f'(f^{-1}(1))}$

$=f'(1)-\dfrac{1}{f'(1)}$

한편,

$h(x)=g(f(x))$

$=f(f(x))-f^{-1}(f(x))$

$=f(f(x))-x$

이므로

$h'(x)=f'(f(x))f'(x)-1$

$\therefore h'(1)=f'(f(1))\times f'(1)-1$

$=\{f'(1)\}^2-1\ (\because f(1)=1)$

조건 ㈏에서 $g'(1)=\dfrac{4}{5}h'(1)$이므로

$f'(1)-\dfrac{1}{f'(1)}=\dfrac{4}{5}\{f'(1)\}^2-\dfrac{4}{5}$　　　……㉡

㉡에서 $f'(1)=a\ (a>0)$로 놓으면

$a-\dfrac{1}{a}=\dfrac{4}{5}a^2-\dfrac{4}{5}$

$5a^2-5=4a^3-4a$

$4a^3-5a^2-4a+5=0$

$(a+1)(a-1)(4a-5)=0$

$\therefore a=-1$ 또는 $a=1$ 또는 $a=\dfrac{5}{4}$

이때 $a>0$이므로

$a=1$ 또는 $a=\dfrac{5}{4}$

(i) $a=\dfrac{5}{4}$일 때

$f'(1)=\dfrac{4(a+2b)}{(1+a+b)^2}$

$=\dfrac{4(a+2b)}{(1+3)^2}\ (\because ㉠)$

$=\dfrac{a+2b}{4}=\dfrac{5}{4}$

$\therefore a+2b=5$　　　　……㉢

㉠, ㉢을 연립하여 풀면

$a=1,\ b=2$

$\therefore f(x)=\dfrac{4x^2}{x^2+x+2}$

조건 ㈎에서 $g(k)=0$, 즉 $f(k)=f^{-1}(k)$이므로

$f(k)=k$ **why? ❶**

$\dfrac{4k^2}{k^2+k+2}=k$

$4k^2=k^3+k^2+2k$

$k^3-3k^2+2k=0$

$k(k-1)(k-2)=0$

$\therefore k=0$ 또는 $k=1$ 또는 $k=2$

이때 $k>0$이고, $k\ne 1$이므로

$k=2$

(ii) $a=1$일 때

$f'(1)=\dfrac{a+2b}{4}=1$

$\therefore a+2b=4$ …… ㉣

㉠, ㉣을 연립하여 풀면

$a=2,\ b=1$

$\therefore f(x)=\dfrac{4x^2}{x^2+2x+1}$

조건 ㈎에서 $g(k)=0$, 즉 $f(k)=f^{-1}(k)$이므로

$f(k)=k$ **why? ❶**

$\dfrac{4k^2}{k^2+2k+1}=k$

$4k^2=k^3+2k^2+k,\ k^3-2k^2+k=0$

$k(k-1)^2=0$

이때 $k>0$이므로 $k\ne 1$인 k의 값은 존재하지 않는다.

(i), (ii)에 의하여 $k=2$이고,

$f(x)=\dfrac{4x^2}{x^2+x+2}$

|3단계| $|h'(k)|$의 값 구하여 $p+q$의 값 계산하기

$\therefore |h'(k)|=|h'(2)|$

$\quad =|f'(f(2))\times f'(2)-1|$

$\quad =|\{f'(2)\}^2-1|\ (\because f(2)=2)$

$\quad =\left|\left(\dfrac{3}{4}\right)^2-1\right|$ **how? ❷**

$\quad =\left|-\dfrac{7}{16}\right|=\dfrac{7}{16}$

즉, $p=16,\ q=7$이므로

$p+q=16+7=23$

해설특강 ✎

why? ❶ 함수 $f(x)$는 양의 실수 전체의 집합에서 증가하므로 두 함수
$y=f(x),\ y=f^{-1}(x)$의 그래프의 교점은 직선 $y=x$ 위에 있다.
즉, $f(k)=f^{-1}(k)$이므로 $f(k)=k$이다.

how? ❷ $f(x)=\dfrac{4x^2}{x^2+x+2}$에서

$f'(x)=\dfrac{4x(x+4)}{(x^2+x+2)^2}$

$\therefore f'(2)=\dfrac{48}{64}=\dfrac{3}{4}$

핵심 개념 **평균값 정리 (수학Ⅱ)**

함수 $f(x)$가 닫힌구간 $[a, b]$에서 연속이고 열린
구간 (a, b)에서 미분가능할 때,

$\dfrac{f(b)-f(a)}{b-a}=f'(c)$

인 c가 a와 b 사이에 적어도 하나 존재한다.

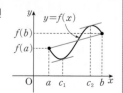

출제영역 **역함수의 미분법**

역함수의 정의와 역함수의 미분법을 이해하여 함수 $f(x)$를 구하고, 함수 $f(x)$에
대한 미분계수를 구할 수 있는지를 묻는 문제이다.

최고차항의 계수가 1인 삼차함수 $f(x)$의 역함수를 $g(x)$라 할 **❶**
때, 함수 $g(x)$가 다음 조건을 만족시킨다.

  ㈎ $g'(x)$는 $x=2$에서 최댓값을 갖는다.
  ㈏ $\displaystyle\lim_{x\to 2}\dfrac{f(x)-g(x)}{(x-2)f(x)}=\dfrac{3}{4}$ **❷**

$f(5)$의 값을 구하시오. 35

출제코드 **도함수의 정의를 이용하기 위하여 식 변형하기**

❶ 역함수가 존재함을 이용하여 $f'(x)$의 값의 범위를 구한다.
❷ 도함수의 정의를 이용하기 위해서 식을 변형하여 함수 $f(x)$를 구한다.

해설 **|1단계| 두 함수 $f(x),\ g(x)$가 역함수 관계임을 이용하여 $f(2),\ f'(2)$의 값 구하기**

삼차함수 $f(x)$의 최고차항의 계수가 1이고 역함수 $g(x)$가 존재하므
로 $f(x)$는 증가함수이다.   └ 함수 $f(x)$는
          일대일대응이다.

$\therefore f'(x)\ge 0$

조건 ㈏에서 $x\to 2$일 때 극한값이 존재하고 (분모) $\to 0$이므로
(분자) $\to 0$이어야 한다.

즉, $\displaystyle\lim_{x\to 2}\{f(x)-g(x)\}=0$에서 $f(2)-g(2)=0$

$\therefore f(2)=g(2)$ …… ㉠

이때 두 함수 $f(x),\ g(x)$는 서로 역함수 관계이고 함수 $f(x)$가 증가
함수이면 함수 $g(x)$도 증가함수이므로

$f(2)=g(2)=2$ **why? ❶**   …… ㉡

$\therefore \displaystyle\lim_{x\to 2}\dfrac{f(x)-g(x)}{(x-2)f(x)}$

$\quad =\displaystyle\lim_{x\to 2}\dfrac{f(x)-f(2)-g(x)+g(2)}{(x-2)f(x)}\ (\because ㉠)$

$\quad =\displaystyle\lim_{x\to 2}\left[\left\{\dfrac{f(x)-f(2)}{x-2}-\dfrac{g(x)-g(2)}{x-2}\right\}\times\dfrac{1}{f(x)}\right]$

$\quad =\dfrac{1}{2}\{f'(2)-g'(2)\}\ (\because ㉡)$

즉, $\dfrac{1}{2}\{f'(2)-g'(2)\}=\dfrac{3}{4}$이고 $g'(2)=\dfrac{1}{f'(2)}$이므로 **why? ❷**

$\dfrac{1}{2}\left\{f'(2)-\dfrac{1}{f'(2)}\right\}=\dfrac{3}{4}$

$2\{f'(2)\}^2-3f'(2)-2=0$

$\{2f'(2)+1\}\{f'(2)-2\}=0$

$\therefore f'(2)=2\ (\because f'(x)\ge 0)$ …… ㉢

|2단계| 함수 $f(x)$를 구하여 $f(5)$의 값 구하기

최고차항의 계수가 1인 삼차함수 $f(x)$를 $f(x)=x^3+ax^2+bx+c$
($a,\ b,\ c$는 상수)라 하면

$f'(x)=3x^2+2ax+b=3\left(x+\dfrac{a}{3}\right)^2+b-\dfrac{a^2}{3}$

조건 ㈎에서 $g'(x)$는 $x=2$에서 최댓값을 가지므로 $f'(x)$는 $x=2$에
서 최솟값을 갖는다. **why? ❷**

이때 ⓒ에서 $f'(2)=2$이고, 이차함수 $y=f'(x)$의 그래프의 꼭짓점의 좌표는 $(2, 2)$이므로

$$-\frac{a}{3}=2,\ b-\frac{a^2}{3}=2$$

$$\therefore a=-6,\ b=14$$

$$\therefore f(x)=x^3-6x^2+14x+c$$

ⓛ에서 $f(2)=2$이므로

$$f(2)=8-24+28+c=2 \qquad \therefore c=-10$$

$$\therefore f(x)=x^3-6x^2+14x-10$$

따라서 구하는 값은

$$f(5)=125-150+70-10=35$$

해설 특강 ✎

why? ❶ 함수 $f(x)$는 증가함수이고 두 함수 $f(x)$, $g(x)$가 서로 역함수 관계에 있으므로 두 함수의 그래프의 교점은 직선 $y=x$ 위에 있다.
즉, 두 함수 $f(x)$, $g(x)$는 점 $(2, 2)$를 지나므로
$$f(2)=g(2)=2$$

why? ❷ 미분가능한 함수 $f(x)$의 역함수 $g(x)$가 존재하고 미분가능할 때, $g(x)$의 도함수는
$$g'(x)=\frac{1}{f'(g(x))}\ (단,\ f'(g(x))\neq 0)$$
따라서 함수 $g'(x)$가 $x=2$에서 최댓값을 가지므로 함수 $f'(x)$는 $x=2$에서 최솟값을 갖는다.

7
|정답 ④

역함수의 미분계수를 이용하여 원래 함수의 식을 구하고, 미지수의 값을 구할 수 있는지를 묻는 문제이다.

> 두 양수 a, b $(a\leq b)$에 대하여 $f(x)=a\sin x+b(x+1)$의 역함수를 $g(x)$라 하자. $\lim_{x\to\pi}\dfrac{xg(x)}{x-\pi}=\dfrac{2}{3}$❶일 때, $a+2b$의 값은?
>
> ① π ② $\dfrac{3}{2}\pi$ ③ 2π
>
> ✓④ $\dfrac{5}{2}\pi$ ⑤ 3π

출제코드 곱의 미분법을 이용하여 미정계수 구하기
❶ $\lim_{x\to\pi}\dfrac{h(x)-h(\pi)}{x-\pi}$가 되도록 하는 함수 $h(x)$를 찾아 미정계수를 구한다.

해설 |1단계| b의 값 구하기

$\lim_{x\to\pi}\dfrac{xg(x)}{x-\pi}=\dfrac{2}{3}$에서 $x\to\pi$일 때 극한값이 존재하고 (분모) $\to 0$이므로 (분자) $\to 0$이어야 한다.

즉, $\lim_{x\to\pi}xg(x)=0$에서 $\pi g(\pi)=0$

$$\therefore g(\pi)=0$$

이때 두 함수 $f(x)$, $g(x)$는 서로 역함수 관계이므로

$$f(0)=\pi$$

$f(x)=a\sin x+b(x+1)$에서

$$f(0)=a\sin 0+b(0+1)=\pi$$

$$\therefore b=\pi$$

|2단계| 함수 $h(x)=xg(x)$로 놓고 미분계수의 정의를 이용하여 a의 값 구하기

$h(x)=xg(x)$로 놓으면 $h(\pi)=\pi g(\pi)=0$이므로

$$\lim_{x\to\pi}\frac{xg(x)}{x-\pi}=\lim_{x\to\pi}\frac{h(x)}{x-\pi}$$

$$=\lim_{x\to\pi}\frac{h(x)-h(\pi)}{x-\pi}=h'(\pi)$$

$h'(x)=g(x)+xg'(x)$에서

$$h'(\pi)=g(\pi)+\pi g'(\pi)$$

$$=0+\pi\times\frac{1}{f'(g(\pi))}=\frac{\pi}{f'(0)}$$

이때 $h'(\pi)=\dfrac{2}{3}$이므로 $\dfrac{\pi}{f'(0)}=\dfrac{2}{3}$

$$\therefore f'(0)=\frac{3}{2}\pi$$

$f'(x)=a\cos x+b$에서

$$f'(0)=a\cos 0+b=a+\pi=\frac{3}{2}\pi$$

$$\therefore a=\frac{\pi}{2}$$

|3단계| $a+2b$의 값 구하기

따라서 구하는 값은

$$a+2b=\frac{\pi}{2}+2\pi=\frac{5}{2}\pi$$

핵심 개념 함수의 곱의 미분법 (수학Ⅱ)

> 두 함수 $f(x)$, $g(x)$가 미분가능할 때
> (1) $\{f(x)g(x)\}'=f'(x)g(x)+f(x)g'(x)$
> (2) $[\{f(x)\}^n]'=n\{f(x)\}^{n-1}f'(x)$ (단, n은 자연수)

8
|정답 **40**

미분계수의 정의를 이용할 수 있도록 식을 변형하고, 역함수의 성질과 역함수의 미분법을 이용하여 미분가능하지 않을 때의 값을 구할 수 있는지를 묻는 문제이다.

> 최고차항의 계수가 1인 삼차함수 $f(x)$의 역함수를 $g(x)$❶라 할 때, 함수 $f(x)$, $g(x)$가 다음 조건을 만족시킨다.
>
> ㈎ $\lim_{x\to 1}\dfrac{\{f(x)\}^3-\{g(x)\}^3}{x-1}=8$❷
>
> ㈏ 함수 $g(x)$는 $x=k$에서만 미분가능하지 않다.
>
> $20k$의 값을 구하시오. (단, $f(1)\neq 0$이고, $k>1$이다.) 40

출제코드 미분계수의 정의를 이용할 수 있도록 식 변형하기
❶ 함수 $f(x)$는 역함수를 가지므로 일대일대응이고, 증가함수임을 이용한다.
❷ 미분계수의 정의를 이용할 수 있도록 식을 변형하여 $f'(1)$의 값을 구한다.

해설 |1단계| 조건 ㈏를 이용하여 함수 $f'(x)$의 식 추론하기

최고차항의 계수가 1인 삼차함수 $f(x)$를

$f(x)=x^3+ax^2+bx+c$ (a, b, c는 상수)

로 놓으면

$f'(x)=3x^2+2ax+b$ …… ㉠

삼차함수 $f(x)$의 최고차항의 계수가 1이고 그 역함수 $g(x)$가 존재하므로 $f(x)$는 증가함수이다.

$\therefore f'(x)\geq 0$

조건 ㈏에서 함수 $g(x)$는 $x=k$에서만 미분가능하지 않으므로

$g(k)=a$, 즉 $f(a)=k$라 하면

$f'(a)=0$ **why?** ❶

$\therefore f'(x)=3(x-a)^2$

$\qquad\quad =3x^2-6ax+3a^2$ …… ㉡

㉠, ㉡에서

$a=-3a$, $b=3a^2$

|2단계| 조건 ㈎를 이용하여 $f'(1)$의 값 구하기

$\displaystyle\lim_{x\to 1}\frac{\{f(x)\}^3-\{g(x)\}^3}{x-1}=8$에서 $x\to 1$일 때 극한값이 존재하고

(분모) $\to 0$이므로 (분자) $\to 0$이어야 한다.

즉, $\displaystyle\lim_{x\to 1}[\{f(x)\}^3-\{g(x)\}^3]=0$에서

$\{f(1)\}^3-\{g(1)\}^3=0$

$\{f(1)-g(1)\}[\{f(1)\}^2+f(1)g(1)+\{g(1)\}^2]=0$

이때 $f(1)\neq 0$이므로

$\{f(1)\}^2+f(1)g(1)+\{g(1)\}^2=\dfrac{3}{4}\{f(1)\}^2+\left\{\dfrac{1}{2}f(1)+g(1)\right\}^2>0$

$\therefore f(1)=g(1)$

함수 $y=f(x)$와 함수 $y=g(x)$의 그래프의 교점은 직선 $y=x$ 위에 있으므로

$f(1)=g(1)=1$ …… ㉢

한편,

$\displaystyle\lim_{x\to 1}\frac{\{f(x)\}^3-\{g(x)\}^3}{x-1}$

$=\displaystyle\lim_{x\to 1}\frac{f(x)-g(x)}{x-1}\times[\{f(x)\}^2+f(x)g(x)+\{g(x)\}^2]$

$=\displaystyle\lim_{x\to 1}\frac{\{f(x)-1\}-\{g(x)-1\}}{x-1}\times[\{f(x)\}^2+f(x)g(x)+\{g(x)\}^2]$

$=\{f'(1)-g'(1)\}\times[\{f(1)\}^2+f(1)g(1)+\{g(1)\}^2]$

$=\left\{f'(1)-\dfrac{1}{f'(1)}\right\}\times 3$ $(\because ㉢)$

즉, $\left\{f'(1)-\dfrac{1}{f'(1)}\right\}\times 3=8$이므로 양변에 $f'(1)$을 곱하여 정리하면

$3\{f'(1)\}^2-8f'(1)-3=0$

$\{3f'(1)+1\}\{f'(1)-3\}=0$

$\therefore f'(1)=3$ $(\because f'(x)\geq 0)$

|3단계| 함수 $f(x)$를 구하여 $20k$의 값 구하기

$f'(x)=3(x-a)^2$에 $x=1$을 대입하면

$f'(1)=3(a-1)^2=3$

$a-1=\pm 1$

$\therefore a=0$ 또는 $a=2$

이때 $f(1)=1$, $f(a)=k$이고, $k>1$이므로 $a>1$이다.

$\therefore a=2$

$a=-3a=-6$, $b=3a^2=12$이므로

$f(x)=x^3-6x^2+12x+c$

$f(1)=1$에서

$1-6+12+c=1$

$\therefore c=-6$

따라서 $f(x)=x^3-6x^2+12x-6$이므로

$k=f(a)=f(2)=8-24+24-6=2$

$\therefore 20k=20\times 2=40$

해설특강 ✎

why? ❶ $g'(x)=\dfrac{1}{f'(g(x))}$이므로 함수 $g(x)$가 $x=k$에서 미분가능하지 않으려면

$f'(g(k))=0$

이어야 한다.

이때 $g(k)=a$이므로 $f'(a)=0$

본문 41쪽

기출예시 1 | 정답 ③

$f(x)=\cos x+2x\sin x$이므로

$f'(x)=-\sin x+2\sin x+2x\cos x$

$\qquad =\sin x+2x\cos x$

ㄱ. 함수 $f(x)$가 $x=\alpha$에서 극값을 가지므로

$f'(\alpha)=0$

$\sin \alpha+2\alpha\cos \alpha=0$

$\dfrac{\sin \alpha}{\cos \alpha}=-2\alpha$

$\therefore \tan \alpha=-2\alpha$

$\therefore \tan (\alpha+\pi)=\tan \alpha=-2\alpha$ (참)

ㄴ. $f'(x)=0$에서 $\sin x+2x\cos x=0$

$\dfrac{\sin x}{\cos x}=-2x$

$\therefore \tan x=-2x$

열린구간 $(0,\ 2\pi)$에서 두 함수 $g(x)=\tan x$, $y=-2x$의 그래프는 다음 그림과 같고, 교점의 x좌표는 α, β이다.

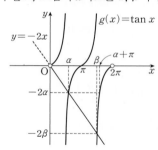

이때 $g(\alpha+\pi)=g(\alpha)$이고, $g'(\alpha)$, $g'(\beta)$는 각각 $x=\alpha$, $x=\beta$인 점에서의 접선의 기울기와 같으므로

$g'(\alpha+\pi)<g'(\beta)$ (참)

ㄷ. $\tan (\alpha+\pi)=-2\alpha$, $\tan \beta=-2\beta$이므로

$\dfrac{2(\beta-\alpha)}{\alpha+\pi-\beta}=\dfrac{\tan (\alpha+\pi)-\tan \beta}{(\alpha+\pi)-\beta}$

즉, $\dfrac{2(\beta-\alpha)}{\alpha+\pi-\beta}$는 함수 $g(x)=\tan x$의 그래프 위의 두 점 $(\beta,\ \tan \beta)$, $(\alpha+\pi,\ \tan (\alpha+\pi))$를 지나는 직선의 기울기와 같다.

또, $g'(x)=\sec^2 x$에서

$\sec^2 \alpha=g'(\alpha)=g'(\alpha+\pi)$

는 함수 $y=g(x)$의 그래프 위의 $x=\alpha+\pi$인 점에서의 접선의 기울기와 같다.

이때 열린구간 $(\beta,\ \alpha+\pi)$에서 $g'(x)$는 감소하므로

$g''(x)<0$

즉, 함수 $y=g(x)$의 그래프가 위로 볼록하므로

$\dfrac{2(\beta-\alpha)}{\alpha+\pi-\beta}>\sec^2 \alpha$ (거짓)

따라서 옳은 것은 ㄱ, ㄴ이다.

06-1 그래프의 개형 추론 – 극대·극소, 최대·최소, 방정식의 실근의 개수

1등급 완성 3단계 문제연습

본문 42~46쪽

1 27	**2** 54	**3** 15	**4** 8	**5** ⑤
6 4	**7** 21	**8** ②	**9** ④	

1 2019학년도 수능 가 30 [정답률 7%]　　　　　| 정답 **27**

출제영역 함수의 극대·극소

다항함수 $f(x)$와 삼각함수를 포함한 함수 $g(x)$에 대하여 극대·극소에 대한 조건을 이용하여 함수의 특성을 파악하고, 함수 $g(x)$의 미분계수를 구할 수 있는지를 묻는 문제이다.

최고차항의 계수가 6π인 삼차함수 $f(x)$에 대하여 함수 $g(x)=\dfrac{1}{2+\sin (f(x))}$이 $x=\alpha$에서 극대 또는 극소이고, $\alpha\geq 0$❶ 인 모든 α를 작은 수부터 크기순으로 나열한 것을 α_1, α_2, α_3, α_4, α_5, …라 할 때, $g(x)$는 다음 조건을 만족시킨다.

(가) $\alpha_1=0$이고 $g(\alpha_1)=\dfrac{2}{5}$이다.❷

(나) $\dfrac{1}{g(\alpha_5)}=\dfrac{1}{g(\alpha_2)}+\dfrac{1}{2}$❷

$g'\left(-\dfrac{1}{2}\right)=a\pi$라 할 때, a^2의 값을 구하시오. $\left($단, $0<f(0)<\dfrac{\pi}{2}\right)$ 27

킬러코드 극대 또는 극소를 가질 조건을 이용하여 식 세우기

❶ 함수 $g(x)$가 $x=\alpha$에서 극값을 가지므로 $g'(x)$를 구하여 $g'(\alpha)=0$이 되는 식을 찾는다.

❷ ❶에서 구한 식과 조건 (가), (나)를 이용하여 이를 만족시키는 함수 $f(x)$의 식을 구한다.

해설 | **1단계** | 조건 (가)를 이용하여 함수 $f(x)$의 식 세우기

$g(x)=\dfrac{1}{2+\sin (f(x))}$에서

$g'(x)=\dfrac{-\cos(f(x))\times f'(x)}{\{2+\sin (f(x))\}^2}$

$g'(x)=0$에서

$\cos (f(x))=0$ 또는 $f'(x)=0$

이때 함수 $g(x)$가 $x=\alpha$에서 극대 또는 극소이므로 $x=\alpha_1=0$에서도 극대 또는 극소이다.

따라서 $g'(\alpha_1)=0$, 즉 $g'(0)=0$이므로

$\cos (f(0))=0$ 또는 $f'(0)=0$

그런데 $\cos (f(0))=0$이면 $\sin^2 (f(0))+\cos^2 (f(0))=1$에서

$\sin (f(0))=-1$ 또는 $\sin (f(0))=1$

$\therefore g(0)=1$ 또는 $g(0)=\dfrac{1}{3}$

이것은 조건 (가)를 만족시키지 않으므로

$f'(0)=0$　　　　　……㉠

또, 조건 (가)에서 $g(0)=\dfrac{2}{5}$이므로

$\dfrac{1}{2+\sin(f(0))}=\dfrac{2}{5}$, $\sin(f(0))=\dfrac{1}{2}$

이때 $0<f(0)<\dfrac{\pi}{2}$이므로 $f(0)=\dfrac{\pi}{6}$　　$\cdots\cdots$ ⓛ

함수 $f(x)$는 최고차항의 계수가 6π인 삼차함수이므로 ㉠, ㉡에 의하여

$f(x)=6\pi x^3+kx^2+\dfrac{\pi}{6}$ (k는 상수)

로 놓을 수 있다. **how?** ❶

|2단계| 조건 (나)를 이용하여 $f(\alpha_5)$의 값 구하기

한편, 조건 (나)에서 $\dfrac{1}{g(\alpha_5)}-\dfrac{1}{g(\alpha_2)}=\dfrac{1}{2}$이므로

$\{2+\sin(f(\alpha_5))\}-\{2+\sin(f(\alpha_2))\}=\dfrac{1}{2}$

$\therefore \sin(f(\alpha_5))-\sin(f(\alpha_2))=\dfrac{1}{2}$　　$\cdots\cdots$ ㉢

이때 $g'(\alpha_5)=0$에서

$\cos(f(\alpha_5))=0$ 또는 $f'(\alpha_5)=0$

$g'(\alpha_2)=0$에서

$\cos(f(\alpha_2))=0$ 또는 $f'(\alpha_2)=0$

(ⅰ) $\cos(f(\alpha_5))=0$, $\cos(f(\alpha_2))=0$인 경우

$\sin(f(\alpha_5))=\pm1$, $\sin(f(\alpha_2))=\pm1$

이므로 ㉢을 만족시키지 않는다.

(ⅱ) $f'(\alpha_5)=0$, $f'(\alpha_2)=0$인 경우

이차함수 $f'(x)$에 대하여 ── $f(x)$가 삼차함수이므로
$f'(\alpha_1)=f'(\alpha_2)=f'(\alpha_5)=0$ ($\because$ ㉠) ── $f'(x)$는 이차함수이다.

이므로 $f(x)$가 삼차함수라는 조건에 모순이다.

(ⅲ) $\cos(f(\alpha_5))=0$, $f'(\alpha_2)=0$인 경우

$\cos(f(\alpha_5))=0$에서 $\sin(f(\alpha_5))=\pm1$

$\sin(f(\alpha_5))=-1$이면 ㉢에서 $\sin(f(\alpha_2))=-\dfrac{3}{2}$이므로 모순이

다. **why?** ❷

$\therefore \sin(f(\alpha_5))\ne-1$

$\sin(f(\alpha_5))=1$이면 ㉢에서 $\sin(f(\alpha_2))=\dfrac{1}{2}$

함수 $y=f(x)$의 그래프는 오른쪽

그림과 같으므로

$f(\alpha_2)<f(\alpha_1)=\dfrac{\pi}{6}$

또, $\alpha_1<x<\alpha_2$에서

$\cos(f(x))\ne0$이므로

$f(\alpha_2)>-\dfrac{\pi}{2}$ ($\because \cos\left(-\dfrac{\pi}{2}\right)=0$)

$\therefore -\dfrac{\pi}{2}<f(\alpha_2)<\dfrac{\pi}{6}$

$a_1<x<a_2$에서 $\cos(f(x))=0$ 을 만족시키는 x의 값은 수열 $\{a_n\}$의 항이 되므로 $\cos(f(x))\ne0$이다.

따라서 $\sin(f(\alpha_2))=\dfrac{1}{2}$을 만족시키는 α_2의 값은 존재하지 않는다.

(ⅳ) $\cos(f(\alpha_2))=0$, $f'(\alpha_5)=0$인 경우

$\cos(f(\alpha_2))=0$에서 $\sin(f(\alpha_2))=\pm1$

$\sin(f(\alpha_2))=1$이면 ㉢에서 $\sin(f(\alpha_5))=\dfrac{3}{2}$이므로 모순이다.

why? ❷

$\therefore \sin(f(\alpha_2))\ne1$

$\sin(f(\alpha_2))=-1$이면 ㉢에서 $\sin(f(\alpha_5))=-\dfrac{1}{2}$

이때 $\cos(f(\alpha_2))=0$, $\cos(f(\alpha_3))=0$, $\cos(f(\alpha_4))=0$이어야

하므로 **why?** ❸

$f(\alpha_2)=-\dfrac{\pi}{2}$, $f(\alpha_3)=-\dfrac{3}{2}\pi$, $f(\alpha_4)=-\dfrac{5}{2}\pi$

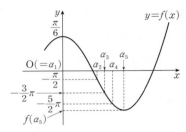

또, $\alpha_4<x<\alpha_5$에서 $\cos(f(x))\ne0$이므로

$-\dfrac{7}{2}\pi<f(\alpha_5)<-\dfrac{5}{2}\pi$

그런데 $\sin(f(\alpha_5))=-\dfrac{1}{2}$이므로

$f(\alpha_5)=-3\pi+\dfrac{\pi}{6}$　　$\cdots\cdots$ ㉣

|3단계| $g'\left(-\dfrac{1}{2}\right)$의 값을 구하여 a^2의 값 계산하기

$f(x)=6\pi x^3+kx^2+\dfrac{\pi}{6}$에서

$f'(x)=18\pi x^2+2kx=2x(9\pi x+k)$

$f'(x)=0$에서 $x=-\dfrac{k}{9\pi}$ 또는 $x=0$

즉, $\alpha_5=-\dfrac{k}{9\pi}$이므로

$f(\alpha_5)=f\left(-\dfrac{k}{9\pi}\right)=6\pi\times\left(-\dfrac{k}{9\pi}\right)^3+k\times\left(-\dfrac{k}{9\pi}\right)^2+\dfrac{\pi}{6}$

$=\dfrac{k^3}{243\pi^2}+\dfrac{\pi}{6}=-3\pi+\dfrac{\pi}{6}$ ($\because$ ㉣)

$\dfrac{k^3}{243\pi^2}=-3\pi$, $k^3=(-9\pi)^3$　　$\therefore k=-9\pi$

따라서 $f(x)=6\pi x^3-9\pi x^2+\dfrac{\pi}{6}$, $f'(x)=18\pi x^2-18\pi x$이므로

$f\left(-\dfrac{1}{2}\right)=-3\pi+\dfrac{\pi}{6}$, $f'\left(-\dfrac{1}{2}\right)=\dfrac{27}{2}\pi$

$\therefore \sin\left(f\left(-\dfrac{1}{2}\right)\right)=\sin\left(-3\pi+\dfrac{\pi}{6}\right)=-\sin\dfrac{\pi}{6}=-\dfrac{1}{2}$

$\cos\left(f\left(-\dfrac{1}{2}\right)\right)=\cos\left(-3\pi+\dfrac{\pi}{6}\right)=-\cos\dfrac{\pi}{6}=-\dfrac{\sqrt{3}}{2}$

$\therefore g'\left(-\dfrac{1}{2}\right)=\dfrac{-\cos\left(f\left(-\dfrac{1}{2}\right)\right)\times f'\left(-\dfrac{1}{2}\right)}{\left\{2+\sin\left(f\left(-\dfrac{1}{2}\right)\right)\right\}^2}$

$=\dfrac{-\left(-\dfrac{\sqrt{3}}{2}\right)\times\dfrac{27}{2}\pi}{\left(2-\dfrac{1}{2}\right)^2}$

$=\dfrac{27\sqrt{3}}{4}\pi\times\dfrac{4}{9}$

$=3\sqrt{3}\pi$

즉, $a=3\sqrt{3}$이므로

$a^2=(3\sqrt{3})^2=27$

해설특강 ✏️

how? ❶ 함수 $f(x)$는 최고차항의 계수가 6π인 삼차함수이고 $f(0)=\dfrac{\pi}{6}$이므로

$$f(x)=6\pi x^3+kx^2+sx+\dfrac{\pi}{6} \quad (k, s\text{는 상수})$$

로 놓으면

$$f'(x)=18\pi x^2+2kx+s$$

이때 ㉠에 의하여 $f'(0)=0$이므로

$$s=0$$

$$\therefore f(x)=6\pi x^3+kx^2+\dfrac{\pi}{6} \quad (\text{단}, k\text{는 상수})$$

why? ❷ 임의의 실수 x에 대하여 $-1\leq \sin x \leq 1$이므로

$$-1\leq \sin(f(a_2))\leq 1, \ -1\leq \sin(f(a_5))\leq 1$$

why? ❸ 이차함수 $f'(x)$에 대하여

$$f'(a_1)=0, \ f'(a_5)=0$$

이므로 a_2, a_3, a_4는 이차방정식 $f'(x)=0$의 해가 될 수 없다.

즉, $f'(a_2)\neq 0, \ f'(a_3)\neq 0, \ f'(a_4)\neq 0$

그런데 함수 $g(x)$는 $x=a_2, a_3, a_4$에서 극대 또는 극소이므로

$$g'(a_2)=g'(a_3)=g'(a_4)=0$$

$$\therefore \cos(f(a_2))=0, \ \cos(f(a_3))=0, \ \cos(f(a_4))=0$$

---

2 2021학년도 수능 가 30 [정답률 11%] 변형 | **정답 54**

출제영역 삼각함수의 도함수＋함수의 최대·최소, 극대·극소

삼각함수의 대칭성, 주기성과 삼각함수의 도함수를 이용하여 주어진 합성함수의 특성을 찾아 삼차함수를 추론할 수 있는지를 묻는 문제이다.

최고차항의 계수가 1인 삼차함수 $f(x)$에 대하여 실수 전체의 집합에서 정의된 함수 $g(x)=f(2\sin^3|\pi x|+2)$가 다음 조건을 ❶ 만족시킨다.

> (가) 함수 $g(x)$의 최댓값은 4이고 최솟값은 0이다. ❷
>
> (나) $-1<x<1$에서 함수 $g(x)$가 극값을 갖도록 하는 서로 다른 x의 값의 개수는 7이다. ❸
>
> (다) $-1<x<1$에서 함수 $g(x)$의 서로 다른 극값의 개수는 3이고, $-2<x<2$에서 함수 $g(x)$의 서로 다른 극값의 개수도 3이다. 이때 극댓값은 2 또는 4이다. ❹

$f(6)$의 값을 구하시오. (단, $f(0)<2$) 54

킬러코드 삼각함수의 대칭성, 주기성을 이용하여 삼차함수의 그래프의 개형을 파악하여 조건을 만족시키는 삼차함수 추론하기

❶ $h(x)=2\sin^3|\pi x|+2$로 놓으면 $g(x)=f(h(x))$이므로 함수 $h(x)$의 그래프의 성질을 먼저 파악한다.

❷ $0\leq h(x)\leq 4$이므로 $0\leq x\leq 4$에서 함수 $f(x)$의 최댓값은 4이고 최솟값은 0임을 알 수 있다.

❸ $0<x<1$에서 극값을 갖도록 하는 x의 개수와 $-1<x<0$에서 극값을 갖도록 하는 x의 개수가 서로 같음을 파악한다.

❹ $-2<x<2$에서의 함수 $g(x)$의 극값은 $-1<x<1$에서의 극값과 서로 같음을 파악한다.

해설 | **1단계** | 함수 $y=2\sin^3|\pi x|+2$의 그래프 그리기

함수 $y=2\sin^3\pi x+2$의 주기는 $\dfrac{2\pi}{\pi}=2$

$h(x)=2\sin^3|\pi x|+2$로 놓으면 $h(x)=h(-x)$이므로 함수 $y=h(x)$의 그래프는 y축에 대하여 대칭이다.

따라서 함수 $y=h(x)$의 그래프는 다음 그림과 같다.

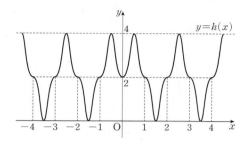

| 2단계 | $-1<x<1$에서 함수 $g(x)$의 극값 파악하기

$0\leq h(x)\leq 4$이고, 조건 (가)에서 함수 $g(x)=f(h(x))$의 최댓값은 4, 최솟값은 0이므로 $0\leq x\leq 4$에서 함수 $f(x)$의 최댓값과 최솟값은 각각 4, 0이고 4와 0은 함수 $g(x)$의 양 끝 점의 함숫값이거나 극값이어야 한다. **why? ❶**

따라서 함수 $y=g(x)$의 그래프가 y축에 대하여 대칭이므로 조건 (다)에 의하여 $-1<x<1$에서 함수 $g(x)$는 0, 2, 4만을 극값으로 갖는다. **why? ❷**

$x=0$에서 극값 $g(0)=f(h(0))=f(2)$를 갖는다.

또, $0<x<1$에서 $h(1-x)=h(x)$이므로 **why? ❸**

함수 $y=g(x)$의 그래프는 직선 $x=\dfrac{1}{2}$에 대하여 대칭이다.

즉, 함수 $g(x)$는 $x=\dfrac{1}{2}$에서 극값 $g\left(\dfrac{1}{2}\right)=f\left(h\left(\dfrac{1}{2}\right)\right)=f(4)$를 갖는다.

이때 $g(0)=f(2)$의 값은 0 또는 2 또는 4이므로 다음과 같이 경우를 나누어 생각할 수 있다.

| 3단계 | $g(0)=f(2)$의 값이 0, 2, 4인 경우로 나누어 조건을 만족시키는 삼차함수 $f(x)$ 구하기

(i) $g(0)=f(2)=0$인 경우

조건 (나)에 의하여 $0\leq x\leq 1$에서 함수 $g(x)$는 극댓값 2와 4를 모두 가져야 하고 극값을 갖도록 하는 x의 개수가 3이어야 하므로 $0\leq x\leq 1$에서의 함수 $y=g(x)$의 그래프와 $2\leq x\leq 4$에서의 함수 $y=f(x)$의 그래프는 다음 그림과 같다. **why? ❹**

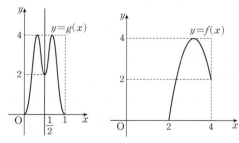

$f(2)=0, \ f(4)=2$이고 $2\leq x\leq 4$에서 함수 $f(x)$는 극댓값 4를 가져야 한다.

그런데 $f(x)$의 최고차항의 계수가 1이므로 $x<2$에서 $f(x)<0$이 되어 조건 (가)를 만족시키지 않는다.

(ii) $g(0)=f(2)=2$인 경우

조건 (나)에 의하여 $0 \le x \le 1$에서 함수 $g(x)$는 극댓값 2와 극값 0과 4를 모두 가져야 하고 극값을 갖도록 하는 x의 개수가 3이어야 하므로 $0 \le x \le 1$에서의 함수 $y=g(x)$의 그래프와 $2 \le x \le 4$에서의 함수 $y=f(x)$의 그래프는 다음 그림과 같다. **why? ❹**

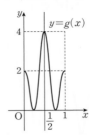 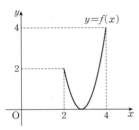

$f(2)=2$, $f(4)=4$이고 $2 \le x \le 4$에서 함수 $f(x)$는 극솟값 0을 가져야 하므로

$f(x)=(x-2)(x-4)(x-a)+x$ (a는 상수)

로 놓을 수 있다.

$1 \le x \le 2$에서 함수 $y=h(x)$의 그래프가 직선 $x=\dfrac{3}{2}$에 대하여 대칭이므로 함수 $g(x)$는 $x=\dfrac{3}{2}$에서 극값 $g\left(\dfrac{3}{2}\right)=f\left(h\left(\dfrac{3}{2}\right)\right)=f(0)$을 갖는다.

$\therefore f(0)=0$ 또는 $f(0)=2$ 또는 $f(0)=4$

이때 $f(0)<2$이므로

$f(0)=0$

즉, $a=0$이므로

$f(x)=x(x-2)(x-4)+x=x(x-3)^2$

(iii) $g(0)=f(2)=4$인 경우

조건 (나)에 의하여 $0 \le x \le 1$에서 함수 $g(x)$는 극댓값 2와 극솟값 0을 가져야 하고 극값을 갖도록 하는 x의 개수가 3개이어야 하므로 $0 \le x \le 1$에서의 함수 $y=g(x)$의 그래프와 $2 \le x \le 4$에서의 함수 $y=f(x)$의 그래프는 다음 그림과 같다. **why? ❹**

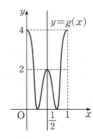 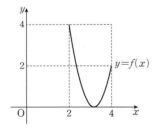

$f(2)=4$, $f(4)=2$이고 $2 \le x \le 4$에서 함수 $f(x)$는 극솟값 0을 가져야 하므로 $x=2$에서 함수 $f(x)$는 극댓값 4를 갖고 $f(0) \ge 0$이어야 한다.

즉, $f(x)=(x-2)^2(x-a)+4$ ($a>4$)로 놓을 수 있다.

그런데 $f(0)=-4a+4<0$이므로 조건 (가)를 만족시키지 않는다.

|4단계| $f(6)$의 값 구하기

(i), (ii), (iii)에 의하여

$f(x)=x(x-3)^2$

$\therefore f(6)=6 \times 3^2=54$

해설특강 ✐

why? ❶ 제한된 구간에서의 최댓값과 최솟값은 양 끝 점의 함숫값이거나 극값 중에 존재한다.

why? ❷ 함수 $g(x)=f(h(x))$에 대하여 함수 $y=h(x)$의 그래프가 y축에 대하여 대칭이면 $h(x)=h(-x)$이므로 $f(h(x))=f(h(-x))$이다. 즉, 함수 $y=f(h(x))$의 그래프도 y축에 대하여 대칭이다.

따라서 모든 실수 x에 대하여 $g(-x)=g(x)$이므로 $-2<x<2$에서의 함수 $g(x)$의 극값은 $0 \le x <2$에서의 극값과 같고, 모든 실수 x에 대하여 $g(x+2)=g(x)$이고 조건 (가)에 의하여 $0 \le x<2$에서 $0 \le g(x) \le 4$이므로 함수 $g(x)$는 반드시 0과 4를 극값으로 갖는다.

또, 조건 (다)에서 $-1<x<1$에서의 극값과 $-2<x<2$에서의 극값이 같으므로 $0<x<1$에서 0과 4를 극값으로 갖는다.

why? ❸ 함수 $y=h(x)$ $(0<x<1)$의 그래프는 직선 $x=\dfrac{1}{2}$에 대하여 대칭이므로 $h\left(\dfrac{1}{2}-x\right)=h\left(\dfrac{1}{2}+x\right)$이다. 이 식에 x 대신 $x-\dfrac{1}{2}$을 대입하면 $h(1-x)=h(x)$이다.

why? ❹ $g(x)=\begin{cases} f(-2\sin^3 \pi x+2) & (x<0) \\ f(2\sin^3 \pi x+2) & (x \ge 0) \end{cases}$에서

$g'(x)=\begin{cases} -6\pi f'(-2\sin^3 \pi x+2)\sin^2 \pi x \cos \pi x & (x<0) \\ 6\pi f'(2\sin^3 \pi x+2)\sin^2 \pi x \cos \pi x & (x>0) \end{cases}$

이때 $\lim\limits_{x \to 0-} g(x)=\lim\limits_{x \to 0+} g(x)=0$이므로 함수 $g(x)$는 $x=0$에서 미분가능하고, $x=0$의 좌우에서 $g'(x)$의 부호가 양에서 음으로 바뀌므로 함수 $g(x)$는 $x=0$에서 극대이다.

또, 모든 실수 x에 대하여 $g(-x)=g(x)$이고 $x=0$에서 극값을 가지므로 조건 (나)에 의하여 $0<x<1$에서 함수 $g(x)$가 극값을 갖도록 하는 서로 다른 x의 값의 개수는 3이어야 한다.

$0<x<1$일 때 $g'(x)=0$에서 $\cos \pi x=0$ 또는 $f'(2\sin^3 \pi x+2)=0$

$\cos \pi x=0$에서 $x=\dfrac{1}{2}$이므로 $f'(2\sin^3 \pi x+2)=0$을 만족시키는 서로 다른 x의 값의 개수는 2이어야 한다.

이때 $0<x<1$에서 $2<\sin^3 \pi x+2 \le 4$이므로 $2<k<4$인 상수 k에 대하여 $f'(k)=0$을 만족시켜야 한다.

---

3 2016학년도 9월 평가원 B 30 [정답률 44%] 변형 　　　　**| 정답 15**

출제영역 평균값 정리＋함수의 최대·최소

평균값 정리를 이용하여 함수의 최댓값에 대한 조건을 만족시키는 함수를 구할 수 있는지를 묻는 문제이다.

양수 a와 두 실수 b, c에 대하여 함수 $f(x)=(ax^2+bx+c)e^x$이 다음 조건을 만족시킨다.

(가) 함수 $f(x)$는 $x=-2\sqrt{2}$와 $x=2\sqrt{2}$에서 극값을 갖는다. ❶

(나) $0 \le x_1 < x_2$인 임의의 두 실수 x_1, x_2에 대하여 $f(x_2)-f(x_1)+2x_2-2x_1 \ge 0$이다. ❷

세 수 a, b, c의 곱 abc의 최댓값을 $\dfrac{k}{e^6}$라 할 때, $10k$의 값을 구하시오. 15

킬러코드 평균값 정리를 이용하여 부등식 변형하기

❶ $x=-2\sqrt{2}$와 $x=2\sqrt{2}$는 방정식 $f'(x)=0$의 두 실근이다.

❷ 평균값 정리로부터 $\dfrac{f(x_2)-f(x_1)}{x_2-x_1}=f'(t)$인 양수 t가 구간 (x_1, x_2)에 존재함을 이용하여 부등식을 변형한다.

|1단계| 도함수 $f'(x)$를 구하여 a, b, c 사이의 관계식 구하기

$f(x)=(ax^2+bx+c)e^x$에서

$f'(x)=(2ax+b)e^x+(ax^2+bx+c)e^x$

$\qquad =\{ax^2+(2a+b)x+b+c\}e^x$

$f'(x)=0$에서

$ax^2+(2a+b)x+b+c=0\ (\because e^x>0)\quad\cdots\cdots\ \ominus$

조건 ㈎에서 $f'(-2\sqrt{2})=0$, $f'(2\sqrt{2})=0$이므로 이차방정식 ㉠의 두 실근은

$x=-2\sqrt{2}$ 또는 $x=2\sqrt{2}$

이차방정식의 근과 계수의 관계에 의하여

$-\dfrac{2a+b}{a}=0$, $\dfrac{b+c}{a}=-8$

$\therefore b=-2a$, $c=-6a$

$\therefore f(x)=(ax^2-2ax-6a)e^x$, $f'(x)=(ax^2-8a)e^x$

|2단계| 평균값 정리를 이용하여 조건 ㈏의 식 변형하기

한편, 조건 ㈏에서 $f(x_2)-f(x_1)+2x_2-2x_1\geq0$의 양변을 x_2-x_1로 나누면

$\dfrac{f(x_2)-f(x_1)}{x_2-x_1}+2\geq0\ (\because x_2-x_1>0)$

이때 함수 $f(x)$는 닫힌구간 $[x_1, x_2]$에서 연속이고 열린구간 (x_1, x_2)에서 미분가능하므로 평균값 정리에 의하여

$\dfrac{f(x_2)-f(x_1)}{x_2-x_1}=f'(t)$

인 t가 구간 (x_1, x_2)에 적어도 하나 존재한다.

즉, 임의의 양수 t에 대하여 $f'(t)+2\geq0$이 성립하므로 $x>0$일 때 부등식 $f'(x)+2\geq0$이 항상 성립한다.

즉, $(ax^2-8a)e^x+2\geq0$이므로

$(x^2-8)e^x\geq-\dfrac{2}{a}\ (\because a>0)\quad\cdots\cdots\ \bigcirc$

|3단계| $x>0$일 때 $f'(x)+2\geq0$이 항상 성립하도록 하는 a의 최댓값 구하기

$g(x)=(x^2-8)e^x\ (x>0)$으로 놓으면

$g'(x)=2xe^x+(x^2-8)e^x$

$\qquad =(x^2+2x-8)e^x$

$\qquad =(x+4)(x-2)e^x$

$g'(x)=0$에서 $x=2\ (\because x>0,\ e^x>0)$

$x>0$일 때 함수 $g(x)$의 증가와 감소를 표로 나타내면 다음과 같다.

x	(0)	$\cdots$	2	$\cdots$
$g'(x)$		$-$	0	$+$
$g(x)$		$\searrow$	$-4e^2$	$\nearrow$

이때 $\lim\limits_{x\to\infty}g(x)=\infty$이므로 함수 $y=g(x)$의 그래프는 오른쪽 그림과 같다.

따라서 함수 $g(x)$는 $x=2$에서 최솟값 $g(2)=-4e^2$을 가지므로 부등식 ㉡에서

$-4e^2\geq-\dfrac{2}{a}$ **why? ❶**

$\therefore a\leq\dfrac{1}{2e^2}$

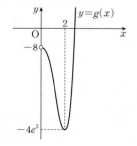

|4단계| k의 값을 구하여 $10k$의 값 계산하기

따라서 abc의 최댓값은 $\dfrac{3}{2e^6}$이므로 **how? ❷**

$k=\dfrac{3}{2}$

$\therefore 10k=10\times\dfrac{3}{2}=15$

why? ❶ $x>0$인 모든 실수 x에 대하여 $g(x)\geq-\dfrac{2}{a}$이려면

$(x>0$에서 $g(x)$의 최솟값$)\geq-\dfrac{2}{a}$

이어야 한다.

how? ❷ $abc=a\times(-2a)\times(-6a)=12a^3$이고, $a\leq\dfrac{1}{2e^2}$이므로

$abc=12a^3\leq12\times\dfrac{1}{8e^6}=\dfrac{3}{2e^6}$

참고 양수 a의 최댓값은 다음과 같이 구할 수도 있다.

조건 ㈏에서 $0\leq x_1<x_2$인 임의의 두 실수 x_1, x_2에 대하여

$f(x_2)-f(x_1)+2x_2-2x_1\geq0$, 즉 $f(x_2)+2x_2\geq f(x_1)+2x_1$

이므로 함수 $f(x)+2x$는 $x\geq0$에서 증가하는 함수이다.

$g(x)=f(x)+2x$로 놓으면 $x\geq0$에서 $g'(x)\geq0$이므로

$g'(x)=f'(x)+2\geq0$

$f'(x)\geq-2$

$(ax^2-8a)e^x\geq-2$

$\therefore (x^2-8)e^x\geq-\dfrac{2}{a}\ (\because a>0)$

이때 $h(x)=(x^2-8)e^x$으로 놓으면 $x\geq0$에서

$(h(x)$의 최솟값$)\geq-\dfrac{2}{a}$

이어야 한다.

$h'(x)=2xe^x+(x^2-8)e^x$

$\qquad =(x^2+2x-8)e^x$

$\qquad =(x+4)(x-2)e^x$

$h'(x)=0$에서

$x=2\ (\because x\geq0,\ e^x>0)$

$x\geq0$에서 함수 $h(x)$의 증가와 감소를 표로 나타내면 다음과 같다.

x	0	$\cdots$	2	$\cdots$
$h'(x)$		$-$	0	$+$
$h(x)$	-8	$\searrow$	$-4e^2$	$\nearrow$

따라서 함수 $h(x)$는 $x=2$에서 극소이면서 최소이므로 최솟값 $h(2)=-4e^2$을 갖는다.

즉, $-4e^2\geq-\dfrac{2}{a}$이므로

$a\leq\dfrac{1}{2e^2}$

핵심 개념 극값과 미분계수 (수학Ⅱ)

함수 $f(x)$가 $x=a$에서 극값을 갖고 a를 포함하는 어떤 열린구간에서 미분가능하면 $f'(a)=0$이다.

출제영역 합성함수의 미분법＋함수의 극대·극소＋방정식의 실근의 개수

합성함수의 미분법을 이용하여 주어진 합성함수의 극값을 갖도록 하는 x의 값을 파악하여 이차함수를 추론할 수 있는지를 묻는 문제이다.

최고차항의 계수가 양수인 이차함수 $f(x)$에 대하여 함수 $g(x)=f(x)e^{f(x)}$이 다음 조건을 만족시킨다. ❶

(가) 함수 $g(x)$가 $x=t$에서 극값을 갖도록 하는 실수 t의 값을 작은 것부터 차례로 나열하면 $t_1, t_2, \cdots, t_n$이고 $\sum\limits_{k=1}^{n} t_k=9$이다.

(나) 방정식 $g(x)=-\dfrac{1}{e}$은 두 실근 α, β를 갖고 $\beta-\alpha=4$이다. ❸

(다) 방정식 $g(x)=-\dfrac{4}{e^4}$는 서로 다른 세 실근을 갖는다. ❸

$f(7)$의 값을 구하시오. **8**

킬러코드 합성함수를 분해한 후 각각의 함수의 특성을 파악하고 합성함수의 미분법을 이용하여 극값을 갖도록 하는 t의 값과 방정식의 해를 찾아 이차함수 추론하기

❶ $h(x)=xe^x$으로 놓으면 $g(x)=h(f(x))$이므로 함수 $h(x)$의 성질을 먼저 파악한다.

❷ 합성함수의 미분법을 이용하여 함수 $g(x)$가 극값을 갖도록 하는 x의 값을 파악한다.

❸ 함수 $y=g(x)$의 그래프와 두 직선 $y=-\dfrac{1}{e}$, $y=-\dfrac{4}{e^4}$와 만나는 점의 x좌표를 파악한다.

해설 |1단계| 함수 $f(x)$의 식 세우기

$h(x)=xe^x$으로 놓으면 $g(x)=h(f(x))$

$h'(x)=(x+1)e^x$이므로 함수 $h(x)$는 $x=-1$에서 최솟값 $-\dfrac{1}{e}$을 갖는다. **how? ❶**

조건 (나)에서 $h(f(x))=-\dfrac{1}{e}$, 즉 $f(x)=-1$인 x의 값이 α, β의 2개가 존재하고, 이차함수 $f(x)$의 최고차항의 계수가 양수이므로 $f(x)$의 최솟값은 -1보다 작아야 한다.

즉, $f(x)=a(x-p)^2+q$ $(a>0)$로 놓으면 $q<-1$이다.

|2단계| 함수 $g(x)$가 극값을 갖도록 하는 x의 값 찾기

$g(x)=f(x)e^{f(x)}$에서 $g'(x)=f'(x)e^{f(x)}\{f(x)+1\}$

$g'(x)=0$에서 $f'(x)=0$ 또는 $f(x)+1=0$ $(\because e^{f(x)}>0)$

$f'(x)=0$에서 $x=p$ **why? ❷**

$f(x)=-1$에서 $x=\alpha$ 또는 $x=\beta$ $(\because$ 조건 (나))

이때 $\beta-\alpha=4$이므로 $\alpha<p<\beta$이고, $\dfrac{\alpha+\beta}{2}=p$이다. **why? ❸**

따라서 함수 $g(x)$의 증가와 감소를 표로 나타내면 다음과 같다.

x	$\cdots$	α	$\cdots$	p	$\cdots$	β	$\cdots$
$f'(x)$	$-$	$-$	$-$	0	$+$	$+$	$+$
$f(x)+1$	$+$	0	$-$	$-$	$-$	0	$+$
$g'(x)$	$-$	0	$+$	0	$-$	0	$+$
$g(x)$	$\searrow$	극소	$\nearrow$	극대	$\searrow$	극소	$\nearrow$

함수 $g(x)$는 $x=p$에서 극대, $x=\alpha$ 또는 $x=\beta$에서 극소이다.

조건 (가)에서 $n=3$이고 $\alpha+\beta=2p$이므로

$t_1+t_2+t_3=\alpha+p+\beta=2p+p=3p=9$

$\therefore p=3$

즉, $\alpha+\beta=6$이고, $\beta-\alpha=4$이므로

$\alpha=1, \beta=5$　　$\therefore f(1)=-1, f(5)=-1$

|3단계| $f(x)$의 식을 구하여 $f(7)$의 값 계산하기

함수 $g(x)$의 극솟값은

$g(1)=g(5)=-\dfrac{1}{e}$

이고, 함수 $g(x)$의 극댓값은

$g(3)=qe^q$

이때 $\lim\limits_{x\to\infty} f(x)=\infty$, $\lim\limits_{x\to-\infty} f(x)=\infty$에서 $\lim\limits_{x\to\infty} g(x)=\infty$, $\lim\limits_{x\to-\infty} g(x)=\infty$이므로 함수 $y=g(x)$의 그래프는 다음 그림과 같다.

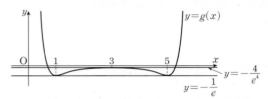

조건 (다)에 의하여 $g(3)=-\dfrac{4}{e^4}$이므로

$q=-4$

따라서 $f(x)=a(x-3)^2-4$에서 $f(1)=-1$이므로

$4a-4=-1$　　$\therefore a=\dfrac{3}{4}$

즉, $f(x)=\dfrac{3}{4}(x-3)^2-4$이므로

$f(7)=\dfrac{3}{4}\times 16-4=8$

해설특강 ✎

how? ❶ $h'(x)=(x+1)e^x=0$에서 $x=-1$

함수 $h(x)$의 증가와 감소를 표로 나타내면 오른쪽과 같다. 따라서 함수 $h(x)$는 $x=-1$에서 극소이면서 최소이고 최솟값 $h(-1)=-\dfrac{1}{e}$을 갖는다.

x	$\cdots$	-1	$\cdots$
$h'(x)$	$-$	0	$+$
$h(x)$	$\searrow$	극소	$\nearrow$

why? ❷ $f(x)=a(x-p)^2+q$에서 $f'(x)=2a(x-p)$

따라서 $f'(x)=0$에서 $x=p$

why? ❸ 오른쪽 그림에서

$\alpha<p<\beta$, $\dfrac{\alpha+\beta}{2}=p$

임을 알 수 있다.

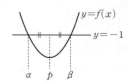

참고 $\alpha=1$, $\beta=5$이므로 $f(x)=a(x-1)(x-5)-1$로 놓고 $f(3)=-4$를 이용하여 a의 값을 구할 수도 있다.

즉, $a\times 2\times(-2)-1=-4$에서 $a=\dfrac{3}{4}$

출제영역 삼각함수의 그래프＋함수의 극대·극소

도함수를 이용하여 함수의 극대·극소를 판정하고, 삼각함수의 그래프를 이용하여 보기의 참, 거짓을 판별할 수 있는지를 묻는 문제이다.

열린구간 $(0, 2\pi)$에서 정의된 함수 $f(x)=\cos x+2x\sin x$가 $x=\alpha$와 $x=\beta$에서 극값을 갖는다. ❶❷ 〈보기〉에서 옳은 것만을 있는 대로 고른 것은? (단, $\alpha<\beta$)

─── 보기 ───
ㄱ. $\sin\alpha-\sin\beta>0$ ❷
ㄴ. $f\left(\dfrac{\alpha+\beta}{2}\right)>f'\left(\dfrac{\alpha+\beta}{2}\right)$ ❷
ㄷ. $\sin^2\alpha\times\sec^2\dfrac{\alpha+\beta}{2}<1$ ❷

① ㄱ ② ㄷ ③ ㄱ, ㄴ
④ ㄱ, ㄷ ✓⑤ ㄱ, ㄴ, ㄷ

킬러코드 함수의 극값의 x좌표가 주어졌을 때, 보기의 참, 거짓 판별하기

❶ 삼각함수의 미분법과 곱의 미분법을 이용하여 함수 $f(x)$의 도함수를 구한다.

❷ $f'(\alpha)=0$, $f'(\beta)=0$과 삼각함수 사이의 관계, 탄젠트함수의 그래프를 이용하여 보기의 참, 거짓을 판별한다.

해설 |1단계| ㄱ의 참, 거짓 판별하기

ㄱ. $f(x)=\cos x+2x\sin x$에서

$f'(x)=-\sin x+2\sin x+2x\cos x$
$\qquad =\sin x+2x\cos x$

함수 $f(x)$가 $x=\alpha$와 $x=\beta$에서 극값을 가지므로

$f'(\alpha)=0$, $f'(\beta)=0$

$f'(\alpha)=0$에서

$\sin\alpha+2\alpha\cos\alpha=0$

$\dfrac{\sin\alpha}{\cos\alpha}=-2\alpha$ $\quad\therefore \tan\alpha=-2\alpha$

같은 방법으로 하면 $f'(\beta)=0$에서

$\tan\beta=-2\beta$

즉, α, β는 곡선 $y=\tan x\,(0<x<2\pi)$와 직선 $y=-2x$의 교점의 x좌표이고, $\alpha<\beta$이므로 다음 그림에서

$\dfrac{\pi}{2}<\alpha<\pi$, $\dfrac{3}{2}\pi<\beta<2\pi$

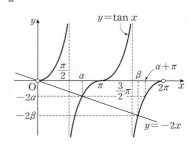

따라서 $\sin\alpha>0$, $\sin\beta<0$이므로

$\sin\alpha-\sin\beta>0$ (참)

|2단계| ㄴの 참, 거짓 판별하기

ㄴ. ㄱ의 그림에서 $\pi-\alpha>\beta-\dfrac{3}{2}\pi$이므로

$\alpha+\beta<\dfrac{5}{2}\pi$ $\quad\therefore \dfrac{\alpha+\beta}{2}<\dfrac{5}{4}\pi$ ······ ㉠

또, ㄱ에서 $\dfrac{\pi}{2}<\alpha<\pi$, $\dfrac{3}{2}\pi<\beta<2\pi$이므로

$2\pi<\alpha+\beta<3\pi$ $\quad\therefore \pi<\dfrac{\alpha+\beta}{2}<\dfrac{3}{2}\pi$ ······ ㉡

㉠, ㉡에서 $\pi<\dfrac{\alpha+\beta}{2}<\dfrac{5}{4}\pi$

이때

$f(x)-f'(x)=(\cos x+2x\sin x)-(\sin x+2x\cos x)$
$\qquad\qquad =(2x-1)(\sin x-\cos x)$

이므로

$f\left(\dfrac{\alpha+\beta}{2}\right)-f'\left(\dfrac{\alpha+\beta}{2}\right)=(\alpha+\beta-1)\left(\sin\dfrac{\alpha+\beta}{2}-\cos\dfrac{\alpha+\beta}{2}\right)$
$\qquad\qquad\qquad\qquad >0$ **why?** ❶

$\therefore f\left(\dfrac{\alpha+\beta}{2}\right)>f'\left(\dfrac{\alpha+\beta}{2}\right)$ (참)

|3단계| ㄷ의 참, 거짓 판별하기

ㄷ. ㄱ의 그림에서 $\beta<\alpha+\pi$이므로

$\alpha+\beta<2\alpha+\pi$

$\therefore \dfrac{\alpha+\beta}{2}<\alpha+\dfrac{\pi}{2}$

이때 ㄱ에서 $\dfrac{\pi}{2}<\alpha<\pi$, $\dfrac{3}{2}\pi<\beta<2\pi$이므로

$\pi<\dfrac{\alpha+\beta}{2}<\alpha+\dfrac{\pi}{2}<\dfrac{3}{2}\pi$

한편, $g(x)=\tan x$로 놓으면 $g'(x)=\sec^2 x$이므로

$g'\left(\dfrac{\alpha+\beta}{2}\right)=\sec^2\dfrac{\alpha+\beta}{2}$

$g'\left(\alpha+\dfrac{\pi}{2}\right)=\sec^2\left(\alpha+\dfrac{\pi}{2}\right)=\dfrac{1}{\cos^2\left(\alpha+\dfrac{\pi}{2}\right)}=\dfrac{1}{\sin^2\alpha}$

$\pi<\dfrac{\alpha+\beta}{2}<\alpha+\dfrac{\pi}{2}<\dfrac{3}{2}\pi$이므로 곡선 $y=g(x)$ 위의 점

$\left(\dfrac{\alpha+\beta}{2}, g\left(\dfrac{\alpha+\beta}{2}\right)\right)$에서의 접선의 기울기는

점 $\left(\alpha+\dfrac{\pi}{2}, g\left(\alpha+\dfrac{\pi}{2}\right)\right)$에서의 접선의 기울기보다 작다.

즉, $g'\left(\dfrac{\alpha+\beta}{2}\right)<g'\left(\alpha+\dfrac{\pi}{2}\right)$이므로

$\sec^2\dfrac{\alpha+\beta}{2}<\dfrac{1}{\sin^2\alpha}$

$\therefore \sin^2\alpha\times\sec^2\dfrac{\alpha+\beta}{2}<1$ (참)

따라서 ㄱ, ㄴ, ㄷ 모두 옳다.

해설특강 ✏

why? ❶ ㉡에서 $\alpha+\beta>2\pi$이므로 $\alpha+\beta-1>2\pi-1>0$

또, $\pi<x<\dfrac{5}{4}\pi$에서 $\sin x>\cos x$이므로

$\sin\dfrac{\alpha+\beta}{2}>\cos\dfrac{\alpha+\beta}{2}$, 즉 $\sin\dfrac{\alpha+\beta}{2}-\cos\dfrac{\alpha+\beta}{2}>0$

$\therefore f\left(\dfrac{\alpha+\beta}{2}\right)-f'\left(\dfrac{\alpha+\beta}{2}\right)$
$\qquad =(\alpha+\beta-1)\left(\sin\dfrac{\alpha+\beta}{2}-\cos\dfrac{\alpha+\beta}{2}\right)>0$

출제영역 방정식의 실근의 개수

함수의 그래프를 이용하여 합성함수의 그래프와 직선의 교점의 개수로부터 방정식의 실근의 개수를 구할 수 있는지를 묻는 문제이다.

최고차항의 계수가 양수인 삼차함수 $f(x)$와 함수 $g(x)=8x^2e^{-x}$에 대하여 합성함수 $h(x)=(f\circ g)(x)$❶가 다음 조건을 만족시킨다.

(가) 함수 $f(x)$는 $x=6$에서 극솟값 0을 갖는다.❷
(나) 방정식 $h(x)=0$의 서로 다른 실근의 개수는 2이다.❶ ❸
(다) 방정식 $h(x)=8$의 서로 다른 실근의 개수는 4이다.❶ ❹

$f(4)$의 값을 구하시오. 4

(단, $2.7<e<2.8$이고, $\lim\limits_{x\to\infty}g(x)=0$이다.)

킬러코드 함수 $f(x)$의 극댓값이 8보다 큰 경우, 같은 경우, 작은 경우로 나누어 방정식의 실근의 개수 구하기

❶ 방정식의 실근의 개수에 대한 문제이므로 함수의 그래프와 직선의 교점의 개수로 접근한다.
❷ $f(6)=0$, $f'(6)=0$이므로 $f(x)=k(x-a)(x-6)^2$ $(k>0, a<6)$으로 놓을 수 있다.
❸ $f(g(x))=0$의 실근의 개수는 $f(t)=0$인 t에 대하여 $g(x)=t$를 만족시키는 x의 값의 개수와 같다.
❹ $f(g(x))=8$의 실근의 개수는 $f(t)=8$인 t에 대하여 $g(x)=t$를 만족시키는 x의 값의 개수와 같다.

해설 |1단계| 함수 $y=g(x)$의 그래프 그리기

$g(x)=8x^2e^{-x}$에서
$g'(x)=(16x-8x^2)e^{-x}$
$\qquad=-8x(x-2)e^{-x}$
$g'(x)=0$에서 $x=0$ 또는 $x=2$
함수 $g(x)$의 증가와 감소를 표로 나타내면 다음과 같다.

x	$\cdots$	0	$\cdots$	2	$\cdots$
$g'(x)$	$-$	0	$+$	0	$-$
$g(x)$	$\searrow$	0	$\nearrow$	$\dfrac{32}{e^2}$	$\searrow$

이때 $\lim\limits_{x\to-\infty}g(x)=\infty$, $\lim\limits_{x\to\infty}g(x)=0$이므로 함수 $y=g(x)$의 그래프는 다음 그림과 같다.

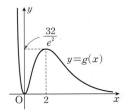

|2단계| 조건 (가)를 이용하여 함수 $f(x)$의 식 세우기

삼차함수 $f(x)$는 최고차항의 계수가 양수이고 $x=6$에서 극솟값 0을 가지므로 함수 $y=f(x)$의 그래프의 개형은 오른쪽 그림과 같고 $f(x)=k(x-a)(x-6)^2$ $(k>0, a<6)$으로 놓을 수 있다.

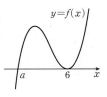

|3단계| 조건 (나)를 이용하여 a의 값 또는 그 범위 구하기

조건 (나)에서 방정식 $h(x)=f(g(x))=0$의 서로 다른 실근의 개수가 2이므로
$\underbrace{g(x)=a \text{ 또는 } g(x)=6}$
$a=0$ 또는 $\dfrac{32}{e^2}<a<6$ **why?** ❶
이어야 한다. $\underbrace{g(x)=a$를 만족시키는 x의 값이 1개이다.}

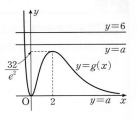

|4단계| 조건 (다)를 만족시키는 a와 k의 값을 구하여 $f(4)$의 값 구하기

(i) $a=0$인 경우
$\quad f(x)=kx(x-6)^2$
이므로
$\quad f'(x)=k(x-6)^2+kx\times 2(x-6)$
$\qquad\quad=3k(x-2)(x-6)$
$\quad f'(x)=0$에서 $x=2$ 또는 $x=6$
즉, 함수 $f(x)$는 $x=2$에서 극대이고 극댓값은 $f(2)=32k$이다.

㉠ $32k>8$, 즉 $k>\dfrac{1}{4}$일 때

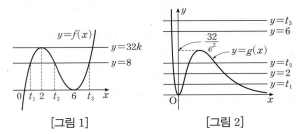

[그림 1]   [그림 2]

[그림 1]과 같이 $f(g(x))=8$인 $g(x)$의 값을 t_1, t_2, t_3이라 하면
$0<t_1<2<t_2<6<t_3$
이때 [그림 2]에서 함수 $y=g(x)$의 그래프와 직선 $y=t_1$과의 교점의 개수는 3, 직선 $y=t_2$와의 교점의 개수는 1 또는 2 또는 3, 직선 $y=t_3$과의 교점의 개수는 1이다.
따라서 방정식 $f(g(x))=8$의 실근의 개수는 5 또는 6 또는 7이므로 조건 (다)를 만족시키지 않는다.

㉡ $32k=8$, 즉 $k=\dfrac{1}{4}$일 때

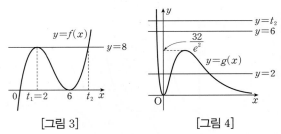

[그림 3]   [그림 4]

[그림 3]과 같이 $f(g(x))=8$인 $g(x)$의 값을 t_1, t_2라 하면
$t_1=2$, $t_2>6$
이때 [그림 4]에서 함수 $y=g(x)$의 그래프와 직선 $y=2$와의 교점의 개수는 3, 직선 $y=t_2$와의 교점의 개수는 1이다.
따라서 방정식 $f(g(x))=8$의 실근의 개수는 4이므로 조건 (다)를 만족시킨다.

© $0 < 32k < 8$, 즉 $0 < k < \dfrac{1}{4}$일 때

[그림 5] | [그림 6]

[그림 5]와 같이 $f(g(x))=8$인 $g(x)$의 값을 t_1이라 하면
$t_1 > 6$

이때 [그림 6]에서 함수 $y=g(x)$의 그래프와 직선 $y=t_1$과의
교점의 개수는 1이다.

따라서 방정식 $f(g(x))=8$의 실근의 개수는 1이므로 조건 ㈐
를 만족시키지 않는다.

㉠, ㉡, ©에 의하여 $a=0$일 때, $k=\dfrac{1}{4}$

(ii) $\dfrac{32}{e^2} < a < 6$인 경우 **how? ❷**

함수 $f(x)$가 $x=t$에서 극댓값 p를
갖는다고 하자.

㉠ $p > 8$일 때
$f(g(x))=8$을 만족시키는 $g(x)$
의 값을 t_1, t_2, t_3이라 하면
$\dfrac{32}{e^2} < t_1 < t_2 < 6 < t_3$이므로 방정식 $f(g(x))=8$의 실근의 개수
는 3이다.
└ 함수 $y=g(x)$의 그래프와 직선 $y=t_1$,
$y=t_2$, $y=t_3$은 각각 한 점에서 만난다.

㉡ $p=8$일 때
$f(g(x))=8$을 만족시키는 $g(x)$의 값을 $t_1(=t)$, t_2라 하면
$\dfrac{32}{e^2} < t_1 < 6 < t_2$이므로 방정식 $f(g(x))=8$의 실근의 개수는 2
이다.
└ 함수 $y=g(x)$의 그래프와 직선 $y=t_1$, $y=t_2$는
각각 한 점에서 만난다.

© $p < 8$일 때
$f(g(x))=8$을 만족시키는 $g(x)$의 값을 t_1이라 하면 $t_1 > 6$이
므로 방정식 $f(g(x))=8$의 실근의 개수는 1이다.
└ 함수 $y=g(x)$의 그래프와 직선 $y=t_1$은 한 점에서 만난다.

㉠, ㉡, ©에 의하여 (ii)의 경우는 조건 ㈐를 만족시키지 않는다.

(i), (ii)에 의하여 $a=0$, $k=\dfrac{1}{4}$이므로 $f(x)=\dfrac{1}{4}x(x-6)^2$

$\therefore f(4)=\dfrac{1}{4} \times 4 \times (4-6)^2 = 4$

해설특강

why? ❶ 함수 $y=g(x)$의 그래프와 직선 $y=a$의 교점의 개수가 1이기 위한 a
의 값의 조건이다.

how? ❷ $\dfrac{32}{e^2} < a < 6$인 경우 함수 $y=f(x)$의 그래프와 직선 $y=8$의 교점의 x
좌표는 항상 $\dfrac{32}{e^2}$보다 크다. 따라서 그 교점의 x좌표를 a라 하면 함수
$y=g(x)$의 그래프와 직선 $y=a$는 항상 한 점에서만 만나게 된다. 이
때 방정식의 실근의 개수는 a의 값의 개수와 같다.

---

7 2018학년도 9월 평가원 가 30 [정답률 7%] 변형 | **정답 21**

출제영역 함수의 최대·최소 + 방정식의 실근의 개수
함수의 그래프와 직선의 교점의 개수로부터 방정식의 실근의 개수를 구할 수 있
는지를 묻는 문제이다.

함수 $f(x)=\ln(e^x+1)+3e^x$에 대하여 이차함수 $g(x)$와 실수 k
는 다음 조건을 만족시킨다.

㈎ 함수 $h(x)=|f(x-k)-g(x)|$에 대하여
$k>0$이면 함수 $h(x)$의 최솟값은 0이고,
$k=0$이면 함수 $h(x)$는 $x=0$일 때 최솟값 0을 갖고,
$k<0$이면 함수 $h(x)$의 최솟값은 양수이다. ❶

㈏ 곡선 $y=g(x)$ 위의 점 $(0, g(0))$에서의 접선의 x절편을 a
라 하고, 곡선 $y=g(x)$가 x축과 만나는 두 점의 x좌표를 β, γ ❸
라 하면 $a+\beta+\gamma=\dfrac{37-4\ln 2}{14}$이다. (단, $\beta < \gamma$) ❷

방정식 $g(x)=n$의 서로 다른 실근의 개수가 2가 되도록 하는 모
든 자연수 n의 값의 합을 구하시오. (단, $0.6 < \ln 2 < 0.7$) 21 ❹

킬러코드 함수 $h(x)=|f(x-k)-g(x)|$의 최솟값에 따른 두 함수
$y=f(x)$, $y=g(x)$의 그래프의 위치 관계 파악하기
❶ 함수 $h(x)=|f(x-k)-g(x)|$의 최솟값이 0이면 두 함수
$y=f(x-k)$, $y=g(x)$의 그래프가 만나야 하고 그렇지 않으면 두 함수
$y=f(x-k)$, $y=g(x)$의 그래프가 만나지 않아야 함을 이용하여 함수
$y=g(x)$의 그래프의 개형을 파악할 수 있다.
❷ 곡선 위의 한 점에서의 접선의 방정식을 구하여 접선의 x절편을 구할 수
있다.
❸ 방정식 $g(x)=0$의 두 실근이 β, γ임을 이용하여 $\beta+\gamma$의 값을 구할 수
있다.
❹ 방정식 $g(x)=n$의 서로 다른 실근의 개수는 두 함수 $y=g(x)$, $y=n$의
그래프가 만나는 점의 개수임을 이용하여 자연수 n의 값의 범위를 구할 수
있다.

해설 |**1단계**| 함수 $y=f(x)$의 그래프의 개형 파악하기
$f(x)=\ln(e^x+1)+3e^x$에서

$f'(x)=\dfrac{e^x}{e^x+1}+3e^x>0$이고,

$\displaystyle\lim_{x\to\infty}f'(x)=\lim_{x\to\infty}\left(\dfrac{e^x}{e^x+1}+3e^x\right)=\infty$,

$\displaystyle\lim_{x\to-\infty}f'(x)=\lim_{x\to-\infty}\left(\dfrac{e^x}{e^x+1}+3e^x\right)=0$

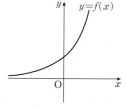

이므로 함수 $y=f(x)$는 오른쪽 그림과 같
이 실수 전체의 집합에서 증가한다.

|**2단계**| 조건 ㈎를 이용하여 두 함수 $y=f(x)$, $y=g(x)$의 그래프의 위치 관계
파악하기
$h(x)=|f(x-k)-g(x)| \geq 0$이므로 두 함수 $y=f(x-k)$, $y=g(x)$
의 그래프가 만나면 함수 $h(x)$의 최솟값이 0이 되고 두 함수
$y=f(x-k)$, $y=g(x)$의 그래프가 만나지 않으면 함수 $h(x)$의 최솟
값이 양수가 된다.

이때 조건 ㈎에서 $k \geq 0$이면 함수 $h(x)$의 최솟값이 0이므로 두 함수
$y=f(x-k)$, $y=g(x)$의 그래프가 적어도 한 점에서 만나고, $k<0$
이면 함수 $h(x)$의 최솟값이 양수이므로 두 함수 $y=f(x-k)$,
$y=g(x)$의 그래프가 만나지 않는다.

따라서 이차함수 $y=g(x)$의 그래프는 다음 그림과 같이 위로 볼록하고 함수 $y=f(x)$의 그래프와 점 $(0, f(0))$에서 접해야 하므로 **why? ❶**

$g(0)=f(0), g'(0)=f'(0)$

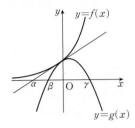

|3단계| 조건 (나)를 이용하여 함수 $g(x)$ 구하기

$g(x)=ax^2+bx+c$ ($a<0$, a, b, c는 상수)로 놓으면

$g'(x)=2ax+b$

$f(0)=\ln 2+3$, $f'(0)=\dfrac{1}{2}+3=\dfrac{7}{2}$이므로

$g(0)=c=\ln 2+3$, $g'(0)=b=\dfrac{7}{2}$

$\therefore g(x)=ax^2+\dfrac{7}{2}x+\ln 2+3$

이때 곡선 $y=g(x)$ 위의 점 $(0, \ln 2+3)$에서의 접선의 기울기는

$g'(0)=\dfrac{7}{2}$이므로 접선의 방정식은

$y=\dfrac{7}{2}x+\ln 2+3$

이 직선의 x절편은 $-\dfrac{2}{7}(\ln 2+3)$이므로

$a=-\dfrac{2}{7}(\ln 2+3)$

또, 곡선 $y=g(x)$, 즉 $y=ax^2+\dfrac{7}{2}x+\ln 2+3$이 x축과 만나는 두 점의 x좌표 β, γ는 이차방정식 $ax^2+\dfrac{7}{2}x+\ln 2+3=0$의 서로 다른 두 실근이므로 이차방정식의 근과 계수의 관계에 의하여

$\beta+\gamma=-\dfrac{7}{2a}$

조건 (나)에서 $\alpha+\beta+\gamma=\dfrac{37-4\ln 2}{14}$이므로

$-\dfrac{2}{7}(\ln 2+3)-\dfrac{7}{2a}=\dfrac{37-4\ln 2}{14}$

$\dfrac{7}{2a}=-\dfrac{7}{2}$ $\therefore a=-1$

$\therefore g(x)=-x^2+\dfrac{7}{2}x+\ln 2+3$

$\qquad = -\left(x-\dfrac{7}{4}\right)^2+\ln 2+\dfrac{97}{16}$

|4단계| 모든 자연수 n의 값의 합 구하기

이때 $6<\ln 2+\dfrac{97}{16}<7$이므로 **how? ❷**

방정식 $g(x)=n$의 서로 다른 실근의 개수가 2가 되도록 하는 자연수 n의 값은 1, 2, 3, 4, 5, 6이다.

따라서 모든 자연수 n의 값의 합은

$1+2+3+4+5+6=21$

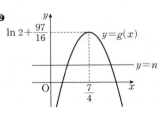

---

why? ❶ $g(x)=ax^2+bx+c$의 그래프가 아래로 볼록하면 $k=0$일 때 함수 $h(x)$는 $x=0$에서 최솟값 0을 가질 수는 있으나 $k>0$, $k<0$일 때의 최솟값 조건을 만족시키지 못한다.

즉, $y=g(x)$의 그래프는 위로 볼록해야 한다.

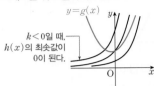

how? ❷ $\dfrac{97}{16}=6.0625$, $0.6<\ln 2<0.70$이므로

$6.6625<\ln 2+\dfrac{97}{16}<6.7625$

---

8   **|정답② **

출제영역 함수의 극대·극소＋방정식의 실근의 개수

함수의 그래프를 이용하여 방정식의 실근의 개수를 구할 수 있는지를 묻는 문제이다.

> 음수 a와 실수 b, c에 대하여 함수 $f(x)=(ax^2+bx+c)e^x$이다. 실수 t에 대하여 방정식 $f(x)=t$의 해의 집합을 S_t, 함수 $g(t)$를 $n(S_t)$라 하자. 집합 $\{x\,|\,f'(x)=0\}=\{-1, 2\}$이고 함수 $y=g(t)$의 그래프가 그림과 같을 때, α의 값은?
>
> (단, $n(A)$는 집합 A의 원소의 개수이다.)
>
>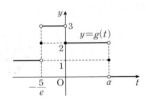
>
> ① $2e^2$ ✔② e^2 ③ $2e$
>
> ④ 4   ⑤ e

킬러코드 함수 $f(x)$의 극값과 함수 $g(t)$가 불연속인 점의 t좌표 사이의 관계 파악하기

❶ 함수 $g(t)$는 함수 $y=f(x)$의 그래프와 직선 $y=t$의 교점의 개수를 의미한다.

❷ 함수 $f(x)$는 $x=-1$과 $x=2$에서 극값을 갖는다.

➡ $f'(-1)=0$, $f'(2)=0$임을 이용하면 a, b, c 사이의 관계를 알 수 있다.

❸ 직선 $t=-\dfrac{5}{e}$, $t=0$, $t=\alpha$를 기준으로 함수 $y=f(x)$의 그래프와 직선 $y=t$의 교점의 개수가 달라진다.

해설   **|1단계|** 함수 $f(x)$ 구하기

$f(x)=(ax^2+bx+c)e^x$에서

$f'(x)=(2ax+b)e^x+(ax^2+bx+c)e^x$

$\qquad = \{ax^2+(2a+b)x+b+c\}e^x$

$f'(x)=0$에서 $ax^2+(2a+b)x+b+c=0$ ($\because e^x>0$)

이때 $\{x\,|\,f'(x)=0\}=\{-1,\,2\}$에서 방정식 $f'(x)=0$의 두 실근이 $x=-1$ 또는 $x=2$이다.

이차항의 계수가 a이고 두 실근이 $-1,\,2$인 이차방정식은

$$a(x+1)(x-2)=0$$

$$\therefore ax^2-ax-2a=0$$

이 이차방정식이 $ax^2+(2a+b)x+b+c=0$과 같으므로

$$2a+b=-a,\ b+c=-2a$$

$$\therefore b=-3a,\ c=a$$

$$\therefore f(x)=(ax^2-3ax+a)e^x$$

$$f'(x)=a(x+1)(x-2)e^x\ (a<0)$$

|2단계| 함수 $y=f(x)$의 그래프의 개형 파악하기

$f'(x)=0$에서

$x=-1$ 또는 $x=2$

함수 $f(x)$의 증가와 감소를 표로 나타내면 다음과 같다.

x	$\cdots$	-1	$\cdots$	2	$\cdots$
$f'(x)$	$-$	0	$+$	0	$-$
$f(x)$	$\searrow$	$5ae^{-1}$	$\nearrow$	$-ae^2$	$\searrow$

또, $\displaystyle\lim_{x\to-\infty}f(x)=0$, $\displaystyle\lim_{x\to\infty}f(x)=-\infty$

이므로 함수 $y=f(x)$의 그래프는 오른쪽 그림과 같다. **how? ❶**

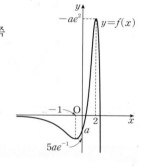

|3단계| α의 값 구하기

한편, 함수 $g(t)$는 $t=-\dfrac{5}{e}$, $t=0$, $t=\alpha\ (\alpha>0)$에서 불연속이므로

$-\dfrac{5}{e}$는 $f(x)$의 극솟값이고 α는 $f(x)$의 극댓값이다. **how? ❷**

따라서 $5ae^{-1}=-\dfrac{5}{e}$이므로

$$a=-1$$

$$\therefore \alpha=-ae^2=e^2$$

해설특강 ✐

how? ❶ $a<0$이므로 $5ae^{-1}<0$, $-ae^2>0$이다.

how? ❷ 함수 $y=f(x)$의 그래프와 직선 $y=t$는 오른쪽 그림과 같으므로

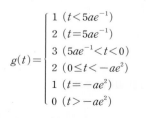

$$g(t)=\begin{cases}1 & (t<5ae^{-1})\\2 & (t=5ae^{-1})\\3 & (5ae^{-1}<t<0)\\2 & (0\le t<-ae^2)\\1 & (t=-ae^2)\\0 & (t>-ae^2)\end{cases}$$

따라서 함수 $g(t)$는 $t=0$, $t=\{f(x)$의 극값$\}$에서 불연속이다.

9

출제영역 삼각함수와 로그함수의 도함수＋함수의 극대·극소

삼각함수와 로그함수의 도함수를 이용하여 함수가 극값을 갖는 x의 값을 구할 수 있는지를 묻는 문제이다.

$0\le x<2$에서 함수 $f(x)$는

$$f(x)=\ln\left(2\cos\frac{2\pi}{m}x+3\right)\ (m\text{은 자연수})$$

이다. 모든 실수 x에 대하여 $f(x+2)=f(x)$를 만족시킬 때, 〈보기〉에서 옳은 것만을 있는 대로 고른 것은?

| 보기 |
ㄱ. 자연수 m의 값에 관계없이 함수 $f(x)$는 실수 전체의 집합에서 연속이다.
ㄴ. 함수 $f(x)$는 $x=0$에서 극댓값을 갖는다.
ㄷ. 함수 $f(x)$가 열린구간 $(0,\,2)$에서 극솟값을 갖도록 하는 모든 자연수 m의 값의 합은 6이다.

① ㄱ   ② ㄴ   ③ ㄱ, ㄷ
✔④ ㄴ, ㄷ   ⑤ ㄱ, ㄴ, ㄷ

킬러코드 m의 값의 변화에 따른 함수 $y=f(x)$의 그래프의 변화 파악하기

❶ 함수 $y=2\cos\dfrac{2\pi}{m}x+3$의 주기는 $\dfrac{2\pi}{\frac{2\pi}{m}}=m$이므로 함수 $f(x)$의 주기도 m이다.

❷, ❸ 함수 $f(x)$의 주기는 2이므로 $m\ge3$일 때, $0\le x<2$에서 함수 $y=f(x)$의 그래프는 주기가 한 번도 나오지 않을 수 있다.
➡ $m=3$일 때, 구간의 경계인 $x=0$ 또는 $x=2$에서 연속인지 확인한다.

❹ $x=0$의 좌우에서 $f'(x)$의 부호 변화를 파악한다.

❺ $f'(x)=0$인 x의 값 중 극솟값을 갖는 x의 값을 구한다.

해설 **|1단계|** ㄱ의 참, 거짓 판별하기

ㄱ. [반례] $m=3$일 때 **why? ❶**

$f(x+2)=f(x)$이므로

$$\lim_{x\to0-}f(x)=\lim_{x\to2-}f(x)=f(2)=\ln\left(2\cos\frac{4\pi}{3}+3\right)=\ln2$$

$$\underset{\ 2\times\left(-\frac{1}{2}\right)+3=2}{}$$

$$\lim_{x\to0+}f(x)=f(0)=\ln\underset{2\times1+3=5}{(2\cos0+3)}=\ln5$$

즉, $\displaystyle\lim_{x\to0-}f(x)\ne\lim_{x\to0+}f(x)$이므로 함수 $f(x)$는 $x=0$에서 연속이 아니다.

따라서 함수 $f(x)$는 $x=2n$ $(n$은 정수$)$에서 연속이 아니다.

(거짓)

|2단계| ㄴ의 참, 거짓 판별하기

ㄴ. $f(x)=\ln\left(2\cos\dfrac{2\pi}{m}x+3\right)$에서

$$f'(x)=\frac{-\dfrac{4\pi}{m}\sin\dfrac{2\pi}{m}x}{2\cos\dfrac{2\pi}{m}x+3}$$

(i) $f(x)$가 $x=0$에서 연속일 때, $f'(x)$가 존재하므로

$$f'(0)=0$$

이때 $x=0$의 좌우에서 함수 $f'(x)$의 부호는 양에서 음으로 바뀐다. **how? ❷**

따라서 함수 $f(x)$는 $x=0$에서 극댓값을 갖는다.

(ii) $f(x)$가 $x=0$에서 불연속일 때

$-1 \leq \cos \dfrac{2\pi}{m}x \leq 1$이므로

$1 \leq 2\cos \dfrac{2\pi}{m}x+3 \leq 5$

$\therefore 0 \leq \ln\left(2\cos \dfrac{2\pi}{m}x+3\right) \leq \ln 5$

이때 $f(0)=\ln 5$이므로 $f(x)$는 $x=0$에서 극댓값을 갖는다.

└ 함수 $f(x)$에서 $x=a$를 포함하는 어떤 열린구간에 속하는 모든 x에 대하여 $f(x) \leq f(a)$일 때 함수 $f(x)$는 $x=a$에서 극대라 하고, $f(a)$는 극댓값이라 한다.

(i), (ii)에 의하여 함수 $f(x)$는 $x=0$에서 극댓값을 갖는다. (참)

|3단계| ㄷ의 참, 거짓 판별하기

ㄷ. $f'(x)=0$에서

$\sin \dfrac{2\pi}{m}x=0$

└ $2\cos \dfrac{2\pi}{m}x+3>0$, $-\dfrac{4\pi}{m} \neq 0$이므로 $\sin \dfrac{2\pi}{m}x=0$의 해는 $f'(x)=0$의 해와 같다.

$\therefore x=\dfrac{m}{2}, m, \cdots, \dfrac{k}{2}m$ (단, $0<\dfrac{k}{2}m<2$, k는 자연수)

$x=\dfrac{m}{2}$의 좌우에서 $f'(x)$의 부호는 음에서 양으로 바뀌므로 함수 $f(x)$는 이 값에서 극솟값을 갖는다.

이때 열린구간 $(0, 2)$에서 $f(x)$가 극솟값을 가지려면 극솟값을 갖는 가장 작은 x의 값이 이 구간 안에 있어야 하므로

$0<\dfrac{m}{2}<2$ $\quad \therefore 0<m<4$ **how? ❸**

따라서 함수 $f(x)$가 열린구간 $(0, 2)$에서 극솟값을 갖게 하는 모든 자연수 m의 값은 1, 2, 3이므로 그 합은

$1+2+3=6$ (참)

따라서 옳은 것은 ㄴ, ㄷ이다.

해설 특강

why? ❶ 함수 $f(x)$의 주기는 2의 약수이고, 함수 $y=2\cos \dfrac{2\pi}{m}x+3$의 주기는 m이므로 자연수 m이 2보다 클 때, $\displaystyle\lim_{x \to 2-} f(x)=\lim_{x \to 0+} f(x)$가 성립하지 않을 수 있다.

따라서 2보다 큰 자연수를 반례로 든다.

→ $m=3$일 때,

$f(x)=\ln\left(2\cos \dfrac{2\pi}{3}x+3\right)$이므로

$f'(x)=\dfrac{-\dfrac{4\pi}{3}\sin \dfrac{2\pi}{3}x}{2\cos \dfrac{2\pi}{3}x+3}=0$에서 $x=\dfrac{3}{2}$ ($\because 0 \leq x<2$)

따라서 함수 $f(x)$의 증가와 감소를 표로 나타내고, 함수 $y=f(x)$의 그래프를 그리면 다음과 같다.

x	0	$\cdots$	$\dfrac{3}{2}$	$\cdots$	(2)
$f'(x)$		$-$	0	$+$	
$f(x)$	$\ln 5$	$\searrow$	0	$\nearrow$	($\ln 2$)

→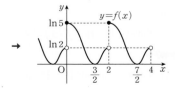

how? ❷ $f'(x)=\dfrac{-\dfrac{4\pi}{m}\sin \dfrac{2\pi}{m}x}{2\cos \dfrac{2\pi}{m}x+3}$에서 (분모)$=2\cos \dfrac{2\pi}{m}x+3 \geq 1$

이므로 $f'(x)$의 부호는 분자인 $-\dfrac{4\pi}{m}\sin \dfrac{2\pi}{m}x$의 부호와 같다.

이때 함수 $y=\sin \dfrac{2\pi}{m}x$의 그래프는 오른쪽 그림과 같으므로 $x=0$의 좌우에서 $\sin \dfrac{2\pi}{m}x$의 부호는 음에서 양으로 바뀐다.

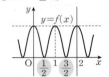

그런데 $-\dfrac{4\pi}{m}<0$이므로 $x=0$의 좌우에서 $-\dfrac{4\pi}{m}\sin \dfrac{2\pi}{m}x$의 부호는 양에서 음으로 바뀐다.

how? ❸ 자연수 m의 값에 따른 함수 $y=f(x)$의 그래프는 다음 그림과 같다. 이때 m의 값이 커질수록 $0 \leq x<2$에서 그래프의 폭이 넓어지므로 극솟값을 갖는 x의 값도 커진다.

① $m=1$일 때
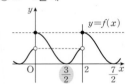

② $m=2$일 때
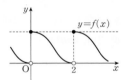

③ $m=3$일 때
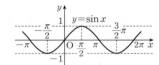

④ $m=4$일 때
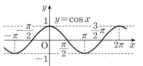

핵심 개념 삼각함수의 그래프의 최대 · 최소와 주기 (수학 I)

(1) 함수 $y=\sin x$, $y=\cos x$의 그래프

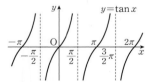

① 최댓값: 1, 최솟값: -1

② 주기: 2π

→ $y=a\sin(bx+c)+d$, $y=a\cos(bx+c)+d$의 최댓값, 최솟값, 주기는

① 최댓값: $|a|+d$, 최솟값: $-|a|+d$

② 주기: $\dfrac{2\pi}{|b|}$

(2) 함수 $y=\tan x$의 그래프

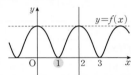

① 최댓값: 없다., 최솟값: 없다.

② 주기: π

→ $y=a\tan(bx+c)+d$의 최댓값, 최솟값, 주기는

① 최댓값: 없다., 최솟값: 없다.

② 주기: $\dfrac{\pi}{|b|}$

1등급 완성 3단계 문제연습

본문 47~49쪽

1 ③	**2** ③	**3** ⑤	**4** ⑤
5 14	**6** 8		

1

2018학년도 6월 평가원 가 20 [정답률 54%]

| 정답 ③

출제영역 이계도함수 + 함수의 증가 · 감소

$f''(x)=0$을 만족시키는 x의 값이 유일함을 이해하여 두 미지수 사이의 관계를 구하고, 이를 이용하여 함수 $f(x)$를 구할 수 있는지를 묻는 문제이다.

> 양수 a와 실수 b에 대하여 함수 $f(x)=ae^{3x}+be^{x}$이 다음 조건을 만족시킬 때, $f(0)$의 값은?
>
> (가) $x_1 < \ln\dfrac{2}{3} < x_2$를 만족시키는 모든 실수 x_1, x_2에 대하여 $f''(x_1)f''(x_2)<0$이다. ❶
>
> (나) 구간 $[k, \infty)$에서 함수 $f(x)$의 역함수가 존재하도록 하는 실수 k의 최솟값을 m이라 할 때, $f(2m)=-\dfrac{80}{9}$이다. ❷
>
> ① -15 ② -12 ✓③ -9
> ④ -6 ⑤ -3

출제코드 함수 $f(x)$가 극솟값을 갖는 x의 값 구하기

❶ $x=\ln\dfrac{2}{3}$의 좌우에서 $f''(x)$의 부호가 바뀌므로 곡선 $y=f(x)$는 $x=\ln\dfrac{2}{3}$에서 변곡점을 갖는다.

❷ 구간 $[k, \infty)$에서 함수 $f(x)$는 일대일대응이어야 한다. 즉, 이 구간에서 함수 $f(x)$는 증가하거나 감소하므로 함수 $f(x)$는 $x=m$에서 극댓값 또는 극솟값을 갖는다.

해설 |1단계| 조건 (가)를 이용하여 a와 b 사이의 관계식 구하기

$f(x)=ae^{3x}+be^{x}$에서

$f'(x)=3ae^{3x}+be^{x}$, $f''(x)=9ae^{3x}+be^{x}$

조건 (가)에 의하여 곡선 $y=f(x)$는 $x=\ln\dfrac{2}{3}$에서 변곡점을 가지므로

$f''\left(\ln\dfrac{2}{3}\right)=0$ **why?** ❶

$9a\times\left(\dfrac{2}{3}\right)^3+b\times\dfrac{2}{3}=0$

$\dfrac{8a+2b}{3}=0$

$\therefore b=-4a$ ...... ㉠

|2단계| 구간 $[k, \infty)$에서 함수 $f(x)$의 역함수가 존재할 조건 찾기

조건 (나)에 의하여 함수 $f(x)$는 구간 $[k, \infty)$에서 일대일대응이어야 한다. 즉, 함수 $f(x)$는 구간 $[k, \infty)$에서 증가하거나 감소하므로 이 구간에서 $f'(x)>0$ 또는 $f'(x)<0$이다.

$f'(x)=3ae^{3x}+be^{x}$

$=3ae^{3x}-4ae^{x}$ ($\because$ ㉠)

$=ae^{x}(3e^{2x}-4)$

$f'(x)=0$에서

$e^{2x}=\dfrac{4}{3}$ ($\because a>0$, $e^{x}>0$)

이때 $f'(x)=0$인 x의 값을 α라 하고 함수 $f(x)$의 증가와 감소를 표로 나타내면 다음과 같다.

x	$\cdots$	α	$\cdots$
$f'(x)$	$-$	0	$+$
$f(x)$	$\searrow$	극소	$\nearrow$

└ 주어진 조건에서 $a>0$이므로 $x<\alpha$일 때 $f'(x)<0$, $x>\alpha$일 때 $f'(x)>0$이다.

따라서 함수 $f(x)$는 $x=\alpha$에서 극소이면서 최소이고 구간 $[\alpha, \infty)$에서 증가한다. **why?** ❷

즉, 구간 $[k, \infty)$에서 함수 $f(x)$의 역함수가 존재하도록 하는 실수 k의 최솟값은 α이므로

$m=\alpha$

$\therefore e^{2m}=\dfrac{4}{3}$ $\left(\because f'(\alpha)=0$에서 $e^{2\alpha}=\dfrac{4}{3}\right)$

|3단계| $f(0)$의 값 구하기

조건 (나)에서 $f(2m)=-\dfrac{80}{9}$이므로

$f(2m)=ae^{6m}-4a\times e^{2m}$

$=a(e^{2m})^3-4a\times e^{2m}$

$=a\times\left(\dfrac{4}{3}\right)^3-4a\times\dfrac{4}{3}$

$=-\dfrac{80}{27}a=-\dfrac{80}{9}$

$\therefore a=3$, $b=-12$ ($\because$ ㉠)

따라서 $f(x)=3e^{3x}-12e^{x}$이므로

$f(0)=3-12=-9$

해설특강 ✎

why? ❶ $f''(x_1)f''(x_2)<0$이므로 $f''(x_1)$과 $f''(x_2)$의 부호는 서로 다르다. 즉, $f''(x_1)>0$, $f''(x_2)<0$ 또는 $f''(x_1)<0$, $f''(x_2)>0$이므로 $f''\left(\ln\dfrac{2}{3}\right)=0$

why? ❷ $a>0$에서 $\lim\limits_{x\to\infty}f(x)=\infty$이므로 $x\geq\alpha$에서 $f(x)$는 증가하는 함수이다.

핵심 개념 변곡점의 판정

함수 $f(x)$에 대하여 $f''(a)=0$이고, $x=a$의 좌우에서 $f''(x)$의 부호가 바뀌면 점 $(a, f(a))$는 곡선 $y=f(x)$의 변곡점이다.

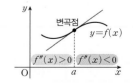

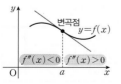

출제영역 함수의 극대·극소＋변곡점

도함수와 이계도함수를 이용하여 함숫값, 극값 및 변곡점을 구할 수 있는지를 묻는 문제이다.

> 3 이상의 자연수 n에 대하여 함수 $f(x)$가
> $$f(x)=x^n e^{-x}$$
> 일 때, 〈보기〉에서 옳은 것만을 있는 대로 고른 것은?
>
> | 보기 |
> ㄱ. $f\left(\dfrac{n}{2}\right)=f'\left(\dfrac{n}{2}\right)$
> ㄴ. 함수 $f(x)$는 $x=n$에서 극댓값을 갖는다. **①**
> ㄷ. 점 $(0, 0)$은 곡선 $y=f(x)$의 변곡점이다. **②**
>
> ① ㄴ   ② ㄷ   ✓③ ㄱ, ㄴ
> ④ ㄱ, ㄷ   ⑤ ㄱ, ㄴ, ㄷ

출제코드 도함수 $f'(x)$에서 n의 값에 따른 극값의 변화 파악하기

❶ n의 값에 따라 극대, 극소가 달라질 수 있음에 주의한다.

❷ 연속인 이계도함수를 갖는 함수 $f(x)$에 대하여 곡선 $y=f(x)$가 $x=0$에서 변곡점을 가지려면 다음 두 가지를 만족시켜야 한다.
 ① $f''(0)=0$이어야 한다.
 ② $x=0$의 좌우에서 $f''(x)$의 부호가 바뀌어야 한다.

해설 |1단계| ㄱ의 참, 거짓 판별하기

$f(x)=x^n e^{-x}$에서
$$f'(x)=nx^{n-1}e^{-x}-x^n e^{-x}=e^{-x}x^{n-1}(n-x) \quad \cdots\cdots \ \ominus$$
ㄱ. $f\left(\dfrac{n}{2}\right)=\left(\dfrac{n}{2}\right)^n e^{-\frac{n}{2}}$, $f'\left(\dfrac{n}{2}\right)=e^{-\frac{n}{2}}\left(\dfrac{n}{2}\right)^{n-1}\left(n-\dfrac{n}{2}\right)=e^{-\frac{n}{2}}\left(\dfrac{n}{2}\right)^n$

$\therefore f\left(\dfrac{n}{2}\right)=f'\left(\dfrac{n}{2}\right)$ (참)

|2단계| ㄴの 참, 거짓 판별하기

ㄴ. $f'(x)=0$에서 $e^{-x}x^{n-1}(n-x)=0$

$\therefore x=0$ 또는 $x=n$ ($\because e^{-x}>0$)

(i) n이 짝수일 때, 함수 $f(x)$의 증가와 감소를 표로 나타내면 다음과 같다.

x	$\cdots$	0	$\cdots$	n	$\cdots$
$f'(x)$	$-$	0	$+$	0	$-$
$f(x)$	$\searrow$	극소	$\nearrow$	극대	$\searrow$

따라서 함수 $f(x)$는 $x=n$에서 극댓값을 갖는다.

(ii) n이 홀수일 때, 함수 $f(x)$의 증가와 감소를 표로 나타내면 다음과 같다.

x	$\cdots$	0	$\cdots$	n	$\cdots$
$f'(x)$	$+$	0	$+$	0	$-$
$f(x)$	$\nearrow$		$\nearrow$	극대	$\searrow$

따라서 함수 $f(x)$는 $x=n$에서 극댓값을 갖는다.

(i), (ii)에 의하여 함수 $f(x)$는 $x=n$에서 극댓값을 갖는다. (참)
how? ❶

|3단계| ㄷ의 참, 거짓 판별하기

ㄷ. $\ominus$에서 $f'(x)=e^{-x}(nx^{n-1}-x^n)$이므로

$$f''(x)=-e^{-x}(nx^{n-1}-x^n)+e^{-x}\{n(n-1)x^{n-2}-nx^{n-1}\}$$
$$=e^{-x}x^{n-2}(x^2-2nx+n^2-n)$$

(i) n이 짝수일 때, $x=0$의 좌우에서 $f''(x)$의 부호는 변화가 없으므로 점 $(0, 0)$은 변곡점이 아니다.

(ii) n이 홀수일 때, $x=0$의 좌우에서 $f''(x)$의 부호가 음에서 양으로 바뀌므로 점 $(0, 0)$은 변곡점이다.

(i), (ii)에 의하여 점 $(0, 0)$이 항상 변곡점인 것은 아니다. (거짓)
how? ❶

따라서 옳은 것은 ㄱ, ㄴ이다.

해설특강

how? ❶ n의 값에 따른 함수 $y=f(x)$의 그래프는 다음 그림과 같다.

(i) n이 짝수일 때   (ii) n이 홀수일 때

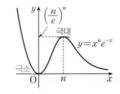
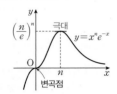

출제영역 이계도함수＋변곡점

함수의 그래프의 대칭성과 이계도함수를 이용하여 그래프의 개형을 추론하고 변곡점의 개수를 구할 수 있는지를 묻는 문제이다.

> 실수 전체의 집합에서 미분가능한 함수 $f(x)$가 모든 실수 x에 대하여 다음 조건을 만족시킨다.
>
> (가) $f(2+x)+f(2-x)=2$ **❶**
> (나) $\{f(x)+3\}\{f(x)-5\}\neq 0$ **❷**
> (다) $f'(x+2)=\dfrac{1}{4}\{f(x+2)+3\}\{f(2-x)+3\}$ **❸**
>
> 〈보기〉에서 옳은 것만을 있는 대로 고른 것은?
>
> | 보기 |
> ㄱ. 모든 실수 x에 대하여 $f(x)\neq -4$이다.
> ㄴ. $x_1<x_2$이고 $f(x_1)>f(x_2)$인 두 실수 x_1, x_2가 존재한다.
> ㄷ. 곡선 $y=f(x)$의 변곡점의 개수는 1이다.
>
> ① ㄱ   ② ㄴ   ③ ㄷ
> ④ ㄱ, ㄴ   ✓⑤ ㄱ, ㄷ

출제코드 대칭성, 점근선, 증가, 감소 조건으로부터 함수 $y=f(x)$의 그래프의 특징 파악하기

❶ $x=0$을 대입하면 $f(2)=1$이고, $\dfrac{f(2+x)+f(2-x)}{2}=1$이므로 함수 $y=f(x)$의 그래프는 점 $(2, 1)$에 대하여 대칭임을 알 수 있다.

❷ $f(x)\neq 5$, $f(x)\neq -3$이고, $f(2)=1$이므로 함수 $f(x)$가 실수 전체의 집합에서 연속이려면 $-3<f(x)<5$이다.

❸ ❶에서 구한 성질을 이용하면 $f'(x)$와 $f''(x)$의 값의 부호를 파악할 수 있으므로 함수 $f(x)$의 증가·감소, 변곡점의 개수를 구할 수 있다.

ㄱ. 조건 ㈎에서 $f(2+x)+f(2-x)=2$이므로 $x=0$을 대입하면

$$2f(2)=2$$

$$\therefore f(2)=1$$

또, $f(2+x)+f(2-x)=2$에서 $\dfrac{f(2+x)+f(2-x)}{2}=1$이므로

함수 $y=f(x)$의 그래프는 점 $(2, 1)$에 대하여 대칭이다. **why? ❶**

조건 ㈏에서 $\{f(x)+3\}\{f(x)-5\}\neq0$이므로

$$f(x)\neq-3,\ f(x)\neq5$$

이때 함수 $f(x)$는 실수 전체의 집합에서 미분가능하므로 모든 실수 x에 대하여 $-3<f(x)<5$를 만족시킨다. **why? ❷**

따라서 모든 실수 x에 대하여 $f(x)\neq-4$이다. (참)

| 2단계 | ㄴ의 참, 거짓 판별하기

ㄴ. 모든 실수 x에 대하여 $-3<f(x)<5$이므로

$$f(x+2)>-3,\ f(2-x)>-3$$

$$f(x+2)+3>0,\ f(2-x)+3>0$$

$$\therefore f'(x+2)=\frac{1}{4}\{f(x+2)+3\}\{f(2-x)+3\}>0$$

따라서 $\underline{f'(x)>0}$이므로 $x_1<x_2$인 임의의 두 실수 x_1, x_2에 대하여 $f(x_1)<f(x_2)$이다.

(함수 $f(x)$는 증가함수이다.)

즉, $x_1<x_2$이고 $f(x_1)>f(x_2)$인 두 실수 x_1, x_2가 존재하지 않는다. (거짓)

| 3단계 | ㄷ의 참, 거짓 판별하기

ㄷ. 조건 ㈎에서 $f(2-x)=2-f(2+x)$이므로 조건 ㈐에서

$$f'(x+2)=\frac{1}{4}\{f(x+2)+3\}\{f(2-x)+3\}$$

$$=\frac{1}{4}\{f(x+2)+3\}\{5-f(x+2)\}$$

위 식의 양변에 x 대신 $x-2$를 대입하면

$$f'(x)=\frac{1}{4}\{f(x)+3\}\{5-f(x)\}$$

$$=-\frac{1}{4}[\{f(x)\}^2-2f(x)-15]$$

위 식의 양변을 x에 대하여 미분하면

$$f''(x)=-\frac{1}{4}\{2f(x)f'(x)-2f'(x)\}$$

$$=-\frac{1}{2}f'(x)\{f(x)-1\}$$

ㄴ에 의하여 함수 $f(x)$는 증가하는 함수이므로

$$f'(x)>0$$

즉, 방정식 $f''(x)=0$의 실근의 개수는 방정식 $f(x)=1$의 실근의 개수와 같다.

ㄱ에서 $f(2)=1$이고 함수 $f(x)$는 증가함수이므로 방정식 $f(x)=1$의 해는 $x=2$뿐이다.

$x=2$의 좌우에서 $f(x)-1$의 값의 부호가 음에서 양으로 바뀌므로 함수 $f(x)$는 $x=2$에서 변곡점을 갖는다.

따라서 곡선 $y=f(x)$의 변곡점의 개수는 1이다. (참)

따라서 옳은 것은 ㄱ, ㄷ이다.

해설특강 ✐

why? ❶ $\dfrac{f(2+x)+f(2-x)}{2}=1$에서 $f(2+x)=k$ (k는 상수)라 하면

$$f(2-x)=2-k$$

즉, 함수 $y=f(x)$의 그래프는 두 점 $(2+x, k)$, $(2-x, 2-k)$를 지나고, 두 점을 이은 선분의 중점은 항상 $(2, 1)$이다.

따라서 함수 $y=f(x)$의 그래프는 점 $(2, 1)$에 대하여 대칭이다.

why? ❷ 연속함수 $f(x)$에 대하여 $f(x)\neq-3$, $f(x)\neq5$이므로 모든 실수 x에 대하여

$$f(x)>5 \text{ 또는 } -3<f(x)<5 \text{ 또는 } f(x)<-3$$

중 하나를 만족시켜야 한다.

이때 $f(2)=1$이므로 모든 실수 x에 대하여 $-3<f(x)<5$를 만족시킨다.

4

2017학년도 9월 평가원 가 30 [정답률 12%] 변형 | 정답 ⑤

출제영역 합성함수의 미분법 + 이계도함수 + 미분가능성

절댓값 기호가 포함된 함수에 대한 합성함수의 미분가능성과 이계도함수의 존재 여부를 판별할 수 있는지를 묻는 문제이다.

실수 전체의 집합에서 미분가능하고 $f'(0)=f'(2)=0$인 다항함수 $f(x)$와 함수 $g(x)=|4\sin|x||+2$ **❶** 에 대하여 함수 $h(x)=(f\circ g)(x)$ **❷** 라 할 때, 〈보기〉에서 옳은 것만을 있는 대로 고른 것은?

┌─────── 보기 ───────┐
ㄱ. 모든 실수 x에 대하여 $h(-x)=h(x)$이다.
ㄴ. 함수 $h(x)$는 실수 전체의 집합에서 미분가능하다. **❷**
ㄷ. 실수 전체의 집합에서 함수 $h''(x)$가 존재한다. **❸**
└──────────────────┘

① ㄱ   ② ㄴ   ③ ㄱ, ㄴ

④ ㄴ, ㄷ   ✔⑤ ㄱ, ㄴ, ㄷ

킬러코드 함수 $g(x)=|4\sin|x||+2$가 미분가능하지 않은 점 파악하기

❶ $g(-x)=g(x)$이므로 함수 $y=g(x)$의 그래프는 y축에 대하여 대칭임을 이용하여 함수 $y=g(x)$의 그래프를 그린다.

➡ 절댓값 기호가 포함된 함수의 그래프는 절댓값 기호 안의 식의 값을 0이 되게 하는 x의 값을 경계로 꺾이는 부분이 생기므로 이 점에서의 미분가능성에 주목한다.

❷ $h(x)=f(g(x))$이므로 함수 $g(x)$가 미분가능하지 않은 점에서의 함수 $h(x)$의 미분가능성을 확인한다.

❸ 함수 $g'(x)$의 값이 존재하지 않는 x의 값에서의 함수 $h''(x)$의 값의 존재 여부를 확인한다.

해설 | 1단계 | 함수 $y=g(x)$의 그래프 그리기

함수 $g(x)=|4\sin|x||+2$에서

$$g(x)=\begin{cases}|4\sin x+2| & (x\geq0)\\|-4\sin x+2| & (x<0)\end{cases}$$

따라서 함수 $y=g(x)$의 그래프는 다음 그림과 같다. **how? ❶**

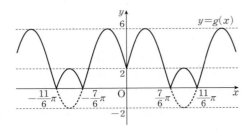

|2단계| ㄱ의 참, 거짓 판별하기

ㄱ. $g(-x)=g(x)$이므로

$h(-x)=f(g(-x))=f(g(x))=h(x)$ (참)

|3단계| ㄴ의 참, 거짓 판별하기

ㄴ. 함수 $h(x)$가 $x=0$에서 미분가능하려면 $\displaystyle\lim_{x\to0+}h'(x)=\lim_{x\to0-}h'(x)$

이어야 한다. $\underbrace{\hspace{3cm}}_{x=0\text{에서의 (우미분계수)}=\text{(좌미분계수)}}$

이때 $h(x)=f(g(x))$에서 $h'(x)=f'(g(x))g'(x)$이므로

$\displaystyle\lim_{x\to0+}h'(x)=\lim_{x\to0+}f'(g(x))g'(x)$

$\displaystyle\qquad\qquad=f'(2)\lim_{x\to0+}g'(x)$

$\displaystyle\qquad\qquad=4f'(2)$ **how? ❷**

$\qquad\qquad=0\ (\because f'(2)=0)$

$\displaystyle\lim_{x\to0-}h'(x)=\lim_{x\to0-}f'(g(x))g'(x)$

$\displaystyle\qquad\qquad=f'(2)\lim_{x\to0-}g'(x)$

$\displaystyle\qquad\qquad=-4f'(2)$ **how? ❸**

$\qquad\qquad=0\ (\because f'(2)=0)$

$\displaystyle\therefore \lim_{x\to0+}h'(x)=\lim_{x\to0-}h'(x)$

즉, 함수 $h(x)$는 $x=0$에서 미분가능하다.

또, $x>0$에서 $g(x)=0$인 x의 값 중 하나를 α라 하면

$\underbrace{\hspace{5cm}}_{\text{함수의 그래프의 뾰족한 점에서는 미분가능하지 않다.}}$

$\displaystyle\lim_{x\to\alpha+}g'(x)=-\lim_{x\to\alpha-}g'(x)\ (\lim_{x\to\alpha+}g'(x)\neq0,\ \lim_{x\to\alpha-}g'(x)\neq0)$

이므로 함수 $g(x)$는 $x=\alpha$에서 미분가능하지 않다. **how? ❹**

이때 함수 $h(x)$가 실수 전체의 집합에서 미분가능하려면 $x=\alpha$에서 미분가능해야 한다.

$\displaystyle\lim_{x\to\alpha+}h'(x)=\lim_{x\to\alpha+}f'(g(x))g'(x)$

$\displaystyle\qquad\qquad=f'(0)\lim_{x\to\alpha+}g'(x)\ (\because g(\alpha)=0)$

$\qquad\qquad=0\ (\because f'(0)=0)$

$\displaystyle\lim_{x\to\alpha-}h'(x)=\lim_{x\to\alpha-}f'(g(x))g'(x)$

$\displaystyle\qquad\qquad=f'(0)\lim_{x\to\alpha-}g'(x)\ (\because g(\alpha)=0)$

$\qquad\qquad=0\ (\because f'(0)=0)$

$\displaystyle\therefore \lim_{x\to\alpha+}h'(x)=\lim_{x\to\alpha-}h'(x)$

즉, 함수 $h(x)$는 $g(\alpha)=0$인 $x=\alpha$에서 미분가능하다.

따라서 함수 $h(x)$는 실수 전체의 집합에서 미분가능하다. (참)

|4단계| ㄷ의 참, 거짓 판별하기

ㄷ. ㄴ에서 모든 x에서 $h'(x)=f'(g(x))g'(x)$

한편, $x\neq0$이고 $g(x)\neq0$인 모든 x에 대하여

$h''(x)=f''(g(x))\{g'(x)\}^2+f'(g(x))g''(x)$

이므로 $x=0$에서 $h''(x)$의 값이 존재하려면

$\displaystyle\lim_{x\to0+}h''(x)=\lim_{x\to0-}h''(x)$이어야 한다.

$\displaystyle\lim_{x\to0+}h''(x)=\lim_{x\to0+}f''(g(x))\{g'(x)\}^2+\lim_{x\to0+}f'(g(x))g''(x)$

$\displaystyle\qquad\qquad=f''(2)\lim_{x\to0+}\{g'(x)\}^2\ (\because f'(2)=0)$

$\displaystyle\qquad\qquad=16f''(2)\ (\because \lim_{x\to0+}g'(x)=4)$

$\displaystyle\lim_{x\to0-}h''(x)=\lim_{x\to0-}f''(g(x))\{g'(x)\}^2+\lim_{x\to0-}f'(g(x))g''(x)$

$\displaystyle\qquad\qquad=f''(2)\lim_{x\to0-}\{g'(x)\}^2\ (\because f'(2)=0)$

$\displaystyle\qquad\qquad=16f''(2)\ (\because \lim_{x\to0-}g'(x)=-4)$

즉, $\displaystyle\lim_{x\to0+}h''(x)=\lim_{x\to0-}h''(x)$이므로 $h''(0)$의 값이 존재한다.

마찬가지로 $x>0$에서 $g(x)=0$인 x의 값 중 하나를 α라 하면 $g'(\alpha)$의 값은 존재하지 않는다.

이때 실수 전체의 집합에서 함수 $h''(x)$가 존재하려면 $h''(\alpha)$의 값이 존재해야 한다.

$\displaystyle\lim_{x\to\alpha+}h''(x)=\lim_{x\to\alpha+}f''(g(x))\{g'(x)\}^2+\lim_{x\to\alpha+}f'(g(x))g''(x)$

$\displaystyle\qquad\qquad=f''(0)\lim_{x\to\alpha+}\{g'(x)\}^2\ (\because f'(0)=0)$

$\displaystyle\lim_{x\to\alpha-}h''(x)=\lim_{x\to\alpha-}f''(g(x))\{g'(x)\}^2+\lim_{x\to\alpha-}f'(g(x))g''(x)$

$\displaystyle\qquad\qquad=f''(0)\lim_{x\to\alpha-}\{g'(x)\}^2\ (\because f'(0)=0)$

이때 $\displaystyle\lim_{x\to\alpha+}g'(x)=-\lim_{x\to\alpha-}g'(x)$이므로

$\displaystyle\lim_{x\to\alpha+}\{g'(x)\}^2=\lim_{x\to\alpha-}\{g'(x)\}^2$

즉, $\displaystyle\lim_{x\to\alpha+}h''(x)=\lim_{x\to\alpha-}h''(x)$이므로 $h''(\alpha)$의 값이 존재한다.

따라서 실수 전체의 집합에서 함수 $h''(x)$가 존재한다. (참)

따라서 ㄱ, ㄴ, ㄷ 모두 옳다.

해설 특강

how? ❶ $x\geq0$일 때, 함수 $y=g(x)$의 그래프와 x축이 만나는 점의 x좌표는

$4\sin x+2=0$에서

$\sin x=-\dfrac{1}{2}$

$\therefore x=2n\pi+\dfrac{7}{6}\pi$ 또는 $x=2n\pi+\dfrac{11}{6}\pi$ (단, n은 음이 아닌 정수)

또, $g(x)=g(-x)$이므로 함수 $y=g(x)$의 그래프는 y축에 대하여 대칭이다.

how? ❷ $g(x)=\begin{cases}|4\sin x+2| & (x\geq0)\\ |-4\sin x+2| & (x<0)\end{cases}$ 에서

$x\to0+$일 때, $4\sin x+2>0$이므로

$g(x)=4\sin x+2$

$\displaystyle\therefore \lim_{x\to0+}g'(x)=\lim_{x\to0+}4\cos x=4$

또, $\displaystyle\lim_{x\to0+}g(x)=2$이므로

$\displaystyle\lim_{x\to0+}f'(g(x))=f'(2)$

how? ❸ $g(x)=\begin{cases}|4\sin x+2| & (x\geq0)\\ |-4\sin x+2| & (x<0)\end{cases}$ 에서

$x\to0-$일 때, $-4\sin x+2>0$이므로

$g(x)=-4\sin x+2$

$\displaystyle\therefore \lim_{x\to0-}g'(x)=\lim_{x\to0-}(-4\cos x)=-4$

또, $\displaystyle\lim_{x\to0-}g(x)=2$이므로

$\displaystyle\lim_{x\to0-}f'(g(x))=f'(2)$

how? ❹ 예를 들어, $a = \dfrac{7}{6}\pi$이면

$x \to \dfrac{7}{6}\pi +$ 일 때, $g(x) = -4\sin x - 2$이므로

$$\lim_{x \to \frac{7}{6}\pi +} g'(x) = \lim_{x \to \frac{7}{6}\pi +} (-4\cos x)$$
$$= -4\cos \dfrac{7}{6}\pi$$
$$= 4\cos \dfrac{\pi}{6}$$
$$= 2\sqrt{3}$$

$x \to \dfrac{7}{6}\pi -$ 일 때, $g(x) = 4\sin x + 2$이므로

$$\lim_{x \to \frac{7}{6}\pi -} g'(x) = \lim_{x \to \frac{7}{6}\pi -} 4\cos x$$
$$= 4\cos \dfrac{7}{6}\pi$$
$$= -4\cos \dfrac{\pi}{6}$$
$$= -2\sqrt{3}$$

즉, $\displaystyle\lim_{x \to \frac{7}{6}\pi +} g'(x) = -\lim_{x \to \frac{7}{6}\pi -} g'(x)$이다.

5
|정답 14|

출제영역 로그함수의 도함수＋이계도함수
이계도함수와 함수의 극한의 성질 및 미분계수의 정의를 이용하여 함수를 구할 수 있는지를 묻는 문제이다.

이차항의 계수가 1인 이차함수 $f(x)$에 대하여 함수 $g(x) = \ln f(x)$ ❶ ❷
가 모든 실수 x에 대하여 이계도함수를 가지고,

$$\lim_{h \to 0} \dfrac{g'(1+2h) - \dfrac{3}{4}}{h} = -\dfrac{1}{8}$$ ❸

을 만족시킬 때, $f(3)$의 값을 구하시오. 14

출제코드 함수 $g'(x)$의 $x=1$에서의 미분계수를 이계도함수를 이용하여 나타내기

❶ 이차항의 계수가 주어졌으므로 이차함수의 식을 미지수를 사용하여 간단히 나타낼 수 있다.
❷ 함수 $g(x) = \ln f(x)$가 실수 전체의 집합에서 정의되려면 로그의 진수 조건에 의하여 $f(x) > 0$이어야 한다.
❸ 극한값이 주어진 경우에는 다음 두 가지를 확인한다.
① 함수의 극한의 성질을 이용하여 구할 수 있는 것을 확인한다.
　➡ $h \to 0$일 때, 극한값이 존재하고 (분모) $\to$ 0이므로 (분자) $\to$ 0이어야 한다.
② 미분계수의 정의를 이용할 수 있는지 확인한다.
　➡ 좌변을 $\displaystyle\lim_{h \to 0} \dfrac{g'(1+2h) - g'(1)}{2h} \times 2$로 변형한다.

해설 |1단계| 함수 $g'(x)$, $g''(x)$ 구하기
이차항의 계수가 1인 이차함수 $f(x)$를
$$f(x) = x^2 + ax + b \ (a, b는 상수)$$
로 놓으면 $g(x) = \ln f(x)$에서 $f(x) > 0$이므로
$$x^2 + ax + b > 0$$
즉, 이차방정식 $f(x) = 0$의 판별식을 D라 하면
$$D = a^2 - 4b < 0 \ \text{why? ❶} \qquad \cdots\cdots \ \text{㉠}$$
이어야 한다.

$g(x) = \ln f(x)$에서
$$g'(x) = \dfrac{f'(x)}{f(x)} = \dfrac{2x + a}{x^2 + ax + b}$$
$$g''(x) = \dfrac{2(x^2 + ax + b) - (2x + a)^2}{(x^2 + ax + b)^2}$$

|2단계| $g'(1)$, $g''(1)$의 값 구하기

한편, $\displaystyle\lim_{h \to 0} \dfrac{g'(1+2h) - \dfrac{3}{4}}{h} = -\dfrac{1}{8}$에서 $h \to 0$일 때 극한값이 존재하고 (분모) $\to$ 0이므로 (분자) $\to$ 0이어야 한다. **why? ❷**

즉, $\displaystyle\lim_{h \to 0} \left\{ g'(1+2h) - \dfrac{3}{4} \right\} = 0$이므로

$$g'(1) = \dfrac{3}{4}$$

또, 미분계수의 정의에 의하여

$$\lim_{h \to 0} \dfrac{g'(1+2h) - \dfrac{3}{4}}{h} = 2\lim_{h \to 0} \dfrac{g'(1+2h) - g'(1)}{2h}$$
$$= 2g''(1) \ \text{why? ❸}$$

즉, $2g''(1) = -\dfrac{1}{8}$이므로

$$g''(1) = -\dfrac{1}{16}$$

|3단계| 함수 $f(x)$를 구하여 $f(3)$의 값 구하기

$g'(1) = \dfrac{3}{4}$에서

$$\dfrac{a + 2}{a + b + 1} = \dfrac{3}{4} \qquad \cdots\cdots \ \text{㉡}$$

$g''(1) = -\dfrac{1}{16}$에서

$$\dfrac{2(a + b + 1) - (a + 2)^2}{(a + b + 1)^2} = -\dfrac{1}{16} \qquad \cdots\cdots \ \text{㉢}$$

㉡에서 $a + b + 1 \neq 0$이고, $a + 2 = \dfrac{3}{4}(a + b + 1)$이므로 이를 ㉢에 대입하면

$$\dfrac{2(a + b + 1) - \dfrac{9}{16}(a + b + 1)^2}{(a + b + 1)^2} = -\dfrac{1}{16}$$

이때 $a + b + 1 = X \ (X \neq 0)$로 놓으면

$$\dfrac{2X - \dfrac{9}{16}X^2}{X^2} = -\dfrac{1}{16}$$

$$32X - 9X^2 = -X^2$$

$$8X^2 - 32X = 0$$

$$8X(X - 4) = 0$$

$$\therefore X = 0 \ \text{또는} \ X = 4$$

그런데 $X \neq 0$이므로 $X = 4$

즉, $a+b+1=4$이므로

$a+b=3$ …… ㉣

㉢, ㉣을 연립하여 풀면

$a=1, b=2$

이 값은 ㉠을 만족시킨다.

따라서 $f(x)=x^2+x+2$이므로

$f(3)=9+3+2=14$

해설특강

why? ❶ 이차부등식 $x^2+ax+b>0$이 항상 성립하려면 이차함수 $y=x^2+ax+b$의 그래프가 x축의 위쪽에 있으면서 x축과 만나지 않아야 한다. 즉, 이차방정식 $x^2+ax+b=0$이 실근을 갖지 않아야 하므로 판별식 $D=a^2-4b<0$이다.

why? ❷ 두 함수 $f(x), g(x)$에 대하여 $\lim\limits_{x \to a}\dfrac{f(x)}{g(x)}=\alpha$ (α는 실수)일 때

(1) $x \to a$일 때 극한값이 존재하고 (분모) $\to 0$이면 (분자) $\to 0$이다.

  즉, $\lim\limits_{x \to a}g(x)=0$이면 $\lim\limits_{x \to a}f(x)=0$이다.

(2) $x \to a$일 때 0이 아닌 극한값이 존재하고 (분자) $\to 0$이면 (분모) $\to 0$이다.

  즉, $\alpha \neq 0$이고 $\lim\limits_{x \to a}f(x)=0$이면 $\lim\limits_{x \to a}g(x)=0$이다.

why? ❸ 함수 $y=g'(x)$의 $x=k$에서의 미분계수는

$$g''(k)=\lim\limits_{h \to 0}\dfrac{g'(k+h)-g'(k)}{h}$$
$$=\lim\limits_{h \to 0}\dfrac{g'(k+\blacksquare h)-g'(k)}{\blacksquare h}$$

핵심 개념 미분계수를 이용한 극한값의 계산 (수학 Ⅱ)

(1) 분모의 항이 1개인 경우

$$\lim\limits_{\blacksquare \to 0}\dfrac{f(a+\blacksquare)-f(a)}{\blacksquare}=f'(a)$$임을 이용할 수 있도록 식을 변형한다.

이때 $\blacksquare$ 부분이 일치해야 함에 주의한다.

$$\to \lim\limits_{h \to 0}\dfrac{f(a+kh)-f(a)}{h}=\lim\limits_{h \to 0}\dfrac{f(a+kh)-f(a)}{kh}\times k$$
$$=kf'(a)$$

(2) 분모의 항이 2개인 경우

$$\lim\limits_{\blacksquare \to \bullet}\dfrac{f(\blacksquare)-f(\bullet)}{\blacksquare-\bullet}=f'(\bullet)$$임을 이용할 수 있도록 식을 변형한다.

이때 $\blacksquare$는 $\blacksquare$끼리, $\bullet$은 $\bullet$끼리 일치해야 함에 주의한다.

$$\to \lim\limits_{x \to a}\dfrac{f(x^2)-f(a^2)}{x-a}=\lim\limits_{x \to a}\left\{\dfrac{f(x^2)-f(a^2)}{(x-a)(x+a)}\times(x+a)\right\}$$
$$=\lim\limits_{x \to a}\dfrac{f(x^2)-f(a^2)}{x^2-a^2}\times\lim\limits_{x \to a}(x+a)$$
$$=2af'(a^2)$$

---

6 |정답 8

출제영역 함수의 극대·극소＋이계도함수

절댓값 기호가 포함된 함수의 극대·극소와 이계도함수의 함숫값을 이용하여 함수의 식을 추론할 수 있는지를 묻는 문제이다.

최고차항의 계수가 1인 6차 이하의 다항함수 $f(x)$에 대하여 함수 $g(x)=|f(x)|$는 실수 전체의 집합에서 미분가능하고**❶**, 두 함수 $f(x), g(x)$가 다음 조건을 만족시킨다.

> (가) 방정식 $f(x)=0$의 근은 0과 3뿐이다.**❷**
>
> (나) 함수 $g(x)$가 극값을 갖는 x의 개수는 함수 $f(x)$가 극값을 갖는 x의 개수보다 1개 더 많다.**❸**
>
> (다) $f''(0)<0$

$g(1)$의 값을 구하시오.   8

킬러코드 함수 $g(x)$가 실수 전체의 집합에서 미분가능하기 위한 함수 $f(x)$의 식과 그래프의 개형 추론하기

❶ 절댓값 기호가 포함된 함수는 절댓값 기호 안의 식의 값이 0이 되게 하는 x의 값에서 그래프가 꺾인다.

 ➡ 함수 $g(x)$는 $f(x)=0$인 x에서 미분가능하면 실수 전체의 집합에서 미분가능하다고 할 수 있다.

❷ 방정식 $f(x)=0$은 두 실근 0, 3을 갖고 허근은 갖지 않는다는 의미이므로 함수 $f(x)$의 식의 꼴을 추론할 수 있다.

❸ 함수 $f(x)$가 극값을 갖지 않는 점에서 함수 $g(x)=|f(x)|$는 극값을 가져야 하므로 함수 $y=f(x)$의 그래프의 개형은 오른쪽 그림과 같이 변곡점이 x축 위에 있어야 한다. 이를 이용하면 함수 $f(x)$의 식을 추론할 수 있다.

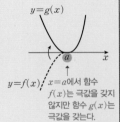

$y=g(x)$

$y=f(x)$ $x=a$에서 함수 $f(x)$는 극값을 갖지 않지만 함수 $g(x)$는 극값을 갖는다.

해설 |1단계| 조건 (가)를 이용하여 함수 $f(x)$의 식 세우기

조건 (가)에서 방정식 $f(x)=0$의 근은 0과 3뿐이므로 최고차항의 계수가 1인 6차 이하의 다항함수 $f(x)$는

$f(x)=x^m(x-3)^n$ (m, n은 자연수, $m+n \leq 6$)

으로 놓을 수 있다.

이때 m, n이 모두 짝수이면 $x^m(x-3)^n \geq 0$이므로

$g(x)=|f(x)|=x^m(x-3)^n$ (단, m, n은 짝수, $m+n \leq 6$)

         $m=2, n=2$ 또는 $m=2, n=4$ 또는 $m=4, n=2$

따라서 함수 $g(x)$는 실수 전체의 집합에서 미분가능하다. **why? ❶**

그런데 이 경우 조건 (나)를 만족시키지 않으므로 m, n 중 적어도 하나

$\quad$ $g(x)=f(x)$이므로 극값을 갖는 x의 개수가 같다.

는 홀수이어야 한다.

|2단계| 함수 $g(x)$가 실수 전체의 집합에서 미분가능함을 이용하여 m, n의 값의 조건 구하기

$m=1$일 때, $f(x)=x(x-3)^n$에서

$g(x)=|f(x)|=|x||x-3|^n$ (단, $n \leq 5$)

그런데 이 경우 n의 값에 관계없이 함수 $g(x)$는 $x=0$에서 미분가능

$\quad$ 곡선 $y=g(x)$는 $x=0$에서 꺾인다.

하지 않다. **why? ❷**

또, $n=1$일 때, $f(x)=x^m(x-3)$에서

$g(x)=|f(x)|=|x|^m|x-3|$ (단, $m \leq 5$)

그런데 이 경우 m의 값에 관계없이 함수 $g(x)$는 $x=3$에서 미분가능하지 않다. **why? ➌**
— 곡선 $y=g(x)$는 $x=3$에서 꺾인다.

따라서 함수 $g(x)$가 실수 전체의 집합에서 미분가능하려면 $m\geq2$, $n\geq2$이고 m, n 중 적어도 하나는 홀수이어야 하므로
$m=2$, $n=3$ 또는 $m=3$, $n=2$ 또는 $m=3$, $n=3$
— $m+n\leq6$이어야 한다.

|3단계| m, n의 값에 따라 조건을 만족시키는 함수 $f(x)$의 식 구하기

(i) $m=2$, $n=3$일 때

함수 $f(x)=x^2(x-3)^3$에서

$g(x)=|f(x)|=x^2|x-3|^3$
— $g(x)$는 $x=0$, 3에서 미분가능하므로 함수 $g(x)$는 실수 전체의 집합에서 미분가능하다.

$f'(x)=2x(x-3)^3+3x^2(x-3)^2=x(5x-6)(x-3)^2$

$f'(x)=0$에서 $x=0$ 또는 $x=\dfrac{6}{5}$ 또는 $x=3$

함수 $f(x)$의 증가와 감소를 표로 나타내면 다음과 같다.

x	$\cdots$	0	$\cdots$	$\dfrac{6}{5}$	$\cdots$	3	$\cdots$
$f'(x)$	$+$	0	$-$	0	$+$	0	$+$
$f(x)$	↗	극대	↘	극소	↗		↗

따라서 두 함수 $y=f(x)$와 $y=g(x)$의 그래프는 다음 그림과 같다.

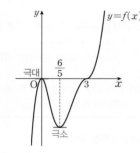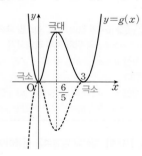

이때 함수 $g(x)$가 극값을 갖는 x의 값은 0, $\dfrac{6}{5}$, 3의 3개이고, 함수 $f(x)$가 극값을 갖는 x의 값은 0, $\dfrac{6}{5}$의 2개이므로 조건 ㈏를 만족시킨다.

또, $f'(x)=x(5x-6)(x-3)^2$에서 $f''(0)<0$이므로 조건 ㈐를 만족시킨다. **why? ➍**

따라서 $m=2$, $n=3$인 함수 $f(x)$는 조건을 만족시킨다.

(ii) $m=3$, $n=2$일 때

함수 $f(x)=x^3(x-3)^2$에서

$g(x)=|f(x)|=|x|^3(x-3)^2$
— $g(x)$는 $x=0$, 3에서 미분가능하므로 함수 $g(x)$는 실수 전체의 집합에서 미분가능하다.

$f'(x)=3x^2(x-3)^2+2x^3(x-3)$
$\qquad=x^2(5x-9)(x-3)$

$f'(x)=0$에서 $x=0$ 또는 $x=\dfrac{9}{5}$ 또는 $x=3$

함수 $f(x)$의 증가와 감소를 표로 나타내면 다음과 같다.

x	$\cdots$	0	$\cdots$	$\dfrac{9}{5}$	$\cdots$	3	$\cdots$
$f'(x)$	$+$	0	$+$	0	$-$	0	$+$
$f(x)$	↗		↗	극대	↘	극소	↗

따라서 함수 $y=f(x)$와 $y=g(x)$의 그래프는 다음 그림과 같다.

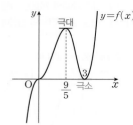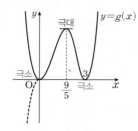

이때 함수 $g(x)$가 극값을 갖는 x의 값은 0, $\dfrac{9}{5}$, 3의 3개이고, 함수 $f(x)$가 극값을 갖는 x의 값은 $\dfrac{9}{5}$, 3의 2개이므로 조건 ㈏를 만족시킨다.

그런데 $f'(x)=x^2(5x-9)(x-3)$에서 $f''(0)=0$이므로 조건 ㈐를 만족시키지 않는다. **why? ➎**

따라서 $m=3$, $n=2$인 함수 $f(x)$는 조건을 만족시키지 않는다.

(iii) $m=3$, $n=3$일 때

함수 $f(x)=x^3(x-3)^3$에서

$g(x)=|f(x)|=|x|^3|x-3|^3$
— $g(x)$는 $x=0$, 3에서 미분가능하므로 함수 $g(x)$는 실수 전체의 집합에서 미분가능하다.

$f'(x)=3x^2(x-3)^3+3x^3(x-3)^2$
$\qquad=3x^2(2x-3)(x-3)^2$

$f'(x)=0$에서 $x=0$ 또는 $x=\dfrac{3}{2}$ 또는 $x=3$

함수 $f(x)$의 증가와 감소를 표로 나타내면 다음과 같다.

x	$\cdots$	0	$\cdots$	$\dfrac{3}{2}$	$\cdots$	3	$\cdots$
$f'(x)$	$-$	0	$-$	0	$+$	0	$+$
$f(x)$	↘		↘	극소	↗		↗

따라서 함수 $y=f(x)$와 $y=g(x)$의 그래프는 다음 그림과 같다.

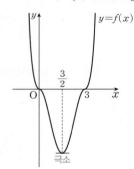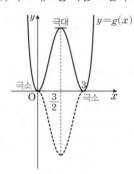

이때 함수 $g(x)$가 극값을 갖는 x의 값은 0, $\dfrac{3}{2}$, 3의 3개이고, 함수 $f(x)$가 극값을 갖는 x의 값은 $\dfrac{3}{2}$의 1개이므로 조건 ㈏를 만족시키지 않는다.

따라서 $m=3$, $n=3$인 함수 $f(x)$는 조건을 만족시키지 않는다.

(i), (ii), (iii)에 의하여
$f(x)=x^2(x-3)^3$

|4단계| $g(1)$의 값 구하기

따라서 $g(x)=|f(x)|=x^2|x-3|^3$이므로
$g(1)=1\times|1-3|^3=8$

why? ❶ m, n이 모두 짝수일 때, 함수 $y=f(x)$의 그래프의 개형은 다음 그림과 같으므로 함수 $g(x)=|f(x)|=f(x)$는 실수 전체의 집합에서 미분가능하다.

① $m=2$, $n=2$일 때

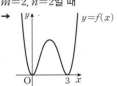

② $m=2$, $n=4$일 때

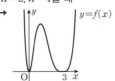

③ $m=4$, $n=2$일 때

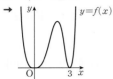

why? ❷ $\lim_{x \to 0-} \dfrac{g(x)-g(0)}{x} = \lim_{x \to 0-} \dfrac{-x|x-3|^n}{x} = -3^n$

$\lim_{x \to 0+} \dfrac{g(x)-g(0)}{x} = \lim_{x \to 0+} \dfrac{x|x-3|^n}{x} = 3^n$

즉, $x=0$에서의 (좌미분계수)$\neq$(우미분계수)이므로 함수 $g(x)$는 $x=0$에서 미분가능하지 않다.

예를 들어, $m=1$, $n=2$일 때, 함수 $y=g(x)$의 그래프의 개형은 오른쪽 그림과 같으므로 함수 $g(x)$는 $x=0$에서 미분가능하지 않다.

why? ❸ $\lim_{x \to 3-} \dfrac{g(x)-g(3)}{x-3} = \lim_{x \to 3-} \dfrac{|x|^m(3-x)}{x-3} = -3^m$

$\lim_{x \to 3+} \dfrac{g(x)-g(3)}{x-3} = \lim_{x \to 3+} \dfrac{|x|^m(x-3)}{x-3} = 3^m$

즉, $x=3$에서의 (좌미분계수)$\neq$(우미분계수)이므로 함수 $g(x)$는 $x=3$에서 미분가능하지 않다.

예를 들어, $m=2$, $n=1$일 때, 함수 $y=g(x)$의 그래프의 개형은 오른쪽 그림과 같으므로 함수 $g(x)$는 $x=3$에서 미분가능하지 않다.

why? ❹ 이계도함수 $f''(x)$를 구하여 $f''(0)$의 값을 찾을 수도 있지만 다음과 같이 생각하면 간단하다.

사차함수 $f'(x)=x(5x-6)(x-3)^2$의 그래프의 개형은 오른쪽 그림과 같으므로 $x=0$에서 곡선 $y=f'(x)$의 접선의 기울기는 음수이다.

즉, $f''(0)<0$이다.

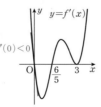

why? ❺ ❹와 마찬가지로 생각하면 사차함수 $f'(x)=x^2(5x-9)(x-3)$의 그래프의 개형은 오른쪽 그림과 같으므로 $x=0$에서 곡선 $y=f'(x)$의 접선의 기울기는 0이다.

즉, $f''(0)=0$이다.

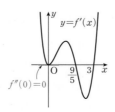

06-3 접선의 방정식의 활용

1등급 완성 3단계 문제연습

1 43	**2** ④	**3** ⑤	**4** ④
5 ①	**6** ③	**7** ③	**8** ④

1 2021학년도 9월 평가원 가 30 [정답률 12%] | 정답 **43**

출제영역 접선의 방정식의 활용＋함수의 최대 · 최소

곡선과 직선의 위치 관계를 파악하고 접선의 방정식을 이용하여 미지수의 값의 곱의 최대, 최소를 구할 수 있는지를 묻는 문제이다.

> 다음 조건을 만족시키는 실수 a, b에 대하여 ==ab의 최댓값을 M, 최솟값을 m==❷이라 하자.
>
> > 모든 실수 x에 대하여 부등식
> > ==$-e^{-x+1} \leq ax+b \leq e^{x-2}$==❶
> > 이 성립한다.
>
> $\left| M \times m^3 \right| = \dfrac{q}{p}$일 때, $p+q$의 값을 구하시오.   43
>
> (단, p와 q는 서로소인 자연수이다.)

출제코드 ab의 값이 최대, 최소일 때의 두 곡선 $y=-e^{-x+1}$, $y=e^{x-2}$과 직선 $y=ax+b$의 위치 관계 파악하기

❶ 직선 $y=ax+b$는 두 곡선 $y=-e^{-x+1}$, $y=e^{x-2}$ 사이에 존재함을 파악한다.

❷ 직선 $y=ax+b$에서 기울기와 y절편의 곱이 최대, 최소일 때의 두 곡선 $y=-e^{-x+1}$, $y=e^{x-2}$과 직선 $y=ax+b$의 위치 관계를 파악한다.

해설 | **1단계** | 접선의 방정식을 이용하여 ab의 최댓값 구하기

조건을 만족시키려면 직선 $y=ax+b$가 두 곡선 $y=-e^{-x+1}$, $y=e^{x-2}$ 사이에 존재해야 하므로 $a \geq 0$이어야 한다. **why? ❶**

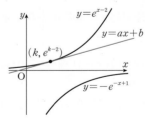

또, ab가 최댓값을 가지려면 위의 그림과 같이 직선 $y=ax+b$가 곡선 $y=e^{x-2}$과 접해야 한다.

직선 $y=ax+b$와 곡선 $y=e^{x-2}$의 접점의 좌표를 (k, e^{k-2})이라 하면 접선의 방정식은

$y = \underbracket{e^{k-2}}(x-k)+e^{k-2}$
  $\quad$ ⌐ $y'=e^{x-2}$이므로 접선의 기울기는 e^{k-2}이다.
$= e^{k-2}x+(1-k)e^{k-2}$

즉, $a=e^{k-2}$, $b=(1-k)e^{k-2}$이므로

$ab = e^{k-2} \times (1-k)e^{k-2}$
$\quad = (1-k)e^{2k-4}$

$f(k)=(1-k)e^{2k-4}$이라 하면

$f'(k) = -e^{2k-4}+2(1-k)e^{2k-4}$
$\quad\;\; = (1-2k)e^{2k-4}$

$f'(k)=0$에서 $k=\dfrac{1}{2}$ $\left(\because e^{2k-4}>0\right)$

따라서 함수 $f(k)$는 $k=\dfrac{1}{2}$에서 극대이면서 최대이므로 ab의 최댓값은

$$f\left(\dfrac{1}{2}\right)=\dfrac{e^{-3}}{2}=\dfrac{1}{2e^3}$$

|2단계| 접선의 방정식을 이용하여 ab의 최솟값 구하기

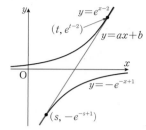

ab가 최솟값을 가지려면 위의 그림과 같이 직선 $y=ax+b$가 두 곡선 $y=-e^{-x+1}$, $y=e^{x-2}$에 동시에 접해야 한다. **why? ❷**

직선 $y=ax+b$와 두 곡선 $y=-e^{-x+1}$, $y=e^{x-2}$의 접점의 좌표를 각각 $(s,\,-e^{-s+1})$, $(t,\,e^{t-2})$이라 하면 접선의 방정식은 각각

$$y=\underbrace{e^{-s+1}}_{y'=e^{-x+1}\text{이므로 접선의 기울기는 } e^{-s+1}\text{이다.}}(x-s)-e^{-s+1},\quad y=e^{t-2}(x-t)+e^{t-2}$$

이고, 두 직선이 서로 일치해야 한다.

$e^{-s+1}=e^{t-2}$에서

$-s+1=t-2$

$\therefore s+t=3$ $\quad\cdots\cdots$ ㉠

$-se^{-s+1}-e^{-s+1}=-te^{t-2}+e^{t-2}$에서

$-(1+s)e^{-s+1}=(1-t)e^{t-2}$

$-1-s=1-t$ $(\because e^{-s+1}=e^{t-2})$

$\therefore s-t=-2$ $\quad\cdots\cdots$ ㉡

㉠, ㉡을 연립하여 풀면

$$s=\dfrac{1}{2},\ t=\dfrac{5}{2}$$

따라서 접선의 방정식은

$$y=e^{\frac{1}{2}}\left(x-\dfrac{5}{2}\right)+e^{\frac{1}{2}}=e^{\frac{1}{2}}x-\dfrac{3}{2}e^{\frac{1}{2}}$$

이므로

$$a=e^{\frac{1}{2}},\ b=-\dfrac{3}{2}e^{\frac{1}{2}}$$

즉, ab의 최솟값은

$$e^{\frac{1}{2}}\times\left(-\dfrac{3}{2}e^{\frac{1}{2}}\right)=-\dfrac{3e}{2}$$

|3단계| $|M\times m^3|$의 값 구하기

$M=\dfrac{1}{2e^3},\ m=-\dfrac{3e}{2}$이므로

$$|M\times m^3|=\left|\dfrac{1}{2e^3}\times\left(-\dfrac{3e}{2}\right)^3\right|$$
$$=\left|-\dfrac{27}{16}\right|$$
$$=\dfrac{27}{16}$$

따라서 $p=16$, $q=27$이므로

$$p+q=16+27=43$$

---

why? ❶ $a<0$이면 직선 $y=ax+b$가 곡선 $y=e^{x-2}$ 위 또는 곡선 $y=-e^{-x+1}$ 아래에 존재하는 부분이 반드시 존재한다.

why? ❷ ab가 최솟값을 가지려면 $a\ge0$이므로 a의 값이 최대이고, b의 값은 음수이면서 최소이어야 한다.

---

2 2018학년도 수능 가 21 [정답률 28%] **|정답 ④**

출제영역 **접선의 방정식의 활용**

함수의 그래프와 직선의 위치 관계를 파악하고 함수의 그래프와 직선이 접할 때 접점에서의 접선의 기울기를 구할 수 있는지를 묻는 문제이다.

> 양수 t에 대하여 구간 $[1,\,\infty)$에서 정의된 함수 $f(x)$가
> $$f(x)=\begin{cases} \ln x & (1\le x<e) \\ -t+\ln x & (x\ge e)\end{cases} \quad \text{❶}$$
> 일 때, 다음 조건을 만족시키는 일차함수 $g(x)$ 중에서 직선 $y=g(x)$의 기울기의 최솟값을 $h(t)$라 하자.
>
> > 1 이상의 모든 실수 x에 대하여 $(x-e)\{g(x)-f(x)\}\ge0$이다. **❷**
>
> 미분가능한 함수 $h(t)$에 대하여 양수 a가 $h(a)=\dfrac{1}{e+2}$을 만족시킨다. $h'\left(\dfrac{1}{2e}\right)\times h'(a)$의 값은?
>
> ① $\dfrac{1}{(e+1)^2}$ ② $\dfrac{1}{e(e+1)}$ ③ $\dfrac{1}{e^2}$
>
> ✓④ $\dfrac{1}{(e-1)(e+1)}$ ⑤ $\dfrac{1}{e(e-1)}$

출제코드 함수 $y=f(x)$의 그래프와 직선 $y=g(x)$의 위치 관계 파악하기

❶ 함수 $y=f(x)$의 그래프는 점 $(1,\,0)$을 지남을 파악한다.

❷ x의 값의 범위에 따라 두 함수 $f(x)$와 $g(x)$의 대소를 비교한다.

해설 **|1단계| 함수 $y=f(x)$의 그래프와 직선 $y=g(x)$의 위치 관계 파악하기**

$(x-e)\{g(x)-f(x)\}\ge0$에서

$1\le x<e$이면 $g(x)-f(x)\le0$이므로 $g(x)\le f(x)$ $\underset{x-e<0}{}$

$x\ge e$이면 $g(x)-f(x)\ge0$이므로 $g(x)\ge f(x)$ $\underset{x-e\ge0}{}$

따라서 두 함수 $y=f(x)$, $y=g(x)$의 그래프는 오른쪽 그림과 같아야 한다.

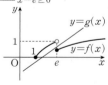

|2단계| 직선 $y=g(x)$의 기울기가 최소가 되는 경우 파악하기

이때 직선 $y=g(x)$의 기울기가 최소가 되는 경우는 아래 그림과 같이 직선 $y=g(x)$가

(i) 두 점 $(1,\,0)$, $(e,\,1-t)$를 지나는 경우

(ii) 점 $(1,\,0)$을 지나고 $x\ge e$에서 곡선 $y=f(x)$와 접하는 경우

의 두 가지로 나눌 수 있다.

(i)
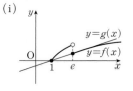

(ii)
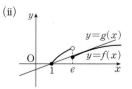

|3단계| 직선 $y=g(x)$가 두 점 $(1, 0)$, $(e, 1-t)$를 지날 때, $h(t)$와 $h'\left(\dfrac{1}{2e}\right)$

의 값 구하기

(ⅰ) 직선 $y=g(x)$가 두 점 $(1, 0)$, $(e, 1-t)$를 지나는 경우

$x \geq e$에서 $f'(x)=\dfrac{1}{x}$

$x=e$에서의 접선의 기울기는 $f'(e)=\dfrac{1}{e}$

기울기가 $\dfrac{1}{e}$이고 점 $(1, 0)$을 지나는 직선의 방정식은

$y=\dfrac{1}{e}(x-1)$

이때의 t의 값을 구하면

$\underline{1-t=\dfrac{1}{e}(e-1)}$ ─── 직선 $y=\dfrac{1}{e}(x-1)$이 점 $(e, f(e))$를 지난다.

$\therefore t=\dfrac{1}{e}$

따라서 $0<t<\dfrac{1}{e}$에서 $h(t)$는 두 점 $(1, 0)$, $(e, 1-t)$를 지나는

직선의 기울기와 같으므로

$h(t)=\dfrac{1-t}{e-1}\left(\text{단, } 0<t<\dfrac{1}{e}\right)$

$h'(t)=-\dfrac{1}{e-1}$이므로

$h'\left(\dfrac{1}{2e}\right)=-\dfrac{1}{e-1}\left(\because 0<\dfrac{1}{2e}<\dfrac{1}{e}\right)$

|4단계| 직선 $y=g(x)$가 점 $(1, 0)$을 지나고 $x \geq e$에서 곡선 $y=f(x)$와 접할 때, $h(t)$와 $h'(a)$의 값 구하기

(ⅱ) 직선 $y=g(x)$가 점 $(1, 0)$을 지나고 $x \geq e$에서 곡선 $y=f(x)$와

접하는 경우

$x \geq e$에서 두 함수 $y=f(x)$, $y=g(x)$의 그래프의 접점의 좌표를

$(\alpha, -t+\ln\alpha)(\alpha>e)$라 하면 $h(t)$는 두 점 $(1, 0)$,

$(\alpha, -t+\ln\alpha)$를 지나는 직선의 기울기와 같으므로

$h(t)=f'(\alpha)=\dfrac{-t+\ln\alpha}{\alpha-1}$에서 $\dfrac{1}{\alpha}=\dfrac{-t+\ln\alpha}{\alpha-1}$

$\therefore t=\ln\alpha-\dfrac{\alpha-1}{\alpha}=\ln\alpha-1+\dfrac{1}{\alpha}$

이때 $k(\alpha)=\ln\alpha-1+\dfrac{1}{\alpha}$로 놓으면 $k'(\alpha)=\dfrac{1}{\alpha}-\dfrac{1}{\alpha^2}$이고

$h(t)=h(k(\alpha))=\dfrac{1}{\alpha}$ ...... ㉠

$h(k(\alpha))=\dfrac{1}{\alpha}$의 양변을 α에 대하여 미분하면

$h'(k(\alpha))k'(\alpha)=-\dfrac{1}{\alpha^2}$, $h'(t)\left(\dfrac{1}{\alpha}-\dfrac{1}{\alpha^2}\right)=-\dfrac{1}{\alpha^2}$

$\therefore h'(t)=-\dfrac{1}{\alpha-1}$

그런데 $h(a)=\dfrac{1}{e+2}$이므로 ㉠에서 $t=a$일 때 $\alpha=e+2$이다.

$\therefore h'(a)=-\dfrac{1}{e+2-1}=-\dfrac{1}{e+1}$

|5단계| $h'\left(\dfrac{1}{2e}\right) \times h'(a)$의 값 구하기

$\therefore h'\left(\dfrac{1}{2e}\right) \times h'(a)=-\dfrac{1}{e-1} \times \left(-\dfrac{1}{e+1}\right)$

$=\dfrac{1}{(e-1)(e+1)}$

---

(1) 함수의 몫의 미분법

미분가능한 두 함수 $f(x), g(x)$ $(g(x)\neq 0)$에 대하여

① $y=\dfrac{1}{g(x)}$이면 $y'=-\dfrac{g'(x)}{\{g(x)\}^2}$

② $y=\dfrac{f(x)}{g(x)}$이면 $y'=-\dfrac{f'(x)g(x)-f(x)g'(x)}{\{g(x)\}^2}$

(2) 합성함수의 미분법

미분가능한 두 함수 $y=f(u)$, $u=g(x)$에 대하여 합성함수 $y=f(g(x))$

의 도함수는

$\dfrac{dy}{dx}=\dfrac{dy}{du} \times \dfrac{du}{dx}$ 또는 $y'=f'(g(x))g'(x)$

---

3 2014학년도 수능 B30 [정답률 15%] 변형   **|정답 ⑤**

출제영역 접선의 방정식의 활용＋변곡점

함수의 변곡점과 접선의 방정식을 이용하여 접선의 개수가 주어질 때, 함숫값을 구할 수 있는지를 묻는 문제이다.

> 함수 $f(x)=(x^2+ax)e^{-x+b}$에 대하여 <u>점 $(0, 0)$과 점 $(3, 12)$는</u>
> <u>곡선 $y=f(x)$의 변곡점이고</u>, <u>곡선 밖의 한 점 $(0, k)$에서 곡선</u>❶
> <u>$y=f(x)$에 그은 접선의 개수가 2일 때</u>, 자연수 k의 최댓값은?❷
>   (단, a, b는 상수이고, 자연수 n에 대하여 $\lim\limits_{x \to \infty}x^n e^{-x}=0$이다.)
>
> ① 18   ② 20   ③ 22
> ④ 24   ✓⑤ 26

출제코드 변곡점을 이용하여 함수 $f(x)$를 구하고, 접선이 2개일 때의 k의 값의 범위 구하기

❶ 방정식 $f''(x)=0$의 두 근이 $x=0$ 또는 $x=3$이고, $f(0)=0$, $f(3)=12$이다.

❷ 접선의 방정식을 구하고 접선의 개수가 2가 되는 k의 값의 범위를 구한다.

해설 **|1단계|** 변곡점의 좌표를 이용하여 함수 $f(x)$ 구하기

$f(x)=(x^2+ax)e^{-x+b}$에서

$f'(x)=(2x+a)e^{-x+b}-(x^2+ax)e^{-x+b}$

$\quad=\{-x^2-(a-2)x+a\}e^{-x+b}$

$f''(x)=\{-2x-(a-2)\}e^{-x+b}-\{-x^2-(a-2)x+a\}e^{-x+b}$

$\quad=\{x^2+(a-4)x+2-2a\}e^{-x+b}$

점 $(0, 0)$과 점 $(3, 12)$가 곡선 $y=f(x)$의 변곡점이므로

$f''(0)=0$, $f''(3)=0$ **why?** ❶

$f''(0)=(2-2a)e^b=0$에서 **how?** ❷

$2-2a=0$ $(\because e^b>0)$ $\therefore a=1$

또, 점 $(3, 12)$가 곡선 $y=f(x)$ 위의 점이므로

$f(3)=12e^{-3+b}=12$ **why?** ❶

$e^{-3+b}=1$, $-3+b=0$ $\therefore b=3$

$\therefore f(x)=(x^2+x)e^{-x+3}$, $f'(x)=(-x^2+x+1)e^{-x+3}$

|2단계| 점 $(0, k)$에서 곡선 $y=f(x)$에 그은 접선의 방정식 구하기

곡선 밖의 한 점 $(0, k)$에서 곡선 $y=f(x)$에 그은 접선의 접점의 좌표를 $(t, f(t))$라 하면

$y-(t^2+t)e^{-t+3}=(-t^2+t+1)e^{-t+3}(x-t)$ ...... ㉠

직선 ㉠이 점 $(0, k)$를 지나므로

$k-(t^2+t)e^{-t+3}=(t^3-t^2-t)e^{-t+3}$

$\therefore k=t^3e^{-t+3}$

|3단계| 접선의 개수가 2일 때, 자연수 k의 최댓값 구하기

곡선 밖의 한 점 $(0, k)$에서 곡선 $y=f(x)$에 그은 접선의 개수가 2인 경우는 방정식 $k=t^3e^{-t+3}$의 서로 다른 실근이 2개인 경우이다.

$g(t)=t^3e^{-t+3}$으로 놓으면

$g'(t)=3t^2e^{-t+3}-t^3e^{-t+3}=-t^2(t-3)e^{-t+3}$

$g'(t)=0$에서 $t=0$ 또는 $t=3$

함수 $g(t)$의 증가와 감소를 표로 나타내면 다음과 같다.

t	$\cdots$	0	$\cdots$	3	$\cdots$
$g'(t)$	$+$	0	$+$	0	$-$
$g(t)$	↗	0	↗	27	↘

즉, 함수 $y=g(t)$의 그래프는 오른쪽 그림과 같다.

따라서 방정식 $k=g(t)$가 서로 다른 두 개의 실근을 가지는 실수 k의 값의 범위는

$0<k<27$

이므로 자연수 k의 최댓값은 26이다.

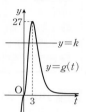

해설특강

why? ❶ 점 (a, b)가 곡선 $y=f(x)$의 변곡점이면 $f(a)=b$, $f''(a)=0$이다.

how? ❷ $f''(0)=0$ 대신 $f''(3)=0$을 이용해도 된다.
$f''(3)=(9+3a-12+2-2a)e^{-3+b}=(a-1)e^{-3+b}=0$에서
$a-1=0\ (\because e^{-3+b}>0)$ $\qquad \therefore a=1$

---

4 2012학년도 수능 가 19 [정답률 33%] 변형 | 정답 ④

출제영역 이계도함수＋접선의 방정식의 활용

이계도함수를 이용하여 함수의 그래프의 개형을 추론하고 접선을 이용하여 곡선과 직선의 교점의 개수를 구할 수 있는지를 묻는 문제이다.

실수 m에 대하여 점 $(0, k)$를 지나고 기울기가 m인 직선이 곡선 $f(x)=(x^2-5x+6)e^x$과 만나는 점의 개수를 $g(m)$이라 하자. ❶ ❷ 함수 $g(m)$이 구간 $(-\infty, 0]$에서 연속이 되게 하는 실수 k의 최솟값은? (단, k는 $f(x)$의 극댓값보다 크다.) ❸

① $3e$ 　② $4e^{\frac{3}{2}}$ 　③ e^2

✓④ $2e^2$ 　⑤ $6e^{\frac{3}{2}}$

킬러코드 변곡점을 지나는 접선을 기준으로 기울기 m의 값의 변화에 따른 교점의 개수 구하기

❶ 곡선과 직선의 교점의 개수를 묻는 문제이므로 곡선의 개형을 먼저 파악해야 한다.

❷ k의 값의 범위를 나누어 각 경우에서 함수 $g(m)$을 구한다.
➡ 주어진 함수는 실수 전체의 집합에서 연속이므로 직선과의 교점은 항상 존재한다. 따라서 교점이 1개일 때와 2개 이상일 때로 나누어 생각한다. 이때 그 기준이 되는 직선은 접선임을 이용한다.

❸ 기울기 m이 $m\leq0$인 범위에서 생각한다.

해설 |1단계| 곡선 $y=f(x)$의 개형 파악하기

$f(x)=(x^2-5x+6)e^x$에서

$f'(x)=(2x-5)e^x+(x^2-5x+6)e^x=(x^2-3x+1)e^x$

$f''(x)=(2x-3)e^x+(x^2-3x+1)e^x$
$\qquad =(x^2-x-2)e^x=(x+1)(x-2)e^x$

$f'(x)=0$에서 $x=\dfrac{3\pm\sqrt{5}}{2}\ (\because e^x>0)$

$f''(x)=0$에서 $x=-1$ 또는 $x=2\ (\because e^x>0)$

함수 $f(x)$의 증가와 감소를 표로 나타내면 다음과 같다.

x	$\cdots$	-1	$\cdots$	$\dfrac{3-\sqrt{5}}{2}$	$\cdots$	2	$\cdots$	$\dfrac{3+\sqrt{5}}{2}$	$\cdots$
$f'(x)$	$+$	$+$	$+$	0	$-$	$-$	$-$	0	$+$
$f''(x)$	$+$	0	$-$		$-$	0	$+$		$+$
$f(x)$	↗	$\dfrac{12}{e}$	↗	$(2+\sqrt{5})e^{\frac{3-\sqrt{5}}{2}}$	↘	0	↘	$(2-\sqrt{5})e^{\frac{3+\sqrt{5}}{2}}$	↗

이때 $\displaystyle\lim_{x\to-\infty}f(x)=0$, $\displaystyle\lim_{x\to\infty}f(x)=\infty$이므로 곡선 $y=f(x)$의 개형은 다음 그림과 같다.

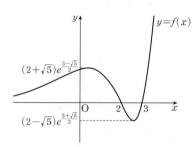

|2단계| 변곡점 $(2, 0)$에서의 접선의 방정식 구하기

점 $(0, k)$를 지나고 기울기가 m인 직선의 방정식은

$y=mx+k$ ...... ㉠

한편, 곡선 $y=f(x)$의 변곡점 $(2, 0)$에서의 접선은 기울기가

$f'(2)=(4-6+1)e^2=-e^2$

이므로 접선의 방정식은 **why? ❶**

$y-0=-e^2(x-2)$ $\qquad \therefore y=-e^2x+2e^2$

|3단계| k의 값의 범위에 따른 함수 $g(m)$을 구하고 연속성 판별하기

k의 값의 범위에 따른 함수 $g(m)$은 다음과 같다. (단, $m\leq0$)

(i) $(2+\sqrt{5})e^{\frac{3-\sqrt{5}}{2}}<k<2e^2$일 때
└ (극댓값)＜k＜(변곡점에서의 접선의 y절편)일 때

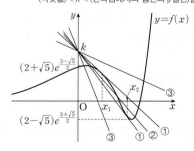

① 직선 ㉠이 곡선 $y=f(x)$에 접하는 경우
접점의 x좌표를 x_1, $x_2\ (0<x_1<2,\ 2<x_2<3)$라 하면 직선 ㉠의 기울기 m은

$m=f'(x_1)$ 또는 $m=f'(x_2)$

이때 직선 ㉠은 곡선 $y=f(x)$와 서로 다른 두 점에서 만난다.

따라서 $m=f'(x_1)$ 또는 $m=f'(x_2)$일 때, $g(m)=2$이다.

② 직선 ㉠이 ①의 두 직선 사이를 움직이는 경우

직선 ㉠의 기울기 m의 값의 범위는

$$f'(x_2)<m<f'(x_1)$$

이때 직선 ㉠은 곡선 $y=f(x)$와 서로 다른 세 점에서 만난다.

따라서 $f'(x_2)<m<f'(x_1)$일 때, $g(m)=3$이다.

③ 직선 ㉠이 ①, ②를 제외한 범위에서 움직이는 경우

직선 ㉠의 기울기 m의 값의 범위는

$$m<f'(x_2) \text{ 또는 } f'(x_1)<m\leq0 \ (\because m\leq0)$$

이때 직선 ㉠은 곡선 $y=f(x)$와 한 점에서 만난다.

따라서 $m<f'(x_2)$ 또는 $f'(x_1)<m\leq0$일 때, $g(m)=1$이다.

①, ②, ③에 의하여 구간 $(-\infty, 0]$에서 함수 $g(m)$과 그 그래프는 다음과 같다.

$$g(m)=\begin{cases} 3 \ (f'(x_2)<m<f'(x_1)) \\ 2 \ (m=f'(x_1) \text{ 또는 } m=f'(x_2)) \\ 1 \ (m<f'(x_2) \text{ 또는 } f'(x_1)<m\leq0) \end{cases}$$

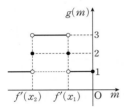

즉, 함수 $g(m)$은 $m=f'(x_1)$ 또는 $m=f'(x_2)$에서 불연속이다.

(ii) $k=2e^2$일 때

└ $k=$(변곡점에서의 접선의 y절편)

직선 ㉠이 점 $(0, 2e^2)$을 지나는 경우이므로 $m\leq0$인 기울기 m에 대하여 직선 ㉠은 곡선 $y=f(x)$와 항상 한 점에서 만난다.

즉, 구간 $(-\infty, 0]$에서 $g(m)=1$이다.

(iii) $k>2e^2$일 때

└ $k>$(변곡점에서의 접선의 y절편)

직선 ㉠이 곡선 $y=f(x)$와 접하는 경우는 없으므로 **why? ❷**

$m\leq0$인 기울기 m에 대하여 직선 ㉠은 곡선 $y=f(x)$와 항상 한 점에서 만난다.

즉, 구간 $(-\infty, 0]$에서 $g(m)=1$이다.

|4단계| k의 최솟값 구하기

(i), (ii), (iii)에 의하여 함수 $g(m)$이 구간 $(-\infty, 0]$에서 연속이 되게 하는 실수 k의 값의 범위는

$$k\geq2e^2$$

이므로 k의 최솟값은 $2e^2$이다.

해설특강 ✎

why? ❶ 변곡점의 좌우에서 곡선의 오목, 볼록이 바뀌므로 변곡점에서의 접선을 먼저 구한 후 그 접선을 기준으로 직선 $y=mx+k$를 움직여 보면서 곡선 $y=f(x)$와의 교점의 개수를 알아본다.

why? ❷ $f''(x)=(x+1)(x-2)e^x=0$에서 $x=-1$ 또는 $x=2$
이때 함수 $f'(x)$는 $x=2$에서 최솟값 $-e^2$을 갖는다.
그런데 $k>2e^2$이면 직선 $y=mx+k$의 기울기 m은 $m<-e^2$이므로 직선 $y=mx+k$가 곡선 $y=f(x)$와 접하는 경우는 존재하지 않는다.

출제영역 접선의 방정식의 활용＋함수의 연속과 불연속

곡선의 접선의 방정식을 활용하여 주어진 함수의 불연속인 점이 두 개이기 위한 미지수의 값을 구할 수 있는지를 묻는 문제이다.

> 실수 k에 대하여 함수 $f(x)$는
> $$f(x)=\begin{cases} -x^2+k & (x\leq2) \\ \ln(x-2) & (x>2) \end{cases}$$
> 이다. 실수 t에 대하여 직선 $y=x+t$와 함수 $y=f(x)$의 그래프가 만나는 점의 개수를 $g(t)$라 하자. 함수 $g(t)$가 $t=a$에서 불연속인 a의 값이 두 개일 때, 모든 실수 k의 값의 합은?
>
> ✓① $-\dfrac{1}{4}$　　② $-\dfrac{1}{2}$　　③ $-\dfrac{3}{4}$
>
> ④ -1　　⑤ $-\dfrac{5}{4}$

출제코드 함수 $y=f(x)$의 그래프와 기울기가 주어진 직선의 위치 관계 파악하기

❶ $x\leq2$일 때와 $x>2$일 때로 나누어 함수 $y=f(x)$의 그래프의 개형을 그리고, 두 함수 $y=x+t$, $y=f(x)$의 그래프가 만나는 점의 개수를 구한다.

❷ 불연속인 점이 두 개 존재하도록 하는 실수 k의 값을 구한다.

해설 **|1단계|** 함수 $y=f(x)$의 그래프와 직선 $y=x+t$의 위치 관계로부터 함수 $g(t)$ 구하기

함수 $y=f(x)$의 그래프와 직선 $y=x+t$는 오른쪽 그림과 같다.

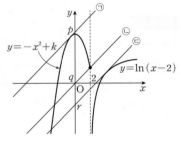

㉠은 직선 $y=x+t$가 $x\leq2$에서 곡선 $y=-x^2+k$와 접하는 경우, ㉡은 직선 $y=x+t$가 점 $(2, f(2))$, 즉 점 $(2, -4+k)$를 지나는 경우, ㉢은 직선 $y=x+t$가 $x>2$에서 곡선 $y=\ln(x-2)$와 접하는 경우이다.

각 경우에 직선 $y=x+t$의 y절편인 t의 값을 각각 p, q, r라 하면 t의 값의 범위에 따라 함수 $g(t)$는 다음과 같다.

(i) $t>p$일 때, 교점의 개수는 0이므로 $g(t)=0$

(ii) $t=p$일 때, 교점의 개수는 1이므로 $g(t)=1$

(iii) $q\leq t<p$일 때, 교점의 개수는 2이므로 $g(t)=2$

(iv) $r<t<q$일 때, 교점의 개수는 1이므로 $g(t)=1$

(v) $t=r$일 때, 교점의 개수는 2이므로 $g(t)=2$

(vi) $t<r$일 때, 교점의 개수는 3이므로 $g(t)=3$

(i)~(vi)에 의하여 $p>0$일 때, 함수 $y=g(t)$의 그래프의 개형은 다음 그림과 같다.

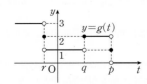

|2단계| 함수 $g(t)$가 $t=a$에서 불연속인 a의 값이 두 개이기 위한 함수 $y=f(x)$의 그래프와 직선 $y=x+t$의 위치 관계 파악하기

이때 함수 $g(t)$가 $t=a$에서 불연속인 a의 값이 두 개이려면

$p=r$ 또는 $q=r$ why? ❶

이어야 한다.

|3단계| $p=r$인 경우의 실수 k의 값 구하기

$p=r$이면 다음 그림과 같이 직선 $y=x+t$가 두 곡선 $y=-x^2+k$,
$y=\ln(x-2)$에 동시에 접해야 한다.

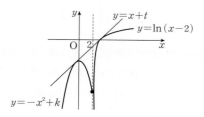

$y=\ln(x-2)$에서 $y'=\dfrac{1}{x-2}$

직선 $y=x+t$가 곡선 $y=\ln(x-2)$에 접하는 접점의 좌표를
$(x_1, \ln(x_1-2))$라 하면 접선의 기울기가 1이므로

$\dfrac{1}{x_1-2}=1$ $\therefore x_1=3$

즉, 접점의 좌표는 $(3, 0)$이므로 접선의 방정식은

$y=x-3$

이때 직선 $y=x-3$이 곡선 $y=-x^2+k$와 접해야 하므로

$x-3=-x^2+k$에서

$x^2+x-3-k=0$

이 이차방정식의 판별식을 D라 하면

$D=1-4(-3-k)=0$

$\therefore k=-\dfrac{13}{4}$ ...... ㉠

|4단계| $q=r$인 경우의 실수 k의 값 구하기

$q=r$이면 다음 그림과 같이 직선 $y=x+t$가 곡선 $y=\ln(x-2)$에
접하고 점 $(2, f(2))$, 즉 점 $(2, -4+k)$를 지나야 한다.

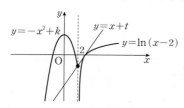

직선 $y=x+t$가 곡선 $y=\ln(x-2)$에 접할 때의 접선의 방정식은

$y=x-3$

이때 직선 $y=x-3$은 점 $(2, -1)$을 지나므로

$-4+k=-1$ $\therefore k=3$ ...... ㉡

|5단계| 모든 실수 k의 값의 합 구하기

㉠, ㉡에서 모든 실수 k의 값의 합은 $-\dfrac{13}{4}+3=-\dfrac{1}{4}$

해설특강 ✎

why? ❶ $r<q<p$인 경우, $g(t)$가 $t=a$에서 불연속인 a의 값은 p, q, r의 3개
이다. 즉, 함수 $g(t)$가 $t=a$에서 불연속인 a의 값이 두 개이려면
$p=q$ 또는 $p=r$ 또는 $q=r$이어야 한다.
이때 $p=q$이면 직선 $y=x+t$는 곡선 $y=-x^2+k$와 접하면서 점
$(2, f(2))$를 지나야 하므로 이는 모순이다.
따라서 $p=r$ 또는 $q=r$인 경우만 생각하면 된다.

출제영역   **접선의 방정식의 활용 + 합성함수의 미분법**

조건을 만족시키는 함수 $f(x)$를 구하고, 곡선의 접선 및 합성함수의 미분법을 이
용하여 주어진 식의 값을 구할 수 있는지를 묻는 문제이다.

상수 a에 대하여 함수 $f(x)=\dfrac{a\ln x}{x}$가 다음 조건을 만족시킨다. ❶

> ㈎ 실수 k에 대하여 방정식 $|f(x)|=k$가 서로 다른 세 실근을
> 갖도록 하는 k의 값의 범위는 $0<k<1$이다. ❶
>
> ㈏ $\displaystyle\lim_{x\to0+}f(x)=-\infty$, $\displaystyle\lim_{x\to\infty}f(x)=0$

양의 실수 t에 대하여 기울기가 t인 직선이 곡선 $y=f(x)$에 접할
때, 접점의 x좌표를 $g(t)$라 하자. 미분가능한 함수 $g(t)$에 대하여 ❷
$a\times g'(a)$의 값은? ❷

① $-e^2$ ② $-e$ ✓③ $-\dfrac{1}{3}$

④ e ⑤ $\dfrac{1}{3}e^2$

출제코드   합성함수의 미분법을 이용하여 $g'(a)$의 값 구하기

❶ 함수 $y=f(x)$의 그래프의 개형을 그리고, 조건 ㈎를 만족시키는 상수 a의
값을 구한다.

❷ 합성함수의 미분법을 이용하여 $g'(a)$의 값을 구한다.

해설   **|1단계|** 함수 $y=|f(x)|$의 그래프를 이용하여 a의 값 구하기

$f(x)=\dfrac{a\ln x}{x}$에서

$f'(x)=\dfrac{\dfrac{a}{x}\times x-a\ln x}{x^2}=\dfrac{a(1-\ln x)}{x^2}$

$f'(x)=0$에서 $x=e$

즉, 함수 $f(x)$는 $x=e$에서 극값을 갖고 조건 ㈏에서

$\displaystyle\lim_{x\to0+}f(x)=-\infty$, $\displaystyle\lim_{x\to\infty}f(x)=0$

이므로 $x=e$에서 극대이다.

이때 $f(e)=\dfrac{a\ln e}{e}=\dfrac{a}{e}$이므로 $a>0$이고 두 함수 $y=f(x)$와

$y=|f(x)|$의 그래프는 다음 그림과 같다.

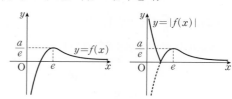

조건 ㈎에서 방정식 $|f(x)|=k$가 서로 다른 세 실근을 갖도록 하는
k의 값의 범위가 $0<k<1$이므로

$\dfrac{a}{e}=1$

$\therefore a=e$

|2단계| 합성함수의 미분법을 이용하여 $g'(t)$를 구하고, $a\times g'(a)$의 값 구하기

한편, 기울기가 t $(t>0)$인 직선이 곡선 $y=f(x)$에 접할 때,

$f'(x)=t$이므로

$\dfrac{e(1-\ln x)}{x^2}=t$ $(\because a=e)$

접점의 x좌표가 $g(t)$이므로 $g(t)=x$에서

$$g\left(\frac{e(1-\ln x)}{x^2}\right)=x$$

이 식의 양변을 x에 대하여 미분하면

$$g'\left(\frac{e(1-\ln x)}{x^2}\right)\times\frac{-\dfrac{e}{x}\times x^2-e(1-\ln x)\times 2x}{x^4}=1$$

$$g'\left(\frac{e(1-\ln x)}{x^2}\right)\times\frac{2e\ln x-3e}{x^3}=1$$

$$g'\left(\frac{e(1-\ln x)}{x^2}\right)=\frac{x^3}{2e\ln x-3e}\quad\cdots\cdots\text{㉠}$$

㉠의 양변에 $x=1$을 대입하면

$$g'(e)=-\frac{1}{3e}$$

즉, $g'(a)=g'(e)=-\dfrac{1}{3e}$이므로

$$a\times g'(a)=e\times\left(-\frac{1}{3e}\right)=-\frac{1}{3}$$

7

|정답 ③

출제영역 접선의 방정식의 활용

접선을 이용하여 서로 다른 두 직선 사이의 거리의 최댓값을 구할 수 있는지를 묻는 문제이다.

함수 $f(x)=\sqrt{4-x^2}$ $(-2\le x\le 1)$에 대하여 **기울기가 각각**
$\tan\theta\left(0\le\theta<\dfrac{\pi}{2}\right)$**①** 이고 **곡선 $y=f(x)$와 만나는 서로 다른 두 직선 사이의 거리의 최댓값을 $g(\theta)$**② 라 하자. 〈보기〉에서 옳은 것만을 있는 대로 고른 것은?

| 보기 |

ㄱ. 함수 $g(\theta)$는 구간 $\left[0,\dfrac{\pi}{2}\right)$에서 연속이다.

ㄴ. 함수 $g(\theta)$는 $\theta=\dfrac{\pi}{6}$에서 미분가능하다.

ㄷ. 곡선 $y=g(\theta)$는 한 개의 변곡점을 가진다.

① ㄱ ② ㄴ ✓③ ㄱ, ㄷ
④ ㄴ, ㄷ ⑤ ㄱ, ㄴ, ㄷ

출제코드 각 θ의 값의 범위에 따른 함수 $g(\theta)$ 구하기
❶ 기울기가 $\tan\theta$인 곡선 $y=f(x)$의 접선의 방정식을 구한다.
❷ 곡선 $y=f(x)$와 만나는 서로 다른 두 직선의 거리가 최대이려면 한 직선이 접선이고, 두 직선이 서로 평행하여야 함을 이용하여 함수 $g(\theta)$를 구한다.

해설 |1단계| 곡선 $y=f(x)$ $(-2\le x\le 1)$ 그리기

$y=\sqrt{4-x^2}$ $(-2\le x\le 1)$의 양변을 제곱하면

$$y^2=4-x^2 \qquad\therefore x^2+y^2=4$$

즉, 곡선 $y=f(x)$는 중심이 원점이고, 반지름의 길이가 2인 원의 일부이다.

이때 정의역이 $-2\le x\le 1$이고, $f(x)\ge 0$이므로 곡선 $y=f(x)$는 다음 그림과 같다.

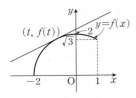

|2단계| 기울기가 $\tan\theta$인 접선의 방정식을 각 θ를 이용하여 나타내기

곡선 $y=f(x)$의 접선 중 기울기가 $\tan\theta$인 접선의 방정식을 $y=x\tan\theta+a$ (a는 상수)라 하고, 이 접선과 곡선이 만나는 접점의 좌표를 $(t,f(t))$라 하자.

$f(x)=(4-x^2)^{\frac{1}{2}}$이므로

$$f'(x)=\frac{1}{2}(4-x^2)^{-\frac{1}{2}}\times(-2x)$$

$$=-\frac{x}{\sqrt{4-x^2}}$$

$$=-\frac{x}{f(x)}\ (단,\ -2<x<1)$$

따라서 곡선 $y=f(x)$ 위의 점 $(t,f(t))$에서의 접선의 방정식은

$$y-f(t)=-\frac{t}{f(t)}(x-t)$$

$$\therefore y=-\frac{t}{f(t)}x+\frac{t^2+\{f(t)\}^2}{f(t)}$$

$$=-\frac{t}{f(t)}x+\frac{4}{f(t)}\ (\because f(t)=\sqrt{4-t^2})$$

이때 이 접선의 방정식은 $y=x\tan\theta+a$와 같으므로

$$\tan\theta=-\frac{t}{f(t)},\ a=\frac{4}{f(t)}$$

$\tan\theta=-\dfrac{t}{f(t)}$이므로

$$\sec^2\theta=1+\tan^2\theta$$

$$=1+\left\{-\frac{t}{f(t)}\right\}^2$$

$$=\frac{\{f(t)\}^2+t^2}{\{f(t)\}^2}$$

$$=\left\{\frac{2}{f(t)}\right\}^2\ (\because f(t)=\sqrt{4-t^2})$$

$$\therefore \sec\theta=\frac{2}{f(t)}\left(\because 0\le\theta<\frac{\pi}{2}\right)$$

따라서 기울기가 $\tan\theta$인 접선의 방정식은

$$y=x\tan\theta+2\sec\theta$$

|3단계| 각 θ의 값의 범위에 따른 $g(\theta)$ 구하기

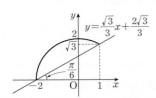

한편, 두 점 $(-2,0)$, $(1,\sqrt{3})$을 지나는 직선의 기울기는

$$\frac{\sqrt{3}}{1-(-2)}=\frac{\sqrt{3}}{3}$$

이므로 이 직선이 x축의 양의 방향과 이루는 각의 크기는 $\dfrac{\pi}{6}$이다.

(ⅰ) $0 \le \theta < \dfrac{\pi}{6}$일 때 **why? ❶**

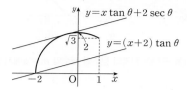

기울기가 $\tan\theta$인 두 직선 사이의 거리의 최댓값은 접선
$y = x\tan\theta + 2\sec\theta$와 점 $(-2,\,0)$을 지나고 기울기가 $\tan\theta$인
직선, 즉 직선 $y = (x+2)\tan\theta$ 사이의 거리와 같다.
따라서 함수 $g(\theta)$는 점 $(-2,\,0)$과 직선 $x\tan\theta - y + 2\sec\theta = 0$
사이의 거리와 같으므로

$$g(\theta) = \frac{|-2\tan\theta + 2\sec\theta|}{\sqrt{\tan^2\theta + 1}}$$

$$= \frac{|2\sec\theta - 2\tan\theta|}{\sec\theta}$$

$$= |2 - 2\sin\theta|$$

$$= 2(1 - \sin\theta) \ \textbf{how? ❷}$$

(ⅱ) $\dfrac{\pi}{6} \le \theta < \dfrac{\pi}{2}$일 때

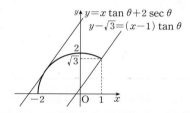

기울기가 $\tan\theta$인 두 직선 사이의 거리의 최댓값은 접선
$y = x\tan\theta + 2\sec\theta$와 점 $(1,\,\sqrt{3})$을 지나고 기울기가 $\tan\theta$인
직선, 즉 직선 $y - \sqrt{3} = (x-1)\tan\theta$ 사이의 거리와 같다.
따라서 함수 $g(\theta)$는 점 $(1,\,\sqrt{3})$과 직선 $x\tan\theta - y + 2\sec\theta = 0$
사이의 거리와 같으므로

$$g(\theta) = \frac{|\tan\theta - \sqrt{3} + 2\sec\theta|}{\sqrt{\tan^2\theta + 1}}$$

$$= \frac{|2\sec\theta + \tan\theta - \sqrt{3}|}{\sec\theta}$$

$$= |2 + \sin\theta - \sqrt{3}\cos\theta|$$

$$= 2 + \sin\theta - \sqrt{3}\cos\theta \ \textbf{how? ❸}$$

(ⅰ), (ⅱ)에 의하여

$$g(\theta) = \begin{cases} 2(1 - \sin\theta) & \left(0 \le \theta < \dfrac{\pi}{6}\right) \\ 2 + \sin\theta - \sqrt{3}\cos\theta & \left(\dfrac{\pi}{6} \le \theta < \dfrac{\pi}{2}\right) \end{cases}$$

|4단계| ㄱ, ㄴ, ㄷ의 참, 거짓 판별하기

ㄱ. $\displaystyle\lim_{\theta \to \frac{\pi}{6}+} g(\theta) = \lim_{\theta \to \frac{\pi}{6}-} g(\theta) = g\!\left(\dfrac{\pi}{6}\right) = 1$

이므로 함수 $g(\theta)$는 $x = \dfrac{\pi}{6}$에서 연속이다.

따라서 함수 $g(\theta)$는 구간 $\left[0,\, \dfrac{\pi}{2}\right)$에서 연속이다. (참)

ㄴ. $g'(\theta) = \begin{cases} -2\cos\theta & \left(0 < \theta < \dfrac{\pi}{6}\right) \\ \cos\theta + \sqrt{3}\sin\theta & \left(\dfrac{\pi}{6} < \theta < \dfrac{\pi}{2}\right) \end{cases}$

$\displaystyle\lim_{\theta \to \frac{\pi}{6}+} g'(\theta) = \sqrt{3}$, $\displaystyle\lim_{\theta \to \frac{\pi}{6}-} g'(\theta) = -\sqrt{3}$이므로

$\displaystyle\lim_{\theta \to \frac{\pi}{6}+} g'(\theta) \ne \lim_{\theta \to \frac{\pi}{6}-} g'(\theta)$

따라서 함수 $g(\theta)$는 $x = \dfrac{\pi}{6}$에서 미분가능하지 않다. (거짓)

ㄷ. $g''(\theta) = \begin{cases} 2\sin\theta & \left(0 < \theta < \dfrac{\pi}{6}\right) \\ -\sin\theta + \sqrt{3}\cos\theta & \left(\dfrac{\pi}{6} < \theta < \dfrac{\pi}{2}\right) \end{cases}$

$0 < \theta < \dfrac{\pi}{6}$에서 $g''(\theta) > 0$이므로 함수 $g(\theta)$의 그래프는 아래로
볼록하다.

$\dfrac{\pi}{6} < \theta < \dfrac{\pi}{2}$일 때, $g''(\theta) = -\sin\theta + \sqrt{3}\cos\theta = 0$에서

$\tan\theta = \sqrt{3}$

$\therefore \theta = \dfrac{\pi}{3}$

이때 $g''(\theta)$는 $\theta = \dfrac{\pi}{3}$의 좌우에서 부호가 양에서 음으로 바뀌므로

곡선 $y = g(\theta)$의 변곡점의 좌표는 $\left(\dfrac{\pi}{3},\, 2\right)$이다.

$\displaystyle g\!\left(\dfrac{\pi}{3}\right) = 2 + \sin\dfrac{\pi}{3} - \sqrt{3}\cos\dfrac{\pi}{3}$
$\displaystyle \qquad = 2 + \dfrac{\sqrt{3}}{2} - \dfrac{\sqrt{3}}{2} = 2$

따라서 곡선 $y = g(\theta)$는 한 개의 변곡점을 가진다. (참)
따라서 옳은 것은 ㄱ, ㄷ이다.

해설특강 🖉

why? ❶ 직선이 두 점 $(-2,\,0)$, $(1,\,\sqrt{3})$을 동시에 지나지 않는 경우, 접선에
평행하면서 거리가 최대가 되게 하는 직선은 점 $(-2,\,0)$과 점 $(1,\,\sqrt{3})$
중 한 점과 만나게 된다. 이때 직선의 방정식이 $\theta = \dfrac{\pi}{6}$를 기준으로
$y = (x+2)\tan\theta$ 또는 $y - \sqrt{3} = (x-1)\tan\theta$로 서로 다르므로 θ의
값의 범위를 $\theta = \dfrac{\pi}{6}$를 기준으로 나눈다.

how? ❷ $0 \le \theta < \dfrac{\pi}{2}$에서 $0 \le \sin\theta < 1$이므로

$0 < 2 - 2\sin\theta \le 2$

$\therefore |2 - 2\sin\theta| = 2(1 - \sin\theta)$

how? ❸ $\sin\theta - \sqrt{3}\cos\theta = 2\left(\dfrac{1}{2}\sin\theta - \dfrac{\sqrt{3}}{2}\cos\theta\right) = 2\sin\left(\theta - \dfrac{\pi}{3}\right)$

$0 \le \theta < \dfrac{\pi}{2}$에서 $-\dfrac{\pi}{3} \le \theta - \dfrac{\pi}{3} < \dfrac{\pi}{6}$이므로

$-\dfrac{\sqrt{3}}{2} \le \sin\left(\theta - \dfrac{\pi}{3}\right) < \dfrac{1}{2}$

$\therefore 2 - \sqrt{3} \le 2 + 2\sin\left(\theta - \dfrac{\pi}{3}\right) < 3$

$\therefore |2 + \sin\theta - \sqrt{3}\cos\theta| = 2 + \sin\theta - \sqrt{3}\cos\theta$

핵심 개념 삼각함수 사이의 관계

(1) $\tan\theta = \dfrac{\sin\theta}{\cos\theta}$	(2) $\sin^2\theta + \cos^2\theta = 1$
(3) $\tan^2\theta + 1 = \sec^2\theta$	(4) $1 + \cot^2\theta = \csc^2\theta$

8

| 정답 ④

출제영역 접선의 방정식의 활용 + 방정식의 실근의 개수

접선의 방정식과 방정식의 실근의 개수를 이용하여 함수의 불연속인 점의 개수를 구할 수 있는지를 묻는 문제이다.

> 양수 m에 대하여 구간 $[0, 6\pi]$에서 정의된 함수
> $f(x)=-\cos x+mx-1$이 있다. 곡선 $y=f(x)$와 x축의 교점의 개수를 $g(m)$이라 하자. 구간 $\left(0, \dfrac{2}{3\pi}\right]$에서 함수 $g(m)$의 치역의 원소의 개수를 A, 함수 $g(m)$이 $m=a$에서 불연속인 a의 값의 개수를 B라 할 때, $A+B$의 값은?
> ❶ ❷
> ① 5   ② 6   ③ 7
> ✔④ 8   ⑤ 9

출제코드 곡선과 x축의 교점의 개수의 의미 파악하기
- ❶ 곡선 $y=f(x)$와 x축의 교점의 개수는 방정식 $mx=1+\cos x$의 서로 다른 실근의 개수임을 이용한다.
- ❷ $y=mx$는 원점을 지나는 직선이므로 곡선 $y=1+\cos x$ 밖의 점 $(0, 0)$에서 곡선에 그은 접선의 방정식을 기준으로 교점의 개수를 센다.

해설 **|1단계|** 함수 $g(m)$의 의미를 파악하여 그래프로 나타내기

$-\cos x+mx-1=0$에서

$mx=1+\cos x$

즉, 곡선 $y=f(x)$와 x축의 교점의 개수는 곡선 $y=1+\cos x$와 직선 $y=mx$의 교점의 개수와 같다.

곡선 $y=1+\cos x$ $(0\le x\le 6\pi)$와 직선 $y=mx$는 다음 그림과 같다.

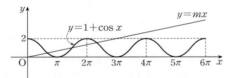

|2단계| 원점에서 곡선 $y=1+\cos x$에 그은 접선의 접점의 좌표 구하기 **why? ❶**

$h(x)=1+\cos x$로 놓으면

$h'(x)=-\sin x$

$m=\dfrac{2}{3\pi}$일 때, 직선 $y=\dfrac{2}{3\pi}x$는 원점 $O(0, 0)$과 점 $(3\pi, 2)$를 지난다.

$0<m\le\dfrac{2}{3\pi}$인 m에 대하여 직선 $y=mx$가 곡선 $y=h(x)$ 위의 점 $(4\pi, 1+\cos 4\pi)$, 즉 점 $(4\pi, 2)$를 지날 때, m의 값은

$m=\dfrac{2}{4\pi}=\dfrac{1}{2\pi}$

또, 직선 $y=mx$가 곡선 $y=h(x)$ 위의 점 $(6\pi, 1+\cos 6\pi)$, 즉 점 $(6\pi, 2)$를 지날 때, m의 값은

$m=\dfrac{2}{6\pi}=\dfrac{1}{3\pi}$

따라서 다음 그림과 같이 $0<m\le\dfrac{2}{3\pi}$인 m에 대하여 직선 $y=mx$가 곡선 $y=h(x)$에 접하도록 움직여 보면 구간 $[0, 6\pi]$에서 곡선 $y=h(x)$와 접하는 경우는 두 가지이다.

이때 접점의 x좌표를 각각 α, β $(\alpha<\beta)$라 하면 $\dfrac{7}{2}\pi<\alpha<4\pi$,

$\dfrac{11}{2}\pi<\beta<6\pi$이다.

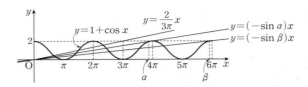

|3단계| 함수 $g(m)$을 구하여 치역의 원소의 개수와 $m=a$에서 불연속인 a의 값의 개수 구하기

$$\therefore g(m)=\begin{cases} 6 & \left(0<m<\dfrac{1}{3\pi}\right) \\ 7 & \left(\dfrac{1}{3\pi}\le m<-\sin\beta\right) \\ 6 & (m=-\sin\beta) \\ 5 & (-\sin\beta<m<-\sin\alpha) \\ 4 & (m=-\sin\alpha) \\ 3 & \left(-\sin\alpha<m\le\dfrac{2}{3\pi}\right) \end{cases}$$ **why? ❷**

따라서 구간 $\left(0, \dfrac{2}{3\pi}\right]$에서 함수 $g(m)$의 치역의 원소는 3, 4, 5, 6, 7의 5개이다.

$\therefore A=5$

또, 함수 $g(m)$은 $m=\dfrac{1}{3\pi}$, $m=-\sin\beta$, $m=-\sin\alpha$에서 불연속이므로 a의 값은 3개이다.

$\therefore B=3$

$\therefore A+B=5+3=8$

해설특강

why? ❶ 직선 $y=mx$가 곡선 $y=1+\cos x$의 접선이 될 때의 m의 값을 기준으로 교점의 개수가 달라진다. 즉, 이때의 m의 값을 기준으로 함수 $g(m)$이 불연속이 됨을 알 수 있다.
따라서 접선이 될 때의 m의 값을 먼저 구해야 한다.

why? ❷ 함수 $y=h(x)$의 $x=\alpha$, $x=\beta$에서의 접선의 기울기는 각각
$h'(\alpha)=-\sin\alpha$, $h'(\beta)=-\sin\beta$
이므로 함수 $g(m)$은 $m=\dfrac{1}{3\pi}$, $m=-\sin\beta$, $m=-\sin\alpha$,
$m=\dfrac{2}{3\pi}$를 기준으로 구간이 나누어진다.
이때 $m=\alpha$, $m=\beta$를 기준으로 구간을 나누지 않도록 주의한다.

THEME 07 미분가능성의 활용

본문 54쪽

기출예시 1 | 정답 37

$f(x)=x+\cos x+\dfrac{\pi}{4}$에서

$f'(x)=1-\sin x$

이때 $0\le 1-\sin x\le 2$이므로 $f'(x)\ge 0$

즉, 함수 $f(x)$는 실수 전체의 집합에서 증가한다.

한편, 함수 $g(x)=|f(x)-k|$가 실수 전체의 집합에서 미분가능하려면 함수 $g(x)$가 $f(x)=k$인 x의 값에서 미분가능해야 한다.

$f(x)=k$를 만족시키는 x의 값을 α라 하면

$f(\alpha)=k,\ g(\alpha)=0$

$\therefore g(x)=\begin{cases}-f(x)+k & (x<\alpha) \\ f(x)-k & (x\ge\alpha)\end{cases},\ g'(x)=\begin{cases}-f'(x) & (x<\alpha) \\ f'(x) & (x>\alpha)\end{cases}$

함수 $g(x)$가 $x=\alpha$에서 미분가능해야 하므로

$\displaystyle\lim_{x\to\alpha+}g'(x)=\lim_{x\to\alpha-}g'(x)$에서

$\displaystyle\lim_{x\to\alpha+}g'(x)=\lim_{x\to\alpha+}f'(x)=f'(\alpha)$,

$\displaystyle\lim_{x\to\alpha-}g'(x)=\lim_{x\to\alpha-}\{-f'(x)\}=-f'(\alpha)$

이므로

$f'(\alpha)=-f'(\alpha)$ $\therefore f'(\alpha)=0$

$f(x)=k$에서 $x+\cos x+\dfrac{\pi}{4}=k$ …… ㉠

$f'(x)=1-\sin x=0$에서 $\sin x=1$이므로

$\cos x=0$ …… ㉡

㉡을 ㉠에 대입하면

$x+\dfrac{\pi}{4}=k$ $\therefore x=k-\dfrac{\pi}{4}$

$\sin x=1$에서 $\sin\left(k-\dfrac{\pi}{4}\right)=1$ (단, $0<k<6\pi$)

$t=k-\dfrac{\pi}{4}$로 놓으면 $0<k<6\pi$에서 $-\dfrac{\pi}{4}<t<\dfrac{23}{4}\pi$

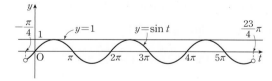

위의 그림에서 $\sin t=1\left(-\dfrac{\pi}{4}<t<\dfrac{23}{4}\pi\right)$을 만족시키는 t의 값은

$t=\dfrac{\pi}{2}$ 또는 $t=\dfrac{5}{2}\pi$ 또는 $t=\dfrac{9}{2}\pi$

즉, $k=\dfrac{3}{4}\pi$ 또는 $k=\dfrac{11}{4}\pi$ 또는 $k=\dfrac{19}{4}\pi$이므로 그 합은

$\dfrac{3}{4}\pi+\dfrac{11}{4}\pi+\dfrac{19}{4}\pi=\dfrac{33}{4}\pi$

따라서 $p=4,\ q=33$이므로

$p+q=4+33=37$

킬러 해결 TRAINING

본문 55쪽

TRAINING 문제 1 | 정답 (1) 13 (2) $\dfrac{1}{\ln 2}$ (3) 3

(1) 함수 $f(x)$가 $x=2$에서 미분가능하려면 $x=2$에서 연속이어야 한다. 즉, $\displaystyle\lim_{x\to2+}(be^{x-2}-1)=\lim_{x\to2-}(ax^3+3)=f(2)$에서

$b-1=8a+3$ $\therefore 8a-b=-4$ …… ㉠

또, $f'(x)=\begin{cases}3ax^2 & (x<2) \\ be^{x-2} & (x>2)\end{cases}$에서

$\displaystyle\lim_{x\to2+}be^{x-2}=\lim_{x\to2-}3ax^2$ $\therefore b=12a$ …… ㉡

㉠, ㉡을 연립하여 풀면 $a=1,\ b=12$

$\therefore a+b=13$

(2) 함수 $f(x)$가 $x=1$에서 미분가능하려면 $x=1$에서 연속이어야 한다. 즉, $\displaystyle\lim_{x\to1+}be^{x-1}=\lim_{x\to1-}(\log_4 x+a)=f(1)$에서

$a=b$ …… ㉠

또, $f'(x)=\begin{cases}\dfrac{1}{x\ln 4} & (0<x<1) \\ be^{x-1} & (x>1)\end{cases}$에서

$\displaystyle\lim_{x\to1+}be^{x-1}=\lim_{x\to1-}\dfrac{1}{x\ln 4}$ $\therefore b=\dfrac{1}{\ln 4}$

$b=\dfrac{1}{\ln 4}$을 ㉠에 대입하면 $a=\dfrac{1}{\ln 4}$

$\therefore a+b=\dfrac{2}{\ln 4}=\dfrac{2}{2\ln 2}=\dfrac{1}{\ln 2}$

(3) 함수 $f(x)$가 $x=0$에서 미분가능하려면 $x=0$에서 연속이어야 한다. 즉, $\displaystyle\lim_{x\to0+}(ax+b)=\lim_{x\to0-}(2\sin x+1)=f(0)$에서 $b=1$

또, $f'(x)=\begin{cases}2\cos x & (x<0) \\ a & (x>0)\end{cases}$에서

$\displaystyle\lim_{x\to0+}a=\lim_{x\to0-}2\cos x$ $\therefore a=2$ $\therefore a+b=3$

TRAINING 문제 2 | 정답 (1) 미분가능하지 않음 (2) 미분가능
(3) 미분가능 (4) 미분가능하지 않음

(1) 함수 $y=|f(x)|$의 그래프는 오른쪽 그림과 같고, $x=0$에서 뾰족점이므로 함수 $|f(x)|$는 $x=0$에서 미분가능하지 않다.

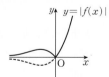

(2) 함수 $y=|f(x)|$의 그래프는 오른쪽 그림과 같으므로 함수 $|f(x)|$는 $x=0$에서 미분가능하다.

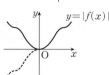

(3) 함수 $y=|f(x)|$의 그래프는 오른쪽 그림과 같으므로 함수 $|f(x)|$는 $x=0$에서 미분가능하다.

(4) 함수 $y=|f(x)|$의 그래프는 오른쪽 그림과 같고, $x=0$에서 뾰족점이므로 함수 $|f(x)|$는 $x=0$에서 미분가능하지 않다.

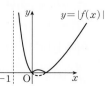

1 39	**2** ③	**3** ④	**4** ③	**5** 96

1

2015학년도 수능 B 30 [정답률 16%]　　　　|정답**39**

출제영역 미분가능성

절댓값 기호가 포함된 함수들의 합으로 표현된 함수가 실수 전체의 집합에서 미분가능하도록 하는 자연수의 값을 구할 수 있는지를 묻는 문제이다.

함수 $f(x)=e^{x+1}-1$과 자연수 n에 대하여 함수 $g(x)$를

$$g(x)=100|f(x)|-\sum_{k=1}^{n}|f(x^k)| \quad ❶$$

이라 하자. $g(x)$가 실수 전체의 집합에서 미분가능하도록 하는 ❷ 모든 자연수 n의 값의 합을 구하시오.　39

킬러코드 절댓값 기호가 포함된 두 함수 $|f(x)|$, $|f(x^k)|$에서 미분가능하지 않은 점 찾기

❶ 함수 $|f(x)|=|e^{x+1}-1|$에서 $e^{x+1}-1=0$인 x의 값과 함수 $|f(x^k)|$에서 $f(x^k)=0$인 x의 값을 파악한다.

❷ ❶에서 구한 x의 값에서 미분계수가 존재하도록 하는 자연수 n의 값을 구한다.

해설 |1단계| x의 값의 범위에 따른 함수 $|f(x)|$의 도함수 구하기

함수 $|f(x)|=|e^{x+1}-1|$에서 $e^{x+1}-1=0$인 x의 값은

$x=-1$

이때

$$|f(x)|=\begin{cases} e^{x+1}-1 & (x\geq-1) \\ -(e^{x+1}-1) & (x<-1) \end{cases}$$

이므로

$$\frac{d}{dx}|f(x)|=\begin{cases} e^{x+1} & (x>-1) \\ -e^{x+1} & (x<-1) \end{cases} \quad \text{why? ❶}$$

|2단계| k가 홀수인 경우와 짝수인 경우로 나누어 함수 $|f(x^k)|$의 도함수 구하기

why? ❷

또, 함수 $|f(x^k)|=|e^{x^k+1}-1|$에서 $e^{x^k+1}-1=0$인 x의 값에 대하여

$x^k=-1$

㈀ k가 홀수일 때

$x^k=-1$에서 $x=-1$

이때

$$|f(x^k)|=\begin{cases} e^{x^k+1}-1 & (x\geq-1) \\ -(e^{x^k+1}-1) & (x<-1) \end{cases}$$

이므로

$$\frac{d}{dx}|f(x^k)|=\begin{cases} kx^{k-1}e^{x^k+1} & (x>-1) \\ -kx^{k-1}e^{x^k+1} & (x<-1) \end{cases}$$

㈁ k가 짝수일 때

$x^k=-1$을 만족시키는 실수 x는 존재하지 않는다.

즉, k가 짝수이면 $|f(x^k)|=f(x^k)$이므로 실수 전체의 집합에서 $|f(x^k)|=|e^{x^k+1}-1|$은 미분가능하다.

이때 $|f(x^k)|=f(x^k)=e^{x^k+1}-1$이므로

$$\frac{d}{dx}|f(x^k)|=kx^{k-1}e^{x^k+1}$$

|3단계| n이 짝수인 경우와 홀수인 경우로 나누어 $\lim_{x\to-1+}g'(x)=\lim_{x\to-1-}g'(x)$인 n의 값 구하기

함수 $g(x)=100|f(x)|-\sum_{k=1}^{n}|f(x^k)|$이 실수 전체의 집합에서 미분가능하려면 함수 $g(x)$가 $x=-1$에서 미분가능해야 한다.

(i) $n=2m$ (m은 자연수)일 때

$$g(x)=100|f(x)|-\sum_{k=1}^{n}|f(x^k)|$$

$$=100|f(x)|-\sum_{l=1}^{m}|f(x^{2l-1})|-\sum_{l=1}^{m}|f(x^{2l})|$$

이므로

$$g'(x)=\frac{d}{dx}100|f(x)|-\sum_{l=1}^{m}\frac{d}{dx}|f(x^{2l-1})|-\sum_{l=1}^{m}\frac{d}{dx}|f(x^{2l})|$$

$$(단, x\neq-1)$$

함수 $g(x)$가 $x=-1$에서 미분가능해야 하므로

$\lim_{x\to-1+}g'(x)=\lim_{x\to-1-}g'(x)$에서

$$\lim_{x\to-1+}g'(x)=100-\sum_{l=1}^{m}(2l-1)+\sum_{l=1}^{m}2le^2 \quad \text{how? ❸}$$

$$\lim_{x\to-1-}g'(x)=-100+\sum_{l=1}^{m}(2l-1)+\sum_{l=1}^{m}2le^2$$

이므로

$$100-\sum_{l=1}^{m}(2l-1)+\sum_{l=1}^{m}2le^2=-100+\sum_{l=1}^{m}(2l-1)+\sum_{l=1}^{m}2le^2$$

$$\therefore \sum_{l=1}^{m}(2l-1)=100$$

이때 $\sum_{l=1}^{m}(2l-1)=2\times\frac{m(m+1)}{2}-m=m^2$이므로

$m^2=100$　　$\therefore m=10$ ($\because m>0$)

$\therefore n=2m=20$

(ii) $n=2m-1$ (m은 자연수)일 때

$$g(x)=100|f(x)|-\sum_{k=1}^{n}|f(x^k)|$$

$$=100|f(x)|-\sum_{l=1}^{m}|f(x^{2l-1})|-\sum_{l=1}^{m-1}|f(x^{2l})|$$

이므로

$$g'(x)=\frac{d}{dx}100|f(x)|-\sum_{l=1}^{m}\frac{d}{dx}|f(x^{2l-1})|-\sum_{l=1}^{m-1}\frac{d}{dx}|f(x^{2l})|$$

$$(단, x\neq-1)$$

함수 $g(x)$가 $x=-1$에서 미분가능해야 하므로

$\lim_{x\to-1+}g'(x)=\lim_{x\to-1-}g'(x)$에서

$$\lim_{x\to-1+}g'(x)=100-\sum_{l=1}^{m}(2l-1)+\sum_{l=1}^{m-1}2le^2$$

$$\lim_{x\to-1-}g'(x)=-100+\sum_{l=1}^{m}(2l-1)+\sum_{l=1}^{m-1}2le^2$$

이므로

$$100-\sum_{l=1}^{m}(2l-1)+\sum_{l=1}^{m-1}2le^2=-100+\sum_{l=1}^{m}(2l-1)+\sum_{l=1}^{m-1}2le^2$$

$$\therefore \sum_{l=1}^{m}(2l-1)=100$$

(i)에 의하여 $m^2=100$, 즉 $m=10$이므로

$n=2m-1=19$

(i), (ii)에 의하여 조건을 만족시키는 모든 자연수 n의 값의 합은

$20+19=39$

해설특강 ✏️

why? ❶ 왜 도함수를 구할까?

$x=-1$에서의 미분가능성을 확인하기 위하여 $x>-1$과 $x<-1$에서의 함수 $|f(x)|$의 도함수를 구하여 $x=-1$에서의 우미분계수와 좌미분계수를 비교한다.

why? ❷ 왜 홀수인 경우와 짝수인 경우로 나눌까?

k가 홀수인 경우와 짝수인 경우, $x^k=-1$을 만족시키는 x의 값이 각각 다르므로 함수 $|f(x^k)|=|e^{x^k+1}-1|$을 k가 홀수인 경우와 짝수인 경우로 나누어 도함수를 구한다.

how? ❸ $\dfrac{d}{dx}|f(x^k)|=kx^{k-1}e^{x^k+1}$에

$x=-1$, $k=2l-1$을 대입하면

$$\dfrac{d}{dx}|f(x^{2l-1})|=(2l-1)\times(-1)^{2l-2}e^{(-1)^{2l-1}+1}$$
$$=2l-1$$

마찬가지로 $x=-1$, $k=2l$을 대입하면

$$\dfrac{d}{dx}|f(x^{2l})|=2l\times(-1)^{2l-1}e^{(-1)^{2l}+1}$$
$$=-2le^2$$

핵심 개념 | 자연수의 거듭제곱의 합 (수학 I)

(1) $\displaystyle\sum_{k=1}^{n}k=\dfrac{n(n+1)}{2}$

(2) $\displaystyle\sum_{k=1}^{n}k^2=\dfrac{n(n+1)(2n+1)}{6}$

(3) $\displaystyle\sum_{k=1}^{n}k^3=\left\{\dfrac{n(n+1)}{2}\right\}^2$

---

2 | 2013학년도 6월 평가원 가 21 [정답률 69%] 변형 | 정답 ③

출제영역 | 미분가능성+방정식의 실근의 개수

구간별로 정의된 함수가 미분가능하지 않은 점의 개수가 주어질 때, 미지수를 구할 수 있는지를 묻는 문제이다.

함수 $f(x)=|x^2-2x|e^{2-x}$과 양수 k에 대하여 함수 $h(x)$를

$$h(x)=\begin{cases}f(x) & (f(x)\le kx)\\ kx & (f(x)>kx)\end{cases}❶$$

라 하자. 함수 $h(x)$가 미분가능하지 않은 x의 값의 개수가 2가 되도록 하는 k의 최솟값은? ❷

① $\dfrac{1}{2e}$ ② $\dfrac{2}{3e}$ ✓③ $\dfrac{1}{e}$

④ $\dfrac{3}{2e}$ ⑤ $\dfrac{2}{e}$

킬러코드 | 함수 $y=f(x)$의 그래프와 직선 $y=kx$의 위치 관계 확인하기

❶ 함수 $h(x)$는 $f(x)$와 kx 중에서 크지 않은 값을 함숫값으로 갖는 함수이다.
❷ 함수 $y=f(x)$의 그래프를 그리고, k의 값에 따른 함수 $y=f(x)$의 그래프와 직선 $y=kx$의 위치 관계를 확인하여 함수 $h(x)$가 미분가능하지 않은 점을 구한다.

해설 | 1단계 | 함수 $y=f(x)$의 그래프의 개형 그리기

$g(x)=(x^2-2x)e^{2-x}$이라 하면

$$g'(x)=(2x-2)e^{2-x}-(x^2-2x)e^{2-x}$$
$$=(-x^2+4x-2)e^{2-x}$$

$g'(x)=0$에서 $x^2-4x+2=0$ $(\because e^{2-x}>0)$

$\therefore x=2\pm\sqrt{2}$

함수 $g(x)$의 증가와 감소를 표로 나타내면 다음과 같다.

x	$\cdots$	$2-\sqrt{2}$	$\cdots$	$2+\sqrt{2}$	$\cdots$
$g'(x)$	$-$	0	$+$	0	$-$
$g(x)$	$\searrow$	$(2-2\sqrt{2})e^{\sqrt{2}}$	$\nearrow$	$(2+2\sqrt{2})e^{-\sqrt{2}}$	$\searrow$

함수 $g(x)$는 $x=2-\sqrt{2}$에서 극솟값 $(2-2\sqrt{2})e^{\sqrt{2}}$을 갖고,
$x=2+\sqrt{2}$에서 극댓값 $(2+2\sqrt{2})e^{-\sqrt{2}}$을 갖는다.

또, 함수 $y=g(x)$의 그래프가 $x=0$, $x=2$에서 x축과 만나고,
$\displaystyle\lim_{x\to\infty}g(x)=0$, $\displaystyle\lim_{x\to-\infty}g(x)=\infty$이다.

따라서 함수 $g(x)=(x^2-2x)e^{2-x}$의 그래프의 개형은 다음 그림과 같다.

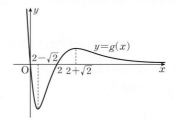

함수 $f(x)=|x^2-2x|e^{2-x}$에서 모든 실수 x에 대하여 $e^{2-x}>0$이므로 함수 $y=f(x)$의 그래프의 개형은 다음 그림과 같다. **how? ❶**

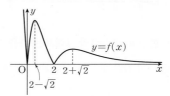

즉, 함수 $f(x)$는 $x=0$, $x=2$에서 미분가능하지 않다.

2단계 | 함수 $y=f(x)$의 그래프와 직선 $y=kx$가 접할 때의 k의 값 구하기

함수 $h(x)=\begin{cases}f(x) & (f(x)\le kx)\\ kx & (f(x)>kx)\end{cases}$는 $f(x)$와 $kx\,(k>0)$ 중 크지 않은 것을 함숫값으로 갖는 함수이다.

$0\le x\le2$일 때, $f(x)=-(x^2-2x)e^{2-x}$이므로 **why? ❷**

$$f'(x)=-(2x-2)e^{2-x}+(x^2-2x)e^{2-x}$$
$$=(x^2-4x+2)e^{2-x}\ (단,\ 0<x<2)$$

따라서 $f(0)=0$이고 $\displaystyle\lim_{x\to0+}f'(x)=2e^2$이므로 $k=2e^2$일 때, 다음 그림과 같이 함수 $y=f(x)$의 그래프의 $x\ge0$인 부분과 직선 $y=kx$가 점 $(0, 0)$에서 접한다.

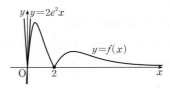

$x>2$일 때, $f(x)=(x^2-2x)e^{2-x}$에서

$$f'(x)=(-x^2+4x-2)e^{2-x}$$

점 $(0, 0)$에서 함수 $y=f(x)$의 그래프에 그은 접선의 접점의 x좌표를 t라 하면 접선의 방정식은

$$y - (t^2 - 2t)e^{2-t} = (-t^2 + 4t - 2)e^{2-t}(x - t)$$

이 직선이 점 $(0, 0)$을 지나므로

$$-(t^2 - 2t) \times e^2 = (-t^2 + 4t - 2) \times e^2 \times (-t)$$

$$-t^2 + 2t = t^3 - 4t^2 + 2t \ (\because e^2 \neq 0), \ t^3 - 3t^2 = 0$$

$$t^2(t - 3) = 0 \qquad \therefore t = 3 \ (\because t > 2)$$

따라서 $f'(3) = \dfrac{1}{e}$이므로 $k = \dfrac{1}{e}$일 때, 다음 그림과 같이 함수 $y = f(x)$의 그래프와 직선 $y = kx$가 $x = 3$인 점에서 접한다.

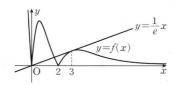

|3단계| k의 값의 범위에 따라 함수 $h(x)$의 미분가능하지 않은 x의 값의 개수 구하기

$0 < k < \dfrac{1}{e}$일 때, 함수 $y = h(x)$의 그래프는 다음 그림과 같으므로 미분가능하지 않은 x의 값은 $x = 2$와 $0 < x < 2$, $2 < x < 3$, $x > 3$에서 각각 한 개씩 모두 4개 존재한다.

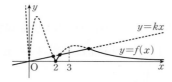

$\dfrac{1}{e} \leq k < 2e^2$일 때, 함수 $y = h(x)$의 그래프는 다음 그림과 같으므로 미분가능하지 않은 x의 값은 $x = 2$와 $0 < x < 2$에서 한 개로 모두 2개 존재한다.

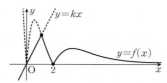

$k = 2e^2$일 때, 함수 $y = h(x)$의 그래프는 다음 그림과 같으므로 미분가능하지 않은 x의 값은 $x = 2$의 1개이다.

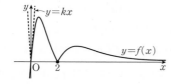

또, $k > 2e^2$일 때, 미분가능하지 않은 x의 값은 $x = 0$과 $x = 2$의 2개이다.

|4단계| 조건을 만족시키는 k의 최솟값 구하기

따라서 함수 $h(x)$가 미분가능하지 않은 x의 값의 개수가 2가 되도록 하는 k의 값의 범위는

$$\dfrac{1}{e} \leq k < 2e^2 \ \text{또는} \ k > 2e^2$$

이므로 조건을 만족시키는 양수 k의 최솟값은 $\dfrac{1}{e}$이다.

해설특강 ✏️

how? ❶ $e^{2-x} > 0$이므로

$$f(x) = |x^2 - 2x|e^{2-x} = |(x^2 - 2x)e^{2-x}|$$

따라서 함수 $y = f(x)$의 그래프는 함수 $g(x) = (x^2 - 2x)e^{2-x}$의 그래프에서 x축 아래쪽에 있는 부분을 x축에 대하여 대칭이동한 그래프이다.

why? ❷ 왜 $0 \leq x \leq 2$, $x > 2$로 구간을 나눌까?

$y = (x^2 - 2x)e^{2-x}$의 그래프는 $0 < x < 2$에서만 함숫값이 0보다 작으므로 구간을 $0 \leq x \leq 2$와 $x > 2$로 나누어 생각해야 한다. 이때 $x < 0$인 구간에서는 항상 $h(x) = kx$이므로 생각할 필요가 없다.

3

2019학년도 6월 평가원 가 21 [정답률 28%] 변형   **|정답 ④**

출제영역 미분가능성

함수 $y = |f(x) - t|$의 그래프의 개형을 파악한 후 $\sqrt{|f(x) - t|}$와 같은 합성함수의 미분불가능한 실수 x의 개수를 파악하여 함수 $g(t)$를 구할 수 있는지를 묻는 문제이다.

함수 $f(x) = \begin{cases} \dfrac{e^2}{4}x^2 e^x & (x \leq 1) \\ \dfrac{e^3}{2}(x-1)(x-3) + \dfrac{e^3}{4} & (x > 1) \end{cases}$ 과 $t \neq 1$인 실수 ❶

t에 대하여 함수 $\sqrt{|f(x) - t|}$가 $x = k$에서 미분가능하지 않도록 하는 실수 k의 개수를 $g(t)$라 하자. 함수 $g(t)$의 치역의 모든 원소의 합을 S라 하고, $\left| \lim\limits_{t \to a+} g(t) - \lim\limits_{t \to a-} g(t) \right| = 2$인 모든 실수 ❷ ❸

a의 개수를 N이라 할 때, $S + N$의 값은?

① 16   ② 17   ③ 18

✓④ 19   ⑤ 20

킬러코드 $t \neq 1$인 실수 t에 대하여 함수 $y = |f(x) - t|$의 그래프의 개형을 파악하고 주어진 함수가 미분가능하지 않도록 하는 실수의 개수 구하기

❶ 함수 $y = f(x)$의 그래프의 개형을 파악한다.

❷ t의 값의 범위에 따라 함수 $y = |f(x) - t|$의 그래프의 개형을 그린 후 함수 $\sqrt{|f(x) - t|}$가 $x = k$에서 미분가능하지 않도록 하는 실수 k의 값을 구한다.

❸ 함수 $g(t)$가 $t = a$에서 연속이 아닌 경우에 대하여 $\left| \lim\limits_{t \to a+} g(t) - \lim\limits_{t \to a-} g(t) \right| = 2$인 a의 값을 구한다.

해설 **|1단계|** 함수 $y = f(x)$의 그래프의 개형 그리기

$$f(x) = \begin{cases} \dfrac{e^2}{4}x^2 e^x & (x \leq 1) \\ \dfrac{e^3}{2}(x-1)(x-3) + \dfrac{e^3}{4} & (x > 1) \end{cases} \ \text{에서}$$

$f(1) = \dfrac{e^3}{4}$이고,

$$\lim_{x \to 1+} f(x) = \lim_{x \to 1+} \left\{ \dfrac{e^3}{2}(x-1)(x-3) + \dfrac{e^3}{4} \right\} = \dfrac{e^3}{4},$$

$$\lim_{x \to 1-} f(x) = \lim_{x \to 1-} \dfrac{e^2}{4}x^2 e^x = \dfrac{e^3}{4}$$

이므로 함수 $f(x)$는 $x = 1$에서 연속이다.

$$f'(x)=\begin{cases}\dfrac{e^2}{4}(x^2+2x)e^x & (x<1)\\[2mm] e^3(x-2) & (x>1)\end{cases}\text{이고,}$$

$$\lim_{h\to 0+}\frac{f(1+h)-f(1)}{h}=e^3\times(1-2)=-e^3,$$

$$\lim_{h\to 0-}\frac{f(1+h)-f(1)}{h}=\frac{e^2}{4}\times(1^2+2\times 1)\times e=\frac{3}{4}e^3$$

즉, $\displaystyle\lim_{h\to 0+}\frac{f(1+h)-f(1)}{h}\neq\lim_{h\to 0-}\frac{f(1+h)-f(1)}{h}$이므로 함수 $f(x)$는 $x\neq 1$인 모든 실수 x에 대하여 미분가능하다.

$f'(x)=0$에서 $x=-2$ 또는 $x=0$ 또는 $x=2$

$x=-2$의 좌우에서 $f'(x)$의 값의 부호가 양에서 음으로 바뀌므로 함수 $f(x)$는 $x=-2$에서 극댓값 $f(-2)=1$을 갖고, $x=0$과 $x=2$의 각각의 좌우에서 $f'(x)$의 값의 부호가 음에서 양으로 바뀌므로 함수 $f(x)$는 $x=0$, $x=2$에서 각각 극솟값 $f(0)=0$, $f(2)=-\dfrac{e^3}{4}$을 갖는다.

따라서 함수 $y=f(x)$의 그래프의 개형은 다음 그림과 같다.

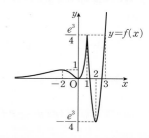

|2단계| t의 값에 따른 함수 $y=\lvert f(x)-t\rvert$의 그래프의 개형을 그려 $g(t)$ 구하기

$G(x)=\lvert f(x)-t\rvert$라 하면 미분가능한 x의 값에 대하여

$$\{\sqrt{G(x)}\}'=\frac{1}{2}\times\frac{1}{\sqrt{G(x)}}\times G'(x)$$

이므로 함수 $\sqrt{G(x)}$는 함수 $G(x)$가 미분가능하지 않은 x의 값에서 미분가능하지 않고, $G(x)=0$이고 $G'(x)\neq 0$인 x의 값에서 미분가능하지 않다.

또, $G(x)=0$이고 $G'(x)=0$인 x의 값에서도 미분가능하지 않을 수 있다. **why? ❶**

(i) $t<-\dfrac{e^3}{4}$인 경우

함수 $y=G(x)$의 그래프의 개형은 함수 $y=f(x)$의 그래프의 개형과 같으므로 함수 $\sqrt{\lvert f(x)-t\rvert}$는 $x=1$에서만 미분가능하지 않다. 즉, $g(t)=1$

(ii) $t=-\dfrac{e^3}{4}$인 경우

미분가능하지 않은 실수의 개수: 1

함수 $y=G(x)$의 그래프의 개형은 (i)과 같은 경우이지만 $G(2)=0$이고 $G'(2)=0$이므로 $x=2$에서의 미분가능성을 판단해 보자.

$$\lim_{h\to 0+}\frac{\sqrt{G(2+h)}-\sqrt{G(2)}}{h}=\lim_{h\to 0+}\frac{\sqrt{\frac{e^3}{2}h^2}}{h}=\sqrt{\frac{e^3}{2}},$$

$$\lim_{h\to 0-}\frac{\sqrt{G(2+h)}-\sqrt{G(2)}}{h}=\lim_{h\to 0-}\frac{\sqrt{\frac{e^3}{2}h^2}}{h}=-\sqrt{\frac{e^3}{2}}$$

이므로 $\displaystyle\lim_{h\to 0+}\frac{\sqrt{G(2+h)}-\sqrt{G(2)}}{h}\neq\lim_{h\to 0-}\frac{\sqrt{G(2+h)}-\sqrt{G(2)}}{h}$

$G(2+h)=\lvert f(2+h)-t\rvert$
$=\dfrac{e^3}{2}(2+h-1)(2+h-3)+\dfrac{e^3}{4}+\dfrac{e^3}{4}$
$=\dfrac{e^3}{2}h^2-\dfrac{e^3}{2}+\dfrac{e^3}{2}=\dfrac{e^3}{2}h^2$

즉, 함수 $\sqrt{\lvert f(x)-t\rvert}$는 $x=2$에서도 미분가능하지 않으므로 $g(t)=1+1=2$

(iii) $-\dfrac{e^3}{4}<t<0$인 경우

함수 $y=G(x)$의 그래프의 개형은 다음 그림과 같고, $G(x)=0$의 해가 1과 2 사이, 2와 3 사이에 각각 존재하므로 그 해를 각각 α, β라 하면 함수 $\sqrt{\lvert f(x)-t\rvert}$는 $x=1$, $x=\alpha$, $x=\beta$에서만 미분가능하지 않다. 즉, $g(t)=3$

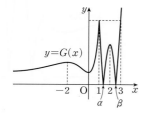

(iv) $t=0$인 경우

미분가능하지 않은 실수의 개수: 3

함수 $y=G(x)$의 그래프의 개형은 (iii)과 같은 경우이지만 $G(0)=0$이고 $G'(0)=0$이므로 $x=0$에서의 미분가능성을 판단해 보자.

$$\lim_{h\to 0+}\frac{\sqrt{G(h)}}{h}=\lim_{h\to 0+}\frac{\sqrt{\frac{e^2}{4}h^2 e^h}}{h}=\sqrt{\frac{e^2}{4}}=\frac{e}{2},$$

$$\lim_{h\to 0-}\frac{\sqrt{G(h)}}{h}=\lim_{h\to 0-}\frac{\sqrt{\frac{e^2}{4}h^2 e^h}}{h}=-\sqrt{\frac{e^2}{4}}=-\frac{e}{2}$$

이므로 $\displaystyle\lim_{h\to 0+}\frac{\sqrt{G(h)}}{h}\neq\lim_{h\to 0-}\frac{\sqrt{G(h)}}{h}$

즉, 함수 $\sqrt{\lvert f(x)-t\rvert}$는 $x=0$에서도 미분가능하지 않으므로 $g(t)=3+1=4$

(v) $0<t<1$인 경우

함수 $y=G(x)$의 그래프의 개형은 다음 그림과 같고, $G(x)=0$의 해 중 1보다 작은 근이 3개이고 1보다 큰 근이 2개이므로 함수 $\sqrt{\lvert f(x)-t\rvert}$가 미분가능하지 않도록 하는 x의 값은 이 5개의 실근과 $x=1$이다. 즉, $g(t)=6$

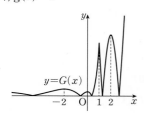

(vi) $1<t<\dfrac{e^3}{4}$인 경우

함수 $y=G(x)$의 그래프의 개형은 다음 그림과 같고, $G(x)=0$의 해 중 1보다 작은 근이 1개이고 1보다 큰 근이 2개이므로 함수 $\sqrt{\lvert f(x)-t\rvert}$가 미분가능하지 않도록 하는 x의 값은 이 3개의 실근과 $x=1$이다. 즉, $g(t)=4$

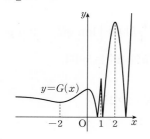

(vii) $t=\dfrac{e^3}{4}$인 경우

함수 $y=G(x)$의 그래프의 개형은 다음 그림과 같고, $G(x)=0$의 해가 $x=1$ 또는 $x=3$이므로 함수 $\sqrt{|f(x)-t|}$가 미분가능하지 않도록 하는 x의 값은 2개이다. 즉, $g(t)=2$

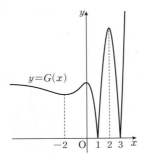

(viii) $t>\dfrac{e^3}{4}$인 경우

함수 $y=G(x)$의 그래프의 개형은 다음 그림과 같고, $G(x)=0$의 해가 1보다 큰 근이 1개이므로 함수 $\sqrt{|f(x)-t|}$가 미분가능하지 않도록 하는 x의 값은 이 실근 1개와 $x=1$이다. 즉, $g(t)=2$

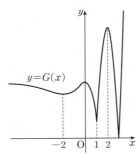

|3단계| S, N의 값을 구하여 $S+N$의 값 구하기

(i)~(viii)에서

$$g(t)=\begin{cases} 1 & \left(t<-\dfrac{e^3}{4}\right) \\ 2 & \left(t=-\dfrac{e^3}{4}\right) \\ 3 & \left(-\dfrac{e^3}{4}<t<0\right) \\ 4 & (t=0) \\ 6 & (0<t<1) \\ 4 & \left(1<t<\dfrac{e^3}{4}\right) \\ 2 & \left(t\geq\dfrac{e^3}{4}\right) \end{cases}$$

함수 $g(t)$의 치역은 $\{1, 2, 3, 4, 6\}$이므로 치역의 모든 원소의 합은
$1+2+3+4+6=16$
$\therefore S=16$

또, $a=-\dfrac{e^3}{4}$, 1, $\dfrac{e^3}{4}$일 때, $\left|\displaystyle\lim_{t\to a+}g(t)-\lim_{t\to a-}g(t)\right|=2$이므로 조건을 만족시키는 실수 a의 개수는 3이다.

$\therefore N=3$

따라서 $S=16$, $N=3$이므로
$S+N=16+3=19$

해설특강 ✎

why? ❶ 예를 들어, $\sqrt{x^2}$은 $x=0$에서 미분가능하지 않지만 $\sqrt{x^3}$은 $x=0$에서 미분가능하다.

4

출제영역 접선의 방정식의 활용＋미분가능성

기울기가 주어진 일차함수와 삼각함수 중 크지 않은 것을 함숫값으로 가지는 함수의 미분가능하지 않은 점의 개수를 구할 수 있는지를 묻는 문제이다.

> 닫힌구간 $[0, 2\pi]$에서 정의된 함수 $y=2\sin x$가 있다. 직선 $y=-x+k$에 대하여
>
> $$f(x)=\begin{cases} 2\sin x & (2\sin x\leq -x+k) \\ -x+k & (2\sin x>-x+k) \end{cases}❶$$
>
> 라 하자. $0<k<2\pi$에서 함수 $f(x)$가 미분가능하지 않은 점의 개수 ❷ 를 $g(k)$라 할 때, $a<k<b$에서 $g(k)=3$이다. $b-a$의 최댓값은? (단, $a<\pi<b$)
>
> ① $\sqrt{3}-\dfrac{\pi}{2}$　　② $\sqrt{3}-\dfrac{\pi}{3}$　　✓③ $2\sqrt{3}-\dfrac{2}{3}\pi$
>
> ④ $\dfrac{\sqrt{3}}{3}+\dfrac{2}{3}\pi$　　⑤ $2\sqrt{3}-\dfrac{\pi}{3}$

킬러코드 함수 $y=2\sin x$의 그래프와 직선 $y=-x+k$의 위치 관계 파악하기

❶ 함수 $f(x)$는 $2\sin x$와 $-x+k$ 중에서 크지 않은 것을 함숫값으로 갖는 함수로, 닫힌구간 $[0, 2\pi]$에서 연속이다.

❷ 닫힌구간 $[0, 2\pi]$에서 연속인 함수 $y=f(x)$의 그래프가 꺾인 점의 개수를 k의 값에 따라 추론한다.

해설 **|1단계|** 함수 $y=2\sin x$의 그래프와 직선 $y=-x+k$의 위치 관계 파악하기

함수 $f(x)=\begin{cases} 2\sin x & (2\sin x\leq -x+k) \\ -x+k & (2\sin x>-x+k) \end{cases}$ 는 $2\sin x$와 $-x+k$
중에서 크지 않은 값을 함숫값으로 갖는 함수이다.

이때 함수 $y=2\sin x$의 그래프와 두 직선 $y=-x$, $y=-x+2\pi$는 다음 그림과 같다.

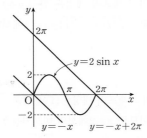

이때 $0<k<2\pi$이므로 직선 $y=-x+k$는 두 직선 $y=-x$와 $y=-x+2\pi$ 사이에 위치한다.

|2단계| 함수 $y=2\sin x$의 그래프의 접선 중 기울기가 -1이고 y절편이 k ($0<k<2\pi$)인 직선의 방정식 구하기 **why? ❶**

직선 $y=-x+k$가 함수 $y=2\sin x$의 그래프에 접할 때, 접점의 좌표를 $(t, 2\sin t)$라 하면 $y'=2\cos x$이므로 접선의 방정식은

$y-2\sin t=(2\cos t)(x-t)$

$\therefore y=(2\cos t)x-2t\cos t+2\sin t$

이때 접선의 기울기가 -1이므로

$2\cos t=-1$, $\cos t=-\dfrac{1}{2}$

$\therefore t=\dfrac{2}{3}\pi$ 또는 $t=\dfrac{4}{3}\pi$ $(\because 0<t<2\pi)$

따라서 접선의 방정식은

$y=-x+\dfrac{2}{3}\pi+\sqrt{3}$ 또는 $y=-x+\dfrac{4}{3}\pi-\sqrt{3}$

|3단계| k의 값의 범위에 따른 $g(k)$의 값 구하기

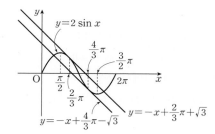

(i) $0<k\le\dfrac{4}{3}\pi-\sqrt{3}$일 때

미분가능하지 않은 x의 값은 $0<x<\dfrac{2}{3}\pi$에 하나 존재하므로

$g(k)=1$

(ii) $\dfrac{4}{3}\pi-\sqrt{3}<k<\dfrac{2}{3}\pi+\sqrt{3}$일 때

미분가능하지 않은 x의 값은 $0<x<\dfrac{2}{3}\pi$, $\dfrac{2}{3}\pi<x<\dfrac{4}{3}\pi$,

$\dfrac{4}{3}\pi<x<2\pi$에 각각 하나씩 모두 3개 존재하므로 **why? ❷**

$g(k)=3$

(iii) $\dfrac{2}{3}\pi+\sqrt{3}\le k<2\pi$일 때

미분가능하지 않은 x의 값은 $\dfrac{4}{3}\pi<x<2\pi$에 하나 존재하므로

$g(k)=1$

(i), (ii), (iii)에 의하여 $\dfrac{4}{3}\pi-\sqrt{3}<k<\dfrac{2}{3}\pi+\sqrt{3}$에서 $g(k)=3$이므로

a의 최솟값은 $\dfrac{4}{3}\pi-\sqrt{3}$, b의 최댓값은 $\dfrac{2}{3}\pi+\sqrt{3}$이다.

따라서 $b-a$의 최댓값은

$\left(\dfrac{2}{3}\pi+\sqrt{3}\right)-\left(\dfrac{4}{3}\pi-\sqrt{3}\right)=2\sqrt{3}-\dfrac{2}{3}\pi$

해설특강 ✎

why? ❶ **왜 기울기가 -1인 접선의 방정식을 구할까?**

직선 $y=-x+k$가 함수 $y=2\sin x$의 그래프의 접선일 때의 k의 값을 기준으로 범위를 나누어 $g(k)$를 구한다.

why? ❷ $\dfrac{4}{3}\pi-\sqrt{3}<k<\dfrac{2}{3}\pi+\sqrt{3}$에서 직선 $y=-x+k$는 함수 $y=2\sin x$

의 그래프의 $x=\dfrac{2}{3}\pi$, $x=\dfrac{4}{3}\pi$에서의 접선 사이에 위치하므로 미분가능하지 않은 점은 $x=\dfrac{2}{3}\pi$, $x=\dfrac{4}{3}\pi$를 기준으로 나눈 세 구간에서 각각 하나씩 존재한다.

5

출제영역 함수의 연속+미분가능성

함수의 연속의 성질을 이용하여 주어진 함수가 미분가능하지 않도록 하는 실수의 개수를 구할 수 있는지를 묻는 문제이다.

함수 $f(x)$가 다음 조건을 만족시킨다.

(가) 모든 실수 a에 대하여

$\lim\limits_{x\to a+}f(x)+\lim\limits_{x\to a-}f(x)=2f(a)$이다. **❶**

(나) 모든 실수 x에 대하여

$\{f(x)-|x^3|e^x\}\{f(x)-x^2e^x\}=0$이다. **❷**

자연수 n에 대하여 함수 $f(x)$가 $x=t$에서 미분가능하지 않도록 하는 서로 다른 실수 t의 개수가 $n-1$인 서로 다른 함수 $f(x)$ **❸** 의 개수를 a_n이라 하자. $a_n\ne 0$을 만족시키는 자연수 n의 최댓값을 N이라 할 때, $\sum\limits_{n=1}^{N}a_n^2$의 값을 구하시오. 96

킬러코드 함수의 극한의 성질과 연속의 성질을 이용하여 가능한 함수 $f(x)$를 파악하여 각각의 함수가 미분가능하지 않도록 하는 실수 x의 개수 파악하기

❶ 함수 $f(x)$가 $x=a$에서 연속이면 $\lim\limits_{x\to a+}f(x)=\lim\limits_{x\to a-}f(x)=f(a)$이므로 $\lim\limits_{x\to a+}f(x)+\lim\limits_{x\to a-}f(x)=2f(a)$가 성립한다.

❷ 모든 실수 x에 대하여 $f(x)=|x^3|e^x$ 또는 $f(x)=x^2e^x$이다.

❸ 함수 $f(x)$가 $x=a$의 좌우에서 $|x^3|e^x$에서 x^2e^x으로 또는 x^2e^x에서 $|x^3|e^x$으로 바뀌는 경우 미분가능한지 파악하여 실수 t의 개수를 구한다.

해설 **|1단계| 조건 (가), (나)를 만족시키는 함수 $f(x)$의 특성 파악하기**

조건 (나)에서

$f(x)=|x^3|e^x$ 또는 $f(x)=x^2e^x$

이때

$\lim\limits_{x\to a+}|x^3|e^x=\lim\limits_{x\to a-}|x^3|e^x=|a^3|e^a$ 또는

$\lim\limits_{x\to a+}x^2e^x=\lim\limits_{x\to a-}x^2e^x=a^2e^a$

이므로 $\lim\limits_{x\to a+}f(x)+\lim\limits_{x\to a-}f(x)$의 값은

$2|a^3|e^a$ 또는 $2a^2e^a$ 또는 $|a^3|e^a+a^2e^a$

조건 (가)에 의하여 $|x^3|e^x\ne x^2e^x$을 만족시키는 a에 대하여 $x=a$의 좌우에서 $f(x)$는 모두 $|x^3|e^x$이거나 x^2e^x이어야 한다. **why? ❶**

$\therefore 2f(a)=2|a^3|e^a$ 또는 $2f(a)=2a^2e^a$

$f_1(x)=|x^3|e^x$, $f_2(x)=x^2e^x$이라 하면 두 곡선 $y=|x^3|e^x$, $y=x^2e^x$

이 만나는 점의 x좌표는 방정식 $|x^3|e^x=x^2e^x$, 즉 $(|x^3|-x^2)e^x=0$의 실근과 같다.

$x\ge 0$일 때, $x^3-x^2=x^2(x-1)=0$에서 $x=0$ 또는 $x=1$

$x<0$일 때, $-x^3-x^2=-x^2(x+1)=0$에서 $x=-1$

따라서 두 곡선 $y=|x^3|e^x$, $y=x^2e^x$은 서로 다른 세 개의 점에서 만나고 세 점의 x좌표는 -1, 0, 1이다.

한편, $f_1'(x)=\begin{cases}(x^3+3x^2)e^x & (x\ge 0)\\ -(x^3+3x^2)e^x & (x<0)\end{cases}$,

$f_2'(x)=(x^2+2x)e^x$

이므로

$f_1'(-1)=-\dfrac{2}{e}$, $f_2'(-1)=-\dfrac{1}{e}$,

$f_1{}'(0)=f_2{}'(0)=0,$

$f_1{}'(1)=4e,\ f_2{}'(1)=3e$

또, $x\ge0$일 때, 부등식 $x^3-x^2\ge0$에서 $x\ge1$

$x<0$일 때, $-x^3-x^2\ge0$에서 $x\le-1$

따라서 $x\le-1$ 또는 $x\ge1$에서 $f_1(x)\ge f_2(x)$이고 $-1<x<1$에서 $f_1(x)<f_2(x)$이므로 두 함수 $y=f_1(x)$, $y=f_2(x)$의 그래프의 개형은 다음 그림과 같다.

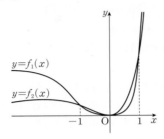

네 구간 $x\le-1$, $-1<x\le0$, $0<x\le1$, $x>1$에서 함수 $f(x)$가 조건 ㈎를 만족시키려면

$f(x)=f_1(x)$ 또는 $f(x)=f_2(x)$

이므로 가능한 서로 다른 함수 $f(x)$의 개수는

$2^4=16$

|2단계| 함수 $f(x)$가 미분가능하지 않은 x의 개수 파악하기

구간 $x\le-1$에서 $f(x)=f_{i+1}(x)$이고 구간 $-1<x\le0$에서 $f(x)=f_{2-i}(x)$ $(i=0,1)$이면 함수 $f(x)$는 $x=-1$에서 미분가능하지 않고, 구간 $0<x\le1$에서 $f(x)=f_{i+1}(x)$이고 구간 $x>1$에서 $f(x)=f_{2-i}(x)$ $(i=0,1)$이면 함수 $f(x)$는 $x=1$에서 미분가능하지 않다.

한편, 두 구간 $-1<x\le0$, $0<x\le1$에서 각각 $f(x)=f_1(x)$, $f(x)=f_2(x)$ 또는 $f(x)=f_2(x)$, $f(x)=f_1(x)$이어도 항상 $x=0$에서 미분가능하다.

따라서 함수 $f(x)$가 $x=t$에서 미분가능하지 않도록 하는 서로 다른 실수 t의 최대 개수는 2이므로

$N=3$

네 구간 $x\le-1$, $-1<x\le0$, $0<x\le1$, $x>1$에서 함수 $f(x)$를 이루는 함수의 순서쌍에 따라 함수 $f(x)$가 $x=t$에서 미분가능하지 않도록 하는 실수 t의 개수는 다음과 같다.

(ⅰ) $n=1$일 때

t의 개수가 0이므로 함수 $f(x)$가 모든 실수 x에서 미분가능해야 한다.

구간 $x\le0$에서 $f(x)=f_1(x)$ 또는 $f(x)=f_2(x)$

구간 $x>0$에서 $f(x)=f_1(x)$ 또는 $f(x)=f_2(x)$

이므로 $a_1=2\times2=4$

(ⅱ) $n=2$일 때

t의 개수가 1이므로 함수 $f(x)$가 $x=-1$과 $x=1$ 중 하나에서 미분가능하지 않아야 한다.

㉠ $x=-1$에서만 미분가능하지 않는 경우

두 구간 $x\le-1$, $-1<x\le0$에서 각각

$f(x)=f_{i+1}(x)$, $f(x)=f_{2-i}(x)$ $(i=0,1)$

구간 $x>0$에서 $f(x)=f_1(x)$ 또는 $f(x)=f_2(x)$

이므로 $2\times2=4$

㉡ $x=1$에서만 미분가능하지 않는 경우

구간 $x\le0$에서 $f(x)=f_1(x)$ 또는 $f(x)=f_2(x)$

두 구간 $0<x\le1$, $x>1$에서 각각

$f(x)=f_{i+1}(x)$, $f(x)=f_{2-i}(x)$ $(i=0,1)$

이므로 $2\times2=4$

㉠, ㉡에 의하여 $a_2=4+4=8$

(ⅲ) $n=3$일 때

t의 개수가 2이므로 함수 $f(x)$가 $x=-1$과 $x=1$에서 모두 미분가능하지 않아야 한다.

두 구간 $x\le-1$, $-1<x\le0$에서 각각

$f(x)=f_{i+1}(x)$, $f(x)=f_{2-i}(x)$ $(i=0,1)$

두 구간 $0<x\le1$, $x>1$에서 각각

$f(x)=f_{i+1}(x)$, $f(x)=f_{2-i}(x)$ $(i=0,1)$

이므로 $a_3=2\times2=4$

(ⅰ), (ⅱ), (ⅲ)에 의하여

$\displaystyle\sum_{k=1}^{3}a_n{}^2=a_1{}^2+a_2{}^2+a_3{}^2=4^2+8^2+4^2=96$

해설특강

why? ❶ $|x^3|e^x\ne x^2e^x$을 만족시키는 a에 대하여 $x=a$의 좌우에서 함수 $f(x)$가 $|x^3|e^x$에서 x^2e^x으로 바뀌거나 x^2e^x에서 $|x^3|e^x$으로 바뀌는 경우 $\displaystyle\lim_{x\to a+}f(x)+\lim_{x\to a-}f(x)=2f(a)$를 만족시키려면

$|a^3|e^a+a^2e^a=2|a^3|e^a$ 또는 $|a^3|e^a+a^2e^a=2a^2e^a$

그런데 $|a^3|e^a\ne a^2e^a$이므로 조건을 만족시키지 않는다.

08 여러 가지 함수에서의 적분 활용

기출예시 1 | 정답④

$$f(x)=\int_0^x \frac{1}{1+e^{-t}}dt=\int_0^x \frac{e^t}{1+e^t}dt$$

이때 $1+e^t=s$로 놓으면 $t=0$일 때 $s=2$, $t=x$일 때 $s=1+e^x$이고,

$\dfrac{ds}{dt}=e^t$이므로

$$f(x)=\int_2^{1+e^x}\frac{1}{s}ds=\Big[\ln s\Big]_2^{1+e^x}$$

$$=\ln(1+e^x)-\ln 2=\ln\frac{1+e^x}{2} \quad \cdots\cdots ㉠$$

$(f\circ f)(a)=f(f(a))=\ln 5$이므로 ㉠에서

$$\ln\frac{1+e^{f(a)}}{2}=\ln 5,\ \frac{1+e^{f(a)}}{2}=5$$

$$e^{f(a)}=9 \quad \therefore f(a)=\ln 9$$

따라서 ㉠에서 $\ln\dfrac{1+e^a}{2}=\ln 9$

$$\frac{1+e^a}{2}=9,\ e^a=17$$

$$\therefore a=\ln 17$$

기출예시 2 | 정답②

조건 ㈎에서

$$f(1)g(1)=f(-1)g(-1)=0 \quad \cdots\cdots ㉠$$

조건 ㈏에서

$$\int_{-1}^1 \{f(x)\}^2 g'(x)dx$$

$$=\Big[\{f(x)\}^2 g(x)\Big]_{-1}^1 - \int_{-1}^1 2f(x)f'(x)g(x)dx$$

$$=0-\int_{-1}^1 2f'(x)f(x)g(x)dx \ (\because ㉠)$$

$$=-2\int_{-1}^1 f'(x)(x^4-1)dx \ (\because 조건 ㈎)$$

$$=-2\Big[\Big[f(x)(x^4-1)\Big]_{-1}^1 - \int_{-1}^1\{f(x)\times 4x^3\}dx\Big]$$

$$=-2\Big\{0-4\int_{-1}^1 x^3 f(x)dx\Big\}$$

$$=8\int_{-1}^1 x^3 f(x)dx=120$$

$$\therefore \int_{-1}^1 x^3 f(x)dx=15$$

08-1 치환적분법과 부분적분법의 활용

1등급 완성 3단계 문제연습

1④	**2**⑤	**3**34	**4**20
5③	**6**24	**7**⑤	**8**⑤

출제영역 치환적분법

치환적분법을 이용하여 조건을 만족시키는 함수의 함숫값을 구할 수 있는지를 묻는 문제이다.

> 실수 전체의 집합에서 미분가능한 함수 $f(x)$가 다음 조건을 만족시킬 때, $f(-1)$의 값은?
>
> ㈎ 모든 실수 x에 대하여
> $2\{f(x)\}^2 f'(x)=\{f(2x+1)\}^2 f'(2x+1)$이다. **❶**
> ㈏ $f\left(-\dfrac{1}{8}\right)=1,\ f(6)=2$ **❷**
>
> ① $\dfrac{\sqrt[3]{3}}{6}$　② $\dfrac{\sqrt[3]{3}}{3}$　③ $\dfrac{3\sqrt[3]{3}}{2}$
>
> ✓④ $\dfrac{2\sqrt[3]{3}}{3}$　⑤ $\dfrac{5\sqrt[3]{3}}{6}$

출제코드 조건 ㈎의 식이 치환적분법을 이용하기 편리한 식임을 파악하기

❶ 치환적분법을 이용하여 $f(x)$에 대한 식을 구한다.

❷ 주어진 조건을 만족시키는 적분상수를 구한다.

해설 |1단계| 조건 ㈎의 식을 적분하기

$g(x)=\{f(x)\}^3$으로 놓으면

$$g'(x)=3\{f(x)\}^2 f'(x)$$

$$g'(2x+1)=3\{f(2x+1)\}^2 f'(2x+1)\times 2$$

$$=6\{f(2x+1)\}^2 f'(2x+1)$$

이므로 조건 ㈎에서

$$\frac{2}{3}g'(x)=\frac{1}{6}g'(2x+1)$$

$$\therefore 4g'(x)=g'(2x+1)$$

이 식의 양변에 부정적분을 취하면

$$\int 4g'(x)dx=\int g'(2x+1)dx$$

$4g(x)=g(2x+1)+C$ (단, C는 적분상수)

$g(x)=\{f(x)\}^3$이므로

$$4\{f(x)\}^3=\{f(2x+1)\}^3+C$$

$$\therefore \{f(2x+1)\}^3=4\{f(x)\}^3-C \quad \cdots\cdots ㉠$$

|2단계| 조건 ㈏를 만족시키는 적분상수 구하기

$f\left(-\dfrac{1}{8}\right)=1$이므로 $x=-\dfrac{1}{8}$을 ㉠에 대입하면

$$\left\{f\left(\frac{3}{4}\right)\right\}^3=4\left\{f\left(-\frac{1}{8}\right)\right\}^3-C=4-C \quad \cdots\cdots ㉡$$

$x=\dfrac{3}{4}$을 ㉠에 대입하면

$$\left\{f\left(\frac{5}{2}\right)\right\}^3=4\left\{f\left(\frac{3}{4}\right)\right\}^3-C=4(4-C)-C \ (\because ㉡)$$

$$=16-5C \quad \cdots\cdots ㉢$$

$x=\dfrac{5}{2}$를 ㉠에 대입하면

$$\{f(6)\}^3=4\left\{f\left(\frac{5}{2}\right)\right\}^3-C=4(16-5C)-C \ (\because ㉢)$$

$$=64-21C \quad \cdots\cdots ㉣$$

$f(6)=2$이므로 ㉣에서

$2^3=64-21C$

$21C=56$ $\therefore C=\dfrac{8}{3}$

|3단계| $f(-1)$의 값 구하기

㉠에서 $\{f(2x+1)\}^3=4\{f(x)\}^3-\dfrac{8}{3}$이므로 $x=-1$을 대입하면

$\{f(-1)\}^3=4\{f(-1)\}^3-\dfrac{8}{3}$

$3\{f(-1)\}^3=\dfrac{8}{3}$, $\{f(-1)\}^3=\dfrac{8}{9}$

$\therefore f(-1)=\sqrt[3]{\dfrac{8}{9}}=\dfrac{2}{\sqrt[3]{9}}=\dfrac{2\sqrt[3]{3}}{3}$

---

2   2021학년도 수능 가 20 [정답률 38%] |정답 ⑤

출제영역 부분적분법+정적분의 값

정적분의 값을 이용하여 구간에 따라 다르게 정의된 함수의 그래프를 그린 후, 부분적분법을 이용하여 미지수 값을 구할 수 있는지를 묻는 문제이다.

> 함수 $f(x)=\pi\sin 2\pi x$에 대하여 정의역이 실수 전체의 집합이고 치역이 집합 $\{0, 1\}$인 함수 $g(x)$와 자연수 n이 다음 조건을 만족시킬 때, n의 값은?
>
> > 함수 $h(x)=f(nx)g(x)$는 실수 전체의 집합에서 연속이고 $\displaystyle\int_{-1}^{1}h(x)dx=2$, $\displaystyle\int_{-1}^{1}xh(x)dx=-\dfrac{1}{32}$ 이다.
>
> ① 8   ② 10   ③ 12
> ④ 14   ✓⑤ 16

출제코드 구간에 따라 다르게 정의된 함수 $h(x)$를 구하고, $h(x)$를 포함하는 식에 대한 정적분의 값을 부분적분법을 이용하여 구하기

❶ $g(x)=\begin{cases}0\\1\end{cases}$이므로 $h(x)=\begin{cases}0\\\pi\sin 2n\pi x\end{cases}$이다.

해설 **|1단계|** 함수 $h(x)$ 구하기

$g(x)=\begin{cases}0\\1\end{cases}$이므로

$h(x)=f(nx)g(x)=\begin{cases}0\\\pi\sin 2n\pi x\end{cases}$

닫힌구간 $[-1, 1]$에서 함수 $y=\pi\sin 2n\pi x$의 그래프는 다음 그림과 같다.

주기: $\dfrac{2\pi}{2n\pi}=\dfrac{1}{n}$

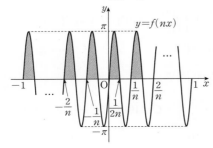

이때 $\displaystyle\int_{0}^{\frac{1}{2n}}\pi\sin 2n\pi x\,dx=-\dfrac{1}{2n}\Big[\cos 2n\pi x\Big]_{0}^{\frac{1}{2n}}=\dfrac{1}{n}$이고, 닫힌구간 $[-1, 1]$에서 주기가 $\dfrac{1}{n}$인 함수 $y=f(nx)$의 그래프는 구간 $\Big[0, \dfrac{1}{n}\Big]$에서의 그래프와 같은 모양이 $2n$번 반복되므로 앞의 그림에서 $f(nx)\geq 0$인 부분의 넓이의 합은

$2n\displaystyle\int_{0}^{\frac{1}{2n}}\pi\sin 2n\pi x\,dx=2n\times\dfrac{1}{n}=2$

따라서 $\displaystyle\int_{-1}^{1}h(x)dx=2$에서

$g(x)=\begin{cases}0 & (f(nx)<0)\\1 & (f(nx)\geq 0)\end{cases}$, $h(x)=\begin{cases}0 & (f(nx)<0)\\f(nx) & (f(nx)\geq 0)\end{cases}$

이므로 함수 $y=h(x)$의 그래프는 다음 그림과 같다.

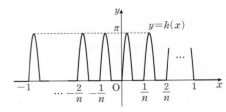

|2단계| 부분적분법을 이용하여 자연수 n의 값 구하기

한편, 함수 $y=xf(nx)$의 그래프는 y축에 대하여 대칭이므로 **why? ❶**

$\displaystyle\int_{-1}^{1}xh(x)dx=\int_{-1}^{1}xf(nx)dx$ **why? ❷**

$\qquad=\displaystyle\int_{0}^{1}\pi x\sin 2n\pi x\,dx$ $u(x)=\pi x$, $v'(x)=\sin 2n\pi x$로 놓고 부분적분법을 이용한다.

$\qquad=\Big[-\dfrac{x}{2n}\cos 2n\pi x\Big]_{0}^{1}-\displaystyle\int_{0}^{1}\Big(-\dfrac{1}{2n}\cos 2n\pi x\Big)dx$

$\qquad=-\dfrac{1}{2n}+\dfrac{1}{4n^2\pi}\times\Big[\sin 2n\pi x\Big]_{0}^{1}=-\dfrac{1}{2n}$

이때 $\displaystyle\int_{-1}^{1}xh(x)dx=-\dfrac{1}{32}$이므로

$-\dfrac{1}{2n}=-\dfrac{1}{32}$ $\therefore n=16$

해설특강

why? ❶ $k(x)=xf(nx)$라 하면
$\qquad k(-x)=-xf(-nx)=-x\times\pi\sin(-2n\pi x)$
$\qquad\qquad=x\times\pi\sin 2n\pi x$
$\qquad\qquad=xf(nx)=k(x)$
이므로 함수 $y=xf(nx)$의 그래프는 y축에 대하여 대칭이다.

why? ❷ $\displaystyle\int_{-a}^{-b}xf(nx)dx=\int_{b}^{a}xf(nx)dx$이므로

$\displaystyle\int_{-1}^{1}xh(x)dx=\int_{-1}^{-1+\frac{1}{2n}}xf(nx)dx+\int_{-1+\frac{1}{n}}^{-1+\frac{3}{2n}}xf(nx)dx$

$\qquad\qquad+\cdots+\displaystyle\int_{-\frac{1}{n}}^{-\frac{1}{2n}}xf(nx)dx+\int_{0}^{\frac{1}{2n}}xf(nx)dx$

$\qquad\qquad+\displaystyle\int_{\frac{1}{n}}^{\frac{3}{2n}}xf(nx)dx+\cdots+\int_{1-\frac{1}{n}}^{1-\frac{1}{2n}}xf(nx)dx$

$\qquad=\displaystyle\int_{0}^{\frac{1}{2n}}xf(nx)dx+\int_{\frac{1}{n}}^{\frac{1}{n}}xf(nx)dx$

$\qquad\qquad+\cdots+\displaystyle\int_{1-\frac{1}{n}}^{1-\frac{1}{2n}}xf(nx)dx+\int_{1-\frac{1}{2n}}^{1}xf(nx)dx$

$\qquad=\displaystyle\int_{0}^{1}xf(nx)dx$

출제영역 치환적분법

치환적분법을 이용하여 구간에 따라 다르게 정의된 함수의 정적분의 값으로부터 다른 함수의 정적분의 값을 구할 수 있는지를 묻는 문제이다.

두 연속함수 $f(x)$, $g(x)$가

$$g(x)=\begin{cases} f(\ln x) & (1\leq x<e) \\ g\left(\dfrac{x}{e}\right)+3 & (e\leq x\leq e^2) \end{cases}$$ ❶

을 만족시키고, $\displaystyle\int_0^2 g(e^x)dx=6e-7$이다. ❷ $\displaystyle\int_0^1 f(x)dx=ae+b$일 ❸

때, a^2+b^2의 값을 구하시오. (단, a, b는 정수이다.) **34**

출제코드 치환적분법을 이용하여 구간별로 주어진 함수의 정적분의 값 구하기

❶ 함수가 구간에 따라 다르므로 이에 따라 적분 구간을 나누어 계산한다.
❷ 치환을 이용하여 함수 $g(e^x)$을 구간별로 나누어 식으로 나타낸다.
❸ ❷의 정적분의 값을 이용하여 $\displaystyle\int_0^1 f(x)dx$의 값을 구한다.

해설 |1단계| $\displaystyle\int_0^2 g(e^x)dx$의 값을 구간별로 나누어 식으로 나타내기

$$g(x)=\begin{cases} f(\ln x) & (1\leq x<e) \\ g\left(\dfrac{x}{e}\right)+3 & (e\leq x\leq e^2) \end{cases}$$ 에서 $x=e^t$으로 놓으면

$$g(e^t)=\begin{cases} f(t) & (0\leq t<1) \\ g(e^{t-1})+3 & (1\leq t\leq 2) \end{cases}$$ 이므로 **how?** ❶

$$\int_0^2 g(e^x)dx=\int_0^2 g(e^t)dt$$

$$=\int_0^1 g(e^t)dt+\int_1^2 g(e^t)dt$$

$$=\int_0^1 f(t)dt+\int_1^2\{g(e^{t-1})+3\}dt \quad\cdots\cdots\ \bigcirc$$

|2단계| 치환적분법을 이용하여 $\displaystyle\int_1^2\{g(e^{t-1})+3\}dt$의 값 나타내기

$\displaystyle\int_1^2\{g(e^{t-1})+3\}dt$에서 $t-1=u$로 놓으면 $t=1$일 때 $u=0$, $t=2$일

때 $u=1$이고, $\dfrac{du}{dt}=1$이므로 **why?** ❷

$$\int_1^2\{g(e^{t-1})+3\}dt=\int_0^1\{g(e^u)+3\}du=\int_0^1 g(e^u)du+\int_0^1 3du$$

$$=\int_0^1 g(e^u)du+\left[3u\right]_0^1$$

$$=\int_0^1 f(u)du+3 \quad\cdots\cdots\ \bigcirc\!\!\bigcirc$$

|3단계| $\displaystyle\int_0^1 f(x)dx$의 값을 구하여 a^2+b^2의 값 계산하기

$\bigcirc$, $\bigcirc\!\!\bigcirc$에서

$$\int_0^2 g(e^x)dx=\int_0^1 f(t)dt+\int_0^1 f(u)du+3$$

$$=2\int_0^1 f(x)dx+3$$

이때 $\displaystyle\int_0^2 g(e^x)dx=6e-7$이므로

$$6e-7=2\int_0^1 f(x)dx+3,\ 2\int_0^1 f(x)dx=6e-10$$

$$\therefore \int_0^1 f(x)dx=3e-5$$

따라서 $a=3$, $b=-5$이므로

$$a^2+b^2=3^2+(-5)^2=34$$

해설특강 ✎

how? ❶ 문제에 주어진 함수는 $g(x)$이고, 조건으로 제시된 정적분의 피적분함수는 $g(e^x)$이므로 함수 $g(x)$에서 $x=e^t$으로 치환하여 나타낸다. 이때 정의역의 구간이 바뀜에 주의한다.

why? ❷ 왜 $t-1=u$로 치환할까?

|1단계|에서 이미 $\displaystyle\int_0^1 g(e^t)dt=\int_0^1 f(t)dt$임을 밝혔으므로

$\displaystyle\int_1^2 g(e^{t-1})dt$의 값을 구할 때 $t-1=u$로 치환하여

$\displaystyle\int_0^1 g(e^u)du=\int_0^1 f(u)du$임을 다시 이용한다.

출제영역 역함수의 미분법+치환적분법

역함수의 미분법과 치환적분법을 이용하여 정적분의 값을 구할 수 있는지를 묻는 문제이다.

실수 전체의 집합에서 증가하고 미분가능한 함수 $f(x)$의 역함수를 $g(x)$라 할 때, 함수 $g(x)$는 다음 조건을 만족시킨다. ❶

(가) $g(4)=4$
(나) $x>0$인 모든 실수 x에 대하여 $g(2g(x))=2x$ ❶

$\displaystyle\int_1^{16} xg'\left(\dfrac{1}{2}x\right)dx=60$일 때, $\displaystyle\int_1^2 f(x)dx=\dfrac{q}{p}$이다. ❷ $p+q$의 값을

구하시오. (단, $f(0)\geq 0$이고, p와 q는 서로소인 자연수이다.) **20**

출제코드 치환적분법을 이용하여 구간에 따라 다르게 정의된 함수의 정적분의 값 구하기

❶ 역함수의 성질을 이용하여 식을 변형한다.
❷ 치환적분법을 이용하여 구하는 값과의 관계를 파악한다.

해설 |1단계| 치환적분법을 이용하여 $\displaystyle\int_1^{16} xg'\left(\dfrac{1}{2}x\right)dx$를 변형하기

$\displaystyle\int_1^{16} xg'\left(\dfrac{1}{2}x\right)dx=60$에서 $\dfrac{1}{2}x=t$로 놓으면 $x=1$일 때 $t=\dfrac{1}{2}$,

$x=16$일 때 $t=8$이고, $\dfrac{dt}{dx}=\dfrac{1}{2}$이므로

$$\int_1^{16} xg'\left(\dfrac{1}{2}x\right)dx=\int_{\frac{1}{2}}^8 4tg'(t)dt$$

$$=4\int_{\frac{1}{2}}^8 tg'(t)dt$$

$$=60$$

이때 $f(g(t))=t$이므로 $g(t)=k$로 놓으면 $t=\dfrac{1}{2}$일 때 $k=g\left(\dfrac{1}{2}\right)$,

$t=8$일 때 $k=g(8)$이고, $\dfrac{dk}{dt}=g'(t)$이므로

$$4\int_{\frac{1}{2}}^{8} tg'(t)dt = 4\int_{\frac{1}{2}}^{8} f(g(t))g'(t)dt$$
$$= 4\int_{g(\frac{1}{2})}^{g(8)} f(k)dk = 60 \qquad \cdots\cdots \text{㉠}$$

|2단계| $g(2g(x))=2x$임을 이용하여 적절한 함숫값 구하기

$g(f(t))=t$이므로 조건 (나)에서 $g(2g(x))=2x$에 $x=f(t)$를 대입하면

$g(2g(f(t)))=2f(t)$

$\therefore g(2t)=2f(t) \qquad \cdots\cdots \text{㉡}$

$t=2$를 ㉡에 대입하면

$g(4)=2f(2)=4$ ($\because$ 조건 (가))

즉, $f(2)=2$이므로 $g(2)=2$

$t=1$을 ㉡에 대입하면

$g(2)=2f(1)=2$

즉, $f(1)=1$이므로 $g(1)=1$

$t=\dfrac{1}{2}$을 ㉡에 대입하면

$g(1)=2f\left(\dfrac{1}{2}\right)=1$

즉, $f\left(\dfrac{1}{2}\right)=\dfrac{1}{2}$이므로 $g\left(\dfrac{1}{2}\right)=\dfrac{1}{2}$

$t=4$를 ㉡에 대입하면

$g(8)=2f(4)$

조건 (가)에서 $g(4)=4$이므로 $f(4)=4$

$\therefore g(8)=2\times4=8$

|3단계| 구간별로 나누어 정적분 값 구하기

한편, ㉡에서 $f(t)=\dfrac{1}{2}g(2t)$이므로

$$\int_{2^m}^{2^{m+1}} f(x)dx = \frac{1}{2}\int_{2^m}^{2^{m+1}} g(2x)dx \text{ (단, } m=-1, 0, 1, 2, 3)$$

이때 $2x=s$로 놓으면 $x=2^m$일 때 $s=2^{m+1}$, $x=2^{m+1}$일 때 $s=2^{m+2}$

이고, $\dfrac{ds}{dx}=2$이므로

$$\int_{2^m}^{2^{m+1}} f(x)dx = \frac{1}{2}\int_{2^m}^{2^{m+1}} g(2x)dx$$
$$= \frac{1}{4}\int_{2^{m+1}}^{2^{m+2}} g(s)ds$$
$$= \frac{1}{4}\left\{2^{m+2}f(2^{m+2})-2^{m+1}f(2^{m+1})-\int_{2^{m+1}}^{2^{m+2}} f(s)ds\right\} \text{ why? ❶}$$
$$= \frac{1}{4}\left\{2^{m+2}\times2^{m+2}-2^{m+1}\times2^{m+1}-\int_{2^{m+1}}^{2^{m+2}} f(s)ds\right\} \text{ why? ❷}$$
$$= \frac{1}{4}\left\{3\times2^{m+2}-\int_{2^{m+1}}^{2^{m+2}} f(s)ds\right\} \qquad \cdots\cdots \text{㉢}$$

$\int_{\frac{1}{2}}^{1} f(x)dx=a$로 놓으면 $m=-1$일 때, ㉢에서

$\int_{\frac{1}{2}}^{1} f(x)dx = \dfrac{1}{4}\left\{3-\int_{1}^{2} f(x)dx\right\}$이므로

$a=\dfrac{1}{4}\left\{3-\int_{1}^{2} f(x)dx\right\}$

$\therefore \int_{1}^{2} f(x)dx=3-4a$

$m=0$일 때, ㉢에서 $\int_{1}^{2} f(x)dx=\dfrac{1}{4}\left\{12-\int_{2}^{4} f(x)dx\right\}$이므로

$3-4a=\dfrac{1}{4}\left\{12-\int_{2}^{4} f(x)dx\right\}$

$\therefore \int_{2}^{4} f(x)dx=16a$

$m=1$일 때, ㉢에서 $\int_{2}^{4} f(x)dx=\dfrac{1}{4}\left\{48-\int_{4}^{8} f(x)dx\right\}$이므로

$16a=\dfrac{1}{4}\left\{48-\int_{4}^{8} f(x)dx\right\}$

$\therefore \int_{4}^{8} f(x)dx=48-64a$

$g\left(\dfrac{1}{2}\right)=\dfrac{1}{2}$, $g(8)=8$이므로 ㉠에서

$$4\int_{g(\frac{1}{2})}^{g(8)} f(k)dk$$
$$= 4\int_{\frac{1}{2}}^{8} f(k)dk$$
$$= 4\left\{\int_{\frac{1}{2}}^{1} f(k)dk+\int_{1}^{2} f(k)dk+\int_{2}^{4} f(k)dk+\int_{4}^{8} f(k)dk\right\}$$
$$= 4\{a+(3-4a)+16a+(48-64a)\}$$
$$= 4(51-51a)$$
$$= 60$$

$\therefore a=\dfrac{12}{17}$

|4단계| $\int_{1}^{2} f(x)dx$의 값을 구하여 $p+q$의 값 계산하기

$\int_{1}^{2} f(x)dx=3-4a=3-4\times\dfrac{12}{17}=\dfrac{3}{17}$

따라서 $p=17$, $q=3$이므로

$p+q=17+3=20$

해설특강 ✏️

why? ❶ 닫힌구간 $[a, b]$에서 일대일대응인 연속함수 $f(x)$와 그 역함수 $g(x)$에 대하여 $g(x)=u$로 놓으면 $x=f(a)$일 때 $u=a$, $x=f(b)$일 때 $u=b$이고, $x=f(u)$에서 $\dfrac{dx}{du}=f'(u)$이므로

$$\int_{f(a)}^{f(b)} g(x)dx = \int_{a}^{b} uf'(u)du$$
$$\therefore \int_{a}^{b} f(x)dx+\int_{f(a)}^{f(b)} g(x)dx = \int_{a}^{b} f(x)dx+\int_{a}^{b} uf'(u)du$$
$$= \int_{a}^{b} \{f(x)+xf'(x)\}dx$$
$$= \int_{a}^{b} \{xf(x)\}'dx$$
$$= \Big[xf(x)\Big]_{a}^{b}$$
$$= bf(b)-af(a)$$

즉, $\int_{2^{m+1}}^{2^{m+2}} f(s)ds+\int_{2^{m+1}}^{2^{m+2}} g(s)ds=2^{m+2}f(2^{m+2})-2^{m+1}f(2^{m+1})$

이므로

$$\int_{2^{m+1}}^{2^{m+2}} g(s)ds = 2^{m+2}f(2^{m+2})-2^{m+1}f(2^{m+1})-\int_{2^{m+1}}^{2^{m+2}} f(s)ds$$

why? ❷ ㉡의 t에 여러 가지 값을 대입하여 계산하면

$f\left(\dfrac{1}{2}\right)=\dfrac{1}{2}$, $f(1)=1$, $f(2)=2$, $f(4)=4$, $f(8)=8$, $\cdots$

즉,

$f(2^{-1})=2^{-1}$, $f(2^0)=2^0$, $f(2^1)=2^1$, $f(2^2)=2^2$, $f(2^3)=2^3$, $\cdots$

이므로

$f(2^{m+2})=2^{m+2}$, $f(2^{m+1})=2^{m+1}$

출제영역 부분적분법

부분적분법을 이용하여 주어진 함수의 정적분의 값으로부터 식의 값을 구할 수 있는지를 묻는 문제이다.

1보다 큰 실수 전체의 집합에서 미분가능한 두 함수 $f(x)$, $g(x)$ 가 1보다 큰 모든 실수 x에 대하여 다음 조건을 만족시킨다.

(가) $f(x)+xf'(x)=\dfrac{1}{x(\ln x)^2}$ ❶

(나) $g(x)=\dfrac{3}{8e^2}\displaystyle\int_e^x (\ln t)^2 f(t)\,dt$ ❷

$f(e)=\dfrac{1}{e}$일 때, $f(e^2)-g(e^2)$의 값은? ❸

① $\dfrac{1}{16e^2}$ ② $\dfrac{3}{16e^2}$ ✔③ $\dfrac{5}{16e^2}$

④ $\dfrac{7}{16e^2}$ ⑤ $\dfrac{9}{16e^2}$

킬러코드 부분적분법을 이용하여 $g(x)=\dfrac{3}{8e^2}\displaystyle\int_e^x (\ln t)^2 f(t)\,dt$ 간단히 하기

❶ $f(x)+xf'(x)=\{xf(x)\}'$임을 이용한다.

❷ ❶에서 주어진 식의 좌변이 $\{xf(x)\}'$임을 파악한다면 피적분함수의 변형을 통해 부분적분법을 이용한다.

❸ ❷의 식을 정리하는 과정에서 ❸의 식의 값을 구한다.

해설 |1단계| 부분적분법을 이용할 수 있도록 피적분함수 변형하기

조건 (가)에서 $f(x)+xf'(x)=\{xf(x)\}'$이므로

$$\{xf(x)\}'=\frac{1}{x(\ln x)^2}$$

이때 조건 (나)에서 $\displaystyle\int_e^x (\ln t)^2 f(t)\,dt=\int_e^x \left\{\frac{(\ln t)^2}{t}\times tf(t)\right\}dt$로 변형한다. **why?** ❶

|2단계| 부분적분법을 이용하여 함수 $g(x)$를 간단히 나타내기

$$\int_e^x \left\{\frac{(\ln t)^2}{t}\times tf(t)\right\}dt$$

$$=\left[\frac{(\ln t)^3}{3}\times tf(t)\right]_e^x-\int_e^x \left[\frac{(\ln t)^3}{3}\times\{tf(t)\}'\right]dt \quad\textbf{how?}\ ❷$$

$$=\left[\frac{(\ln t)^3}{3}\times tf(t)\right]_e^x-\int_e^x \left\{\frac{(\ln t)^3}{3}\times\frac{1}{t(\ln t)^2}\right\}dt$$

$$=\left[\frac{(\ln t)^3}{3}\times tf(t)\right]_e^x-\int_e^x \frac{\ln t}{3t}\,dt$$

$$=\left[\frac{(\ln t)^3}{3}\times tf(t)\right]_e^x-\left[\frac{(\ln t)^2}{6}\right]_e^x \quad\textbf{how?}\ ❸$$

$$=\left[\frac{(\ln t)^3}{3}\times tf(t)-\frac{(\ln t)^2}{6}\right]_e^x \quad\cdots\cdots\ \bigcirc$$

|3단계| $x=e^2$을 대입하여 $f(e^2)-g(e^2)$의 값 구하기

조건 (나)에 $x=e^2$을 대입하면

$$g(e^2)=\frac{3}{8e^2}\int_e^{e^2}(\ln t)^2 f(t)\,dt$$

$$=\frac{3}{8e^2}\left[\left\{\frac{8}{3}e^2f(e^2)-\frac{2}{3}\right\}-\left\{\frac{1}{3}\underset{\substack{\big| \\ f(e)=\frac{1}{e}}}{ef(e)}-\frac{1}{6}\right\}\right] (\because \bigcirc)$$

$$=\frac{3}{8e^2}\underset{\substack{\big| \\ \frac{5}{16e^2}}}{\left\{\frac{8}{3}e^2f(e^2)-\frac{5}{6}\right\}}=f(e^2)-\frac{5}{16e^2}$$

$$\therefore\ f(e^2)-g(e^2)=\frac{5}{16e^2}$$

해설특강 ✎

why? ❶   왜 $\dfrac{1}{t}$, t를 곱할까?

부분적분법을 이용하기 위해 $f(t)$에 t를 곱하고, 식이 일치하도록 다시 $\dfrac{1}{t}$을 곱한 형태이다. 그러면 $\dfrac{1}{t}$을 $\ln t$의 도함수로 볼 수 있으므로 부분적분법을 이용하여 로그함수의 거듭제곱 $(\ln t)^2$을 적분할 수 있다.

how? ❷ $\displaystyle\int \frac{(\ln t)^2}{t}\,dt$에서 $\ln t=u$로 놓으면 $\dfrac{du}{dt}=\dfrac{1}{t}$이므로

$$\int \frac{(\ln t)^2}{t}\,dt=\int u^2\,du=\frac{1}{3}u^3+C_1$$

$$=\frac{(\ln t)^3}{3}+C_1 \text{ (단, }C_1\text{은 적분상수)}$$

how? ❸ $\displaystyle\int \frac{\ln t}{3t}\,dt$에서 $\ln t=v$로 놓으면 $\dfrac{dv}{dt}=\dfrac{1}{t}$이므로

$$\int \frac{\ln t}{3t}\,dt=\int \frac{1}{3}v\,dv=\frac{1}{6}v^2+C_2$$

$$=\frac{(\ln t)^2}{6}+C_2 \text{ (단, }C_2\text{는 적분상수)}$$

출제영역 정적분의 성질＋역함수의 미분법＋치환적분법

주어진 함수 $y=f(x)$의 그래프를 그리고, 치환적분법을 이용하여 정적분의 값을 구할 수 있는지를 묻는 문제이다.

두 유리수 a, b에 대하여 함수 $f(x)=a\sin^2 x+b\sin x$가

$$f\left(\frac{\pi}{4}\right)=8-\sqrt{2}$$ ❶

를 만족시킨다. 실수 t $(1<t<14)$에 대하여 함수 $y=f(x)$의 그래프와 직선 $y=t$가 만나는 점의 x좌표 중 양수인 것을 작은 수부터 크기순으로 모두 나열할 때, n번째 수를 x_n이라 하고

$$c_n=\int_3^{8-\sqrt{2}}\frac{t}{f'(x_n)}\,dt$$ ❷

라 하자. $\displaystyle\sum_{n=1}^{53}c_n=\frac{q}{p}\pi+r+\sqrt{2}+\sqrt{3}$일 때, $|pqr|$의 값을 구하시오. 24 ❸

(단, p와 q는 서로소인 자연수이고, r는 유리수이다.)

출제코드 함수의 그래프의 주기성을 확인하고, 치환적분법을 이용하여 정적분의 값 구하기

❶ 주어진 함숫값을 이용하여 두 유리수 a, b의 값을 구하고 함수 $y=f(x)$의 그래프를 그린다.

❷ 함수 $y=f(x)$의 그래프의 대칭성과 정적분의 성질을 이용하여 $c_1+c_2=c_3+c_4=\cdots=c_{51}+c_{52}=0$임을 파악한다.

❸ 치환적분법을 이용하여 정적분의 값을 구한다.

해설 |1단계| 유리수 a, b의 값 구하기

$f(x)=a\sin^2 x+b\sin x$에서

$$f\left(\frac{\pi}{4}\right)=a\sin^2\frac{\pi}{4}+b\sin\frac{\pi}{4}=\frac{a}{2}+\frac{b}{2}\sqrt{2}=8-\sqrt{2}$$

이때 a, b가 모두 유리수이므로

$$\frac{a}{2}=8,\ \frac{b}{2}=-1$$

$$\therefore\ a=16,\ b=-2$$

|2단계| 함수 $y=f(x)$의 그래프 그리기

$f(x)=16\sin^2 x-2\sin x$이므로

$f'(x)=32\sin x\cos x-2\cos x=2\cos x(16\sin x-1)$

$f'(x)=0$에서 $\cos x=0$ 또는 $\sin x=\dfrac{1}{16}$

닫힌구간 $[0,\ 2\pi]$에서

$\cos x=0$을 만족시키는 x의 값은 $x=\dfrac{\pi}{2}$ 또는 $x=\dfrac{3}{2}\pi$이고,

$\sin x=\dfrac{1}{16}$을 만족시키는 x의 값을 $\alpha,\ \beta\left(0<\alpha<\dfrac{\pi}{2}<\beta<\pi\right)$라 하자.

닫힌구간 $[0,\ 2\pi]$에서 함수 $f(x)$의 증가와 감소를 표로 나타내면 다음과 같다.

x	0	$\cdots$	α	$\cdots$	$\dfrac{\pi}{2}$	$\cdots$	β	$\cdots$	$\dfrac{3}{2}\pi$	$\cdots$	2π
$f'(x)$		$-$	0	$+$	0	$-$	0	$+$	0	$-$	
$f(x)$	0	$\searrow$	극소	$\nearrow$	극대	$\searrow$	극소	$\nearrow$	극대	$\searrow$	0

따라서 함수 $y=f(x)$는 $x=\alpha,\ x=\beta$에서 극솟값

$f(\alpha)=f(\beta)=16\sin^2\alpha-2\sin\alpha=16\times\left(\dfrac{1}{16}\right)^2-2\times\dfrac{1}{16}=-\dfrac{1}{16}$

을 갖고, $x=\dfrac{\pi}{2},\ x=\dfrac{3}{2}\pi$에서 극댓값

$f\left(\dfrac{\pi}{2}\right)=16\sin^2\dfrac{\pi}{2}-2\sin\dfrac{\pi}{2}=16-2=14,$

$f\left(\dfrac{3}{2}\pi\right)=16\sin^2\dfrac{3}{2}\pi-2\sin\dfrac{3}{2}\pi=16+2=18$

을 갖는다.

이때 함수 $y=f(x)$의 주기는 2π이므로 **why? ❶**

함수 $y=f(x)$의 그래프는 다음 그림과 같다.

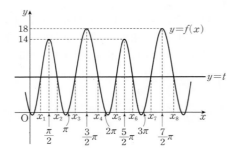

|3단계| 함수 $y=f(x)$의 그래프의 대칭성을 이용하여 $\displaystyle\sum_{n=1}^{53}c_n=c_1$임을 파악하기

모든 실수 x에 대하여 함수 $y=f(x)$의 그래프는 두 직선

$x=2n\pi+\dfrac{\pi}{2},\ x=2n\pi+\dfrac{3}{2}\pi$ (n은 정수)에 대하여 대칭이다. **how? ❷**

따라서 $f'(x_1)=f'(x_5)=f'(x_9)=\cdots=v$라 하면

$f'(x_2)=f'(x_6)=f'(x_{10})=\cdots=-v$

또, $f'(x_3)=f'(x_7)=f'(x_{11})=\cdots=w$라 하면

$f'(x_4)=f'(x_8)=f'(x_{12})=\cdots=-w$

따라서 $c_n=\displaystyle\int_3^{8-\sqrt2}\dfrac{t}{f'(x_n)}dt$에서

$c_1+c_2=c_3+c_4=c_5+c_6=\cdots=c_{51}+c_{52}=0$

이므로

$\displaystyle\sum_{n=1}^{53}c_n=c_{53}=c_1=\int_3^{8-\sqrt2}\dfrac{t}{f'(x_1)}dt$

|4단계| 치환적분법을 이용하여 정적분의 값을 구하고 $|pqr|$의 값 구하기

$f\left(\dfrac{\pi}{6}\right)=3,\ f\left(\dfrac{\pi}{4}\right)=8-\sqrt2$이므로 $\dfrac{\pi}{6}\le x\le\dfrac{\pi}{4}$에서 함수 $g(x)$를

$g(x)=f(x)$로 정의하면 함수 $g(x)$는 일대일대응이므로 역함수가 존재한다.

함수 $g(x)$의 역함수를 $h(x)$라 하면 $g(x_1)=f(x_1)=t$에서

$h(t)=x_1$

역함수의 미분법에 의하여 $h'(t)=\dfrac{1}{g'(x_1)}=\dfrac{1}{f'(x_1)}$이므로

$c_1=\displaystyle\int_3^{8-\sqrt2}\dfrac{t}{f'(x_1)}dt=\int_3^{8-\sqrt2}th'(t)dt$

이때 $h(t)=y$로 놓으면 $h'(t)=\dfrac{dy}{dt}$, $t=g(y)=f(y)$이고,

$t=3$일 때 $y=\dfrac{\pi}{6}\left(\because f\left(\dfrac{\pi}{6}\right)=3\right)$, $t=8-\sqrt2$일 때

$y=\dfrac{\pi}{4}\left(\because f\left(\dfrac{\pi}{4}\right)=8-\sqrt2\right)$이므로

$\displaystyle\int_3^{8-\sqrt2}th'(t)dt=\int_{\frac{\pi}{6}}^{\frac{\pi}{4}}f(y)dy=\int_{\frac{\pi}{6}}^{\frac{\pi}{4}}f(x)dx$

$\displaystyle=\int_{\frac{\pi}{6}}^{\frac{\pi}{4}}(16\sin^2 x-2\sin x)dx$

$\displaystyle=\int_{\frac{\pi}{6}}^{\frac{\pi}{4}}(8-8\cos 2x-2\sin x)dx$ **how? ❸**

$=\left[8x-4\sin 2x+2\cos x\right]_{\frac{\pi}{6}}^{\frac{\pi}{4}}$

$=\dfrac{2}{3}\pi-4+\sqrt2+\sqrt3$

따라서 $p=3,\ q=2,\ r=-4$이므로

$|pqr|=|3\times2\times(-4)|=24$

해설특강

why? ❶ 함수 $y=\sin^2 x$의 주기는 π이고 함수 $y=\sin x$의 주기는 2π이므로 모든 실수 x에 대하여 $f(x+2\pi)=f(x)$이다.
따라서 함수 $f(x)=16\sin^2 x-2\sin x$의 주기는 2π이다.

how? ❷ $f\left(\dfrac{\pi}{2}-x\right)=16\sin^2\left(\dfrac{\pi}{2}-x\right)-2\sin\left(\dfrac{\pi}{2}-x\right)$
$\qquad\qquad=16\cos^2 x-2\cos x$
$f\left(\dfrac{\pi}{2}+x\right)=16\sin^2\left(\dfrac{\pi}{2}+x\right)-2\sin\left(\dfrac{\pi}{2}+x\right)$
$\qquad\qquad=16\cos^2 x-2\cos x$

이므로 $f\left(\dfrac{\pi}{2}-x\right)=f\left(\dfrac{\pi}{2}+x\right)$

따라서 함수 $y=f(x)$의 그래프는 직선 $x=\dfrac{\pi}{2}$에 대하여 대칭이다.

같은 방법으로 $f\left(\dfrac{3}{2}\pi-x\right)=f\left(\dfrac{3}{2}\pi+x\right)$이므로 함수 $y=f(x)$의 그래프는 직선 $x=\dfrac{3}{2}\pi$에 대하여 대칭이다.
이때 함수 $y=f(x)$의 그래프의 주기가 2π이므로 함수 $y=f(x)$의 그래프는 두 직선 $x=2n\pi+\dfrac{\pi}{2},\ x=2n\pi+\dfrac{3}{2}\pi$ (n은 정수)에 대하여 대칭이다.

how? ❸ 삼각함수의 덧셈정리에 의하여
$\cos 2x=\cos^2 x-\sin^2 x=1-2\sin^2 x$
$\therefore\ \sin^2 x=\dfrac{1-\cos 2x}{2}$

출제영역 부분적분법

부분적분법을 이용하여 주어진 함수의 정적분의 값으로부터 다른 정적분의 값을 구할 수 있는지를 묻는 문제이다.

실수 전체의 집합에서 이계도함수가 연속인 함수 $f(x)$가 모든 실수 x에 대하여 $f'(x)>0$이고 $2f(3)=f'(3)$을 만족시킨다.

$\int_0^3 \dfrac{xf(x)}{f'(x)}dx=\dfrac{3}{2}$일 때, $\int_0^3 \dfrac{x^2f(x)f''(x)}{\{f'(x)\}^2}dx$의 값은?

① $\dfrac{11}{2}$　　　② 6　　　③ $\dfrac{13}{2}$

④ 7　　　✓⑤ $\dfrac{15}{2}$

출제코드 부분적분법을 이용하여 $\int_0^3 \dfrac{xf(x)}{f'(x)}dx$를 $\int_0^3 \dfrac{x^2f(x)f''(x)}{\{f'(x)\}^2}dx$가 포함된 식으로 변형하기

❶ $f'(3)\neq 0$이므로 $\dfrac{f(3)}{f'(3)}=\dfrac{1}{2}$이다.

❷, ❸ ❷에서 x를 적분할 함수로, $\dfrac{f(x)}{f'(x)}$를 미분할 함수로 놓고 부분적분법을 이용하여 ❸의 정적분의 형태를 만든다.

해설 |1단계| 부분적분법을 이용하여 $\int_0^3 \dfrac{xf(x)}{f'(x)}dx$ 변형하기

$f'(x)>0$이므로 $2f(3)=f'(3)$에서

$\dfrac{f(3)}{f'(3)}=\dfrac{1}{2}$

이때

$\int_0^3 \dfrac{xf(x)}{f'(x)}dx$

$=\left[\dfrac{1}{2}x^2\times\dfrac{f(x)}{f'(x)}\right]_0^3-\int_0^3\left[\dfrac{1}{2}x^2\times\dfrac{\{f'(x)\}^2-f(x)f''(x)}{\{f'(x)\}^2}\right]dx$ **why? ❶**

$=\dfrac{9}{2}\times\dfrac{f(3)}{f'(3)}-\int_0^3\dfrac{1}{2}x^2dx+\int_0^3\left[\dfrac{1}{2}x^2\times\dfrac{f(x)f''(x)}{\{f'(x)\}^2}\right]dx$

$=\dfrac{9}{2}\times\dfrac{1}{2}-\left[\dfrac{1}{6}x^3\right]_0^3+\dfrac{1}{2}\int_0^3\dfrac{x^2f(x)f''(x)}{\{f'(x)\}^2}dx$

$=\dfrac{9}{4}-\dfrac{9}{2}+\dfrac{1}{2}\int_0^3\dfrac{x^2f(x)f''(x)}{\{f'(x)\}^2}dx$

$=-\dfrac{9}{4}+\dfrac{1}{2}\int_0^3\dfrac{x^2f(x)f''(x)}{\{f'(x)\}^2}dx$

이다.

|2단계| $\int_0^3 \dfrac{x^2f(x)f''(x)}{\{f'(x)\}^2}dx$의 값 구하기

$\int_0^3 \dfrac{xf(x)}{f'(x)}dx=\dfrac{3}{2}$이므로

$\dfrac{3}{2}=-\dfrac{9}{4}+\dfrac{1}{2}\int_0^3\dfrac{x^2f(x)f''(x)}{\{f'(x)\}^2}dx$

$\therefore \int_0^3\dfrac{x^2f(x)f''(x)}{\{f'(x)\}^2}dx=2\times\left(\dfrac{3}{2}+\dfrac{9}{4}\right)$

$=\dfrac{15}{2}$

해설특강

why? ❶ 왜 부분적분법을 이용하여 함수 $\dfrac{xf(x)}{f'(x)}$를 적분할까?

주어진 정적분 $\int_0^3 \dfrac{xf(x)}{f'(x)}dx$의 피적분함수에서

$\int x\,dx=\dfrac{1}{2}x^2+C$ (C는 적분상수),

$\left\{\dfrac{f(x)}{f'(x)}\right\}'=\dfrac{\{f'(x)\}^2-f(x)f''(x)}{\{f'(x)\}^2}=1-\dfrac{f(x)f''(x)}{\{f'(x)\}^2}$

이므로 부분적분법을 사용하면 구해야 하는 정적분 $\int_0^3 \dfrac{x^2f(x)f''(x)}{\{f'(x)\}^2}dx$와 관련된 식을 얻을 수 있다.

핵심 개념 함수의 몫의 미분법

두 함수 $f(x)$, $g(x)$ $(g(x)\neq 0)$가 미분가능할 때,

(1) $y=\dfrac{1}{g(x)}$ ➡ $y'=-\dfrac{g'(x)}{\{g(x)\}^2}$

(2) $y=\dfrac{f(x)}{g(x)}$ ➡ $y'=\dfrac{f'(x)g(x)-f(x)g'(x)}{\{g(x)\}^2}$

출제영역 부분적분법

부분적분법을 이용하여 함수의 부정적분이 포함된 정적분의 값을 구할 수 있는지를 묻는 문제이다.

실수 전체의 집합에서 연속인 함수 $f(x)$가

$\int_0^{\frac{\pi}{2}}f(x)\sin^3 x\,dx=2$, $\int_0^{\frac{\pi}{2}}f(x)\cos^2 x\sin x\,dx=3$

을 만족시킨다. 함수 $f(x)$의 한 부정적분 $F(x)$에 대하여 $F\left(\dfrac{\pi}{2}\right)=6$일 때, $\int_0^{\frac{\pi}{2}}F(x)\cos^3 x\,dx$의 값은?

① $-\dfrac{5}{3}$　　　② $-\dfrac{4}{3}$　　　③ -1

④ $-\dfrac{2}{3}$　　　✓⑤ $-\dfrac{1}{3}$

킬러코드 부분적분법을 이용하여 $\int_0^{\frac{\pi}{2}}f(x)\sin^3 x\,dx$를 $\int_0^{\frac{\pi}{2}}F(x)\cos^3 x\,dx$가 포함된 식으로 변형하기

❶, ❸ 부분적분법을 이용하여 ❷의 식에서 ❸이 포함된 식을 유도한다.

❷ 식을 변형하여 필요한 조건을 구한다.

해설 |1단계| 부분적분법을 이용하여 $\int_0^{\frac{\pi}{2}}f(x)\sin^3 x\,dx$를 $\int_0^{\frac{\pi}{2}}F(x)\cos^3 x\,dx$가 포함된 식으로 변형하기

$$\int_0^{\frac{\pi}{2}} f(x)\sin^3 x\,dx$$

$$=\left[F(x)\sin^3 x\right]_0^{\frac{\pi}{2}}-\int_0^{\frac{\pi}{2}}\{F(x)\times 3\sin^2 x\cos x\}dx$$

$$=F\left(\frac{\pi}{2}\right)-\int_0^{\frac{\pi}{2}}\{F(x)\times 3(1-\cos^2 x)\cos x\}dx \ \text{why?} ❶$$

$$=6-3\int_0^{\frac{\pi}{2}}F(x)\cos x\,dx+3\int_0^{\frac{\pi}{2}}F(x)\cos^3 x\,dx \quad\cdots\cdots ㉠$$

|2단계| 부분적분법을 이용하여 $\int_0^{\frac{\pi}{2}}F(x)\cos x\,dx$의 값 구하기

$$\int_0^{\frac{\pi}{2}}F(x)\cos x\,dx=\left[F(x)\sin x\right]_0^{\frac{\pi}{2}}-\int_0^{\frac{\pi}{2}}f(x)\sin x\,dx \ \text{how?} ❷$$

$$=F\left(\frac{\pi}{2}\right)-\int_0^{\frac{\pi}{2}}f(x)\sin x\,dx$$

$$=6-\int_0^{\frac{\pi}{2}}f(x)\sin x\,dx \quad\cdots\cdots ㉡$$

|3단계| 삼각함수의 성질을 이용하여 $\int_0^{\frac{\pi}{2}}f(x)\sin x\,dx$의 값 구하기 why? ❸

이때 $\int_0^{\frac{\pi}{2}}f(x)\cos^2 x\sin x\,dx=3$에서

$$\int_0^{\frac{\pi}{2}}f(x)\cos^2 x\sin x\,dx=\int_0^{\frac{\pi}{2}}f(x)(1-\sin^2 x)\sin x\,dx$$

$$=\int_0^{\frac{\pi}{2}}f(x)\sin x\,dx-\int_0^{\frac{\pi}{2}}f(x)\sin^3 x\,dx$$

즉, $3=\int_0^{\frac{\pi}{2}}f(x)\sin x\,dx-2$이므로

$$\int_0^{\frac{\pi}{2}}f(x)\sin x\,dx=5 \quad\cdots\cdots ㉢$$

|4단계| $\int_0^{\frac{\pi}{2}}F(x)\cos^3 x\,dx$의 값 구하기

㉢을 ㉡에 대입하면

$$\int_0^{\frac{\pi}{2}}F(x)\cos x\,dx=6-5=1$$

이를 ㉠에 대입하면

$$\int_0^{\frac{\pi}{2}}f(x)\sin^3 x\,dx=6-3\times 1+3\int_0^{\frac{\pi}{2}}F(x)\cos^3 x\,dx$$

$$=3+3\int_0^{\frac{\pi}{2}}F(x)\cos^3 x\,dx$$

이때 $\int_0^{\frac{\pi}{2}}f(x)\sin^3 x\,dx=2$이므로

$$\int_0^{\frac{\pi}{2}}F(x)\cos^3 x\,dx=\frac{1}{3}\times(2-3)$$

$$=-\frac{1}{3}$$

해설특강 ✐

why? ❶ 피적분함수가 $F(x)\cos^3 x$인 정적분을 이끌어내기 위해 $\sin^2 x+\cos^2 x=1$을 이용하여 변형한다.

how? ❷ $F(x)$는 $f(x)$의 한 부정적분이므로 $F'(x)=f(x)$이다. 따라서 $F(x)$를 미분할 함수, $\cos x$를 적분할 함수로 놓고 부분적분법을 이용한다.

why? ❸ 왜 부분적분법을 이용하지 않을까?
$\int_0^{\frac{\pi}{2}}f(x)\sin x\,dx$는 **|2단계|**에서 이미 부분적분법을 이용하여 나온 항이므로 다시 이를 부분적분법을 이용하여도 의미있는 결과를 얻기 힘들다.

08-2 부정적분과 정적분의 활용

1등급 완성 3단계 문제연습

1 16	**2** 93	**3** 40	**4** ④
5 170	**6** 3		

1
2019학년도 6월 평가원 가 30 [정답률 9%] **|정답 16**

출제영역 부정적분과 미분의 관계＋접선의 방정식＋부분적분법
부정적분과 미분의 관계를 이용하여 부정적분과 접선의 방정식으로부터 유도된 식으로 주어진 식의 값을 구할 수 있는지를 묻는 문제이다.

실수 전체의 집합에서 미분가능한 함수 $f(x)$에 대하여 곡선 $y=f(x)$ 위의 점 $(t, f(t))$에서의 접선의 y절편을 $g(t)$라 하자. ❶
모든 실수 t에 대하여
$$(1+t^2)\{g(t+1)-g(t)\}=2t$$ ❷
이고, $\int_0^1 f(x)dx=-\dfrac{\ln 10}{4}$, $f(1)=4+\dfrac{\ln 17}{8}$일 때,
$$2\{f(4)+f(-4)\}-\int_{-4}^4 f(x)dx$$ ❸ 의 값을 구하시오. 16

출제코드 $g(t)$에 대한 관계식을 부정적분과 정적분의 성질을 이용하여 변형하기
❶ 접선의 방정식을 이용하여 $g(t)$를 $f(t)$에 대한 식으로 나타낸다.
❷ 양변을 부정적분하여 적분상수를 구한다.
❸ 함수 $f(x)$의 식을 구할 수는 없으므로 주어진 조건을 활용하여 식을 변형한다.

해설 **|1단계|** 접선의 방정식을 이용하여 $g(t)$를 $f(t)$에 대한 식으로 나타내기
곡선 $y=f(x)$ 위의 점 $(t, f(t))$에서의 접선의 방정식은
$$y=f'(t)(x-t)+f(t)$$
이므로
$$g(t)=-tf'(t)+f(t) \quad\cdots\cdots ㉠$$

|2단계| 부정적분을 이용하여 $\int_t^{t+1}g(x)dx$의 식 구하기
모든 실수 t에 대하여 $(1+t^2)\{g(t+1)-g(t)\}=2t$이므로
$$g(t+1)-g(t)=\frac{2t}{1+t^2}$$
이 식은
$$\int_t^{t+1}g(x)dx=\ln(1+t^2)+C \ (C는 적분상수) \quad\cdots\cdots ㉡$$
를 t에 대하여 미분한 것과 같다. why? ❶
$t=0$을 ㉡에 대입하면
$$\int_0^1 g(x)dx=C$$
$$\therefore C=\int_0^1 g(x)dx$$
$$=\int_0^1\{-xf'(x)+f(x)\}dx\ (\because ㉠)$$
$$=\int_0^1\{-xf'(x)\}dx+\int_0^1 f(x)dx$$
$$=\left[-xf(x)\right]_0^1+\int_0^1 f(x)dx+\int_0^1 f(x)dx \ \text{how?} ❷$$
$$=-f(1)+2\int_0^1 f(x)dx$$

$$=-\left(4+\frac{\ln 17}{8}\right)+2\times\left(-\frac{\ln 10}{4}\right)$$

$$=-4-\frac{\ln 17}{8}-\frac{\ln 10}{2}$$

|3단계| 정적분의 성질을 이용하여 $\int_{-4}^{4}g(x)\,dx$의 값 구하기

$t=-4,\ -3,\ -2,\ \cdots,\ 2,\ 3$을 ㉡에 차례대로 대입하면

$$\int_{-4}^{-3}g(x)\,dx=\ln 17+C$$

$$\int_{-3}^{-2}g(x)\,dx=\ln 10+C$$

$$\int_{-2}^{-1}g(x)\,dx=\ln 5+C$$

$$\int_{-1}^{0}g(x)\,dx=\ln 2+C$$

$$\int_{0}^{1}g(x)\,dx=C$$

$$\int_{1}^{2}g(x)\,dx=\ln 2+C$$

$$\int_{2}^{3}g(x)\,dx=\ln 5+C$$

$$\int_{3}^{4}g(x)\,dx=\ln 10+C$$

양변을 각각 더하면

$$\int_{-4}^{4}g(x)\,dx=\ln 17+2\ln 10+2\ln 5+2\ln 2+8C$$

$$=\ln 17+2\ln 10+2(\ln 5+\ln 2)$$

$$+8\left(-4-\frac{\ln 17}{8}-\frac{\ln 10}{2}\right)$$

$$=\ln 17+4\ln 10-32-\ln 17-4\ln 10$$

$$=-32 \qquad\qquad \cdots\cdots ㉢$$

|4단계| $2\{f(4)+f(-4)\}-\int_{-4}^{4}f(x)\,dx$의 값 구하기

이때

$$\int_{-4}^{4}g(x)\,dx=\int_{-4}^{4}\{-xf'(x)+f(x)\}\,dx\ (\because ㉠)$$

$$=\int_{-4}^{4}\{-xf'(x)\}\,dx+\int_{-4}^{4}f(x)\,dx$$

$$=\left[-xf(x)\right]_{-4}^{4}+\int_{-4}^{4}f(x)\,dx+\int_{-4}^{4}f(x)\,dx\ \text{how? ❷}$$

$$=-4f(4)-4f(-4)+2\int_{-4}^{4}f(x)\,dx$$

이므로 ㉢에 의하여

$$-4f(4)-4f(-4)+2\int_{-4}^{4}f(x)\,dx=-32$$

$$-2f(4)-2f(-4)+\int_{-4}^{4}f(x)\,dx=-16$$

$$\therefore 2\{f(4)+f(-4)\}-\int_{-4}^{4}f(x)\,dx=16$$

해설특강 ✎

why? ❶ (i) $\int_{t}^{t+1}g(x)\,dx$에서 함수 $g(x)$의 한 부정적분을 $G(x)$라 하면

$$\int_{t}^{t+1}g(x)\,dx=\left[G(x)\right]_{t}^{t+1}=G(t+1)-G(t)$$

이 식을 t에 대하여 미분하면

$$G'(t+1)-G'(t)=g(t+1)-g(t)$$

(ii) $\int\dfrac{2t}{1+t^2}\,dt$에서 $t^2=u$로 놓으면 $\dfrac{du}{dt}=2t$이므로

$$\int\frac{2t}{1+t^2}\,dt=\int\frac{1}{1+u}\,du$$

$$=\ln(1+u)+C_1$$

$$=\ln(1+t^2)+C_1\ (\text{단},\ C_1\text{은 적분상수})$$

(i), (ii)에 의하여 ㉡을 미분하면 $g(t+1)-g(t)=\dfrac{2t}{1+t^2}$임을 알 수 있다.

how? ❷ 두 함수 $u(x),\ v(x)$가 미분가능할 때,

$$\int u(x)v'(x)\,dx=u(x)v(x)-\int u'(x)v(x)\,dx$$

부분적분법을 이용하기 위하여 $-xf'(x)$에서 $-x=u(x)$, $f'(x)=v'(x)$로 놓는다.

---

2 2020학년도 9월 평가원 가 30 [정답률 5%] |정답 **93**|

출제영역 부정적분과 미분의 관계＋부분적분법

부정적분과 미분의 관계를 이용하여 함수의 식을 완성하고 함숫값을 구할 수 있는지를 묻는 문제이다.

실수 전체의 집합에서 미분가능한 함수 $f(x)$가 모든 실수 x에 대하여

$$f'(x^2+x+1)=\pi f(1)\sin\pi x+f(3)x+5x^2$$

을 만족시킬 때, $f(7)$의 값을 구하시오. 93

출제코드 부정적분과 미분의 관계를 이용하여 함수의 식 구하기

❶ 함수 $\{f(x^2+x+1)\}'=f'(x^2+x+1)(2x+1)$임을 이용한다.

❷ $f(1)=a$, $f(3)=b$로 놓고 복잡한 식을 간단히 정리한다.

해설 **|1단계| $f(x^2+x+1)$ 구하기**

주어진 식의 양변에 $2x+1$을 곱하면

$$f'(x^2+x+1)(2x+1)$$

$$=\pi f(1)(2x+1)\sin\pi x+f(3)x(2x+1)+5x^2(2x+1)$$

$f(1)=a$, $f(3)=b$로 놓으면

$$f'(x^2+x+1)(2x+1)$$

$$=a\pi(2x+1)\sin\pi x+b(2x^2+x)+10x^3+5x^2$$

좌변을 부정적분하면

$$\int f'(x^2+x+1)(2x+1)\,dx=f(x^2+x+1)+C_1\ \text{why? ❶}$$

(단, C_1은 적분상수)

우변을 부정적분하면

$$\int \{a\pi(2x+1)\sin \pi x + b(2x^2+x) + 10x^3 + 5x^2\}dx$$

$$= a\pi \int (2x+1)\sin \pi x\, dx + b\int (2x^2+x)dx + \int (10x^3+5x^2)dx$$

$$= a\pi \left\{ -\frac{1}{\pi}(2x+1)\cos \pi x + \frac{2}{\pi}\int \cos \pi x\, dx \right\} + b\left(\frac{2}{3}x^3 + \frac{1}{2}x^2\right)$$

$$\qquad\qquad\qquad\qquad\qquad + \frac{5}{2}x^4 + \frac{5}{3}x^3 + C_2$$

$$= -a(2x+1)\cos \pi x + \frac{2a}{\pi}\sin \pi x + b\left(\frac{2}{3}x^3 + \frac{1}{2}x^2\right)$$

$$\qquad\qquad\qquad\qquad\qquad + \frac{5}{2}x^4 + \frac{5}{3}x^3 + C_2$$

(단, C_2는 적분상수)

$$\therefore f(x^2+x+1)$$

$$= -a(2x+1)\cos \pi x + \frac{2a}{\pi}\sin \pi x + b\left(\frac{2}{3}x^3 + \frac{1}{2}x^2\right)$$

C_2-C_1을 적분상수 C로 ┌─── $+ \frac{5}{2}x^4 + \frac{5}{3}x^3 + C$
나타낼 수 있다.

(단, C는 적분상수) …… ㉠

|2단계| $f(1)$, $f(3)$의 값 및 적분상수 구하기

$x^2+x+1=1$일 때

$x^2+x=0$, $x(x+1)=0$

$\therefore x=-1$ 또는 $x=0$

$x=-1$을 ㉠에 대입하면

$$f(1) = -a - \frac{b}{6} + \frac{5}{6} + C$$

$x=0$을 ㉠에 대입하면

$$f(1) = -a + C$$

즉, $-a - \frac{b}{6} + \frac{5}{6} + C = -a + C$이므로

$b=5$ …… ㉡

이때 $f(1)=a$이므로 $a=-a+C$에서

$2a=C$ …… ㉢

또, $x^2+x+1=3$일 때

$x^2+x-2=0$, $(x+2)(x-1)=0$

$\therefore x=-2$ 또는 $x=1$

$x=1$을 ㉠에 대입하면

$$f(3) = 3a + \frac{7}{6}b + \frac{25}{6} + C$$

$f(3)=b$이므로 ㉡, ㉢에 의하여

$$5 = 3a + \frac{35}{6} + \frac{25}{6} + 2a, \quad 5a = -5$$

$\therefore a=-1$, $C=-2$ ($\because$ ㉢)

|3단계| $f(7)$의 값 구하기

구한 값을 ㉠에 대입하면

$$f(x^2+x+1)$$

$$= (2x+1)\cos \pi x - \frac{2}{\pi}\sin \pi x + 5\left(\frac{2}{3}x^3 + \frac{1}{2}x^2\right) + \frac{5}{2}x^4 + \frac{5}{3}x^3 - 2$$

…… ㉣

$x^2+x+1=7$일 때

$x^2+x-6=0$, $(x+3)(x-2)=0$

$\therefore x=-3$ 또는 $x=2$

$x=2$를 ㉣에 대입하면

$$f(7) = 5 + 5 \times \left(\frac{16}{3} + 2\right) + 40 + \frac{40}{3} - 2 = 93$$

해설특강 ✎

why? ❶ $\{f(x^2+x+1)\}' = f'(x^2+x+1)(2x+1)$이므로

$$\int f'(x^2+x+1)(2x+1)\, dx = f(x^2+x+1) + C_1$$

(단, C_1은 적분상수)

---

3 2019학년도 9월 평가원 가 21 [정답률 23%] 변형 | 정답 **40**

출제영역 부정적분과 미분의 관계 + 정적분의 값

주어진 조건을 이용하여 닫힌구간에서 정의된 함수 $f(x)$를 구한 후, 정적분의 값으로부터 식의 값의 최대, 최소를 구할 수 있는지를 묻는 문제이다.

> 세 정수 a, b, c에 대하여 $0 \le x \le \frac{3}{2}\pi$에서 정의된 연속함수 $f(x)$의 도함수 $f'(x)$가
>
> $$f'(x) = \begin{cases} |a|\cos x & \left(0 < x < \frac{\pi}{2}\right) \\ |b|\cos 2x & \left(\frac{\pi}{2} < x < \pi\right) \\ |c|\cos 3x & \left(\pi < x < \frac{3}{2}\pi\right) \end{cases} ❶$$
>
> 이고 $f(0)=0$, $\int_0^{\frac{3}{2}\pi} f(x)dx = 2\pi$일 때, $a-b-c$의 최댓값을 M, ❷ 최솟값을 m이라 하자. $M-m$의 값을 구하시오. **40**

출제코드 구간별로 다르게 정의된 함수의 정적분의 값 구하기

❶ 부정적분과 미분의 관계를 이용하여 함수 $f(x)$를 구한다.

❷ $\int_0^{\frac{3}{2}\pi} f(x)dx = 2\pi$임을 이용하여 가능한 a, b, c의 값을 구한다.

해설 |1단계| 함수 $f(x)$ 구하기

$$f'(x) = \begin{cases} |a|\cos x & \left(0 < x < \frac{\pi}{2}\right) \\ |b|\cos 2x & \left(\frac{\pi}{2} < x < \pi\right) \\ |c|\cos 3x & \left(\pi < x < \frac{3}{2}\pi\right) \end{cases} \text{에서}$$

$$f(x) = \begin{cases} |a|\sin x + C_1 & \left(0 \le x < \frac{\pi}{2}\right) \\ \dfrac{|b|}{2}\sin 2x + C_2 & \left(\frac{\pi}{2} \le x < \pi\right) \\ \dfrac{|c|}{3}\sin 3x + C_3 & \left(\pi \le x \le \frac{3}{2}\pi\right) \end{cases}$$

(단, C_1, C_2, C_3은 적분상수)

이때 $f(0)=0$이므로 $C_1=0$

또, 함수 $f(x)$가 $0\le x\le\dfrac{3}{2}\pi$에서 연속이므로

$\displaystyle\lim_{x\to\frac{\pi}{2}+}f(x)=\lim_{x\to\frac{\pi}{2}-}f(x)=f\left(\dfrac{\pi}{2}\right)$에서 $C_2=|a|$

$\displaystyle\lim_{x\to\pi+}f(x)=\lim_{x\to\pi-}f(x)=f(\pi)$에서 $C_3=C_2$

$\therefore C_3=|a|$

$\therefore f(x)=\begin{cases}|a|\sin x & \left(0\le x<\dfrac{\pi}{2}\right)\\[2mm]\dfrac{|b|}{2}\sin 2x+|a| & \left(\dfrac{\pi}{2}\le x<\pi\right)\\[2mm]\dfrac{|c|}{3}\sin 3x+|a| & \left(\pi\le x\le\dfrac{3}{2}\pi\right)\end{cases}$

|2단계| 정적분의 값을 계산하여 a, b, c 사이의 관계 구하기

$\displaystyle\int_0^{\frac{3}{2}\pi}f(x)dx=\int_0^{\frac{\pi}{2}}f(x)dx+\int_{\frac{\pi}{2}}^{\pi}f(x)dx+\int_{\pi}^{\frac{3}{2}\pi}f(x)dx$이고,

$\displaystyle\int_0^{\frac{\pi}{2}}|a|\sin x\,dx=\Big[-|a|\cos x\Big]_0^{\frac{\pi}{2}}=|a|$

$\displaystyle\int_{\frac{\pi}{2}}^{\pi}\left(\dfrac{|b|}{2}\sin 2x+|a|\right)dx=\Big[-\dfrac{|b|}{4}\cos 2x+|a|x\Big]_{\frac{\pi}{2}}^{\pi}$
$\qquad\qquad\qquad\qquad\qquad=\dfrac{\pi}{2}|a|-\dfrac{|b|}{2}$

$\displaystyle\int_{\pi}^{\frac{3}{2}\pi}\left(\dfrac{|c|}{3}\sin 3x+|a|\right)dx=\Big[-\dfrac{|c|}{9}\cos 3x+|a|x\Big]_{\pi}^{\frac{3}{2}\pi}$
$\qquad\qquad\qquad\qquad\qquad=\dfrac{\pi}{2}|a|-\dfrac{|c|}{9}$

이므로

$\displaystyle\int_0^{\frac{3}{2}\pi}f(x)dx=\pi|a|+|a|-\dfrac{|b|}{2}-\dfrac{|c|}{9}=2\pi$

이때 a, b, c는 정수이므로

$|a|=2$, $|a|-\dfrac{|b|}{2}-\dfrac{|c|}{9}=0$

$|a|-\dfrac{|b|}{2}-\dfrac{|c|}{9}=0$에서

$\dfrac{|b|}{2}+\dfrac{|c|}{9}=2$

$\therefore |a|=2, |b|=0, |c|=18$ 또는 $|a|=2, |b|=2, |c|=9$
또는 $|a|=2, |b|=4, |c|=0$

|3단계| $a-b-c$의 최댓값과 최솟값을 구하여 $M-m$의 값 구하기

(i) $|a|=2, |b|=0, |c|=18$일 때
$a-b-c$는 최댓값 $2-0-(-18)=20$을 갖고,
최솟값 $-2-0-18=-20$을 갖는다.

(ii) $|a|=2, |b|=2, |c|=9$일 때
$a-b-c$는 최댓값 $2-(-2)-(-9)=13$을 갖고,
최솟값 $-2-2-9=-13$을 갖는다.

(iii) $|a|=2, |b|=4, |c|=0$일 때
$a-b-c$는 최댓값 $2-(-4)-0=6$을 갖고,
최솟값 $-2-4-0=-6$을 갖는다.

(i), (ii), (iii)에 의하여 $a-b-c$의 최댓값은 20이고, 최솟값은 -20이다.

따라서 $M=20$, $m=-20$이므로

$M-m=20-(-20)=40$

출제영역 치환적분법+역함수의 미분법+삼각함수의 그래프의 성질

삼각함수의 주기성, 대칭성 및 치환적분법, 역함수의 미분법을 이용하여 정적분의 값을 구할 수 있는지를 묻는 문제이다.

두 상수 a, b에 대하여 함수 $f(x)=4\sqrt{3}\,e^{a-b\cos^2 x}\sin x\cos x$가 ❶

$e^2 f\left(\dfrac{\pi}{6}\right)=f\left(\dfrac{\pi}{3}\right)$, $f\left(\dfrac{2}{3}\pi\right)=-3e^3$ ❷

을 만족시킨다. 함수 $f(x)$의 최댓값을 M, 최솟값을 m이라 할 때, $m\le t\le M$인 실수 t에 대하여 방정식 $f(x)=t$의 음이 아닌 실근을 작은 수부터 크기순으로 나열할 때, n번째 수를 x_n이라 하자.

$a_n=\displaystyle\int_{3e}^{3e^3}\dfrac{t}{f'(x_n)}dt$, $b_n=\displaystyle\int_{-3e^3}^{-3e}\dfrac{t}{f'(x_n)}dt$ ❸

라 할 때, $\displaystyle\sum_{n=1}^{20}a_n+\sum_{n=1}^{19}b_n$의 값은? (단, $M>3e^3$) ❹

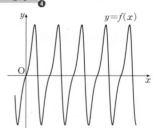

① $\sqrt{3}(e-e^3)$　　② $\dfrac{\sqrt{3}}{2}(e-e^3)$　　③ 0

✔④ $\dfrac{\sqrt{3}}{2}(e^3-e)$　　⑤ $\sqrt{3}(e^3-e)$

킬러코드 삼각함수의 성질을 이용하여 미지수 a, b를 구한 후 역함수의 미분법, 치환적분법, 그래프의 성질을 이용하여 정적분의 값 구하기

❶ $f(x+\pi)=f(x)$이므로 함수 $y=f(x)$는 주기가 π인 주기함수임을 알 수 있다.

❷ $f(\pi-x)=-f(x)$와 주어진 함숫값을 이용하여 a, b의 값을 구한다.

❸ $f(x_n)=t$임을 이용하여 식을 변형한 후 치환적분법을 이용하여 정적분의 값을 구하기 쉽도록 식을 변형한다.

❹ 함수 $f(x)$의 주기성과 대칭성을 이용하여 식을 간단히 정리한다.

해설 **|1단계|** 삼각함수의 성질을 이용하여 a, b의 값 구하기

$f(\pi-x)=4\sqrt{3}\,e^{a-b\cos^2(\pi-x)}\sin(\pi-x)\cos(\pi-x)$
$\qquad\qquad=-4\sqrt{3}\,e^{a-b\cos^2 x}\sin x\cos x$

이므로

$f(\pi-x)=-f(x)$

따라서 $f\left(\dfrac{2}{3}\pi\right)=-3e^3$에서

$-f\left(\dfrac{\pi}{3}\right)=-3e^3$

$\therefore f\left(\dfrac{\pi}{3}\right)=3e^3$

즉, $f\left(\dfrac{\pi}{3}\right)=4\sqrt{3}\times e^{a-\frac{b}{4}}\times\dfrac{\sqrt{3}}{2}\times\dfrac{1}{2}=3e^{a-\frac{b}{4}}=3e^3$이므로

$a-\dfrac{b}{4}=3$ ……… ㉠

$e^2 f\left(\dfrac{\pi}{6}\right)=f\left(\dfrac{\pi}{3}\right)$에서

$e^2 f\left(\dfrac{\pi}{6}\right)=3e^3$

$$\therefore f\left(\frac{\pi}{6}\right)=3e$$

즉, $f\left(\frac{\pi}{6}\right)=4\sqrt{3}\times e^{a-\frac{3}{4}b}\times\frac{1}{2}\times\frac{\sqrt{3}}{2}=3e^{a-\frac{3}{4}b}=3e$이므로

$$a-\frac{3}{4}b=1 \quad\cdots\cdots\ \text{ⓛ}$$

㉠, ㉡을 연립하여 풀면

$$a=b=4$$

$$\therefore f(x)=4\sqrt{3}\,e^{4-4\cos^2 x}\sin x\cos x$$
$$=4\sqrt{3}\,e^{4\sin^2 x}\sin x\cos x$$

|2단계| 그래프의 주기성과 대칭성을 이용하여 $\sum\limits_{n=1}^{20}a_n+\sum\limits_{n=1}^{19}b_n$ 간단히 하기

$$f(\pi+x)=4\sqrt{3}\,e^{4\sin^2(\pi+x)}\sin(\pi+x)\cos(\pi+x)$$
$$=4\sqrt{3}\,e^{4\sin^2 x}\sin x\cos x$$

이므로 $f(\pi+x)=f(x)$

즉, 함수 $f(x)$는 주기가 π인 주기함수이다.

(ⅰ) $0<t<M$일 때

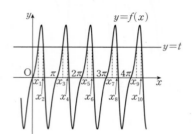

$f(x_n)=t$이면
홀수 n에 대하여 $\underline{\quad x_n\text{은 함수 }y=f(x)\text{의 그래프와 직선 }y=t\text{의 교점의}}$
$\phantom{\text{홀수 }n\text{에 대하여}}\ x\text{좌표이고, }t\text{에 대한 함수이다.}$

$$f'(x_n)=f'(x_1)$$

짝수 n에 대하여

$$f'(x_n)=f'(x_2)$$

$$\therefore a_n=\begin{cases}\displaystyle\int_{3e}^{3e^3}\frac{t}{f'(x_1)}dt & (n\text{이 홀수})\\[2mm]\displaystyle\int_{3e}^{3e^3}\frac{t}{f'(x_2)}dt & (n\text{이 짝수})\end{cases}$$

따라서 $a_1=a_3=a_5=\cdots,\ a_2=a_4=a_6=\cdots$이므로

$$\sum_{n=1}^{20}a_n=10(a_1+a_2)$$

(ⅱ) $m<t<0$일 때

(ⅰ)과 같은 방법으로 하면

$b_1=b_3=b_5=\cdots,\ b_2=b_4=b_6=\cdots$이므로

$$\sum_{n=1}^{19}b_n=9(b_1+b_2)+b_1=10b_1+9b_2$$

(ⅲ) 함수 $y=f(x)$의 그래프는 $0\le x\le\pi$에서 점 $\left(\frac{\pi}{2},\,0\right)$에 대하여 대

칭이므로 **why? ❶**

$$a_1=-b_2,\ a_2=-b_1\ \textbf{why? ❷}$$

(ⅰ), (ⅱ), (ⅲ)에 의하여

$$\sum_{n=1}^{20}a_n+\sum_{n=1}^{19}b_n=10(a_1+a_2)+10b_1+9b_2$$
$$=10a_1+10a_2-10a_2-9a_1$$
$$=a_1$$

|3단계| 치환적분법과 역함수의 미분법을 이용하여 a_1의 값 구하기

$a_1=\displaystyle\int_{3e}^{3e^3}\frac{t}{f'(x_1)}dt$에 대하여 $f\left(\frac{\pi}{6}\right)=3e,\ f\left(\frac{\pi}{3}\right)=3e^3$이므로
$\underline{\text{함수 }f(x)\text{는 }\frac{\pi}{6}\le x\le\frac{\pi}{3}\text{에 증가한다.}}$

$\frac{\pi}{6}\le x\le\frac{\pi}{3}$에서 $g(x)=f(x)$라 하자.

이때 함수 $g(x)$는 일대일대응이므로 역함수가 존재한다.

$g^{-1}(x)=h(x)$라 하면

$f(x_1)=g(x_1)=t$에서

$$h(t)=x_1$$

또, $\dfrac{1}{f'(x_1)}=\dfrac{1}{g'(x_1)}=h'(t)$이므로

$$a_1=\int_{3e}^{3e^3}\frac{t}{f'(x_1)}dt=\int_{3e}^{3e^3}th'(t)dt$$

$h(t)=y$로 놓으면 $t=g(y)=f(y)$이고, $h(3e)=\frac{\pi}{6}$, $h(3e^3)=\frac{\pi}{3}$,

$h'(t)=\dfrac{dy}{dt}$이므로

$$a_1=\int_{3e}^{3e^3}th'(t)dt$$
$$=\int_{\frac{\pi}{6}}^{\frac{\pi}{3}}f(y)dy$$
$$=\int_{\frac{\pi}{6}}^{\frac{\pi}{3}}f(x)dx$$
$$=\int_{\frac{\pi}{6}}^{\frac{\pi}{3}}4\sqrt{3}\,e^{4\sin^2 x}\sin x\cos x\,dx$$

|4단계| $\sum\limits_{n=1}^{20}a_n+\sum\limits_{n=1}^{19}b_n$의 값 구하기

$\sin^2 x=k$로 놓으면 $x=\frac{\pi}{6}$일 때 $k=\frac{1}{4}$, $x=\frac{\pi}{3}$일 때 $k=\frac{3}{4}$이고,

$2\sin x\cos x=\dfrac{dk}{dx}$이므로

$$a_1=\int_{\frac{\pi}{6}}^{\frac{\pi}{3}}4\sqrt{3}\,e^{4\sin^2 x}\sin x\cos x\,dx$$
$$=2\sqrt{3}\int_{\frac{1}{4}}^{\frac{3}{4}}e^{4k}\,dk$$
$$=2\sqrt{3}\left[\frac{1}{4}e^{4k}\right]_{\frac{1}{4}}^{\frac{3}{4}}$$
$$=\frac{\sqrt{3}}{2}(e^3-e)$$

$$\therefore\sum_{n=1}^{20}a_n+\sum_{n=1}^{19}b_n=a_1=\frac{\sqrt{3}}{2}(e^3-e)$$

해설특강 ✏

why? ❶ $f(x)=4\sqrt{3}\,e^{4\sin^2 x}\sin x\cos x$에서

$$f\left(\frac{\pi}{2}-x\right)=4\sqrt{3}\,e^{4\sin^2\left(\frac{\pi}{2}-x\right)}\sin\left(\frac{\pi}{2}-x\right)\cos\left(\frac{\pi}{2}-x\right)$$
$$=4\sqrt{3}\,e^{4\cos^2 x}\sin x\cos x$$

$$f\left(\frac{\pi}{2}+x\right)=4\sqrt{3}\,e^{4\sin^2\left(\frac{\pi}{2}+x\right)}\sin\left(\frac{\pi}{2}+x\right)\cos\left(\frac{\pi}{2}+x\right)$$
$$=-4\sqrt{3}\,e^{4\cos^2 x}\sin x\cos x$$

이므로

$$f\left(\frac{\pi}{2}-x\right)+f\left(\frac{\pi}{2}+x\right)=0$$

따라서 함수 $y=f(x)$의 그래프는 $0\le x\le\pi$에서 점 $\left(\frac{\pi}{2},\,0\right)$에 대하여

대칭이다.

또, $f(\pi-x)=-f(x)$에서
$$f(x)+f(\pi-x)=0$$
이므로 이를 이용하여 함수 $y=f(x)$의 그래프가 $0\le x\le\pi$에서 점 $\left(\dfrac{\pi}{2},\,0\right)$에 대하여 대칭임을 확인할 수도 있다.

why? ❷ 함수 $y=f(x)$의 그래프 위의 두 점 $\left(\dfrac{\pi}{6},\,3e\right)$, $\left(\dfrac{5}{6}\pi,\,-3e\right)$와 두 점 $\left(\dfrac{\pi}{3},\,3e^3\right)$, $\left(\dfrac{2}{3}\pi,\,-3e^3\right)$이 각각 점 $\left(\dfrac{\pi}{2},\,0\right)$에 대하여 대칭이므로
$$f(x)+f(\pi-x)=0$$
$$\begin{aligned}a_1&=\int_{3e}^{3e^3}\frac{t}{f'(x_1)}dt=\int_{\frac{\pi}{6}}^{\frac{\pi}{3}}f(x)\,dx\\&=-\int_{\frac{\pi}{6}}^{\frac{\pi}{3}}f(\pi-x)\,dx\quad\rceil\\&=\int_{\frac{5}{6}\pi}^{\frac{2}{3}\pi}f(t)\,dt\quad\rfloor^{\pi-x=t\text{로 치환}}\\&=-\int_{\frac{2}{3}\pi}^{\frac{5}{6}\pi}f(x)\,dx=-b_2\end{aligned}$$
즉, $a_1=-b_2$이고, $a_2=-b_1$도 같은 방법으로 보일 수 있다.

핵심 개념 **점에 대하여 대칭인 그래프의 조건 (고등 수학)**
$f(a-x)+f(a+x)=2b$ 또는 $f(x)+f(2a-x)=2b$이면 함수 $y=f(x)$의 그래프는 점 $(a,\,b)$에 대하여 대칭이다.

---

5 |정답 **170**

출제영역 **부정적분과 미분의 관계**
부정적분과 미분의 관계를 이용하여 직선의 기울기로부터 유도된 식으로 정적분의 값을 구할 수 있는지를 묻는 문제이다.

실수 전체의 집합에서 연속인 함수 $f(x)$에 대하여 함수 $g(x)=x^2f(x)$가 다음 조건을 만족시킨다.

(가) 임의의 양의 실수 t에 대하여 두 점 $(t,\,g(t))$, $(2t,\,g(2t))$를 지나는 직선의 기울기는 $\dfrac{t}{t^2+1}$이다. ❶

(나) $\displaystyle\int_1^2\frac{g(x)}{x}dx=\frac{3\ln 2}{4}$이다. ❷

$\displaystyle\int_2^8\frac{g(x)}{x}dx=\frac{1}{2}\ln p$일 때, 자연수 p의 값을 구하시오. **170**

출제코드 **새로운 함수를 구하고, 부정적분과 미분의 관계 이용하기**

❶ 직선의 기울기를 이용하여 $\dfrac{g(x)}{x}$에 대한 정적분을 t에 대한 식으로 나타낸다.

❷ 조건 (나)와 정적분의 성질을 이용하여 정적분의 값을 구한다.

해설 |1단계| 직선의 기울기를 t에 대한 식으로 나타내기
두 점 $(t,\,g(t))$, $(2t,\,g(2t))$를 지나는 직선의 기울기는
$$\begin{aligned}\frac{g(2t)-g(t)}{2t-t}&=\frac{4t^2f(2t)-t^2f(t)}{t}\\&=4tf(2t)-tf(t)\end{aligned}$$
이므로 조건 (가)에서
$$4tf(2t)-tf(t)=\frac{t}{t^2+1}$$

이때 양수 x에 대하여
$$\frac{g(x)}{x}=xf(x)=h(x)$$
라 하면
$$2h(2t)-h(t)=\frac{t}{t^2+1}\qquad\cdots\cdots\ \text{㉠}$$

|2단계| 부정적분과 정적분의 성질을 이용하여 $\displaystyle\int_2^8\frac{g(x)}{x}dx$의 값을 구하여 p의 값 구하기

$H(t)=\displaystyle\int h(t)dt$라 하고 ㉠의 양변을 적분하면
$$\int\{2h(2t)-h(t)\}dt=\int\frac{t}{t^2+1}dt$$
$$\therefore\ H(2t)-H(t)=\frac{\ln(t^2+1)}{2}+C\ (\text{단, }C\text{는 적분상수})\quad\cdots\cdots\ \text{㉡}$$
how? ❶

조건 (나)에 의하여
$$\int_1^2 h(x)dx=H(2)-H(1)=\frac{3\ln 2}{4}$$
$t=1$을 ㉡에 대입하면
$$H(2)-H(1)=\frac{\ln 2}{2}+C$$
즉, $\dfrac{\ln 2}{2}+C=\dfrac{3\ln 2}{4}$이므로
$$C=\frac{\ln 2}{4}$$
$$\therefore\ H(2t)-H(t)=\frac{\ln(t^2+1)}{2}+\frac{\ln 2}{4}\qquad\cdots\cdots\ \text{㉢}$$
따라서
$$\begin{aligned}\int_2^8\frac{g(x)}{x}dx&=\int_2^8 h(x)\,dx\\&=H(8)-H(2)\\&=\{H(8)-H(4)\}+\{H(4)-H(2)\}\\&=\frac{\ln 17}{2}+\frac{\ln 2}{4}+\frac{\ln 5}{2}+\frac{\ln 2}{4}\ (\because\ \text{㉢})\ \textbf{how? ❷}\\&=\frac{\ln 17}{2}+\frac{\ln 5}{2}+\frac{\ln 2}{2}\\&=\frac{1}{2}\ln(17\times 5\times 2)\\&=\frac{1}{2}\ln 170\end{aligned}$$
이므로 $p=170$

해설특강 ✏

how? ❶ $t^2+1=s\ (s>0)$로 놓으면 $\dfrac{ds}{dt}=2t$이므로
$$\begin{aligned}\int\frac{t}{t^2+1}dt&=\int\frac{1}{2s}ds=\frac{\ln s}{2}+C\\&=\frac{\ln(t^2+1)}{2}+C\ (\text{단, }C\text{는 적분상수})\end{aligned}$$

how? ❷ $t=4$를 ㉢에 대입하면
$$H(8)-H(4)=\frac{\ln 17}{2}+\frac{\ln 2}{4}$$
$t=2$를 ㉢에 대입하면
$$H(4)-H(2)=\frac{\ln 5}{2}+\frac{\ln 2}{4}$$

6

출제영역 부정적분과 미분의 관계＋부분적분법＋합성함수

주어진 조건을 만족시키는 두 함수 $f(x)$, $g(x)$를 구한 후, 합성함수로 제시된 두 함수의 그래프와 y축으로 둘러싸인 부분의 넓이를 구할 수 있는지를 묻는 문제이다.

> 실수 전체의 집합에서 미분가능한 두 함수 $f(x)$, $g(x)$가 다음 조건을 만족시킨다.
>
> (개) 함수 $f(x)$는 $f(0)=0$, $f(1)>0$인 일차함수이다. **❷**
> (내) $f'(x)g(x)+f(x)g'(x)=(x+1)e^x+1$ **❶**
> (대) 함수 $h(x)=f(x)+g(x)$에 대하여 곡선 $y=h'(x)$의 점근선은 직선 $y=2$이다. **❷**
>
> 두 곡선 $y=(f\circ g)(x)$, $y=(g\circ f)(x)$와 y축으로 둘러싸인 부분의 넓이는 $\dfrac{\ln(1+\sqrt2)+\sqrt2-q}{p}$ **❸** 이다. 두 자연수 p, q에 대하여 $p+q$의 값을 구하시오. 3

출제코드 부분적분법을 이용하여 조건을 만족시키는 두 함수 $f(x), g(x)$의 식 구하기
❶ 부정적분과 미분의 관계를 이용하여 $f(x)g(x)$의 식을 구한다.
❷ 조건을 만족시키는 두 함수 $f(x), g(x)$를 구한다.
❸ 두 곡선 $y=(f\circ g)(x)$, $y=(g\circ f)(x)$의 교점의 x좌표를 구하여 둘러싸인 부분의 넓이를 구한다.

해설 |1단계| 두 함수 $f(x), g(x)$ 구하기

$\{f(x)g(x)\}'=f'(x)g(x)+f(x)g'(x)$

이므로 조건 (내)에서

$\{f(x)g(x)\}'=(x+1)e^x+1$

부정적분의 정의에 의하여

$f(x)g(x)=\displaystyle\int\{(x+1)e^x+1\}dx$

$\qquad\qquad=\displaystyle\int(x+1)e^xdx+\int 1\,dx$

$\qquad\qquad=\{(x+1)e^x-e^x\}+x+C$ **how? ❶**

$\qquad\qquad=xe^x+x+C$ (단, C는 적분상수)

이때 조건 (개)에서 $f(0)=0$이므로 $f(0)g(0)=0$에서

$C=0$

$\therefore f(x)g(x)=xe^x+x=x(e^x+1)$

함수 $f(x)$가 $f(0)=0$, $f(1)>0$인 일차함수이므로

$f(x)=ax\ (a>0)$, $g(x)=\dfrac{e^x+1}{a}$

로 놓을 수 있다.

한편, $h(x)=f(x)+g(x)=ax+\dfrac{e^x+1}{a}$에서

$h'(x)=a+\dfrac{e^x}{a}$

이때 곡선 $y=\dfrac{e^x}{a}$의 점근선은 x축, 즉 직선 $y=0$이므로 곡선

$y=h'(x)$의 점근선은 직선 $y=a$이다.

따라서 조건 (대)에서 $a=2$이므로

$f(x)=2x$, $g(x)=\dfrac{e^x+1}{2}$

|2단계| 두 곡선 $y=(f\circ g)(x)$, $y=(g\circ f)(x)$의 교점의 x좌표 구하기

$(f\circ g)(x)=f(g(x))=f\Big(\dfrac{e^x+1}{2}\Big)=e^x+1$

$(g\circ f)(x)=g(f(x))=g(2x)=\dfrac{e^{2x}+1}{2}$

이므로 두 곡선 $y=(f\circ g)(x)$, $y=(g\circ f)(x)$의 교점의 x좌표는

$(f\circ g)(x)=(g\circ f)(x)$에서

$e^x+1=\dfrac{e^{2x}+1}{2}$, $e^{2x}-2e^x-1=0$

$\therefore e^x=1+\sqrt2\ (\because e^x>0)$

$\therefore x=\ln(1+\sqrt2)$

|3단계| 두 곡선과 y축으로 둘러싸인 부분의 넓이 구하기

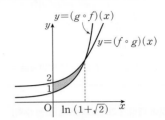

두 곡선 $y=(f\circ g)(x)$, $y=(g\circ f)(x)$의 그래프는 위의 그림과 같으므로 두 곡선 $y=(f\circ g)(x)$, $y=(g\circ f)(x)$와 y축으로 둘러싸인 부분의 넓이는

$\displaystyle\int_0^{\ln(1+\sqrt2)}\{(f\circ g)(x)-(g\circ f)(x)\}dx$

$=\displaystyle\int_0^{\ln(1+\sqrt2)}\Big\{(e^x+1)-\dfrac{e^{2x}+1}{2}\Big\}dx$

$=\displaystyle\int_0^{\ln(1+\sqrt2)}\Big(e^x-\dfrac{1}{2}e^{2x}+\dfrac{1}{2}\Big)dx$

$=\Big[e^x-\dfrac{1}{4}e^{2x}+\dfrac{1}{2}x\Big]_0^{\ln(1+\sqrt2)}$

$=\dfrac{2\ln(1+\sqrt2)+2\sqrt2+1}{4}-\dfrac{3}{4}$

$=\dfrac{\ln(1+\sqrt2)+\sqrt2-1}{2}$

따라서 $p=2$, $q=1$이므로

$p+q=2+1=3$

해설특강 ✏

how? ❶ $\displaystyle\int(x+1)e^xdx$에서 $u(x)=x+1$, $v'(x)=e^x$으로 놓으면

$\qquad u'(x)=1$, $v(x)=e^x$이므로

$\qquad\displaystyle\int(x+1)e^xdx=(x+1)e^x-\int e^xdx$

$\qquad\qquad\qquad\qquad\quad=(x+1)e^x-e^x+C$ (단, C는 적분상수)

기출예시 1 | 정답 ③

$\int_0^{\ln t} f(x)dx=(t\ln t+a)^2-a$의 양변에 $t=1$을 대입하면

$0=a^2-a$, $a(a-1)=0$

$\therefore a=1$ $(\because a\neq 0)$

따라서 $\int_0^{\ln t} f(x)dx=(t\ln t+1)^2-1$이고, 함수 $f(x)$의 한 부정적

분을 $F(x)$라 하면

$\int_0^{\ln t} f(x)dx=\Big[F(x)\Big]_0^{\ln t}=F(\ln t)-F(0)$

즉, $F(\ln t)-F(0)=(t\ln t+1)^2-1$이므로 양변을 t에 대하여 미

분하면

$F'(\ln t)\times\dfrac{1}{t}=2(t\ln t+1)\Big(\ln t+t\times\dfrac{1}{t}\Big)$

$\dfrac{f(\ln t)}{t}=2(t\ln t+1)(\ln t+1)$

$\therefore f(\ln t)=2t(t\ln t+1)(\ln t+1)$

위의 식에 $t=e$를 대입하면

$f(1)=2e(e+1)\times(1+1)=4e^2+4e$

TRAINING 문제 1 | 정답 (1) **10** (2) **20**

(1) $\int_{-1}^1 (x+2)f(x)dx=8$에서

$\int_{-1}^1 xf(x)dx+2\int_{-1}^1 f(x)dx=8$ ...... ㉠

모든 실수 x에 대하여 $f(-x)=f(x)$이므로

$g(x)=xf(x)$

라 하면

$g(-x)=(-x)\times f(-x)=-xf(x)=-g(x)$

$\therefore \int_{-1}^1 xf(x)dx=\int_{-1}^1 g(x)dx=0$

㉠에서 $2\int_{-1}^1 f(x)dx=8$이므로

$\int_{-1}^1 f(x)dx=4$

이때 $f(-x)=f(x)$이므로

$\int_{-1}^0 f(x)dx=\int_0^1 f(x)dx=2$

또, $f(x+2)=f(x)$에서 함수 $f(x)$의 주기가 2이므로

$\int_{-1}^1 f(x)dx=\int_1^3 f(x)dx=4$, $\int_{-2}^{-1} f(x)dx=\int_0^1 f(x)dx=2$

$\therefore \int_{-2}^3 f(x)dx=\int_{-2}^{-1} f(x)dx+\int_{-1}^1 f(x)dx+\int_1^3 f(x)dx$

$=2+4+4=10$

(2) $f'(2-x)=f'(2+x)$에서 도함수 $y=f'(x)$의 그래프는 직선

$x=2$에 대하여 대칭이므로 함수 $y=f(x)$의 그래프는 점

$(2, f(2))$에 대하여 대칭이다.

$\therefore \int_0^4 f(x)dx=\dfrac{1}{2}\times\{f(0)+f(4)\}\times(4-0)$

$=\dfrac{1}{2}\times 2f(2)\times 4$

$=4f(2)$ $\quad \dfrac{f(0)+f(4)}{2}=f(2)$이므로

$=4\times 5=20$ $\quad f(0)+f(4)=2f(2)$

TRAINING 문제 2 | 정답 (1) $\cos(x+3)$　　(2) $4xe^{2x^2}-2e^{2x}$

　　　　　　　(3) $-2x\cos x-2x$　(4) $xf'(x)$

(1) $\dfrac{d}{dx}\int_1^{x+3}\cos t\,dt=\cos(x+3)$

(2) $\dfrac{d}{dx}\int_x^{x^2}2e^{2t}dt=2e^{2x^2}\times 2x-2e^{2x}$

$=4xe^{2x^2}-2e^{2x}$

(3) $\dfrac{d}{dx}\int_\pi^x (x^2-t^2)\sin t\,dt=\dfrac{d}{dx}\Big(x^2\int_\pi^x \sin t\,dt-\int_\pi^x t^2\sin t\,dt\Big)$

$=2x\int_\pi^x \sin t\,dt+x^2\sin x-x^2\sin x$

$=2x\int_\pi^x \sin t\,dt$

$=2x\times\Big[-\cos t\Big]_\pi^x$

$=2x(-\cos x-1)$

$=-2x\cos x-2x$

(4) $\dfrac{d}{dx}\int_0^{f(x)} f^{-1}(t)dt=f^{-1}(f(x))f'(x)$

$=xf'(x)$

핵심 개념　**정적분으로 정의된 함수의 미분 (수학 Ⅱ)**

두 함수 $f(x), g(x)$ $(g(x)\neq 0)$가 미분가능할 때

(1) $\dfrac{d}{dx}\int_a^x f(t)dt=f(x)$ (단, a는 실수)

(2) $\dfrac{d}{dx}\int_x^{x+a} f(t)dt=f(x+a)-f(x)$ (단, a는 실수)

09-1 적분과 미분의 관계 – 함수식 이용

1등급 완성 3단계 문제연습

본문 69~71쪽

| **1** 83 | **2** ③ | **3** 14 | **4** ⑤ | **5** ④ |

출제영역 정적분으로 정의된 함수+함수의 그래프의 성질

정적분으로 정의된 함수와 조건으로부터 함수의 식을 구할 수 있는지를 묻는 문제이다.

> 실수 전체의 집합에서 미분가능한 함수 $f(x)$가 상수 a $(0<a<2\pi)$와 모든 실수 x에 대하여 다음 조건을 만족시킨다.
>
> (가) $f(x)=f(-x)$ ❶
>
> (나) $\displaystyle\int_x^{x+a} f(t)\,dt=\sin\left(x+\dfrac{\pi}{3}\right)$ ❷
>
> 닫힌구간 $\left[0,\dfrac{a}{2}\right]$에서 두 실수 b,c에 대하여
>
> $f(x)=b\cos 3x+c\cos 5x$일 때, $abc=-\dfrac{q}{p}\pi$이다. $p+q$의 값을 구하시오. (단, p와 q는 서로소인 자연수이다.) 83

킬러코드 함수 $y=f(x)$의 그래프의 대칭성을 이용하여 b,c 사이의 관계식 구하기

❶ 함수 $y=f(x)$의 그래프는 y축에 대하여 대칭이다.

❷ $x=-\dfrac{a}{2}$를 대입하여 $\displaystyle\int_{-\frac{a}{2}}^{\frac{a}{2}} f(t)\,dt$의 식을 구한다. 또, 양변을 x에 대하여 미분하여 $f(x+a)-f(x)$의 식을 구한다.

해설 |1단계| a의 값 구하기

조건 (나)에서 $\displaystyle\int_x^{x+a} f(t)\,dt=\sin\left(x+\dfrac{\pi}{3}\right)$의 양변을 x에 대하여 미분하면

$$f(x+a)-f(x)=\cos\left(x+\dfrac{\pi}{3}\right) \quad\cdots\cdots\ \bigcirc$$

㉠의 양변에 $x=-\dfrac{a}{2}$를 대입하면 **why? ❶**

$$f\left(\dfrac{a}{2}\right)-f\left(-\dfrac{a}{2}\right)=\cos\left(-\dfrac{a}{2}+\dfrac{\pi}{3}\right)$$

조건 (가)에 의하여 $f\left(\dfrac{a}{2}\right)=f\left(-\dfrac{a}{2}\right)$이므로

$$\cos\left(-\dfrac{a}{2}+\dfrac{\pi}{3}\right)=0$$

이때 $0<a<2\pi$에서 $-\dfrac{2}{3}\pi<-\dfrac{a}{2}+\dfrac{\pi}{3}<\dfrac{\pi}{3}$이므로

$$-\dfrac{a}{2}+\dfrac{\pi}{3}=-\dfrac{\pi}{2} \quad\therefore a=\dfrac{5}{3}\pi$$

|2단계| 도함수의 그래프의 대칭성을 이용하여 b와 c 사이의 관계식 구하기

㉠의 양변을 x에 대하여 미분하면

$$f'(x+a)-f'(x)=-\sin\left(x+\dfrac{\pi}{3}\right)$$

위 식의 양변에 $x=-\dfrac{a}{2}$를 대입하면

$$f'\left(\dfrac{a}{2}\right)-f'\left(-\dfrac{a}{2}\right)=-\sin\left(-\dfrac{a}{2}+\dfrac{\pi}{3}\right)$$

조건 (가)에서 $f'(x)=-f'(-x)$이므로

$$2f'\left(\dfrac{a}{2}\right)=-\sin\left(-\dfrac{a}{2}+\dfrac{\pi}{3}\right) \textbf{ how? ❷}$$

위 식의 양변에 $a=\dfrac{5}{3}\pi$를 대입하면

$$2f'\left(\dfrac{5}{6}\pi\right)=-\sin\left(-\dfrac{5}{6}\pi+\dfrac{\pi}{3}\right)=-\sin\left(-\dfrac{\pi}{2}\right)=1$$

$$\therefore f'\left(\dfrac{5}{6}\pi\right)=\dfrac{1}{2}$$

$f(x)=b\cos 3x+c\cos 5x$에서

$$f'(x)=-3b\sin 3x-5c\sin 5x$$

$$\therefore f'\left(\dfrac{5}{6}\pi\right)=-3b\sin\dfrac{5}{2}\pi-5c\sin\dfrac{25}{6}\pi$$

$$=-3b-\dfrac{5c}{2}=\dfrac{1}{2}$$

$$\therefore -6b-5c=1 \quad\cdots\cdots\ \bigcirc$$

|3단계| 주어진 정적분을 변형하여 b와 c 사이의 관계식 구하기

$\displaystyle\int_x^{x+a} f(t)\,dt=\sin\left(x+\dfrac{\pi}{3}\right)$의 양변에 $x=-\dfrac{a}{2}$를 대입하면

$$\int_{-\frac{a}{2}}^{\frac{a}{2}} f(t)\,dt=\sin\left(\dfrac{\pi}{3}-\dfrac{a}{2}\right)$$

조건 (가)에서 함수 $y=f(x)$의 그래프는 y축에 대하여 대칭이므로

$$2\int_0^{\frac{a}{2}} f(t)\,dt=\sin\left(\dfrac{\pi}{3}-\dfrac{a}{2}\right) \textbf{ how? ❸}$$

$$2\int_0^{\frac{a}{2}}(b\cos 3t+c\cos 5t)\,dt=2\left[\dfrac{b}{3}\sin 3t+\dfrac{c}{5}\sin 5t\right]_0^{\frac{a}{2}}$$

$$=2\left(\dfrac{b}{3}\sin\dfrac{3}{2}a+\dfrac{c}{5}\sin\dfrac{5}{2}a\right)$$

$$\therefore 2\left(\dfrac{b}{3}\sin\dfrac{3}{2}a+\dfrac{c}{5}\sin\dfrac{5}{2}a\right)=\sin\left(\dfrac{\pi}{3}-\dfrac{a}{2}\right)$$

위 식의 양변에 $a=\dfrac{5}{3}\pi$를 대입하면

$$2\left(\dfrac{b}{3}\sin\dfrac{5}{2}\pi+\dfrac{c}{5}\sin\dfrac{25}{6}\pi\right)=\sin\left(\dfrac{\pi}{3}-\dfrac{5}{6}\pi\right)$$

$$2\left(\dfrac{b}{3}+\dfrac{c}{5}\times\dfrac{1}{2}\right)=\sin\left(-\dfrac{\pi}{2}\right)$$

$$\dfrac{2b}{3}+\dfrac{c}{5}=-1$$

$$\therefore 10b+3c=-15 \quad\cdots\cdots\ \bigcirc$$

|4단계| abc의 값을 구하여 $p+q$의 값 계산하기

㉡, ㉢을 연립하여 풀면 $b=-\dfrac{9}{4}, c=\dfrac{5}{2}$

$$\therefore abc=\dfrac{5}{3}\pi\times\left(-\dfrac{9}{4}\right)\times\dfrac{5}{2}=-\dfrac{75}{8}\pi$$

따라서 $p=8, q=75$이므로

$$p+q=8+75=83$$

해설특강

why? ❶ 식을 간단하게 하기 위해 $f(x+a)=f(x)$가 되는 x의 값을 정한다. 이때 $f(x)=f(-x)$이므로

$$f(x+a)=f(x)=f(-x)$$

$$x+a=-x \quad\therefore x=-\dfrac{a}{2}$$

how? ❷ 모든 실수 x에 대하여 $f(x)=f(-x)$이면

$$f'(x)=-f'(-x)$$

$$\therefore f'\left(\dfrac{a}{2}\right)-f'\left(-\dfrac{a}{2}\right)=f'\left(\dfrac{a}{2}\right)+f'\left(\dfrac{a}{2}\right)=2f'\left(\dfrac{a}{2}\right)$$

how? ❸ 함수 $y=f(x)$의 그래프가 y축에 대하여 대칭이면 모든 실수 a에 대하여

$$\int_{-a}^{a} f(x)\,dx=\int_{-a}^{0} f(x)\,dx+\int_0^{a} f(x)\,dx$$

$$=\int_0^{a} f(x)\,dx+\int_0^{a} f(x)\,dx$$

$$=2\int_0^{a} f(x)\,dx$$

출제영역 정적분으로 정의된 함수＋부분적분법

함수의 그래프의 성질과 정적분으로 정의된 함수를 이용하여 주어진 정적분의 값을 구할 수 있는지를 묻는 문제이다.

연속함수 $y=f(x)$의 그래프가 원점에 대하여 대칭이고❶, 모든 실수 x에 대하여

$$f(x)=2\int_2^{x+2} tf(t)\,dt$$ ❷

이다. $f(2)=4$일 때,❶

$$\int_0^2 (x^3+2x^2)f(x+2)\,dx$$

의 값은?

① 2 ② 4 ✓③ 6
④ 8 ⑤ 10

킬러코드 적분과 미분의 관계와 부분적분법을 이용하여
$\int_0^2 (x^3+2x^2)f(x+2)\,dx$의 값 구하기

❶ $f(2)=-f(-2)$이고, 모든 실수 a에 대하여 $\int_{-a}^a f(x)\,dx=0$이다.

❷ 양변을 x에 대하여 미분하여 $f'(x)$의 식을 구한다.

해설 ┃1단계┃ 적분과 미분의 관계를 이용하여 $f'(x)$의 식을 구하고, 부분적분법을 이용하여 구하는 정적분 간단히 하기

$f(x)=2\int_2^{x+2} tf(t)\,dt$의 양변을 x에 대하여 미분하면

$f'(x)=2(x+2)f(x+2)$

이므로

$$\int_0^2 (x^3+2x^2)f(x+2)\,dx=\int_0^2 x^2(x+2)f(x+2)\,dx$$
$$=\frac12\int_0^2 x^2 f'(x)\,dx \qquad \cdots\cdots ㉠$$

$$\int_0^2 x^2 f'(x)\,dx=\Big[x^2 f(x)\Big]_0^2-\int_0^2 2x f(x)\,dx \ \text{ how? ❶}$$
$$=4f(2)-2\int_0^2 x f(x)\,dx$$
$$=16-2\int_0^2 x f(x)\,dx\ (\because f(2)=4)\qquad \cdots\cdots ㉡$$

┃2단계┃ 함수의 그래프의 대칭성을 이용하여 정적분의 값 구하기

이때 $f(-2)=-f(2)=-4$이고,

$f(-2)=2\int_2^0 tf(t)\,dt=-2\int_0^2 tf(t)\,dt=-4$이므로

$$\int_0^2 tf(t)\,dt=2$$

따라서 ㉠, ㉡에서

$$\int_0^2 (x^3+2x^2)f(x+2)\,dx=\frac12\int_0^2 x^2 f'(x)\,dx$$
$$=\frac12\times(16-2\times2)=6$$

해설특강

how? ❶ 함수 $x^2 f'(x)$에서 x^2을 미분할 함수, $f'(x)$를 적분할 함수로 놓고 부분적분법을 이용한다.

출제영역 정적분으로 정의된 함수

정적분으로 정의된 함수의 식을 구하여 정적분의 값을 구할 수 있는지를 묻는 문제이다.

실수 전체의 집합에서 연속인 함수 $f(x)$가 다음 조건을 만족시킨다.

(가) $0\le x\le \pi$일 때, $f(x)=a\cos x+b$이다.❶
 (단, a, b는 상수이고 $a\ne 0$이다.)

(나) $x\ge 0$인 모든 실수 x에 대하여
$f(x)=\int_0^x \sqrt{4f(t)-\{f(t)\}^2}\,dt$이다. ❶,❷

$\dfrac1\pi\int_0^{4\pi} f(x)\,dx$의 값을 구하시오. 14

킬러코드 $f(x)=\int_0^x \sqrt{4f(t)-\{f(t)\}^2}\,dt$의 양변을 x에 대하여 미분한 후 $f'(x)$와 $f(x)$의 값의 범위를 이용하여 식 구하기

❶ $0\le x\le \pi$일 때 함수 $f(x)$에서 a, b의 값을 구한다.

❷ $x\ge 0$인 모든 실수 x에 대하여 $f'(x)=\sqrt{4f(x)-\{f(x)\}^2}$에서 $f'(x)$와 $f(x)$의 값의 범위를 파악한다.

해설 ┃1단계┃ 적분과 미분의 관계를 이용하여 $f(0)$의 값, $f'(x)$의 식 구하기

조건 (나)의 등식에 $x=0$을 대입하면

$f(0)=0$

조건 (가)에서 $f(0)=a+b$이므로

$b=-a$

조건 (나)의 등식의 양변을 x에 대하여 미분하면

$f'(x)=\sqrt{4f(x)-\{f(x)\}^2}$

$\therefore \{f'(x)\}^2=4f(x)-\{f(x)\}^2$ (단, $f'(x)\ge 0$, $0\le f(x)\le 4$)

why? ❶ $\cdots\cdots ㉠$

┃2단계┃ $0\le x\le \pi$일 때, $f(x)$와 $f'(x)$의 식을 이용하여 a, b의 값 구하기

$0\le x\le \pi$일 때, $b=-a$이므로

$f(x)=a\cos x-a$, $f'(x)=-a\sin x$

위의 두 식을 ㉠에 대입하면

$(-a\sin x)^2=4(a\cos x-a)-(a\cos x-a)^2$

$a\sin^2 x=4(\cos x-1)-a(\cos x-1)^2\ (\because a\ne 0)$

$a\sin^2 x=4\cos x-4-a\cos^2 x+2a\cos x-a$

$a(\sin^2 x+\cos^2 x)+a+4=2a\cos x+4\cos x$

$2a+4=(2a+4)\cos x\ (\because \sin^2 x+\cos^2 x=1)\qquad \cdots\cdots ㉡$

㉡이 $0\le x\le \pi$인 모든 실수 x에 대하여 성립하므로

$2a+4=0$ **why? ❷**

$\therefore a=-2$, $b=-a=2$

┃3단계┃ x의 값의 범위에 따른 함수 $f(x)$의 식 구하기

$0\le x\le \pi$일 때

$f(x)=-2\cos x+2$, $f'(x)=2\sin x$

이때 ㉠에서 $x\ge 0$인 모든 실수 x에 대하여 $f'(x)\ge 0$이고

$0\le f(x)\le 4$이므로 $x\ge \pi$일 때 $f(x)=4$이다. **why? ❸**

$$\therefore f(x)=\begin{cases} -2\cos x+2 & (0\le x\le \pi) \\ 4 & (x>\pi)\end{cases}$$

$$\int_0^{4\pi} f(x)\,dx = \int_0^{\pi} f(x)\,dx + \int_{\pi}^{4\pi} f(x)\,dx$$
$$= \int_0^{\pi}(-2\cos x+2)\,dx + \int_{\pi}^{4\pi} 4\,dx$$
$$= \Big[-2\sin x+2x\Big]_0^{\pi} + \Big[4x\Big]_{\pi}^{4\pi}$$
$$= 2\pi + 4(4\pi-\pi) = 14\pi$$
$$\therefore \frac{1}{\pi}\int_0^{4\pi} f(x)\,dx = \frac{14\pi}{\pi} = 14$$

해설특강 ✎

why? ❶ $x \geq 0$인 모든 실수 x에 대하여 $f'(x) \geq 0$이므로 $0 \leq x_1 < x_2$이면 $f(x_1) \leq f(x_2)$이다. 이때 (근호 안의 식) ≥ 0이어야 하므로 $4f(x)-\{f(x)\}^2 \geq 0$에서 $0 \leq f(x) \leq 4$를 만족시켜야 한다.

why? ❷ ⓒ에서 $(2a+4)(1-\cos x)=0$이고 임의의 실수 x에 대하여 $1-\cos x$는 $0 \leq 1-\cos x \leq 2$의 모든 실수의 값을 가질 수 있으므로 $2a+4=0$이어야 한다.

why? ❸ $0 \leq x \leq \pi$에서 $f(x)=-2\cos x+2$이므로 $f(\pi)=2+2=4$이다. 이때 함수 $f(x)$는 실수 전체의 집합에서 연속이고, 위의 ❶에서 $x \geq \pi$이면 $f(x) \geq f(\pi)=4$이어야 한다. 그런데 모든 실수 x에 대하여 $f(x) \leq 4$이어야 하므로 $x \geq \pi$일 때 $f(x)=4$이다.

4

|정답 ⑤

출제영역 정적분과 미분의 관계＋함수의 극한＋부분적분법

이계도함수의 존재성과 정적분과 미분의 관계를 이용하여 정적분으로 정의된 함수가 다항함수가 될 조건을 구하고, 부분적분법을 이용하여 주어진 함수의 정적분의 값을 구할 수 있는지를 묻는 문제이다.

> 실수 전체의 집합에서 이계도함수가 존재하고 그래프가 원점에서 직선 $y=6x$에 접하는 함수 $f(x)$가 있다. 함수
> $$g(x)=\int_0^x \{f(x)-f(t)\}(e^t-e^{-t})\,dt$$
> 가 상수함수가 아닌 다항함수일 때, 그중 차수가 최소가 되도록 하는 함수 $f(x)$를 $h(x)$라 하자. $\int_{-2}^2 (e^{\frac{x}{2}}-e^{-\frac{x}{2}})^3 \dfrac{h'(x)}{x}\,dx$의 값은?
>
> ① $\dfrac{64}{e}$ ② $\dfrac{72}{e}$ ③ $\dfrac{80}{e}$
>
> ④ $\dfrac{88}{e}$ ✓⑤ $\dfrac{96}{e}$

킬러코드 이계도함수의 존재성을 이용하여 $f'(x)$의 극한 변형하기
❶ 접선의 방정식을 이용하여 $f(0)$, $f'(0)$의 값을 구한다.
❷ 함수 $f(x)$와 도함수 $f'(x)$가 모두 미분가능하고 연속이다.
❸ 우변을 전개한 후 양변을 x에 대하여 미분한다.

해설 |1단계| 정적분과 미분의 관계를 이용하여 $f'(x)$와 $g'(x)$의 식 구하기

함수 $y=f(x)$의 그래프가 원점에서 직선 $y=6x$에 접하므로
$f(0)=0$, $f'(0)=6$
$g(x)=f(x)\int_0^x (e^t-e^{-t})\,dt - \int_0^x f(t)(e^t-e^{-t})\,dt$의 양변을 x에 대하여 미분하면 ┕━ 양변에 $x=0$을 대입하면 $g(0)=0$

$$g'(x)=f'(x)\int_0^x (e^t-e^{-t})\,dt + f(x)(e^x-e^{-x}) - f(x)(e^x-e^{-x})$$
$$= f'(x)\Big[e^t+e^{-t}\Big]_0^x$$
$$= f'(x)(e^x+e^{-x}-2)$$
$x=0$일 때, $g'(0)=f'(0)(1+1-2)=0$ ...... ㉠
$x \neq 0$일 때, $f'(x)=\dfrac{g'(x)}{e^x+e^{-x}-2}$ **why? ❶**

|2단계| 이계도함수의 존재성을 이용하여 $\displaystyle\lim_{x\to 0}\frac{g'(x)}{x}$, $\displaystyle\lim_{x\to 0}\frac{g'(x)}{x^2}$의 값 구하기

이때 함수 $f(x)$의 이계도함수가 존재하므로 함수 $f'(x)$는 연속이다.
$$\therefore \lim_{x\to 0} f'(x)=f'(0)=6$$
즉, $\displaystyle\lim_{x\to 0}f'(x)=\lim_{x\to 0}\frac{g'(x)}{e^x+e^{-x}-2}=6$이므로
$$\lim_{x\to 0}\frac{\frac{g'(x)}{x}}{\frac{e^x+e^{-x}-2}{x}}=\lim_{x\to 0}\frac{\frac{g'(x)}{x^2}}{\frac{e^x+e^{-x}-2}{x^2}}=6$$
이때
$$\lim_{x\to 0}\frac{e^x+e^{-x}-2}{x}=\lim_{x\to 0}\left\{\left(\frac{e^{\frac{x}{2}}-e^{-\frac{x}{2}}}{x}\right)^2 \times x\right\}$$
$$=\lim_{x\to 0}\left(\frac{e^{\frac{x}{2}}-1}{x}-\frac{e^{-\frac{x}{2}}-1}{x}\right)^2 \times \lim_{x\to 0}x$$
$$=\left\{\frac{1}{2}-\left(-\frac{1}{2}\right)\right\}^2 \times 0 = 0$$
이므로
$$\lim_{x\to 0}\frac{g'(x)}{x}=0 \qquad\qquad \cdots\cdots ㉡$$
또, $\displaystyle\lim_{x\to 0}\frac{e^x+e^{-x}-2}{x^2}=\lim_{x\to 0}\left(\frac{e^{\frac{x}{2}}-e^{-\frac{x}{2}}}{x}\right)^2=1$이므로
$$\lim_{x\to 0}\frac{\frac{g'(x)}{x^2}}{\frac{e^x+e^{-x}-2}{x^2}}=\frac{\displaystyle\lim_{x\to 0}\frac{g'(x)}{x^2}}{\displaystyle\lim_{x\to 0}\frac{e^x+e^{-x}-2}{x^2}}=\frac{\displaystyle\lim_{x\to 0}\frac{g'(x)}{x^2}}{1}=6$$
$$\therefore \lim_{x\to 0}\frac{g'(x)}{x^2}=6 \qquad\qquad \cdots\cdots ㉢$$

|3단계| 함수 $h'(x)$의 식을 구하고, $\int_{-2}^2 (e^{\frac{x}{2}}-e^{-\frac{x}{2}})^3\dfrac{h'(x)}{x}\,dx$의 값 구하기

㉠, ㉡, ㉢에 의하여 차수가 최소인 다항함수 $g'(x)$는 $g'(x)=6x^2$이고, $g(0)=0$이므로
$g(x)=2x^3$
$$\therefore h'(x)=\frac{g'(x)}{e^x+e^{-x}-2}=\frac{6x^2}{e^x+e^{-x}-2}=\frac{6x^2}{(e^{\frac{x}{2}}-e^{-\frac{x}{2}})^2}$$
$$\therefore \int_{-2}^2 (e^{\frac{x}{2}}-e^{-\frac{x}{2}})^3\frac{h'(x)}{x}\,dx$$
$$=\int_{-2}^2\left\{(e^{\frac{x}{2}}-e^{-\frac{x}{2}})^3 \times \frac{6x}{(e^{\frac{x}{2}}-e^{-\frac{x}{2}})^2}\right\}dx$$
$$=6\int_{-2}^2 x(e^{\frac{x}{2}}-e^{-\frac{x}{2}})\,dx$$
$$=12\int_0^2 x(e^{\frac{x}{2}}-e^{-\frac{x}{2}})\,dx \quad \textbf{how? ❷}$$
$$=12\left\{\Big[x(2e^{\frac{x}{2}}+2e^{-\frac{x}{2}})\Big]_0^2 - \int_0^2 (2e^{\frac{x}{2}}+2e^{-\frac{x}{2}})\,dx\right\} \quad \textbf{how? ❸}$$
$$=12\left\{2\Big(2e+\frac{2}{e}\Big)-\Big[4e^{\frac{x}{2}}-4e^{-\frac{x}{2}}\Big]_0^2\right\}$$

$$=12\left\{2\left(2e+\frac{2}{e}\right)-\left(4e-\frac{4}{e}\right)\right\}$$

$$=\frac{96}{e}$$

해설특강 ✎

why? ❶ 왜 $x=0$인 경우와 $x\neq0$인 경우로 나눌까?

$e^x+e^{-x}-2=(e^{\frac{x}{2}}-e^{-\frac{x}{2}})^2=0$에서 $e^{\frac{x}{2}}=e^{-\frac{x}{2}}$, 즉 $x=0$일 때
$f'(x)$가 정의될 수 없으므로 $x=0$인 경우와 $x\neq0$인 경우로 나눈다.

how? ❷ 함수 $y=x(e^{\frac{x}{2}}-e^{-\frac{x}{2}})$의 그래프는 y축에 대하여 대칭이므로

$$\int_{-2}^{2}x(e^{\frac{x}{2}}-e^{-\frac{x}{2}})dx=2\int_{0}^{2}x(e^{\frac{x}{2}}-e^{-\frac{x}{2}})dx$$

how? ❸ 함수 $x(e^{\frac{x}{2}}-e^{-\frac{x}{2}})$에서 x를 미분할 함수, $e^{\frac{x}{2}}-e^{-\frac{x}{2}}$을 적분할 함수로 놓고 부분적분법을 이용한다.

핵심 개념 **함수의 극한 (수학Ⅱ)**

두 함수 $f(x)$, $g(x)$에 대하여 $\lim_{x\to a}\dfrac{f(x)}{g(x)}=\alpha$ (α는 실수)일 때

(1) $\lim_{x\to a}g(x)=0$이면 $\lim_{x\to a}f(x)=0$이다.

(2) $\alpha\neq0$이고 $\lim_{x\to a}f(x)=0$이면 $\lim_{x\to a}g(x)=0$이다.

---

5 | 정답 ④

출제영역 정적분과 미분의 관계＋치환적분법＋부분적분법

피적분함수를 변형한 후 치환적분법과 부분적분법을 이용하여 주어진 정적분의 값을 구할 수 있는지를 묻는 문제이다.

실수 전체의 집합에서 연속인 함수 $f(x)$와 미분가능한 함수 $g(x)$가 다음 조건을 만족시킨다.

(가) 모든 실수 x에 대하여
$$\int_{0}^{x}f(g(t))dt=2g(x)+\frac{1}{2}x^2-2 \text{이다.} ❶$$

(나) $\int_{0}^{1}\{f(x)+g(x)\}dx=\dfrac{1}{12}$

$g(1)=0$일 때, $\int_{0}^{1}f(g(x))\{f(g(x))+1\}dx$의 값은? ❷

① $-\dfrac{11}{6}$ ② $-\dfrac{5}{3}$ ③ $-\dfrac{3}{2}$

✓④ $-\dfrac{4}{3}$ ⑤ $-\dfrac{7}{6}$

킬러코드 $f(g(x))$의 식을 이용하여 $\int_{0}^{1}f(g(x))\{f(g(x))+1\}dx$ 변형하기

❶ $g(0)$의 값과 함수 $f(g(x))$를 구할 수 있다.
❷ 피적분함수에서 하나의 $f(g(x))$를 변형하여 치환적분법과 부분적분법을 이용한다.

해설 **|1단계|** 부분적분법을 이용할 수 있도록 피적분함수 변형하기

조건 (가)의 등식의 양변을 x에 대하여 미분하면

$$f(g(x))=2g'(x)+x$$

이므로

$$\int_{0}^{1}f(g(x))\{f(g(x))+1\}dx$$

$$=\int_{0}^{1}\{2g'(x)+x\}\{f(g(x))+1\}dx$$

$$=\int_{0}^{1}2f(g(x))g'(x)dx+\int_{0}^{1}xf(g(x))dx+\int_{0}^{1}\{2g'(x)+x\}dx$$

|2단계| 치환적분법을 이용하여 $\int_{0}^{1}2f(g(x))g'(x)dx$의 값 구하기

조건 (가)의 등식에 $x=0$을 대입하면

$$0=2g(0)+0-2 \quad \therefore g(0)=1$$

또, $g(1)=0$이므로 $g(x)=t$로 놓으면 $x=0$일 때 $t=1$, $x=1$일 때

$t=0$이고, $\dfrac{dt}{dx}=g'(x)$이다.

$$\therefore \int_{0}^{1}2f(g(x))g'(x)dx=\int_{1}^{0}2f(t)dt$$

$$=-2\int_{0}^{1}f(t)dt \qquad \cdots\cdots \text{㉠}$$

|3단계| 부분적분법을 이용하여 $\int_{0}^{1}xf(g(x))dx$의 값 구하기

$f(g(x))=2g'(x)+x$임을 다시 이용하면 **why? ❶**

$$\int_{0}^{1}xf(g(x))dx=\int_{0}^{1}x\{2g'(x)+x\}dx$$

$$=\int_{0}^{1}\{2xg'(x)+x^2\}dx$$

$$=\int_{0}^{1}2xg'(x)dx+\int_{0}^{1}x^2dx$$

$$=\left[2xg(x)\right]_{0}^{1}-\int_{0}^{1}2g(x)dx+\left[\frac{1}{3}x^3\right]_{0}^{1} \text{ how? ❷}$$

$$=2g(1)-2\int_{0}^{1}g(x)dx+\frac{1}{3}$$

$$=-2\int_{0}^{1}g(x)dx+\frac{1}{3} \ (\because g(1)=0) \qquad \cdots\cdots \text{㉡}$$

|4단계| $\int_{0}^{1}\{2g'(x)+x\}dx$의 값 구하기

$g(1)=0$, $g(0)=1$이므로

$$\int_{0}^{1}\{2g'(x)+x\}dx=\left[2g(x)+\frac{1}{2}x^2\right]_{0}^{1}$$

$$=2g(1)+\frac{1}{2}-2g(0)$$

$$=2\times0+\frac{1}{2}-2\times1$$

$$=-\frac{3}{2} \qquad \cdots\cdots \text{㉢}$$

|5단계| $\int_{0}^{1}f(g(x))\{f(g(x))+1\}dx$의 값 구하기

㉠, ㉡, ㉢에 의하여

$$\int_{0}^{1}f(g(x))\{f(g(x))+1\}dx$$

$$=\int_{0}^{1}2f(g(x))g'(x)dx+\int_{0}^{1}xf(g(x))dx+\int_{0}^{1}\{2g'(x)+x\}dx$$

$$=-2\int_{0}^{1}f(t)dt-2\int_{0}^{1}g(x)dx+\frac{1}{3}+\left(-\frac{3}{2}\right)$$

$$=-2\int_{0}^{1}\{f(x)+g(x)\}dx-\frac{7}{6}$$

$$=-2\times\frac{1}{12}-\frac{7}{6} \ (\because \text{조건 (나)})$$

$$=-\frac{4}{3}$$

참고 $\int_0^1 f(g(x))\{f(g(x))+1\}\,dx$에서 뒤쪽의 $f(g(x))$를

$2g'(x)+x$로 바꾸면

$\int_0^1 f(g(x))\{f(g(x))+1\}\,dx$

$=\int_0^1 f(g(x))\{2g'(x)+x+1\}\,dx$

$=\int_0^1 2f(g(x))g'(x)\,dx+\int_0^1 xf(g(x))\,dx+\int_0^1 f(g(x))\,dx$

이므로 |4단계|에서 $\int_0^1 \{2g'(x)+x\}\,dx$ 대신 $\int_0^1 f(g(x))\,dx$의 값을 다음

과 같이 구하면 된다.

조건 ㈎에서 양변에 $x=1$을 대입하면

$\int_0^1 f(g(t))\,dt=2g(1)+\dfrac{1}{2}-2=0+\dfrac{1}{2}-2=-\dfrac{3}{2}$

해설특강

why? ❶ $\int_0^1 xf(g(x))\,dx$에서 그대로 부분적분법을 이용하면

$\int_0^1 xf(g(x))\,dx$

$=\left[\dfrac{1}{2}x^2\times f(g(x))\right]_0^1-\int_0^1 \dfrac{1}{2}x^2\{f(g(x))\}'\,dx$

가 되어 더 복잡한 식을 계산해야 한다.

how? ❷ 함수 $2xg'(x)$에서 $2x$를 미분할 함수, $g'(x)$를 적분할 함수로 놓고 부분적분법을 이용한다.

09-2 적분과 미분의 관계 – 그래프의 개형 추론

1등급 완성 3단계 문제연습

| **1** 16 | **2** 10 | **3** ② | **4** 8 | **5** ⑤ |

1 2018학년도 6월 평가원 가 30 [정답률 9%] |정답 **16**

출제영역 정적분으로 정의된 함수＋함수의 그래프의 개형

정적분으로 정의된 함수의 그래프의 개형을 그려 미지수의 값을 구할 수 있는지를 묻는 문제이다.

실수 a와 함수 $f(x)=\ln(x^4+1)-c$ $(c>0$인 상수)에 대하여 함수 $g(x)$를

$g(x)=\int_a^x f(t)\,dt$ ❶

라 하자. 함수 $y=g(x)$의 그래프가 x축과 만나는 서로 다른 점의 개수가 2가 되도록 하는 모든 a의 값을 작은 수부터 크기순으로 나열하면 $a_1,\ a_2,\ \cdots,\ a_m$ (m은 자연수)이다. $a=a_1$일 때, 함수 $g(x)$와 상수 k는 다음 조건을 만족시킨다.

㈎ 함수 $g(x)$는 $x=1$에서 극솟값을 갖는다.

㈏ $\int_{a_1}^{a_m} g(x)\,dx=ka_m\int_0^1 |f(x)|\,dx$ ❷

$mk\times e^c$의 값을 구하시오. 16

킬러코드 정적분으로 정의된 함수의 그래프의 개형 그리기
❶ 함수 $y=f(x)$의 그래프를 이용하여 함수 $y=g(x)$의 그래프의 개형을 그린다.
❷ 양변의 정적분을 직접 계산하기보다 각각의 정적분의 값이 두 함수 $y=f(x),\ y=g(x)$의 그래프에서 어떠한 의미를 갖는지 파악하거나 두 함수의 관계를 이용한다.

해설 |1단계| c의 값을 구하고, 함수 $y=f(x)$의 그래프의 개형 그리기

$g(x)=\int_a^x f(t)\,dt$의 양변을 x에 대하여 미분하면

$g'(x)=f(x)$

조건 ㈎에서 $g'(1)=0$이므로

$g'(1)=f(1)$

$\quad=\ln 2-c=0$

$\therefore c=\ln 2$

$f(x)=\ln(x^4+1)-\ln 2$에서

$f'(x)=\dfrac{4x^3}{x^4+1}$

$f'(x)=0$에서 $x=0$

함수 $f(x)$의 증가와 감소를 표로 나타내면 다음과 같다.

x	$\cdots$	0	$\cdots$
$f'(x)$	$-$	0	$+$
$f(x)$	↘	$-\ln 2$	↗

따라서 함수 $f(x)$는 $x=0$에서 극솟값 $-\ln 2$를 갖고, 모든 실수 x에 대하여 $f(-x)=f(x)$이므로 함수 $y=f(x)$의 그래프의 개형은 다음 그림과 같다.

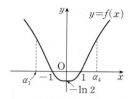

|2단계| m의 값을 구하고, 함수 $y=g(x)$의 그래프의 개형 그리기

조건 ㈎에 의하여 곡선 $y=f(x)$와 x축으로 둘러싸인 부분의 넓이와 곡선 $y=f(x)$와 x축 및 직선 $x=a_1$ $(a_1<-1)$로 둘러싸인 부분의 넓이가 같아지도록 하는 a_1의 값을 정할 수 있다. **how? ❶**

이때 $g(x)=\int_a^x f(t)\,dt=0$을 만족시키는 서로 다른 실근의 개수가 2가 되도록 하는 a의 값은 a_1, $a_2=-1$, $a_3=1$, $a_4=-a_1$이므로 $m=4$이다. **why? ❷**

따라서 조건을 만족시키는 함수 $y=g(x)$의 그래프의 개형은 다음 그림과 같다.

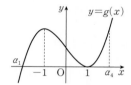

|3단계| $\int_{a_1}^{a_m} g(x)\,dx$를 변형하여 k의 값 구하기

$$\int_0^1 |f(x)|\,dx = \int_0^1 \{-f(x)\}\,dx$$
$$= \int_0^1 \{-g'(x)\}\,dx$$
$$= \Big[-g(x)\Big]_0^1$$
$$= -g(1)+g(0)$$

이때 $g(1)=0$이므로

$$g(0)=\int_0^1 |f(x)|\,dx$$

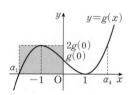

함수 $y=g(x)$의 그래프는 점 $(0,\,g(0))$에 대하여 대칭이므로 $\int_{a_1}^{a_4} g(x)\,dx$의 값은 위의 그림에서 색칠한 직사각형의 넓이와 같다.

즉,

$$\int_{a_1}^{a_4} g(x)\,dx = -a_1 \times 2g(0) \quad \textbf{how? ❸}$$
$$= -2a_1 \times \int_0^1 |f(x)|\,dx$$
$$= 2a_4 \times \int_0^1 |f(x)|\,dx$$

이므로 조건 ㈏에서

$k=2$

$\therefore mk \times e^c = 4 \times 2 \times e^{\ln 2}$
$= 4 \times 2 \times 2 = 16$

해설특강 ✏

how? ❶ $x<-1$일 때 함수 $f(x)>0$, $f'(x)<0$이므로
$$\int_{a_1}^{-1} |f(x)|\,dx = \int_{-1}^1 |f(x)|\,dx$$
가 되도록 하는 a_1의 값이 반드시 존재한다.

why? ❷ 왜 $m=4$일까?

a가 이 4개의 값을 제외한 다른 값을 가지면 $g(x)=0$을 만족시키는 서로 다른 실근의 개수가 2보다 크다.

예를 들어, $0<a<1$이면 다음 그림과 같이 $g(x)=0$의 서로 다른 실근의 개수는 β_1, a, β_2로 3이다.

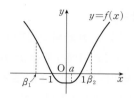

how? ❸ 함수 $y=g'(x)=f(x)$의 그래프가 직선 $x=0$에 대하여 대칭이므로 함수 $y=g(x)$의 그래프는 점 $(0,\,g(0))$에 대하여 대칭이고, $g(1)=0$이므로 $g(-1)+g(1)=2g(0)$에서 $g(-1)=2g(0)$이다.

---

2 2017학년도 수능 가 21 [정답률 45%] 변형   **|정답 10|**

출제영역 정적분과 넓이 + 정적분으로 정의된 함수

함수의 그래프의 개형을 유추하고, 치환적분법을 이용하여 주어진 정적분의 값을 구한다.

모든 실수 x에 대하여 $f(1-x)=f(1+x)$이고 ❶, 닫힌구간 $[0,\,1]$에서 증가하는 연속함수 $f(x)$가

$$\int_0^1 f(x)\,dx=1,\quad \int_1^2 |f(x)|\,dx=5 \quad ❷$$

를 만족시킨다. 함수 $F(x)$가

$$F(x)=\int_0^x |f(t)|\,dt \ (0\le x\le 2) \quad ❸$$

일 때, $\int_0^2 f(x)F(x)\,dx$ ❸ 의 값을 구하시오. **10**

킬러코드 함수의 그래프의 개형을 유추하고, 치환적분법을 이용하여 정적분의 값 구하기

❶ 함수 $y=f(x)$의 그래프는 직선 $x=1$에 대하여 대칭이다.

❷ $\int_1^2 |f(x)|\,dx = \int_0^1 |f(x)|\,dx$, $\int_0^1 f(x)\,dx \ne \int_0^1 |f(x)|\,dx$이므로 닫힌구간 $[0,\,1]$에서 함수 $f(x)$의 값의 부호가 달라짐을 알 수 있다.

❸ $F'(x)=|f(x)|$이므로 적분 구간을 나누어 치환적분법을 이용한다.

해설 **|1단계|** 함수 $y=f(x)$의 그래프의 개형 유추하기

모든 실수 x에 대하여 $f(1-x)=f(1+x)$이므로 함수 $y=f(x)$의 그래프는 직선 $x=1$에 대하여 대칭이고,

$$\int_0^1 |f(x)|\,dx = \int_1^2 |f(x)|\,dx = 5 \quad \textbf{how? ❶}$$

또, 닫힌구간 $[0,\,1]$에서 함수 $f(x)$가 증가하므로 닫힌구간 $[1,\,2]$에서 함수 $f(x)$는 감소하고, $\int_0^1 |f(x)|\,dx > \int_0^1 f(x)\,dx > 0$에서

$f(0)<0<f(1)$ **why? ❷**

따라서 함수 $y=f(x)$의 그래프가 닫힌구간 $[0, 1]$에서 x축과 만나는 점의 x좌표를 k라 하면 닫힌구간 $[1, 2]$에서 x축과 만나는 점의 x좌표는 $2-k$이고, 닫힌구간 $[0, 2]$에서 함수 $y=f(x)$의 그래프의 개형은 다음 그림과 같다.

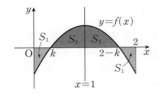

|2단계| S_1, S_2의 값 구하기

위의 그림과 같이 함수 $y=f(x)$의 그래프와 x축 및 y축으로 둘러싸인 부분의 넓이를 S_1, $k \le x \le 1$에서 함수 $y=f(x)$의 그래프와 x축으로 둘러싸인 부분의 넓이를 S_2라 하면 $1 \le x \le 2-k$에서 함수 $y=f(x)$의 그래프와 x축으로 둘러싸인 부분의 넓이는 S_2, 함수 $y=f(x)$의 그래프와 x축 및 직선 $x=2$로 둘러싸인 부분의 넓이는 S_1이다.

$\int_0^1 f(x)\,dx=1$에서

$-S_1+S_2=1$ ...... ㉠

$\int_0^1 |f(x)|\,dx=5$에서

$S_1+S_2=5$ ...... ㉡

㉠, ㉡을 연립하여 풀면

$S_1=2$, $S_2=3$

|3단계| 치환적분법을 이용하여 각 구간별로 정적분의 값 구하기

(i) $0 \le x \le k$일 때

$F(x)=\int_0^x \{-f(t)\}\,dt$이므로

$F'(x)=-f(x)$

$\int_0^k f(x)F(x)\,dx$에서 $F(x)=t$로 놓으면 $x=0$일 때 $t=0$, $x=k$일 때 $t=2$이고, **how? ❸**

$\dfrac{dt}{dx}=F'(x)=-f(x)$이므로

$\int_0^k f(x)F(x)\,dx=\int_0^2 (-t)\,dt$

$\qquad\qquad\qquad\quad =\left[-\dfrac{1}{2}t^2\right]_0^2=-2$

(ii) $k \le x \le 2-k$일 때

$F(x)=\int_0^k |f(t)|\,dt+\int_k^x |f(t)|\,dt$

$\qquad =\int_0^k \{-f(t)\}\,dt+\int_k^x f(t)\,dt$

$\qquad =2+\int_k^x f(t)\,dt$

이므로

$F'(x)=f(x)$

$\int_k^{2-k} f(x)F(x)\,dx$에서 $F(x)=t$로 놓으면 $x=k$일 때 $t=2$, $x=2-k$일 때 $t=8$이고, **how? ❸**

$\dfrac{dt}{dx}=F'(x)=f(x)$이므로

$\int_k^{2-k} f(x)F(x)\,dx=\int_2^8 t\,dt$

$\qquad\qquad\qquad\qquad\quad =\left[\dfrac{1}{2}t^2\right]_2^8=30$

(iii) $2-k \le x \le 2$일 때

$F(x)=\int_0^k |f(t)|\,dt+\int_k^{2-k} |f(t)|\,dt+\int_{2-k}^x |f(t)|\,dt$

$\qquad =\int_0^k \{-f(t)\}\,dt+\int_k^{2-k} f(t)\,dt+\int_{2-k}^x \{-f(t)\}\,dt$

$\qquad =2+6+\int_{2-k}^x \{-f(t)\}\,dt$

$\qquad =8+\int_{2-k}^x \{-f(t)\}\,dt$

이므로

$F'(x)=-f(x)$

$\int_{2-k}^2 f(x)F(x)\,dx$에서 $F(x)=t$로 놓으면 $x=2-k$일 때 $t=8$, $x=2$일 때 $t=10$이고, **how? ❸**

$\dfrac{dt}{dx}=F'(x)=-f(x)$이므로

$\int_{2-k}^2 f(x)F(x)\,dx=\int_8^{10} (-t)\,dt$

$\qquad\qquad\qquad\qquad\quad =\left[-\dfrac{1}{2}t^2\right]_8^{10}=-18$

|4단계| $\int_0^2 f(x)F(x)\,dx$의 값 구하기

(i), (ii), (iii)에 의하여

$\int_0^2 f(x)F(x)\,dx$

$=\int_0^k f(x)F(x)\,dx+\int_k^{2-k} f(x)F(x)\,dx+\int_{2-k}^2 f(x)F(x)\,dx$

$=-2+30+(-18)=10$

해설특강 ✎

how? ❶ $x=2-t$로 놓으면 $x=0$일 때 $t=2$, $x=1$일 때 $t=1$이고, $\dfrac{dx}{dt}=-1$이다.

또, $f(1-x)=f(1+x)$에서 $f(2-x)=f(x)$이므로

$\int_0^1 |f(x)|\,dx=\int_2^1 |f(2-t)|\,(-dt)$

$\qquad\qquad\quad =\int_1^2 |f(2-t)|\,dt$

$\qquad\qquad\quad =\int_1^2 |f(t)|\,dt=5$

why? ❷ 닫힌구간 $[0, 1]$에서 함수 $f(x)$가 증가하므로 $f(0)<f(1)$이다.

$0<f(0)<f(1)$이면 닫힌구간 $[0, 1]$에서 $f(x)>0$이므로

$\int_0^1 |f(x)|\,dx=\int_0^1 f(x)\,dx$

$f(0)<f(1)<0$이면 닫힌구간 $[0, 1]$에서 $f(x)<0$이므로

$\int_0^1 |f(x)|\,dx=-\int_0^1 f(x)\,dx$이다.

따라서 $f(0)<0<f(1)$이다.

how? ❸ $F(k)=\int_0^k |f(t)|\,dt=S_1=2$

$F(2-k)=\int_0^{2-k} |f(t)|\,dt=S_1+2S_2=8$

$F(2)=\int_0^2 |f(t)|\,dt=2S_1+2S_2=10$

출제영역 정적분의 성질+삼각함수의 그래프

삼각함수의 그래프의 주기와 평행이동, 정적분의 성질을 이용하여 그래프의 개형을 파악하고, 조건을 만족시키는 미지수의 값을 구한다.

> 수열 $\{a_n\}$이 $a_n = 2^{n-1}-1$일 때, 구간 $[0, \infty)$에서 정의된 함수 $f(x)$가 모든 자연수 n에 대하여
>
> $f(x) = \cos(2^{2-n}\pi(x-a_n))$ $(a_n \le x \le a_{n+1})$
>
> 이다. $3 < \alpha < 4$인 실수 α에 대하여 $\displaystyle\int_\alpha^t f(x)\,dx = 0$을 만족시키는 100 이하의 양수 t의 개수가 11일 때, α의 값은?
>
> ① $\dfrac{19}{6}$ 　　✓② $\dfrac{10}{3}$ 　　③ $\dfrac{7}{2}$
>
> ④ $\dfrac{11}{3}$ 　　⑤ $\dfrac{23}{6}$

킬러코드 새로운 함수를 설정하여 $\displaystyle\int_\alpha^t f(x)\,dx = 0$의 의미 파악하기

❶ 삼각함수의 그래프의 평행이동과 주기를 이용하여 구간별로 함수 $y=f(x)$의 그래프의 개형을 그린다.

❷ 적분 구간을 $[0, x]$로 설정한 새로운 함수를 정의하여 $\displaystyle\int_\alpha^t f(x)\,dx = 0$의 의미를 파악한다.

해설 |1단계| 그래프의 평행이동과 주기를 이용하여 함수 $y=f(x)$의 그래프의 개형 그리기

$a_n \le x \le a_{n+1}$에서 함수 $y=f(x)$의 그래프는

$y = \cos(2^{2-n}\pi x)$ $(0 \le x \le 2^{n-1})$의 그래프를 x축의 방향으로

$2^{n-1}-1$만큼 평행이동한 그래프이다.

이때 $a_n \le x \le a_{n+1}$에서 함수 $f(x)$의 주기는

$\dfrac{2\pi}{2^{2-n}\pi} = 2^{n-1}$

이므로 함수 $y=f(x)$의 그래프의 개형은 다음 그림과 같다.

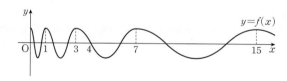

|2단계| 함수 $g(x) = \displaystyle\int_0^x f(t)\,dt$의 그래프의 개형을 그리고, $\displaystyle\int_\alpha^t f(x)\,dx = 0$의 의미 파악하기

$g(x) = \displaystyle\int_0^x f(t)\,dt$라 하면 $g(0)=0$이고 $\displaystyle\int_{a_n}^{a_{n+1}} f(x)\,dx = 0$, **how? ❶**

$g'(x) = f(x)$이므로 함수 $y=g(x)$의 그래프의 개형은 다음 그림과 같다.

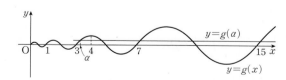

이때 $\displaystyle\int_\alpha^t f(x)\,dx = \int_\alpha^0 f(x)\,dx + \int_0^t f(x)\,dx = 0$에서

$\displaystyle\int_0^t f(x)\,dx = \int_0^\alpha f(x)\,dx$

$\therefore g(t) = g(\alpha)$

즉, $\displaystyle\int_\alpha^t f(x)\,dx = 0$을 만족시키는 t의 개수는 함수 $y=g(t)$의 그래프와 직선 $y=g(\alpha)$의 교점의 개수와 같으므로 $g(x)=g(\alpha)$를 만족시키는 100 이하의 양수 x의 개수가 11일 때의 α의 값을 구하면 된다.

|3단계| α의 값 구하기

$3 < \alpha < 4$이므로

$g(\alpha) > 0$

$a_3 = 3$, $a_4 = 7$, $a_5 = 15$, $a_6 = 31$, $a_7 = 63$, $a_8 = 127$에서

$\dfrac{a_7 + a_8}{2} = 95 < 100$

이므로 $3 \le x \le 100$에서 $g(x) = g(\alpha)$를 만족시키는 서로 다른 양수 x는

$3 < x < 5$, $7 < x < 11$, $15 < x < 23$, $31 < x < 47$, $63 < x < 95$

에서 2개씩 존재한다.

즉, $3 \le x \le 100$에서 $g(x) = g(\alpha)$를 만족시키는 서로 다른 양수 x의 개수는

$2+2+2+2+2 = 10$

따라서 $0 \le x < 3$에서 $g(x) = g(\alpha)$를 만족시키는 양수 x는 하나만 존재해야 한다.

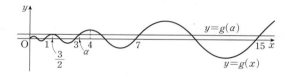

위의 그림과 같이 $0 < x < 3$에서 곡선 $y=g(x)$와 직선 $y=g(\alpha)$는 접해야 하고, 이때 접점의 x좌표는 $\dfrac{3}{2}$이므로

$g(\alpha) = g\left(\dfrac{3}{2}\right)$

$1 \le x \le 3$에서 $g(x) = \dfrac{1}{\pi}\sin\pi(x-1)$이므로 **how? ❷**

$g\left(\dfrac{3}{2}\right) = \dfrac{1}{\pi}\sin\pi\left(\dfrac{3}{2}-1\right) = \dfrac{1}{\pi}$

$3 \le x \le 7$에서 $g(x) = \dfrac{2}{\pi}\sin\dfrac{\pi}{2}(x-3)$이므로 **how? ❷**

$g(\alpha) = \dfrac{2}{\pi}\sin\dfrac{\pi}{2}(\alpha-3)$

$g(\alpha) = g\left(\dfrac{3}{2}\right)$에서

$\dfrac{2}{\pi}\sin\dfrac{\pi}{2}(\alpha-3) = \dfrac{1}{\pi}$

$\sin\dfrac{\pi}{2}(\alpha-3) = \dfrac{1}{2}$

$\dfrac{\pi}{2}(\alpha-3) = \dfrac{\pi}{6}$ **how? ❸**

$\alpha-3 = \dfrac{1}{3}$

$\therefore \alpha = \dfrac{10}{3}$

how? ❶ $a_n \leq x \leq a_{n+1}$에서 함수 $f(x)$의 주기가 $2^{n-1} = a_{n+1} - a_n$이므로

$$\int_{a_n}^{a_{n+1}} f(x)\,dx = 0$$이다.

how? ❷ $a_2 = 1$, $a_3 = 3$, $a_4 = 7$이므로

$1 \leq x \leq 3$에서 $f(t) = \cos \pi(t-1)$이고

$$\begin{aligned} g(x) &= \int_0^x f(t)\,dt \\ &= \int_0^1 f(t)\,dt + \int_1^x f(t)\,dt \\ &= 0 + \int_1^x \cos \pi(t-1)\,dt \\ &= \left[\frac{1}{\pi} \sin \pi(t-1) \right]_1^x \\ &= \frac{1}{\pi} \sin \pi(x-1) \end{aligned}$$

$3 \leq x \leq 7$에서 $f(t) = \cos \frac{\pi}{2}(x-3)$이고

$$\begin{aligned} g(x) &= \int_0^x f(t)\,dt \\ &= \int_0^1 f(t)\,dt + \int_1^3 f(t)\,dt + \int_3^x f(t)\,dt \\ &= 0 + 0 + \int_3^x \cos \frac{\pi}{2}(t-3)\,dt \\ &= \left[\frac{2}{\pi} \sin \frac{\pi}{2}(t-3) \right]_3^x \\ &= \frac{2}{\pi} \sin \frac{\pi}{2}(x-3) \end{aligned}$$

how? ❸ $3 < a < 4$에서

$0 < a-3 < 1$ ∴ $0 < \frac{\pi}{2}(a-3) < \frac{\pi}{2}$

따라서 $\sin \frac{\pi}{2}(a-3) = \frac{1}{2}$을 풀면

$$\frac{\pi}{2}(a-3) = \frac{\pi}{6}$$

4

출제영역 미분가능성＋정적분과 미분의 관계

조건을 만족시키는 함수의 식을 구하여 정적분의 값을 구할 수 있는지를 묻는 문제이다.

> 실수 전체의 집합에서 미분가능한 함수 $f(x)$가 ❷ 다음 조건을 만족시킨다.
>
> (가) $0 \leq x \leq 2$에서 $f(x) = ax + b \sin cx$ ❷
> (단, a는 양수이고 b, c는 상수이다.)
>
> (나) 모든 실수 x에 대하여 $f(x) = f(-x)$, $f(x) = f(x+4)$이다. ❶
>
> 함수 $g(x) = \int_x^{x+2} |t f'(t)|\,dt$에 대하여 ❸ $g(8) - g(4) = 16$일 때, $g'(7)$의 값을 구하시오. (단, $f'(1) \neq 0$) 8

킬러코드 미분가능성을 이용하여 함수 $y = f(x)$의 그래프의 개형 그리기

❶ 함수 $y = f(x)$의 그래프는 y축에 대하여 대칭이고, 주기가 4이다.
❷ 미분가능성과 함수의 그래프의 특징을 이용하여 a, b, c 사이의 관계식을 구한다.
❸ 양변을 x에 대하여 미분하여 $g'(x)$의 식을 $f'(x)$에 대한 식으로 나타낸다.

해설 |1단계| 함수의 그래프의 성질과 미분가능성을 이용하여 a, b, c 사이의 관계식 구하기

조건 (나)에서 함수 $y = f(x)$의 그래프는 y축에 대하여 대칭이므로

$$f(x) = \begin{cases} ax + b \sin cx & (0 \leq x \leq 2) \\ -ax - b \sin cx & (-2 \leq x < 0) \end{cases}$$

이고

$$f'(x) = \begin{cases} a + bc \cos cx & (0 < x < 2) \\ -a - bc \cos cx & (-2 < x < 0) \end{cases}$$

이때 함수 $f(x)$는 실수 전체의 집합에서 미분가능하므로 $x = 0$에서도 미분가능하다. 즉,

$a + bc = -a - bc$ **how? ❶**

∴ $bc = -a$ ……㉠

또, 조건 (나)에서 함수 $f(x)$는 주기가 4인 함수이므로

$$f(x) = \begin{cases} ax + b \sin cx & (0 \leq x \leq 2) \\ -a(x-4) - b \sin c(x-4) & (2 < x \leq 4) \end{cases}$$ **how? ❷**

이고

$$f'(x) = \begin{cases} a + bc \cos cx & (0 < x < 2) \\ -a - bc \cos c(x-4) & (2 < x < 4) \end{cases}$$

이때 함수 $f(x)$는 실수 전체의 집합에서 미분가능하므로 $x = 2$에서도 미분가능하다. 즉,

$a + bc \cos 2c = -a - bc \cos 2c$

∴ $a + bc \cos 2c = 0$ ……㉡

㉠을 ㉡에 대입하여 정리하면

$a(1 - \cos 2c) = 0$

∴ $\cos 2c = 1$ ($\because a > 0$) ……㉢

|2단계| 함수 $y = f(x)$의 그래프의 개형을 그리고, a의 값 구하기

$0 < x < 2$에서

$f'(x) = a + bc \cos cx = a - a \cos cx \geq 0$

이므로 열린구간 $(0, 2)$에서 함수 $f(x)$는 증가한다.

이때 $f(0) = 0$이므로 함수 $y = f(x)$의 그래프의 개형은 다음 그림과 같다.

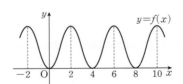

$4 < x < 6$, $8 < x < 10$에서 $f'(x) > 0$이므로

$$\begin{aligned} g(8) &= \int_8^{10} |t f'(t)|\,dt \\ &= \int_8^{10} t f'(t)\,dt \\ &= \left[t f(t) \right]_8^{10} - \int_8^{10} f(t)\,dt \end{aligned}$$

$$\begin{aligned} g(4) &= \int_4^6 |t f'(t)|\,dt \\ &= \int_4^6 t f'(t)\,dt \\ &= \left[t f(t) \right]_4^6 - \int_4^6 f(t)\,dt \end{aligned}$$

이때 $\int_8^{10} f(t)\,dt = \int_4^6 f(t)\,dt$ 이고, $f(10)=f(6)=f(2)$,

$f(8)=f(4)=f(0)=0$ 이므로

$g(8)-g(4)=\{10f(10)-8f(8)\}-\{6f(6)-4f(4)\}$

$\qquad\qquad = 10f(2)-6f(2)$

$\qquad\qquad = 4f(2)$

즉, $4f(2)=16$ 이므로

$f(2)=4$

조건 ㈎에서

$f(2)=2a+b\sin 2c=4$

이때 ㉢에서 $\sin 2c=0$ 이므로 **why? ❸**

$2a=4$

$\therefore a=2$

|3단계| $g'(7)$의 값 구하기

$g'(x)=|(x+2)f'(x+2)|-|xf'(x)|$ 이고 $f'(9)=f'(1)$,

$f'(7)=f'(-1)$ 이므로

$g'(7)=|9f'(9)|-|7f'(7)|$

$\qquad\quad = |9f'(1)|-|7f'(-1)|$

이때 조건 ㈏의 $f(x)=f(-x)$에서 $f'(x)=-f'(-x)$이므로

$f'(1)=-f'(-1)$

즉, $f'(1)>0$, $f'(-1)<0$ 이므로

$g'(7)=9f'(1)-7f'(1)=2f'(1)$

한편, ㉢의 $\cos 2c=1$에서 $2\cos^2 c-1=1$이므로

$\cos c=-1$ 또는 $\cos c=1$

$f'(1)=a+bc\cos c=2-2\cos c$에서 $f'(1)\neq 0$이므로

$\cos c=-1$

$\therefore f'(1)=2-2\times(-1)=4$

$\therefore g'(7)=2f'(1)=2\times 4=8$

참고 **|2단계|** 에서 $g(8)-g(4)$의 값을 다음과 같이 구할 수도 있다.

$8\le t\le 10$에서 $f'(t)\ge 0$이므로

$g(8)=\int_8^{10}|tf'(t)|\,dt$

$\qquad\quad =\int_8^{10}tf'(t)\,dt$

이때 $f(t)=y$로 놓으면 $t=8$일 때 $y=f(8)$, $t=10$일 때 $y=f(10)$이고,

$\dfrac{dy}{dt}=f'(t)$이므로

$g(8)=\int_{f(8)}^{f(10)}t\,dy$

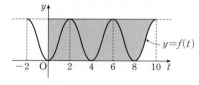

따라서 $g(8)$의 값은 위의 그림과 같이 곡선 $y=f(t)$와 y축 및 두 직선 $y=f(8)$, $y=f(10)$으로 둘러싸인 부분의 넓이와 같다.

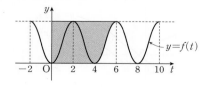

마찬가지로, $g(4)=\int_{f(4)}^{f(6)}t\,dy$이므로 $g(4)$의 값은 위의 그림과 같이 곡선 $y=f(t)$와 y축 및 두 직선 $y=f(4)$, $y=f(6)$으로 둘러싸인 부분의 넓이와 같다.

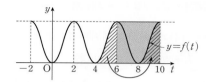

따라서 $g(8)-g(4)$의 값은 위의 그림에서

$4\times f(10)=4f(2)$

해설특강 📝

how? ❶ $\displaystyle\lim_{x\to 0+}f'(x)=a+bc$, $\displaystyle\lim_{x\to 0-}f'(x)=-a-bc$이고 $x=0$에서 미분 가능하므로

$\displaystyle\lim_{x\to 0+}f'(x)=\lim_{x\to 0-}f'(x)=f'(0)$

how? ❷ $-2<x\le 0$일 때 $f(x)=-ax-b\sin cx$이고 주기가 4이므로 $2<x\le 4$일 때의 함수의 그래프는 $-2<x\le 0$일 때의 함수의 그래프를 x축의 방향으로 4만큼 평행이동한 것이다.

따라서 $2<x\le 4$일 때 함수 $f(x)$는

$f(x)=-a(x-4)-b\sin c(x-4)$

why? ❸ $\sin^2 x+\cos^2 x=1$이므로

$\sin^2 2c+\cos^2 2c=1$

그런데 ㉢에서 $\cos 2c=1$이므로

$\sin^2 2c+1^2=1$

$\sin^2 2c=0$

$\therefore \sin 2c=0$

핵심 개념 **주기함수의 정적분**

함수 $y=f(x)$에서 정의역에 속하는 모든 실수 x에 대하여

$f(x+p)=f(x)\ (p>0)$

인 주기함수 $f(x)$의 정적분은 다음을 이용하여 구한다.

(1) $\displaystyle\int_a^b f(x)\,dx=\int_{a+p}^{b+p}f(x)\,dx$

(2) $\displaystyle\int_a^{a+p}f(x)\,dx=\int_b^{b+p}f(x)\,dx$

출제영역 정적분과 미분의 관계＋함수의 연속성＋방정식의 실근의 개수

기존 함수와 이로부터 정의된 함수의 그래프를 그리고, 함수의 연속성을 이용하여 상수의 값 및 정적분의 값을 구할 수 있는지를 묻는 문제이다.

함수 $f(x)=\ln\{(x-a)^2+1\}$에 대하여 함수 $g(x)$를

$$g(x)=\int_k^x |f'(t)|\,dt\ (k\text{는 상수})❶$$

라 할 때, 두 함수 $f(x)$, $g(x)$가 다음 조건을 만족시킨다.

> (가) 양의 실수 t에 대하여 x에 대한 방정식
> $\{f(x)-t\}\{g(x)-t\}=0$의 서로 다른 실근의 개수를 $h(t)$❷
> 라 할 때, 함수 $h(t)$는 $t=f(2a)$에서만 불연속이다.
> (나) $f(k)=g(2)$

$\displaystyle\int_0^{2a} g(x)\,dx$의 값은? (단, a는 양수이다.)

① $2\ln 5$ ② $4\ln 2$ ③ $4\ln 5$

④ $8\ln 2$ ✓⑤ $8\ln 5$

킬러코드 정적분으로 정의된 함수의 대칭성 및 새로운 함수의 연속성을 활용하여 정적분의 값 구하기

❶ $g'(x)=|f'(x)|$이므로 $f'(x)$의 부호에 따라 두 곡선 $y=g(x)$와 $y=f(x)$의 위치를 파악한다.

❷ 함수 $h(t)$는 직선 $y=t$가 곡선 $y=f(x)$ 또는 $y=g(x)$와 만나는 서로 다른 점의 개수와 같다.

해설 |1단계| 함수 $y=f(x)$의 그래프의 개형 그리기

$f(x)=\ln\{(x-a)^2+1\}$에서

$$f'(x)=\frac{2(x-a)}{(x-a)^2+1}$$

$f'(x)=0$에서 $x=a$이므로 함수 $f(x)$의 증가와 감소를 표로 나타내면 다음과 같다.

x	$\cdots$	a	$\cdots$
$f'(x)$	$-$	0	$+$
$f(x)$	$\searrow$	0	$\nearrow$

또, $\displaystyle\lim_{x\to\infty} f(x)=\infty$이고 $f(x)=f(2a-x)$이므로 함수 $y=f(x)$의 그래프는 직선 $x=a$에 대하여 대칭이다.

따라서 함수 $y=f(x)$의 그래프의 개형은 다음 그림과 같다.

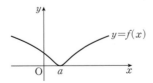

|2단계| 함수 $y=g(x)$의 그래프의 개형 그리기

$$g'(x)=|f'(x)|=\begin{cases} f'(x) & (x>a) \\ -f'(x) & (x<a) \end{cases}$$

이므로

$$g(x)=\begin{cases} f(x)+C_1 & (x\ge a) \\ -f(x)+C_2 & (x<a) \end{cases} \text{(단, } C_1, C_2\text{는 적분상수)}$$

이때 함수 $g(x)$는 $x=a$에서 연속이므로 **why? ❶**

$$f(a)+C_1=-f(a)+C_2$$

$f(a)=\ln 1=0$이므로 $C_1=C_2$이고 이 값을 C라 하면

$$g(x)=\begin{cases} f(x)+C & (x\ge a) \\ -f(x)+C & (x<a) \end{cases} \text{(단, } C\text{는 적분상수)} \quad\cdots\cdots ㉠$$

즉, $x\ge a$에서 함수 $y=g(x)$의 그래프는 함수 $y=f(x)$의 그래프를 y축의 방향으로 C만큼 평행이동한 그래프이고, $x<a$에서 함수 $y=g(x)$의 그래프는 함수 $y=f(x)$의 그래프를 x축에 대하여 대칭이동한 후 y축의 방향으로 C만큼 평행이동한 그래프이다.

따라서 함수 $y=g(x)$의 그래프의 개형은 다음 그림과 같다.

|3단계| 함수 $h(t)$의 연속성을 이용하여 두 함수 $y=f(x)$, $y=g(x)$의 그래프의 위치 파악하기

함수 $h(t)$는 방정식 $\{f(x)-t\}\{g(x)-t\}=0$의 서로 다른 실근의 개수이고, 이는 직선 $y=t$가 곡선 $y=f(x)$ 또는 $y=g(x)$와 만나는 서로 다른 점의 개수와 같다.

(i) $C<0$인 경우

두 함수 $y=f(x)$, $y=g(x)$의 그래프는 다음 그림과 같다. **how? ❷**

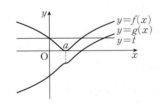

이때 임의의 양의 실수 t에 대하여 직선 $y=t$가 곡선 $y=f(x)$ 또는 $y=g(x)$와 만나는 서로 다른 점의 개수가 항상 3이므로

$h(t)=3$

따라서 조건을 만족시키지 않는다.

(ii) $C=0$인 경우

두 함수 $y=f(x)$, $y=g(x)$의 그래프는 다음 그림과 같다. **how? ❷**

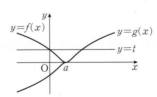

이때 임의의 양의 실수 t에 대하여 직선 $y=t$가 곡선 $y=f(x)$ 또는 $y=g(x)$와 만나는 서로 다른 점의 개수가 항상 2이므로

$h(t)=2$

따라서 조건을 만족시키지 않는다.

(iii) $C>0$인 경우

두 함수 $y=f(x)$, $y=g(x)$의 그래프는 다음 그림과 같다.

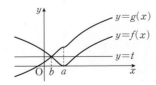

앞의 그림과 같이 두 곡선 $y=f(x)$, $y=g(x)$는 $x=b$ $(b<a)$에서 교점을 갖고, 함수 $h(t)$는 $t=f(b)$에서 불연속이다. **why? ❸**

따라서 조건 (개)에 의하여 $f(b)=f(2a)$이어야 하고, 이때 $b<a$이고 함수 $y=f(x)$의 그래프는 직선 $x=a$에 대하여 대칭이므로 $b=0$이다.

즉, 두 함수 $y=f(x)$, $y=g(x)$의 그래프는 다음 그림과 같다.

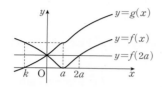

$f(0)=g(0)$이고, ㉠에서 $g(0)=-f(0)+C$이므로
$$C=2f(0)$$

(i), (ii), (iii)에 의하여
$$g(x)=\begin{cases} f(x)+2f(0) & (x\geq a) \\ -f(x)+2f(0) & (x<a) \end{cases} \qquad \cdots\cdots ㉡$$

|4단계| $\int_0^{2a}g(x)\,dx$의 값 구하기

함수 $g(x)$의 정의로부터 $g(k)=0$이고,
위의 그림에서 $k<a$이므로 ㉡에서
$$g(k)=-f(k)+2f(0)$$
$$\therefore f(k)=2f(0) \qquad \cdots\cdots ㉢$$
한편, ㉡에서
$$g(a)=f(a)+2f(0)=2f(0) \qquad \cdots\cdots ㉣$$
㉢, ㉣에서 $f(k)=g(a)$
조건 (내)에 의하여 $g(a)=g(2)$이므로
$$a=2$$
또, 함수 $y=g(x)$의 그래프는 점 $(a, g(a))$, 즉 $(a, 2f(0))$에 대하여 대칭이므로
$$\int_0^{2a}g(x)\,dx=2a\times g(a)=4\times 2f(0)=8f(0) \text{ **why? ❹**}$$
이때 $f(0)=\ln\{(0-2)^2+1\}=\ln 5$이므로
$$\int_0^{2a}g(x)\,dx=8f(0)=8\ln 5$$

해설특강

why? ❶ 연속함수 $f(x)$에 대하여 함수 $g(x)=\int_k^x|f'(t)|\,dt$는 미분가능하므로 실수 전체의 집합에서 연속이다.

how? ❷ $\displaystyle\lim_{x\to\infty}f(x)=\lim_{x\to-\infty}f(x)=\lim_{x\to\infty}g(x)=\infty$

why? ❸ 양의 실수 t에 대하여
$$h(t)=\begin{cases} 3 & (t\neq f(b)) \\ 2 & (t=f(b)) \end{cases}$$
이므로 함수 $h(t)$는 $t=f(b)$에서 불연속이다.

why? ❹ 함수 $y=g(x)$의 그래프가 점 $(a, 2f(0))$에 대하여 대칭이므로 오른쪽 그림에서 빗금 친 두 부분의 넓이는 같다.

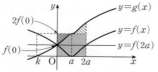

즉, $\int_0^{2a}g(x)\,dx$는 위의 그림의 색칠한 직사각형의 넓이와 같다.

1회 • 고난도 미니 모의고사
본문 76~78쪽

1 33	**2** ④	**3** 80	**4** ③	**5** ⑤	**6** ⑤

1 정답 33

k는 자연수이므로 $\dfrac{6}{k}>0$

(i) $\dfrac{6}{k}>1$, 즉 $0<k<6$일 때

$\displaystyle\lim_{n\to\infty}\left(\dfrac{6}{k}\right)^n=\infty$이므로 $\left(\dfrac{6}{k}\right)^n$으로 분모, 분자를 각각 나누면

$$a_k=\lim_{n\to\infty}\dfrac{\left(\dfrac{6}{k}\right)^{n+1}}{\left(\dfrac{6}{k}\right)^n+1}=\lim_{n\to\infty}\dfrac{\dfrac{6}{k}}{1+\dfrac{1}{\left(\dfrac{6}{k}\right)^n}}=\dfrac{\dfrac{6}{k}}{1+0}=\dfrac{6}{k}$$

(ii) $\dfrac{6}{k}=1$, 즉 $k=6$일 때, $\displaystyle\lim_{n\to\infty}\left(\dfrac{6}{k}\right)^n=1$이므로

$$a_k=\lim_{n\to\infty}\dfrac{\left(\dfrac{6}{k}\right)^{n+1}}{\left(\dfrac{6}{k}\right)^n+1}=\dfrac{1}{1+1}=\dfrac{1}{2}$$

(iii) $\dfrac{6}{k}<1$, 즉 $k>6$일 때, $\displaystyle\lim_{n\to\infty}\left(\dfrac{6}{k}\right)^n=0$이므로

$$a_k=\lim_{n\to\infty}\dfrac{\left(\dfrac{6}{k}\right)^{n+1}}{\left(\dfrac{6}{k}\right)^n+1}=\dfrac{0}{0+1}=0$$

$$\therefore \sum_{k=1}^{10}ka_k=\sum_{k=1}^{5}ka_k+6\times a_6+\sum_{k=7}^{10}ka_k$$
$$=\sum_{k=1}^{5}\left(k\times\dfrac{6}{k}\right)+6\times\dfrac{1}{2}+\sum_{k=7}^{10}(k\times 0)$$
$$=\sum_{k=1}^{5}6+3+0$$
$$=6\times 5+3+0$$
$$=33$$

핵심 개념 등비수열 $\{r^n\}$의 수렴과 발산

(1) $r>1$일 때, $\displaystyle\lim_{n\to\infty}r^n=\infty$ (발산)

(2) $r=1$일 때, $\displaystyle\lim_{n\to\infty}r^n=1$ (수렴)

(3) $|r|<1$일 때, $\displaystyle\lim_{n\to\infty}r^n=0$ (수렴)

(4) $r\leq-1$일 때, 수열 $\{r^n\}$은 진동한다. (발산)

2 정답 ④

$F(x)=\ln|f(x)|$에서 $F'(x)=\dfrac{f'(x)}{f(x)}$이므로

$$\lim_{x\to 1}(x-1)F'(x)=\lim_{x\to 1}\dfrac{(x-1)f'(x)}{f(x)}=3 \qquad \cdots\cdots ㉠$$

㉠에서 $x\to 1$일 때 0이 아닌 극한값이 존재하고 (분자) $\to 0$이므로 (분모) $\to 0$이어야 한다.

즉, $\lim\limits_{x \to 1} f(x) = f(1) = 0$이므로 함수 $f(x)$는 $x-1$을 인수로 갖는다.

따라서 함수 $f(x)$는

$f(x) = (x-1)Q(x)$ ($Q(x)$는 최고차항의 계수가 1인 삼차함수)

로 놓을 수 있다.

이때

$f'(x) = Q(x) + (x-1)Q'(x)$

이므로 이 식을 ㉠에 대입하면

$$\lim_{x \to 1} \frac{(x-1)f'(x)}{f(x)} = \lim_{x \to 1} \frac{(x-1)\{Q(x)+(x-1)Q'(x)\}}{(x-1)Q(x)}$$

$$= \lim_{x \to 1} \frac{Q(x)+(x-1)Q'(x)}{Q(x)}$$

$$= 1 + \lim_{x \to 1} \frac{(x-1)Q'(x)}{Q(x)} = 3$$

$$\therefore \lim_{x \to 1} \frac{(x-1)Q'(x)}{Q(x)} = 2 \qquad \cdots\cdots ㉡$$

㉡에서 $x \to 1$일 때 0이 아닌 극한값이 존재하고 (분자) $\to 0$이므로 (분모) $\to 0$이어야 한다.

즉, $\lim\limits_{x \to 1} Q(x) = Q(1) = 0$이므로 함수 $Q(x)$는 $x-1$을 인수로 갖는다.

따라서 함수 $Q(x)$는

$Q(x) = (x-1)R(x)$ ($R(x)$는 최고차항의 계수가 1인 이차함수)

로 놓을 수 있다.

이때

$Q'(x) = R(x) + (x-1)R'(x)$

이므로 이 식을 ㉡에 대입하면

$$\lim_{x \to 1} \frac{(x-1)Q'(x)}{Q(x)} = \lim_{x \to 1} \frac{(x-1)\{R(x)+(x-1)R'(x)\}}{(x-1)R(x)}$$

$$= \lim_{x \to 1} \frac{R(x)+(x-1)R'(x)}{R(x)}$$

$$= 1 + \lim_{x \to 1} \frac{(x-1)R'(x)}{R(x)} = 2$$

$$\therefore \lim_{x \to 1} \frac{(x-1)R'(x)}{R(x)} = 1 \qquad \cdots\cdots ㉢$$

㉢에서 $x \to 1$일 때 0이 아닌 극한값이 존재하고 (분자) $\to 0$이므로 (분모) $\to 0$이다.

즉, $\lim\limits_{x \to 1} R(x) = R(1) = 0$이므로 함수 $R(x)$는 $x-1$을 인수로 갖는다.

따라서 함수 $R(x)$는

$R(x) = (x-1)(x-a)$ (a는 상수)

로 놓을 수 있다.

$\therefore f(x) = (x-1)Q(x) = (x-1)^2 R(x) = (x-1)^3(x-a)$

$f'(x) = 3(x-1)^2(x-a) + (x-1)^3$

$\quad = (x-1)^2(4x-3a-1)$

이므로

$$F'(x) = \frac{f'(x)}{f(x)} = \frac{(x-1)^2(4x-3a-1)}{(x-1)^3(x-a)}$$

$$= \frac{4x-3a-1}{(x-1)(x-a)}$$

한편, $G'(x) = \dfrac{g'(x)\sin x + g(x)\cos x}{g(x)\sin x}$이므로

$\lim\limits_{x \to 0} \dfrac{F'(x)}{G'(x)} = \dfrac{1}{4}$에서

$$\lim_{x \to 0} \frac{(4x-3a-1)g(x)\sin x}{(x-1)(x-a)\{g'(x)\sin x + g(x)\cos x\}} = \frac{1}{4} \qquad \cdots\cdots ㉣$$

㉣에서 $x \to 0$일 때 0이 아닌 극한값이 존재하고 (분자) $\to 0$이므로 (분모) $\to 0$이다.

즉, $\lim\limits_{x \to 0}[(x-1)(x-a)\{g'(x)\sin x + g(x)\cos x\}] = 0$이므로

$ag(0) = 0$

$\therefore a = 0$ 또는 $g(0) = 0$

(i) $a \neq 0$인 경우

$g(0) = 0$이므로 $g(x) = x(x^2+cx+d)$ (c, d는 상수)라 하면

㉣에서

$$-\frac{3a+1}{a}\lim_{x \to 0} \frac{(x^2+cx+d)\sin x}{(3x^2+2cx+d)\frac{\sin x}{x}+(x^2+cx+d)\cos x} = \frac{1}{4}$$

이고, $x \to 0$일 때 0이 아닌 극한값이 존재하고 (분자) $\to 0$이므로 (분모) $\to 0$이다.

즉, $d = 0$이므로

$$-\frac{3a+1}{a}\lim_{x \to 0} \frac{(x+c)\sin x}{(3x+2c)\frac{\sin x}{x}+(x+c)\cos x} = \frac{1}{4}$$

이고, $x \to 0$일 때 0이 아닌 극한값이 존재하고 (분자) $\to 0$이므로 (분모) $\to 0$이다.

즉, $c = 0$이므로

$$-\frac{3a+1}{a}\lim_{x \to 0} \frac{\sin x}{3\frac{\sin x}{x}+\cos x} = 0$$

따라서 조건을 만족시키지 않는다.

(ii) $a = 0$인 경우

㉣에서

$$\lim_{x \to 0} \frac{(4x-1)g(x)\sin x}{x(x-1)\{g'(x)\sin x + g(x)\cos x\}}$$

$$= \lim_{x \to 0}\left\{ \frac{g(x)}{g'(x)\sin x + g(x)\cos x} \times \frac{4x-1}{x-1} \times \frac{\sin x}{x}\right\}$$

$$= \lim_{x \to 0} \frac{g(x)}{g'(x)\sin x + g(x)\cos x} \times 1 \times 1$$

$$= \lim_{x \to 0} \frac{g(x)}{g'(x)\sin x + g(x)\cos x} = \frac{1}{4}$$

즉, $\lim\limits_{x \to 0} \dfrac{g'(x)\sin x + g(x)\cos x}{g(x)} = 4$이므로

$$\lim_{x \to 0}\left\{ \frac{xg'(x)}{g(x)} \times \frac{\sin x}{x} + \cos x\right\} = 4$$

$$\lim_{x \to 0} \frac{xg'(x)}{g(x)} \times 1 + 1 = 4$$

$$\therefore \lim_{x \to 0} \frac{xg'(x)}{g(x)} = 3 \qquad \cdots\cdots ㉤$$

㉤에서 $x \to 0$일 때 0이 아닌 극한값이 존재하고 (분자) $\to 0$이므로 (분모) $\to 0$이다.

즉, $\lim\limits_{x \to 0} g(x) = g(0) = 0$이므로 함수 $g(x)$는 x를 인수로 갖는다.

따라서 함수 $g(x)$를

$g(x) = xS(x)$ ($S(x)$는 최고차항의 계수가 1인 이차함수)

로 놓을 수 있다.

이때

$g'(x)=S(x)+xS'(x)$

이므로 이 식을 ㉭에 대입하면

$$\lim_{x \to 0} \frac{xg'(x)}{g(x)} = \lim_{x \to 0} \frac{x\{S(x)+xS'(x)\}}{xS(x)}$$
$$=\lim_{x \to 0} \frac{S(x)+xS'(x)}{S(x)}$$
$$=1+\lim_{x \to 0} \frac{xS'(x)}{S(x)}=3$$

$$\therefore \lim_{x \to 0} \frac{xS'(x)}{S(x)}=2 \qquad \cdots\cdots ㉲$$

㉲에서 $x \to 0$일 때 0이 아닌 극한값이 존재하고 (분자) $\to 0$이므로 (분모) $\to 0$이다.

즉, $\lim_{x \to 0} S(x)=S(0)=0$이므로 함수 $S(x)$는 x를 인수로 갖는다.

따라서 함수 $S(x)$는

$S(x)=x(x-b)$ (b는 상수)

로 놓을 수 있다.

이때 $S'(x)=x-b+x=2x-b$이므로 ㉲에 대입하면

$$\lim_{x \to 0} \frac{xS'(x)}{S(x)}=\lim_{x \to 0} \frac{x(2x-b)}{x(x-b)}=\lim_{x \to 0} \frac{2x-b}{x-b}$$

이때 $b=0$이면 $\lim_{x \to 0} \frac{2x-b}{x-b}=2$이므로 ㉲을 만족시키고, $b \neq 0$이면

$\lim_{x \to 0} \frac{2x-b}{x-b}=1$이므로 ㉲을 만족시키지 않는다.

$\therefore b=0$

따라서 $S(x)=x^2$이므로

$g(x)=xS(x)=x^3$

(i), (ii)에 의하여 $f(x)=x(x-1)^3$, $g(x)=x^3$이므로

$f(3)+g(3)=3 \times 2^3+3^3=24+27=51$

3 정답 80

삼각형 ABC가 정삼각형이므로

$\angle BAC=\frac{\pi}{3}$

원주각의 성질에 의하여

$\angle BPC=\angle BAC=\frac{\pi}{3}$

다음 그림과 같이 점 C에서 선분 BP에 내린 수선의 발을 H라 하자.

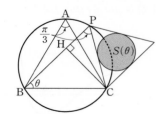

$\overline{BC}=2\sqrt{3}$이므로 직각삼각형 BCH에서

$\overline{CH}=\overline{BC} \sin \theta=2\sqrt{3} \sin \theta$

따라서 직각삼각형 PHC에서

$$\overline{PC}=\frac{\overline{CH}}{\sin \frac{\pi}{3}}=\frac{2\sqrt{3} \sin \theta}{\frac{\sqrt{3}}{2}}=4 \sin \theta$$

선분 PC를 한 변으로 하는 정삼각형에 내접하는 원의 반지름의 길이를 r라 하면 정삼각형의 넓이에서

$$3 \times \frac{1}{2} \times 4 \sin \theta \times r=\frac{\sqrt{3}}{4} \times (4 \sin \theta)^2$$

$$\therefore r=\frac{2\sqrt{3}}{3} \sin \theta$$

$$\therefore S(\theta)=\pi \times \left(\frac{2\sqrt{3}}{3} \sin \theta\right)^2=\frac{4}{3}\pi \sin^2 \theta$$

$$\therefore \lim_{\theta \to 0+} \frac{S(\theta)}{\theta^2}=\lim_{\theta \to 0+} \frac{\frac{4}{3}\pi \sin^2 \theta}{\theta^2}$$
$$=\frac{4}{3}\pi \times \lim_{\theta \to 0+} \left(\frac{\sin \theta}{\theta}\right)^2$$
$$=\frac{4}{3}\pi$$

따라서 $a=\frac{4}{3}$이므로

$$60a=60 \times \frac{4}{3}=80$$

참고 선분 PC의 길이는 다음과 같이 사인법칙을 이용하여 구할 수도 있다.

삼각형 PBC에서

$$\frac{\overline{PC}}{\sin \theta}=\frac{2\sqrt{3}}{\sin \frac{\pi}{3}} \qquad \therefore \overline{PC}=\frac{2\sqrt{3}}{\frac{\sqrt{3}}{2}} \sin \theta=4 \sin \theta$$

핵심 개념 **삼각형의 넓이 (중등 수학)**

(1) 삼각형 ABC의 내접원의 반지름의 길이를 r라 하면

$\triangle ABC=\triangle ABI+\triangle BCI+\triangle CAI$

$=\frac{1}{2}r\overline{AB}+\frac{1}{2}r\overline{BC}+\frac{1}{2}r\overline{CA}$

$=\frac{1}{2}r(\overline{AB}+\overline{BC}+\overline{CA})$

(2) 한 변의 길이가 a인 정삼각형 ABC의 넓이는 $\frac{\sqrt{3}}{4}a^2$이다.

4 정답 ③

$f(x)=x^2 e^{-x+2}$에서

$f'(x)=2x \times e^{-x+2}+x^2 \times (-1) \times e^{-x+2}$
$=x(-x+2)e^{-x+2}$

$f'(x)=0$에서

$x=0$ 또는 $x=2$ ($\because e^{-x+2}>0$)

$h(x)=(f \circ f)(x)=f(f(x))$로 놓으면

$h'(x)=f'(f(x))f'(x)$

$h'(x)=0$에서 $f'(f(x))=0$ 또는 $f'(x)=0$

(i) $f'(f(x))=0$, 즉 $f(x)=0$ 또는 $f(x)=2$일 때

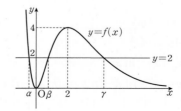

$f(x)=0$에서 $x=0$

$f(x)=2$일 때, $f(\alpha)=f(\beta)=f(\gamma)=2\ (\alpha<\beta<\gamma)$라 하면

$\alpha<0<\beta<2<\gamma$

(ii) $f'(x)=0$일 때, $x=0$ 또는 $x=2$

(i), (ii)에 의하여 함수 $h(x)$의 증가와 감소를 표로 나타내면 다음과 같다.

x	$\cdots$	α	$\cdots$	0	$\cdots$	β	$\cdots$	2	$\cdots$	γ	$\cdots$
$f'(x)$	$-$	$-$	$-$	0	$+$	$+$	$+$	0	$-$	$-$	$-$
$f'(f(x))$	$-$	0	$+$	0	$+$	0	$-$	$-$	$-$	0	$+$
$f'(f(x))f'(x)$	$+$	0	$-$	0	$+$	0	$-$	0	$+$	0	$-$
$h(x)$	$\nearrow$	4	$\searrow$	0	$\nearrow$	4	$\searrow$	$\dfrac{16}{e^2}$	$\nearrow$	4	$\searrow$

이때 $\lim\limits_{x\to-\infty}h(x)=0$, $\lim\limits_{x\to\infty}h(x)=0$이므로 함수 $y=h(x)$의 그래프는 다음 그림과 같다.

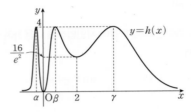

$g(1)$은 함수 $y=h(x)$의 그래프와 직선 $y=1$이 만나는 점의 개수이므로

$g(1)=4$

또, $g(3)$은 함수 $y=h(x)$의 그래프와 직선 $y=3$이 만나는 점의 개수이므로

$g(3)=6$

$\therefore g(1)+g(3)=4+6=10$

참고 함수 $g(k)$를 구하면 다음과 같다.

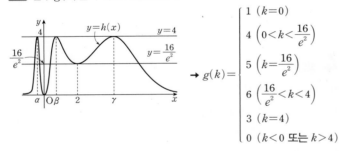

$$\to g(k)=\begin{cases}1 & (k=0)\\ 4 & \left(0<k<\dfrac{16}{e^2}\right)\\ 5 & \left(k=\dfrac{16}{e^2}\right)\\ 6 & \left(\dfrac{16}{e^2}<k<4\right)\\ 3 & (k=4)\\ 0 & (k<0\ \text{또는}\ k>4)\end{cases}$$

5 정답 ⑤

$y=e^x$에서 $y'=e^x$

곡선 $y=e^x$ 위의 점 $(t,\ e^t)$에서의 접선의 방정식은

$y-e^t=e^t(x-t)$

$\therefore f(x)=e^t x+(1-t)e^t$

$y=|f(x)+k-\ln x|$에서

$h(x)=f(x)+k$, $i(x)=\ln x$

로 놓으면 함수 $y=|f(x)+k-\ln x|=|h(x)-i(x)|$가 양의 실수 전체의 집합에서 미분가능하도록 하는 실수 k가 최소가 되는 경우는

직선 $y=h(x)$와 곡선 $y=i(x)$가 접할 때이다.

이때 접점의 x좌표를 p라 하면

$h(p)=i(p)$, $h'(p)=i'(p)$

$h(p)=i(p)$에서

$e^t p+(1-t)e^t+k=\ln p$ $\qquad\cdots\cdots$ ㉠

또, $h'(x)=e^t$, $i'(x)=\dfrac{1}{x}$이므로

$h'(p)=i'(p)$에서

$e^t=\dfrac{1}{p}$ $\qquad\therefore p=\dfrac{1}{e^t}$ $\qquad\cdots\cdots$ ㉡

㉡을 ㉠에 대입하면

$1+(1-t)e^t+k=-t$ $\qquad\therefore k=(t-1)e^t-t-1$

$\therefore g(t)=(t-1)e^t-t-1$

ㄱ. $g'(t)=e^t+(t-1)e^t-1=te^t-1$

$g''(t)=e^t+te^t=(1+t)e^t$

$g''(t)=0$에서 $t=-1$

따라서 함수 $y=g'(t)$의 그래프는 다음 그림과 같다.

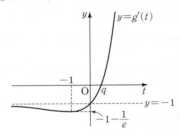

이때 함수 $y=g'(t)$의 그래프와 t축이 만나는 점의 t좌표를 q라 하면 함수 $g(t)$는 $t=q$에서 극소이므로 극솟값은

$g(q)=(q-1)e^q-q-1=-e^q-q<0$

$(\because g'(q)=0$에서 $qe^q-1=0)$

따라서 $m=\displaystyle\int_a^b g(t)dt<0$이 되도록 하는 두 실수 $a,\ b$가 존재한다. (참)

ㄴ. $g(c)=(c-1)e^c-c-1=0$에서

$e^c=\dfrac{c+1}{c-1}$

$\therefore g(-c)=(-c-1)e^{-c}+c-1$

$\qquad=(-c-1)\times\dfrac{c-1}{c+1}+c-1$

$\qquad=-(c-1)+c-1=0$ (참)

ㄷ. ㄱ, ㄴ에 의하여 함수 $y=g(t)$의 그래프의 개형은 다음 그림과 같다.

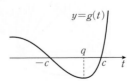

따라서 $\displaystyle\int_a^b g(t)dt=m$에서 m의 값이 최소이려면

$a=-c$, $\beta=c\ (c>0)$이어야 하므로

$\dfrac{1+g'(\beta)}{1+g'(\alpha)}=\dfrac{1+g'(c)}{1+g'(-c)}=\dfrac{ce^c}{-ce^{-c}}=-e^{2c}$

한편, $g(1)=-2$이므로 $c>1$

즉, $-e^{2c} < -e^2$이므로

$$\frac{1+g'(\beta)}{1+g'(\alpha)} < -e^2 \ (참)$$

따라서 ㄱ, ㄴ, ㄷ 모두 옳다.

6 정답 ⑤

곡선 $y=f(x)$ 위의 점 $(t, f(t))$에서의 접선의 방정식은

$$y=f'(t)(x-t)+f(t)$$

이므로

$$g(t)=-tf'(t)+f(t)$$

$$\therefore \int_1^5 \frac{g(t)}{\{f(t)\}^2}dt=\int_1^5 \frac{-tf'(t)+f(t)}{\{f(t)\}^2}dt$$

$$=\int_1^5 \left(\frac{t}{f(t)}\right)' dt$$

$$=\left[\frac{t}{f(t)}\right]_1^5$$

$$=\frac{5}{f(5)}-\frac{1}{f(1)} \quad \cdots\cdots \ ㉠$$

세 점 $(0, 0)$, $(t, f(t))$, $(t+1, f(t+1))$을 꼭짓점으로 하는 삼각형의 넓이는

$$\frac{1}{2}\{(t+1)f(t)-tf(t+1)\}=\frac{f(t)f(t+1)}{t} \ (\because \ 조건 \ (나))$$

위 식의 양변을 $f(t)f(t+1)$로 나누면

$$\frac{1}{2}\left\{\frac{t+1}{f(t+1)}-\frac{t}{f(t)}\right\}=\frac{1}{t}$$

$$\therefore \ \frac{t+1}{f(t+1)}-\frac{t}{f(t)}=\frac{2}{t} \quad \cdots\cdots \ ㉡$$

㉡에 $t=1, 2, 3, 4$를 차례로 대입하면

$$\frac{2}{f(2)}-\frac{1}{f(1)}=\frac{2}{1}=2$$

$$\frac{3}{f(3)}-\frac{2}{f(2)}=\frac{2}{2}=1$$

$$\frac{4}{f(4)}-\frac{3}{f(3)}=\frac{2}{3}$$

$$\frac{5}{f(5)}-\frac{4}{f(4)}=\frac{2}{4}=\frac{1}{2}$$

위의 식들을 변끼리 더하면

$$\frac{5}{f(5)}-\frac{1}{f(1)}=2+1+\frac{2}{3}+\frac{1}{2}=\frac{25}{6}$$

따라서 ㉠에서

$$\int_1^5 \frac{g(t)}{\{f(t)\}^2}dt=\frac{5}{f(5)}-\frac{1}{f(1)}=\frac{25}{6}$$

참고 양의 실수 전체의 집합에서 함수 $f(x)$가 감소하므로

$$f(t)>f(t+1)$$

따라서 세 점 $(0, 0)$, $(t, f(t))$, $(t+1, f(t+1))$을 꼭짓점으로 하는 삼각형 OAB는 오른쪽 그림과 같다.

$$\therefore \ \triangle OAB=\triangle OAC+\square ABDC-\triangle OBD$$

$$=\frac{1}{2}tf(t)+\frac{1}{2}\{f(t)+f(t+1)\}\times 1-\frac{1}{2}(t+1)f(t+1)$$

$$=\frac{1}{2}\{(t+1)f(t)-tf(t+1)\}$$

| 1 ④ | 2 50 | 3 40 | 4 6 | 5 64 | 6 ④ |

1 정답 ④

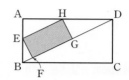

위의 그림과 같이 그림 R_1의 색칠된 직사각형의 네 꼭짓점을 E, F, G, H라 하자.

$\overline{GH}:\overline{GF}=1:2$이므로 $\overline{GH}=x$라 하면

$$\overline{GF}=2x$$

$\triangle ABD \infty \triangle AEH \infty \triangle GHD \infty \triangle FBE \ (AA \ 닮음)$이고

$\overline{AB}:\overline{AD}=1:2$이므로

$$\overline{AE}:\overline{AH}=\overline{GH}:\overline{GD}=\overline{FB}:\overline{FE}=1:2$$

이때 $\overline{EF}=\overline{GH}=x$이므로

$$\overline{GD}=2\overline{GH}=2x, \ \overline{BF}=\frac{1}{2}\overline{EF}=\frac{1}{2}x$$

이때 직각삼각형 ABD에서

$$\overline{BD}=\sqrt{\overline{AB}^2+\overline{AD}^2}$$

$$=\sqrt{1^2+2^2}$$

$$=\sqrt{5}$$

이고 $\overline{BD}=\overline{BF}+\overline{FG}+\overline{GD}$이므로

$$\sqrt{5}=\frac{1}{2}x+2x+2x$$

$$\sqrt{5}=\frac{9}{2}x$$

$$\therefore \ x=\frac{2\sqrt{5}}{9}$$

따라서 그림 R_1의 색칠된 직사각형의 넓이 S_1은

$$S_1=x \times 2x$$

$$=2x^2$$

$$=2 \times \left(\frac{2\sqrt{5}}{9}\right)^2$$

$$=\frac{40}{81}$$

이때 직사각형 ABCD와 직사각형 EFGH는 서로 닮음이고 닮음비는

$$\overline{AB}:\overline{EF}=1:\frac{2\sqrt{5}}{9}$$

이므로 넓이의 비는

$$1^2:\left(\frac{2\sqrt{5}}{9}\right)^2=1:\frac{20}{81}$$

한편, 그림 R_2에 새롭게 색칠된 직사각형도 같은 방법으로 만들어지므로 직사각형 EFGH와 새로 색칠된 직사각형도 서로 닮음이고 넓이의 비는 $1:\frac{20}{81}$이다.

따라서 수열 $\{S_n\}$은 $S_1=\frac{40}{81}$, 공비가 $\frac{20}{81}$인 등비수열의 첫째항부터 제n항까지의 합과 같으므로

$$S_n = \sum_{k=1}^{n} \frac{40}{81}\left(\frac{20}{81}\right)^{k-1}$$

$$\therefore \lim_{n \to \infty} S_n = \lim_{n \to \infty} \sum_{k=1}^{n} \frac{40}{81}\left(\frac{20}{81}\right)^{k-1}$$

$$= \sum_{n=1}^{\infty} \frac{40}{81}\left(\frac{20}{81}\right)^{n-1}$$

$$= \frac{\dfrac{40}{81}}{1 - \dfrac{20}{81}} = \frac{40}{61}$$

2 정답 50

$\angle AOP = \alpha$, $\angle BOQ = \beta$라 하면

$\overline{OA} = \overline{OB} = 2$이므로

직각삼각형 OAP에서

$\overline{AP} = \overline{OA} \times \tan \alpha$

$\quad = 2 \tan \alpha$

직각삼각형 OBQ에서

$\overline{BQ} = \overline{OB} \times \tan \beta$

$\quad = 2 \tan \beta$

이때 조건 ㈎에 의하여

$2 \tan \alpha + 2 \tan \beta = 5\sqrt{2}$

$\therefore \tan \alpha + \tan \beta = \dfrac{5\sqrt{2}}{2}$ ...... ㉠

직각삼각형 OAP의 넓이는

$\dfrac{1}{2} \times \overline{OA} \times \overline{AP} = \dfrac{1}{2} \times 2 \times 2 \tan \alpha = 2 \tan \alpha$

직각삼각형 OBQ의 넓이는

$\dfrac{1}{2} \times \overline{OB} \times \overline{BQ} = \dfrac{1}{2} \times 2 \times 2 \tan \beta = 2 \tan \beta$

이때 조건 ㈏에 의하여

$2 \tan \alpha = 4 \times 2 \tan \beta$

$\therefore \tan \alpha = 4 \tan \beta$ ...... ㉡

㉠, ㉡을 연립하여 풀면

$\tan \alpha = 2\sqrt{2}$, $\tan \beta = \dfrac{\sqrt{2}}{2}$

$\therefore \tan(\alpha+\beta) = \dfrac{\tan \alpha + \tan \beta}{1 - \tan \alpha \tan \beta}$

$= \dfrac{2\sqrt{2} + \dfrac{\sqrt{2}}{2}}{1 - 2\sqrt{2} \times \dfrac{\sqrt{2}}{2}}$

$= \dfrac{\dfrac{5\sqrt{2}}{2}}{1-2} = -\dfrac{5\sqrt{2}}{2}$

이때 $\angle AOB = \pi - (\alpha+\beta)$이므로

$\tan(\angle AOB) = \tan\{\pi - (\alpha+\beta)\}$

$= -\tan(\alpha+\beta)$

$= \dfrac{5\sqrt{2}}{2}$

$\therefore 4 \tan^2(\angle AOB) = 4 \times \left(\dfrac{5\sqrt{2}}{2}\right)^2 = 50$

3 정답 40

삼각형 ABP에서 $\angle APB = \dfrac{\pi}{2}$이고, $\overline{AB} = 2$이므로

$\overline{AP} = 2 \cos \theta$ ← 반원에 대한 원주각의 크기는 $\dfrac{\pi}{2}$이다.

또, 직각삼각형 AHO에서 $\overline{AO} = 1$이므로

$\overline{AH} = \cos \theta$, $\overline{OH} = \sin \theta$

$\therefore$ (부채꼴 PAQ의 넓이) $= \dfrac{1}{2} \times \overline{AP}^2 \times \theta$

$= \dfrac{1}{2} \times (2\cos\theta)^2 \times \theta$

$= 2\theta \cos^2 \theta$

(삼각형 AHO의 넓이) $= \dfrac{1}{2} \times \overline{AH} \times \overline{OH}$

$= \dfrac{1}{2} \cos\theta \sin\theta$

부채꼴 POB에서 $\angle POB = 2\angle PAB = 2\theta$이고, $\overparen{PR} : \overparen{RB} = 3 : 7$이므로

$\angle ROB = \dfrac{7}{10} \times 2\theta = \dfrac{7}{5}\theta$

$\therefore$ (부채꼴 ROB의 넓이) $= \dfrac{1}{2} \times \overline{OR}^2 \times \dfrac{7}{5}\theta$

$= \dfrac{1}{2} \times 1^2 \times \dfrac{7}{5}\theta$

$= \dfrac{7}{10}\theta$

다음 그림과 같이 두 선분 OT, OQ와 호 TQ로 둘러싸인 도형의 넓이를 S라 하면

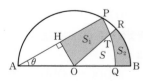

$S_1 - S_2 = (S_1 + S) - (S_2 + S)$

$= \{(부채꼴\ PAQ의\ 넓이) - \triangle AHO\} - (부채꼴\ ROB의\ 넓이)$

이므로

$$\lim_{\theta \to 0+} \frac{S_1 - S_2}{\overline{OH}}$$

$$= \lim_{\theta \to 0+} \frac{2\theta \cos^2 \theta - \dfrac{1}{2} \cos \theta \sin \theta - \dfrac{7}{10}\theta}{\sin \theta}$$

$$= 2 \lim_{\theta \to 0+} \frac{\theta}{\sin \theta} \times \lim_{\theta \to 0+} \cos^2 \theta - \frac{1}{2} \lim_{\theta \to 0+} \cos \theta - \frac{7}{10} \lim_{\theta \to 0+} \frac{\theta}{\sin \theta}$$

$$= 2 - \frac{1}{2} - \frac{7}{10} = \frac{4}{5}$$

따라서 $a = \dfrac{4}{5}$이므로

$$50a = 50 \times \frac{4}{5} = 40$$

4 정답 6

함수 $h(x) = |g(x) - f(x-k)|$가 $x=k$에서 최솟값 $g(k)$를 가지므로

$g(k) = |g(k) - f(0)| = |g(k) - 2 - \ln 2|$

$g(k) - 2 - \ln 2 \geq 0$이면 $g(k) = g(k) - 2 - \ln 2$

즉, $2 + \ln 2 = 0$이 되어 모순이다.

따라서 $g(k) - 2 - \ln 2 < 0$이므로

$g(k) = -g(k) + 2 + \ln 2$

$\therefore g(k) = 1 + \ln \sqrt{2}$

함수 $h(x)$의 최솟값이 $g(k) = 1 + \ln \sqrt{2} > 0$이므로 함수 $y = g(x) - f(x-k)$의 그래프는 x축과 만나지 않는다.

즉, $g(x) - f(x-k) > 0$ 또는 $g(x) - f(x-k) < 0$이다.

그런데 $g(k) - 2 - \ln 2 < 0$이므로 $g(x) - f(x-k) < 0$이다.

즉, 모든 실수 x에 대하여

$g(x) < f(x-k)$

$\therefore h(x) = f(x-k) - g(x)$

한편, 함수 $f(x)$는 $f(x) > 0$이고

$$f'(x) = \frac{e^x}{e^x + 1} + 2e^x > 0$$

이므로 $f(x)$는 증가함수이다.

또, 함수 $g(x)$는 이차함수이므로

$h(x) = f(x-k) - g(x) > 0$

을 만족시키는 두 함수 $y = f(x-k)$, $y = g(x)$의 그래프는 오른쪽 그림과 같다.

이때 두 함수 $f(x-k)$, $g(x)$가 실수 전체의 집합에서 미분가능하므로 함수 $h(x)$도 실수 전체의 집합에서 미분가능하고 $x=k$에서 최소이면서 극소이다.

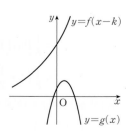

$h'(x) = f'(x-k) - g'(x)$이므로 $h'(k) = 0$에서

$f'(0) - g'(k) = 0$

$\therefore g'(k) = f'(0) = \dfrac{5}{2}$ ...... ㉠

함수 $g(x)$는 이차함수이므로

$g(x) = ax^2 + bx + c \ (a < 0)$

로 놓으면

$g'(x) = 2ax + b$ ...... ㉡

한편, $h(k+1) = f(1) - g(k+1)$, $h(k-1) = f(-1) - g(k-1)$이므로

$$h(k+1) - h(k-1) = f(1) - g(k+1) - \{f(-1) - g(k-1)\}$$
$$= f(1) - f(-1) - g(k+1) + g(k-1)$$
$$= 1 + 2\left(e - \frac{1}{e}\right) - 2(2ak + b)$$
$$= 1 + 2\left(e - \frac{1}{e}\right) - 2g'(k)$$
$$= 1 + 2\left(e - \frac{1}{e}\right) - 5 > 0 \left(\because \frac{5}{2} < e < 3, \text{㉠}\right)$$

즉, $h(k+1) > h(k-1)$이므로 닫힌구간 $[k-1, k+1]$에서 함수 $h(x)$의 최댓값은 $h(k+1)$이고, 이 값이 $2e + \ln\left(\dfrac{1+e}{\sqrt{2}}\right)$이므로

$$h(k+1) = f(1) - g(k+1) = \ln(e+1) + 2e - g(k+1)$$
$$= 2e + \ln\left(\frac{1+e}{\sqrt{2}}\right)$$

$\therefore g(k+1) = \ln \sqrt{2}$

㉠, ㉡에서

$g'(k) = 2ak + b = \dfrac{5}{2}$

$g(k+1) = \ln \sqrt{2}$에서

$a(k+1)^2 + b(k+1) + c = \ln \sqrt{2}$ ...... ㉢

$g(k) = 1 + \ln \sqrt{2}$에서

$ak^2 + bk + c = 1 + \ln \sqrt{2}$ ...... ㉣

㉢-㉣을 하면

$2ak + a + b = -1$

$g'(k) + a = -1 \ (\because \text{㉡})$

$\dfrac{5}{2} + a = -1 \ (\because \text{㉠})$

$\therefore a = -\dfrac{7}{2}$

$$\therefore g'\left(k - \frac{1}{2}\right) = 2a\left(k - \frac{1}{2}\right) + b$$
$$= 2ak + b - a$$
$$= g'(k) - a$$
$$= \frac{5}{2} - \left(-\frac{7}{2}\right) = 6 \ (\because \text{㉠})$$

5 정답 64

$g(x) = t^3 \ln(x-t)$, $h(x) = 2e^{x-a}$라 하자.

두 곡선 $y = g(x)$와 $y = h(x)$가 만나는 점의 x좌표를 $k \ (k > t)$라 하면 두 곡선이 이 점에서 접하므로

$g(k)=h(k)$, $g'(k)=h'(k)$

$g(k)=h(k)$에서

$t^3 \ln(k-t)=2e^{k-a}$ ...... ㉠

또, $g'(x)=\dfrac{t^3}{x-t}$, $h'(x)=2e^{x-a}$이므로

$g'(k)=h'(k)$에서

$\dfrac{t^3}{k-t}=2e^{k-a}$ ...... ㉡

㉠의 양변을 t에 대하여 미분하면

$(t^3)' \ln(k-t)+t^3\{\ln(k-t)\}'=(2e^{k-a})'\dfrac{da}{dt}$

$3t^2 \ln(k-t)-\dfrac{t^3}{k-t}=-2e^{k-a}\dfrac{da}{dt}$

$t^3 \ln(k-t)\times\dfrac{3}{t}-\dfrac{t^3}{k-t}=-2e^{k-a}\dfrac{da}{dt}$

위의 식에 ㉠, ㉡을 대입하면

$2e^{k-a}\times\dfrac{3}{t}-2e^{k-a}=-2e^{k-a}\dfrac{da}{dt}$

$\dfrac{3}{t}-1=-\dfrac{da}{dt}$ $(\because 2e^{k-a}\neq0)$

$\therefore \dfrac{da}{dt}=1-\dfrac{3}{t}$

즉, $f'(t)=1-\dfrac{3}{t}$이므로

$f'\left(\dfrac{1}{3}\right)=1-9=-8$

$\therefore \left\{f'\left(\dfrac{1}{3}\right)\right\}^2=(-8)^2=64$

참고 $a=f(t)$이므로 $\dfrac{da}{dt}=f'(t)$

따라서 a, t에 대한 함수 ㉠에서 음함수의 미분법을 사용하여 $\dfrac{da}{dt}$, 즉 $f'(t)$를 구할 수 있다.

6 정답 ④

$\displaystyle\int_a^{2a}\dfrac{\{f(x)\}^2}{x^2}dx=\left[-\dfrac{\{f(x)\}^2}{x}\right]_a^{2a}-\int_a^{2a}\left\{\left(-\dfrac{1}{x}\right)\times2f(x)f'(x)\right\}dx$

$\qquad=-\dfrac{\{f(2a)\}^2}{2a}+\dfrac{\{f(a)\}^2}{a}+\int_a^{2a}\dfrac{f(2x)}{x}dx$

...... ㉠

이때 $f(2x)=2f(x)f'(x)$이고 $f(a)=0$이므로

$f(2a)=2f(a)f'(a)=0$

$\therefore -\dfrac{\{f(2a)\}^2}{2a}+\dfrac{\{f(a)\}^2}{a}=0$

$2x=t$로 놓으면 $x=a$일 때 $t=2a$, $x=2a$일 때 $t=4a$이고,

$\dfrac{dt}{dx}=2$이므로

$\displaystyle\int_a^{2a}\dfrac{f(2x)}{x}dx=\dfrac{1}{2}\int_{2a}^{4a}\dfrac{f(t)}{\frac{1}{2}t}dt$

$\qquad=\displaystyle\int_{2a}^{4a}\dfrac{f(t)}{t}dt=k$

따라서 ㉠에서

$\displaystyle\int_a^{2a}\dfrac{\{f(x)\}^2}{x^2}dx=0+k=k$

> **핵심 개념** 치환적분법의 활용
>
> (1) $\displaystyle\int f(g(x))g'(x)dx=\int f(t)dt$ (단, $g(x)=t$)
>
> (2) $\displaystyle\int f(ax+b)dx=\dfrac{1}{a}F(ax+b)+C$
> (단, a, b는 상수, $a\neq0$, $F'(x)=f(x)$, C는 적분상수)
>
> (3) $\displaystyle\int\dfrac{f'(x)}{f(x)}dx=\ln|f(x)|+C$ (단, C는 적분상수)

3회 ● 고난도 미니 모의고사

본문 82~84쪽

1 19	**2** 8	**3** ⑤	**4** ④	**5** 36	**6** 127

1 정답 19

원 C를 평행이동시켜 원 C_n을 만들었으므로 원 C의 중심 O$(0, 0)$도 같은 평행이동에 의하여 원 C_n의 중심으로 옮겨진다.

즉, 원 C_n의 중심을 C_n이라 하면 $C_n\left(\dfrac{2}{n}, 0\right)$이다.

오른쪽 그림과 같이 두 원의 두 교점을 각각 P, Q라 하고 선분 PQ가 x축과 만나는 점을 M이라 하면 $\overline{PQ}\perp\overline{OC_n}$이므로 △POM은 직각삼각형이다.

이때 $\overline{OP}=1$, $\overline{OM}=\dfrac{1}{n}$이므로

$\overline{PM}=\sqrt{1-\dfrac{1}{n^2}}$

$\therefore l_n=2\overline{PM}=2\sqrt{1-\dfrac{1}{n^2}}$

$\therefore (nl_n)^2=n^2l_n^2=n^2\times4\left(1-\dfrac{1}{n^2}\right)=4(n^2-1)$

$\qquad=4(n-1)(n+1)$

$\therefore \displaystyle\sum_{n=2}^{\infty}\dfrac{1}{(nl_n)^2}=\sum_{n=2}^{\infty}\dfrac{1}{4(n-1)(n+1)}$

$\qquad=\displaystyle\lim_{n\to\infty}\sum_{k=2}^{n}\dfrac{1}{4(k-1)(k+1)}$

$\qquad=\dfrac{1}{4}\displaystyle\lim_{n\to\infty}\sum_{k=2}^{n}\dfrac{1}{2}\left(\dfrac{1}{k-1}-\dfrac{1}{k+1}\right)$

$\qquad=\dfrac{1}{8}\displaystyle\lim_{n\to\infty}\left\{\left(1-\dfrac{1}{3}\right)+\left(\dfrac{1}{2}-\dfrac{1}{4}\right)+\left(\dfrac{1}{3}-\dfrac{1}{5}\right)\right.$

$\qquad\qquad\left.+\cdots+\left(\dfrac{1}{n-2}-\dfrac{1}{n}\right)+\left(\dfrac{1}{n-1}-\dfrac{1}{n+1}\right)\right\}$

$\qquad=\dfrac{1}{8}\displaystyle\lim_{n\to\infty}\left(1+\dfrac{1}{2}-\dfrac{1}{n}-\dfrac{1}{n+1}\right)$

$\qquad=\dfrac{1}{8}\left(1+\dfrac{1}{2}\right)=\dfrac{3}{16}$

따라서 $p=16$, $q=3$이므로

$p+q=16+3=19$

2 정답 8

다음 그림과 같이 선분 AB의 중점인 반원의 중심을 O, 내접원의 중심을 C, 내접원과 $\overline{AQ}$의 접점을 H, $\overline{AQ}$와 $\overline{BP}$의 교점을 R, 직선 OC가 호 PQ와 만나는 점을 S라 하자.

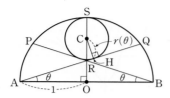

$\overline{OC}=1-\overline{CS}=1-r(\theta)$

직각삼각형 AOR에서

$\overline{OR}=\tan\theta$

$\therefore \overline{CR}=\overline{OC}-\overline{OR}$

$\qquad =1-r(\theta)-\tan\theta$

이때 직각삼각형 AOR에서 $\angle ARO=\dfrac{\pi}{2}-\theta$이므로

$\angle CRH=\angle ARO=\dfrac{\pi}{2}-\theta$ (맞꼭지각)

따라서 직각삼각형 CHR에서 $\angle RCH=\theta$이므로

$\cos\theta=\dfrac{\overline{CH}}{\overline{CR}}=\dfrac{r(\theta)}{1-r(\theta)-\tan\theta}$

$r(\theta)=\{1-r(\theta)-\tan\theta\}\cos\theta$

$(1+\cos\theta)r(\theta)=\cos\theta-\sin\theta$

$\therefore r(\theta)=\dfrac{\cos\theta-\sin\theta}{1+\cos\theta}$

$\displaystyle\lim_{\theta\to\frac{\pi}{4}}\dfrac{r(\theta)}{\dfrac{\pi}{4}-\theta}=\lim_{\theta\to\frac{\pi}{4}}\dfrac{\cos\theta-\sin\theta}{(1+\cos\theta)\left(\dfrac{\pi}{4}-\theta\right)}$에서

$\dfrac{\pi}{4}-\theta=t$로 놓으면 $\theta=\dfrac{\pi}{4}-t$이고 $\theta\to\dfrac{\pi}{4}-$일 때 $t\to 0+$이므로

$\displaystyle\lim_{\theta\to\frac{\pi}{4}}\dfrac{\cos\theta-\sin\theta}{(1+\cos\theta)\left(\dfrac{\pi}{4}-\theta\right)}$

$\displaystyle=\lim_{t\to 0+}\dfrac{\cos\left(\dfrac{\pi}{4}-t\right)-\sin\left(\dfrac{\pi}{4}-t\right)}{\left\{1+\cos\left(\dfrac{\pi}{4}-t\right)\right\}\times t}$

$\displaystyle=\lim_{t\to 0+}\dfrac{\dfrac{\sqrt2}{2}\cos t+\dfrac{\sqrt2}{2}\sin t-\dfrac{\sqrt2}{2}\cos t+\dfrac{\sqrt2}{2}\sin t}{\left\{1+\cos\left(\dfrac{\pi}{4}-t\right)\right\}\times t}$

$\displaystyle=\lim_{t\to 0+}\dfrac{\sqrt2\sin t}{t}\times\lim_{t\to 0+}\dfrac{1}{1+\cos\left(\dfrac{\pi}{4}-t\right)}$

$=\sqrt2\times\dfrac{1}{1+\dfrac{\sqrt2}{2}}$

$=\dfrac{2}{\sqrt2+1}$

$=2\sqrt2-2$

따라서 $p=2$, $q=-2$이므로

$p^2+q^2=2^2+(-2)^2=8$

> **참고** $\displaystyle\lim_{\theta\to\frac{\pi}{4}}\dfrac{r(\theta)}{\dfrac{\pi}{4}-\theta}$의 값을 다음과 같이 구할 수도 있다.

$r(\theta)=\dfrac{\cos\theta-\sin\theta}{1+\cos\theta}=\dfrac{-\sqrt2\sin\left(\theta-\dfrac{\pi}{4}\right)}{1+\cos\theta}$이므로

$\displaystyle\lim_{\theta\to\frac{\pi}{4}}\dfrac{r(\theta)}{\dfrac{\pi}{4}-\theta}=\lim_{\theta\to\frac{\pi}{4}}\dfrac{-\sqrt2\sin\left(\theta-\dfrac{\pi}{4}\right)}{(1+\cos\theta)\times\left(\dfrac{\pi}{4}-\theta\right)}$

$\displaystyle=\lim_{\theta\to\frac{\pi}{4}}\dfrac{\sin\left(\theta-\dfrac{\pi}{4}\right)}{\theta-\dfrac{\pi}{4}}\times\lim_{\theta\to\frac{\pi}{4}}\dfrac{\sqrt2}{1+\cos\theta}$

$=1\times\dfrac{\sqrt2}{1+\dfrac{\sqrt2}{2}}=\dfrac{2}{\sqrt2+1}=2\sqrt2-2$

핵심 개념 **삼각함수의 덧셈정리**

(1) $\sin(\alpha+\beta)=\sin\alpha\cos\beta+\cos\alpha\sin\beta$

$\quad\sin(\alpha-\beta)=\sin\alpha\cos\beta-\cos\alpha\sin\beta$

(2) $\cos(\alpha+\beta)=\cos\alpha\cos\beta-\sin\alpha\sin\beta$

$\quad\cos(\alpha-\beta)=\cos\alpha\cos\beta+\sin\alpha\sin\beta$

(3) $\tan(\alpha+\beta)=\dfrac{\tan\alpha+\tan\beta}{1-\tan\alpha\tan\beta}$

$\quad\tan(\alpha-\beta)=\dfrac{\tan\alpha-\tan\beta}{1+\tan\alpha\tan\beta}$

---

3 정답 ⑤

직선 $y=g(x)$가 곡선 $y=f(x)$ 위의 점 $\mathrm{A}(a,\ f(a))$에서의 접선이므로

$y-f(a)=f'(a)(x-a)$

즉, $g(x)=f'(a)(x-a)+f(a)$이므로

$g(a)=f(a)$ $\qquad\cdots\cdots\ \bigcirc$

$g(x)=f'(a)(x-a)+f(a)$의 양변을 x에 대하여 미분하면

$g'(x)=f'(a)$ $\qquad\cdots\cdots\ \bigcirc$

또, $g(x)$가 점 $\mathrm{B}(b,\ f(b))$에서의 접선이므로

$y-f(b)=f'(b)(x-b)$

즉, $g(x)=f'(b)(x-b)+f(b)$이므로

$g(b)=f(b)$ $\qquad\cdots\cdots\ \bigcirc$

$g(x)=f'(b)(x-b)+f(b)$의 양변을 x에 대하여 미분하면

$g'(x)=f'(b)$ $\qquad\cdots\cdots\ \bigcirc$

한편, 직선 $y=g(x)$에 대하여 $g'(x)$는 상수함수이므로 $g'(x)$는 x의 값에 관계없이 일정한 값을 갖는다.

$\bigcirc$, $\bigcirc$에 의하여

$g'(a)=g'(b)=f'(a)=f'(b)$ $\qquad\cdots\cdots\ \bigcirc$

ㄱ. $h(x)=f(x)-g(x)$에서

$\quad h'(x)=f'(x)-g'(x)$

$\quad\therefore h'(b)=f'(b)-g'(b)=0\ (\because\bigcirc)$ (참)

ㄴ. $g'(a)=f'(a)$, $g'(b)=f'(b)$이므로 방정식

$\quad h'(x)=f'(x)-g'(x)=0$은 $x=a$ 또는 $x=b$를 근으로 갖는다.

이때 실수 전체의 집합에서 함수 $h(x)$는 미분가능하고, ㉠, ㉢에 의하여 $h(a)=h(b)=0$이므로 롤의 정리에 의하여 $h'(c)=0$인 실수 c가 열린구간 (a, b)에서 적어도 하나 존재한다.

따라서 $h'(a)=h'(b)=h'(c)=0$이므로 방정식 $h'(x)=0$은 적어도 3개의 실근을 갖는다. (참)

ㄷ. $h''(x)=f''(x)-g''(x)$이고 $y=g(x)$의 그래프가 직선이므로
$g''(x)=0$ ∴ $h''(x)=f''(x)$

점 $\mathrm{A}(a, f(a))$가 곡선 $y=f(x)$의 변곡점이므로 $f''(a)=0$이고, $f''(x)$는 $x=a$의 좌우에서 부호가 반대로 바뀐다.

따라서 $h''(a)=0$이고 $x=a$의 좌우에서 부호가 반대로 바뀌므로 점 $(a, h(a))$는 곡선 $y=h(x)$의 변곡점이다. (참)

따라서 ㄱ, ㄴ, ㄷ 모두 옳다.

핵심 개념 **롤의 정리 (수학Ⅱ)**

함수 $f(x)$가 닫힌구간 $[a, b]$에서 연속이고, 열린구간 (a, b)에서 미분가능할 때, $f(a)=f(b)$이면 $f'(c)=0$인 c가 a와 b 사이에 적어도 하나 존재한다.

4 정답 ④

함수 $y=f(x)$의 그래프와 직선 $y=x+t$는 다음 그림과 같다.

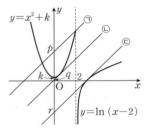

이때 ㉠은 직선 $y=x+t$가 점 $(2, f(2))$를 지나는 경우이고, ㉢은 직선 $y=x+t$가 $x<2$에서 곡선 $y=x^2+k$와 접하는 경우이며, ㉣은 직선 $y=x+t$가 $x>2$에서 곡선 $y=\ln(x-2)$와 접하는 경우이다.

이때의 t의 값을 각각 p, q, r라 하면 t의 값의 범위에 따라 함수 $g(t)$는 다음과 같다.

(i) $t>p$일 때
교점의 개수는 1이므로 $g(t)=1$

(ii) $q<t\leq p$일 때
교점의 개수는 2이므로 $g(t)=2$

(iii) $t=q$ 또는 $t=r$일 때
교점의 개수는 1이므로 $g(t)=1$

(iv) $r<t<q$일 때
교점의 개수는 0이므로 $g(t)=0$

(v) $t<r$일 때
교점의 개수는 2이므로 $g(t)=2$

(i)~(v)에 의하여 함수 $y=g(t)$의 그래프의 개형은 다음 그림과 같다.

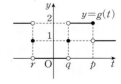

$t>p$일 때 $g(t)=1$인 것은 변하지 않으므로 함수 $g(t)$가 $t=a$에서 불연속인 a의 값이 한 개이려면 $t<p$에서 $g(t)=2$로 모두 같아야 한다.

즉, $q=r$이어야 하므로 다음 그림과 같이 직선 $y=x+t$가 곡선 $y=x^2+k$ $(x\leq2)$와 곡선 $y=\ln(x-2)$ $(x>2)$에 동시에 접해야 한다.

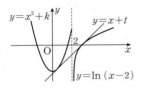

$y=\ln(x-2)$에서 $y'=\dfrac{1}{x-2}$

직선 $y=x+t$가 곡선 $y=\ln(x-2)$에 접할 때, 접점의 좌표를 $(p, \ln(p-2))$라 하면 접선의 기울기가 1이므로

$\dfrac{1}{p-2}=1$

∴ $p=3$

즉, 접점의 좌표는 $(3, 0)$이므로 접선의 방정식은

$y-0=x-3$

∴ $y=x-3$

직선 $y=x-3$과 곡선 $y=x^2+k$가 접해야 하므로

$x^2+k=x-3$에서

$x^2-x+k+3=0$

이차방정식 $x^2-x+k+3=0$의 판별식을 D라 하면

$D=(-1)^2-4(k+3)=0$

∴ $k=-\dfrac{11}{4}$

5 정답 36

조건 ㈎, ㈏에서

$$\lim_{x\to2}\frac{(x-2)^3}{f(x)}=\lim_{x\to2}\frac{(x-2)^3}{x^4(x-2)^m}=\begin{cases}0 & (m=1, 2)\\[2mm]\dfrac{1}{16} & (m=3)\\[2mm]\text{발산} & (m\geq4)\end{cases}$$

즉, $m\leq3$일 때 극한값이 존재한다.

$f(x)=x^4(x-2)^m$에서

$f'(x)=4x^3(x-2)^m+mx^4(x-2)^{m-1}$
$\quad\quad=x^3(x-2)^{m-1}\{(m+4)x-8\}$

따라서

$g(x)=x-\dfrac{f(x)}{f'(x)}=x-\dfrac{x(x-2)}{(m+4)x-8}=\dfrac{(m+3)x^2-6x}{(m+4)x-8}$

이므로

$\dfrac{g(x)}{x}=\dfrac{(m+3)x-6}{(m+4)x-8}=\dfrac{\dfrac{2m}{(m+4)^2}}{x-\dfrac{8}{m+4}}+\dfrac{m+3}{m+4}$

함수 $y=\dfrac{g(x)}{x}$의 점근선의 방정식은

$x=\dfrac{8}{m+4}$, $y=\dfrac{m+3}{m+4}$

따라서 함수 $y=\left|\dfrac{g(x)}{x}\right|$의 그래프는 다음 그림과 같다.

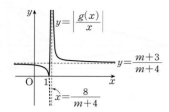

$\dfrac{g(x)}{x}=0$에서 $x=\dfrac{6}{m+3}$

조건 ㈐에서 함수 $\left|\dfrac{g(x)}{x}\right|$는 $x=1$에서 연속이고 미분가능하지 않으므로

$\dfrac{6}{m+3}=1$

$m+3=6$ $\therefore m=3$

$g(x)=\dfrac{6x^2-6x}{7x-8}$이므로

$g'(x)=\dfrac{(12x-6)(7x-8)-(6x^2-6x)\times 7}{(7x-8)^2}$

$\qquad =\dfrac{6(7x^2-16x+8)}{(7x-8)^2}$

따라서 $k=g'(1)=\dfrac{6\times(-1)}{(-1)^2}=-6$이므로

$|6k|=|6\times(-6)|=36$

핵심 개념 **함수의 몫의 미분법**

두 함수 $f(x)$, $g(x)$ $(g(x)\neq 0)$가 미분가능할 때

(1) $y=\dfrac{f(x)}{g(x)}$이면 $y'=\dfrac{f'(x)g(x)-f(x)g'(x)}{\{g(x)\}^2}$

(2) $y=\dfrac{1}{g(x)}$이면 $y'=-\dfrac{g'(x)}{\{g(x)\}^2}$

---

6 정답 127

세 점 $(0,0)$, $(t, f(t))$, $(t+1, f(t+1))$을 꼭짓점으로 하는 삼각형의 넓이는

$\dfrac{1}{2}|tf(t+1)-(t+1)f(t)|=\dfrac{t+1}{t}$

양변을 $t(t+1)$로 나누면

$\dfrac{1}{2}\left|\dfrac{f(t+1)}{t+1}-\dfrac{f(t)}{t}\right|=\dfrac{1}{t^2}$ …… ㉠

조건 ㈎에서 모든 양의 실수 x에 대하여 $f(x)>0$이고, 양의 실수 전체의 집합에서 함수 $f(x)$는 감소하므로 $t>0$일 때 $f(t)>f(t+1)$이다.

이때 $t>0$이므로

$\dfrac{f(t)}{t}>\dfrac{f(t+1)}{t}$, $\dfrac{1}{t}>\dfrac{1}{t+1}$

즉, $\dfrac{f(t)}{t}>\dfrac{f(t+1)}{t}>\dfrac{f(t+1)}{t+1}$이므로

$\dfrac{f(t+1)}{t+1}-\dfrac{f(t)}{t}<0$

따라서 ㉠에서

$\dfrac{f(t+1)}{t+1}-\dfrac{f(t)}{t}=-\dfrac{2}{t^2}$ …… ㉡

함수 $\dfrac{f(x)}{x}$의 한 부정적분을 $F(x)$라 하고 ㉡의 양변을 t에 대하여 적분하면

$F(t+1)-F(t)=\dfrac{2}{t}+C$ (단, C는 적분상수)

이때 $F(t+1)-F(t)=\displaystyle\int_t^{t+1}\dfrac{f(x)}{x}dx$이므로

$\displaystyle\int_t^{t+1}\dfrac{f(x)}{x}dx=\dfrac{2}{t}+C$

$t=1$일 때,

$\displaystyle\int_1^2\dfrac{f(x)}{x}dx=2+C=2$ ($\because$ 조건 ㈐)

$\therefore C=0$

$\therefore \displaystyle\int_t^{t+1}\dfrac{f(x)}{x}dx=\dfrac{2}{t}$ …… ㉢

㉢에서

$\displaystyle\int_{\frac{7}{2}}^{\frac{11}{2}}\dfrac{f(x)}{x}dx=\int_{\frac{7}{2}}^{\frac{9}{2}}\dfrac{f(x)}{x}dx+\int_{\frac{9}{2}}^{\frac{11}{2}}\dfrac{f(x)}{x}dx$

$\qquad =\dfrac{2}{\frac{7}{2}}+\dfrac{2}{\frac{9}{2}}$

$\qquad =\dfrac{4}{7}+\dfrac{4}{9}$

$\qquad =\dfrac{64}{63}$

따라서 $p=63$, $q=64$이므로

$p+q=63+64=127$

참고 좌표평면에서 세 점 $(0,0)$, (x_1, y_1), (x_2, y_2)를 꼭짓점으로 하는 삼각형의 넓이는 $\dfrac{1}{2}|x_1y_2-x_2y_1|$이다.

4회 • 고난도 미니 모의고사

본문 85~87쪽

1 ②	2 ①	3 ④	4 ⑤	5 ⑤	6 ④

1 정답 ②

$\angle C_1D_1B_1=90°$, $\angle D_1C_1B_1=30°$이므로 직각삼각형 $C_1D_1B_1$에서

$\overline{C_1D_1}=\overline{B_1C_1}\times\cos 30°$
$\quad$ └ $\angle D_1C_1B_1=\dfrac{1}{2}\angle A_1C_1B_1$
$\qquad\qquad\qquad =\dfrac{1}{2}\times 60°=30°$

$\qquad =1\times\dfrac{\sqrt{3}}{2}$

$\qquad =\dfrac{\sqrt{3}}{2}$

또, $\overline{C_1D_1}=\overline{C_1B_2}$이고 점 C_2는 선분 C_1B_2의 중점이므로

$\overline{B_2C_2}=\dfrac{1}{2}\overline{C_1B_2}$

$\qquad =\dfrac{1}{2}\overline{C_1D_1}$

$\qquad =\dfrac{1}{2}\times\dfrac{\sqrt{3}}{2}=\dfrac{\sqrt{3}}{4}$

한편, 직각삼각형 $C_1A_2B_2$에서 $\angle A_2C_1B_2=30°$이므로

$\angle A_2B_2C_1=60°$이고,

$\overline{A_2B_2}=\overline{B_2C_1}\sin 30°=\dfrac{\sqrt{3}}{2}\times\dfrac{1}{2}=\dfrac{\sqrt{3}}{4}$

따라서 삼각형 $A_2B_2C_2$에서 $\overline{A_2B_2}=\overline{B_2C_2}$이고 $\angle A_2B_2C_2=60°$이므로

삼각형 $A_2B_2C_2$는 한 변의 길이가 $\dfrac{\sqrt{3}}{4}$인 정삼각형이다.

두 선분 B_1B_2, B_1D_1과 호 D_1B_2로 둘러싸인 영역의 넓이는 삼각형 $C_1D_1B_1$의 넓이에서 부채꼴 $C_1D_1B_2$의 넓이를 뺀 것과 같으므로

$\dfrac{1}{2}\times\overline{B_1D_1}\times\overline{C_1D_1}-\overline{C_1D_1}^2\times\pi\times\dfrac{30}{360}$

$=\dfrac{1}{2}\times\dfrac{1}{2}\times\dfrac{\sqrt{3}}{2}-\left(\dfrac{\sqrt{3}}{2}\right)^2\times\pi\times\dfrac{1}{12}$

$=\dfrac{\sqrt{3}}{8}-\dfrac{\pi}{16}$

$=\dfrac{2\sqrt{3}-\pi}{16}$

또, 삼각형 $C_1A_2C_2$의 넓이는 정삼각형 $A_2B_2C_2$의 넓이와 같으므로

$\dfrac{\sqrt{3}}{4}\times\overline{B_2C_2}^2=\dfrac{\sqrt{3}}{4}\times\left(\dfrac{\sqrt{3}}{4}\right)^2=\dfrac{3\sqrt{3}}{64}$ _{두 삼각형의 밑변을 각각 $\overline{C_1C_2}$, $\overline{B_2C_2}$로 생각하면 밑변의 길이와 높이가 각각 같다.}

따라서 그림 R_1에 색칠된 부분의 넓이 S_1은

$S_1=\dfrac{2\sqrt{3}-\pi}{16}+\dfrac{3\sqrt{3}}{64}$

$=\dfrac{11\sqrt{3}-4\pi}{64}$

이때 두 정삼각형 $A_1B_1C_1$과 $A_2B_2C_2$는 서로 닮음이고 닮음비는

$1:\dfrac{\sqrt{3}}{4}$ _{두 정삼각형은 항상 서로 닮음이고 닮음비는 한 변의 길이의 비와 같다.}

이므로 넓이의 비는

$1^2:\left(\dfrac{\sqrt{3}}{4}\right)^2=1:\dfrac{3}{16}$

한편, 그림 R_2에 새롭게 색칠되는 도형도 정삼각형 $A_2B_2C_2$에서 같은 방법으로 만들어지므로 그림 R_1의 색칠된 부분의 넓이 S_1과 그림 R_2에 새롭게 색칠되는 도형의 넓이의 비도 $1:\dfrac{3}{16}$이다.

따라서 수열 $\{S_n\}$은 $S_1=\dfrac{11\sqrt{3}-4\pi}{64}$, 공비가 $\dfrac{3}{16}$인 등비수열의 첫째 항부터 제n항까지의 합과 같으므로

$S_n=\displaystyle\sum_{k=1}^{n}\dfrac{11\sqrt{3}-4\pi}{64}\left(\dfrac{3}{16}\right)^{k-1}$

$\therefore \displaystyle\lim_{n\to\infty}S_n=\lim_{n\to\infty}\sum_{k=1}^{n}\dfrac{11\sqrt{3}-4\pi}{64}\left(\dfrac{3}{16}\right)^{k-1}$

$=\displaystyle\sum_{n=1}^{\infty}\dfrac{11\sqrt{3}-4\pi}{64}\left(\dfrac{3}{16}\right)^{n-1}$

$=\dfrac{\dfrac{11\sqrt{3}-4\pi}{64}}{1-\dfrac{3}{16}}=\dfrac{11\sqrt{3}-4\pi}{52}$

2 정답 ①

나무의 지면으로부터 $1\,\mathrm{m}$ 높이의 지점에서 나무 꼭대기까지의 거리를 $x\,\mathrm{m}$라 하면 나무의 높이는 $(x+1)\,\mathrm{m}$이다.

따라서 주어진 상황을 간단히 나타내면 다음 그림과 같다.

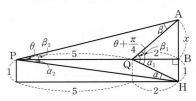

$\alpha=\alpha_1-\alpha_2$, $\beta=\beta_1-\beta_2$이므로

직각삼각형 BQH에서 $\tan\alpha_1=\dfrac{\overline{BH}}{\overline{BQ}}=\dfrac{1}{2}$

직각삼각형 BPH에서 $\tan\alpha_2=\dfrac{\overline{BH}}{\overline{BP}}=\dfrac{1}{7}$

$\therefore \tan\alpha=\tan(\alpha_1-\alpha_2)=\dfrac{\tan\alpha_1-\tan\alpha_2}{1+\tan\alpha_1\tan\alpha_2}$

$=\dfrac{\dfrac{1}{2}-\dfrac{1}{7}}{1+\dfrac{1}{2}\times\dfrac{1}{7}}=\dfrac{1}{3}$

또, 직각삼각형 BQA에서 $\tan\beta_1=\dfrac{\overline{BA}}{\overline{BQ}}=\dfrac{x}{2}$

직각삼각형 BPA에서 $\tan\beta_2=\dfrac{\overline{BA}}{\overline{BP}}=\dfrac{x}{7}$

$\therefore \tan\beta=\tan(\beta_1-\beta_2)=\dfrac{\tan\beta_1-\tan\beta_2}{1+\tan\beta_1\tan\beta_2}$

$=\dfrac{\dfrac{x}{2}-\dfrac{x}{7}}{1+\dfrac{x}{2}\times\dfrac{x}{7}}=\dfrac{5x}{14+x^2}$

이때

$\alpha+\beta=(\alpha_1-\alpha_2)+(\beta_1-\beta_2)$

$=(\alpha_1+\beta_1)-(\alpha_2+\beta_2)$

$=\left(\theta+\dfrac{\pi}{4}\right)-\theta=\dfrac{\pi}{4}$

에서 $\tan(\alpha+\beta)=\tan\dfrac{\pi}{4}=1$이므로

$\tan(\alpha+\beta)=\dfrac{\tan\alpha+\tan\beta}{1-\tan\alpha\tan\beta}$

$=\dfrac{\dfrac{1}{3}+\dfrac{5x}{14+x^2}}{1-\dfrac{1}{3}\times\dfrac{5x}{14+x^2}}=1$

$\dfrac{1}{3}+\dfrac{5x}{14+x^2}=1-\dfrac{1}{3}\times\dfrac{5x}{14+x^2}$

$\therefore x^2-10x+14=0$

이 이차방정식의 두 실근을 x_1, x_2라 하면 이차방정식의 근과 계수의 관계에 의하여

$x_1+x_2=10$

이때 나무의 높이는 $(x_1+1)\,\mathrm{m}$ 또는 $(x_2+1)\,\mathrm{m}$이므로

$a+b=(x_1+1)+(x_2+1)$

$=(x_1+x_2)+2$

$=10+2=12$

참고 이차방정식의 실근을 직접 구할 수도 있다. 즉,

$x^2-10x+14=0$에서 $x=5\pm\sqrt{11}$

따라서 나무의 높이는 $(6+\sqrt{11})\,\mathrm{m}$ 또는 $(6-\sqrt{11})\,\mathrm{m}$이다.

주의 나무의 높이는 $x_1\,\mathrm{m}$ 또는 $x_2\,\mathrm{m}$가 아니라 $(x_1+1)\,\mathrm{m}$ 또는 $(x_2+1)\,\mathrm{m}$임에 주의한다.

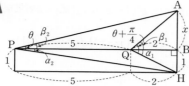

위의 그림에서

$\alpha_2 + \beta_2 = \theta$, $\tan \alpha_2 = \dfrac{1}{7}$, $\tan \beta_2 = \dfrac{x}{7}$

$\alpha_1 + \beta_1 = \theta + \dfrac{\pi}{4}$, $\tan \alpha_1 = \dfrac{1}{2}$, $\tan \beta_1 = \dfrac{x}{2}$

이므로

$\tan \theta = \tan(\alpha_2 + \beta_2) = \dfrac{\tan \alpha_2 + \tan \beta_2}{1 - \tan \alpha_2 \tan \beta_2}$

$\qquad = \dfrac{\dfrac{1}{7} + \dfrac{x}{7}}{1 - \dfrac{1}{7} \times \dfrac{x}{7}} = \dfrac{7 + 7x}{49 - x}$ ...... ㉠

$\tan\left(\theta + \dfrac{\pi}{4}\right) = \tan(\alpha_1 + \beta_1) = \dfrac{\tan \alpha_1 + \tan \beta_1}{1 - \tan \alpha_1 \tan \beta_1}$

$\qquad = \dfrac{\dfrac{1}{2} + \dfrac{x}{2}}{1 - \dfrac{1}{2} \times \dfrac{x}{2}} = \dfrac{2 + 2x}{4 - x}$ ...... ㉡

한편,

$\tan\left(\theta + \dfrac{\pi}{4}\right) = \dfrac{\tan \theta + \tan \dfrac{\pi}{4}}{1 - \tan \theta \tan \dfrac{\pi}{4}} = \dfrac{1 + \tan \theta}{1 - \tan \theta}$

$\qquad = \dfrac{1 + \dfrac{7x + 7}{49 - x}}{1 - \dfrac{7x + 7}{49 - x}}$ ($\because$ ㉠)

$\qquad = \dfrac{3x + 28}{21 - 4x}$ ...... ㉢

㉡, ㉢에서

$\dfrac{2x + 2}{4 - x} = \dfrac{3x + 28}{21 - 4x}$

$-8x^2 + 34x + 42 = -3x^2 - 16x + 112$

$\therefore x^2 - 10x + 14 = 0$

이 이차방정식의 두 실근을 x_1, x_2라 하면 이차방정식의 근과 계수의 관계에 의하여

$x_1 + x_2 = 10$

이때 나무의 높이는 $(x_1 + 1)\,\text{m}$ 또는 $(x_2 + 1)\,\text{m}$이므로

$a + b = (x_1 + 1) + (x_2 + 1)$

$\qquad = (x_1 + x_2) + 2$

$\qquad = 10 + 2 = 12$

핵심 개념 이차방정식의 근과 계수의 관계 (고등 수학)

이차방정식 $ax^2 + bx + c = 0$의 두 실근을 α, β라 할 때

(1) $\alpha + \beta = -\dfrac{b}{a}$

(2) $\alpha\beta = \dfrac{c}{a}$

3 정답 ④

함수 $f(x)$가 역함수를 가지려면 $f(x)$가 일대일대응이어야 하므로 $f'(x) \geq 0$이거나 $f'(x) \leq 0$이어야 한다.

$f(x) = e^{x+1}\{x^2 + (n-2)x - n + 3\} + ax$에서

$f'(x) = e^{x+1}\{x^2 + (n-2)x - n + 3\} + e^{x+1}(2x + n - 2) + a$

$\qquad = e^{x+1}(x^2 + nx + 1) + a$

이때 부등식 $f'(x) \leq 0$, 즉 $e^{x+1}(x^2 + nx + 1) + a \leq 0$이 성립하지 않는 x의 값이 항상 존재하므로

$f'(x) \geq 0$

즉, $e^{x+1}(x^2 + nx + 1) + a \geq 0$이므로

$e^{x+1}(x^2 + nx + 1) \geq -a$

$h(x) = e^{x+1}(x^2 + nx + 1)$로 놓으면

$h'(x) = e^{x+1}(x^2 + nx + 1) + e^{x+1}(2x + n)$

$\qquad = e^{x+1}\{x^2 + (n+2)x + n + 1\}$

$\qquad = e^{x+1}(x + n + 1)(x + 1)$

$h'(x) = 0$에서 $x = -n - 1$ 또는 $x = -1$

함수 $h(x)$의 증가와 감소를 표로 나타내면 다음과 같다.

x	$\cdots$	$-n-1$	$\cdots$	-1	$\cdots$
$h'(x)$	$+$	0	$-$	0	$+$
$h(x)$	↗	$e^{-n}(n+2)$	↘	$2-n$	↗

이때 $\lim\limits_{x \to \infty} h(x) = \infty$, $\lim\limits_{x \to -\infty} h(x) = 0$이므로 함수 $h(x)$는 $x = -1$에서 극소이면서 최소이고 최솟값은 $h(-1) = 2 - n$이다.

따라서 모든 실수 x에 대하여 $h(x) \geq -a$이려면

($h(x)$의 최솟값)$\geq -a$이어야 하므로

$2 - n \geq -a$

$\therefore a \geq n - 2$

즉, 실수 a의 최솟값이 $n - 2$이므로

$g(n) = n - 2$

$1 \leq g(n) \leq 8$에서 $1 \leq n - 2 \leq 8$

$\therefore 3 \leq n \leq 10$

따라서 모든 자연수 n의 값의 합은

$3 + 4 + 5 + 6 + 7 + 8 + 9 + 10 = 52$

핵심 개념 역함수의 성질 (수학 II)

모든 실수 x에 대하여 함수 $f(x)$의 역함수가 존재한다.

➡ 모든 실수 x에 대하여 함수 $f(x)$는 증가하거나 감소한다.

➡ $f'(x) \geq 0$ 또는 $f'(x) \leq 0$

4 정답 ⑤

ㄱ. $y = \sin x$에서 $y' = \cos x$

접점의 좌표가 $(a_n, \sin a_n)$이므로 접선의 방정식은

$y - \sin a_n = \cos a_n (x - a_n)$

이 직선이 점 $\left(-\dfrac{\pi}{2},\,0\right)$을 지나므로

$-\sin a_n = \cos a_n\left(-\dfrac{\pi}{2}-a_n\right)$

$\dfrac{\sin a_n}{\cos a_n} = a_n + \dfrac{\pi}{2}$

$\therefore \tan a_n = a_n + \dfrac{\pi}{2}$ (참)

ㄴ. ㄱ에서 $\tan a_n = a_n + \dfrac{\pi}{2}$이므로 a_n은 곡선 $y=\tan x$와 직선

$y = x + \dfrac{\pi}{2}$의 교점의 x좌표를 작은 수부터 크기순으로 나열한 것

이다.

따라서 곡선 $y=\tan x$와 직선 $y=x+\dfrac{\pi}{2}$를 그려 교점의 x좌표

$a_n,\ a_{n+1},\ a_{n+2},\ a_{n+3}$을 좌표평면 위에 나타내면 다음 그림과 같다.

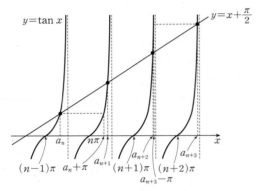

$y=\tan x$의 그래프의 주기가 π이므로 위의 그림에서 모든 자연

수 n에 대하여

$a_{n+1} > a_n + \pi$

$\therefore a_{n+1} - a_n > \pi$

$\therefore \tan a_{n+2} - \tan a_n = \left(a_{n+2}+\dfrac{\pi}{2}\right) - \left(a_n+\dfrac{\pi}{2}\right)$ ($\because$ ㄱ)

$\qquad\qquad\qquad\quad = a_{n+2} - a_n$

$\qquad\qquad\qquad\quad = (a_{n+2}-a_{n+1}) + (a_{n+1}-a_n)$

$\qquad\qquad\qquad\quad > \pi + \pi = 2\pi$ (참)

ㄷ. ㄴ의 그림에서

$\underline{a_{n+1}-(a_n+\pi)} > \underline{(a_{n+3}-\pi)-a_{n+2}}$

　┗두 점 $(a_n+\pi,\,0)$, $(a_{n+1},\,0)$ 사이의 거리가

이므로　　　두 점 $(a_{n+2},\,0)$, $(a_{n+3}-\pi,\,0)$ 사이의

　　　　　　거리보다 크다.

$a_{n+1} - a_n > a_{n+3} - a_{n+2}$

$\therefore a_{n+1} + a_{n+2} > a_n + a_{n+3}$ (참)

따라서 ㄱ, ㄴ, ㄷ 모두 옳다.

5 정답 ⑤

ㄱ. $\displaystyle\int_0^1 \{f'(x)g(1-x) - g'(x)f(1-x)\}dx = k$에서 $1-x=t$로 놓

으면 $x=0$일 때 $t=1$, $x=1$일 때 $t=0$이고, $\dfrac{dt}{dx}=-1$이므로

$\displaystyle\int_1^0 \{f'(1-t)g(t) - g'(1-t)f(t)\}(-1)dt = k$

즉, $\displaystyle\int_0^1 \{f'(1-x)g(x) - g'(1-x)f(x)\}dx = k$이므로

$\displaystyle\int_0^1 \{f(x)g'(1-x) - g(x)f'(1-x)\}dx = -k$ (참)

ㄴ. 부분적분법에 의하여

$\displaystyle\int_0^1 f'(x)g(1-x)dx = \Big[f(x)g(1-x)\Big]_0^1 + \int_0^1 f(x)g'(1-x)dx$

$\qquad\qquad\qquad\qquad\qquad\qquad\qquad\qquad \cdots\cdots$ ㉠

이때 $\displaystyle\int_0^1 f(x)g'(1-x)dx$에서 $1-x=t$로 놓으면 $x=0$일 때

$t=1$, $x=1$일 때 $t=0$이고, $\dfrac{dt}{dx}=-1$이므로

$\displaystyle\int_0^1 f(x)g'(1-x)dx = \int_1^0 f(1-t)g'(t)(-1)dt$

$\qquad\qquad\qquad\qquad\quad = \int_0^1 g'(x)f(1-x)dx$

㉠에서

$\displaystyle\int_0^1 f'(x)g(1-x)dx = \Big[f(x)g(1-x)\Big]_0^1 + \int_0^1 g'(x)f(1-x)dx$

$\therefore \displaystyle\int_0^1 \{f'(x)g(1-x) - g'(x)f(1-x)\}dx = \Big[f(x)g(1-x)\Big]_0^1$

$\therefore k = \Big[f(x)g(1-x)\Big]_0^1 = f(1)g(0) - f(0)g(1)$

따라서 $f(0)=f(1)$, $g(0)=g(1)$이면

$k = f(1)g(1) - f(1)g(1) = 0$ (참)

ㄷ. $f(x) = \ln(1+x^4)$, $g(x)=\sin \pi x$이면

$f(0) = \ln 1 = 0$, $g(0) = \sin 0 = 0$

ㄴ에서

$k = f(1)g(0) - f(0)g(1)$

$\quad = f(1)\times 0 - 0 \times g(1) = 0$ (참)

따라서 ㄱ, ㄴ, ㄷ 모두 옳다.

6 정답 ④

$\displaystyle\int_0^1 f(x)dx \neq \int_0^1 |f(x)|dx$이므로 함수 $y=f(x)$의 그래프는 닫힌

구간 $[0,\,1]$에서 $f(x)<0$인 부분이 존재한다.

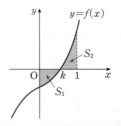

위의 그림과 같이 함수 $y=f(x)$의 그래프가 닫힌구간 $[0,\,1]$에서 x

축과 만나는 점의 x좌표를 k라 하고, 함수 $y=f(x)$의 그래프와 x축,

y축으로 둘러싸인 부분의 넓이를 S_1, 함수 $y=f(x)$의 그래프와 x축

및 직선 $x=1$로 둘러싸인 부분의 넓이를 S_2라 하자.

$\displaystyle\int_0^1 f(x)dx = 2$에서

$-S_1 + S_2 = 2 \qquad \cdots\cdots$ ㉠

$\int_0^1 |f(x)|\,dx=2\sqrt{2}$에서

$S_1+S_2=2\sqrt{2}$ ...... ㉡

㉠, ㉡을 연립하여 풀면

$S_1=\sqrt{2}-1,\ S_2=\sqrt{2}+1$

(i) $0\le x\le k$일 때

$F(x)=\int_0^x \{-f(t)\}dt$이므로

$F'(x)=-f(x)$

$\int_0^k f(x)F(x)dx$에서 $F(x)=u$로 놓으면 $x=0$일 때 $u=0$,

$x=k$일 때 $u=\sqrt{2}-1$이고, $\dfrac{du}{dx}=F'(x)=-f(x)$이므로

$\displaystyle\int_0^k f(x)F(x)dx=\int_0^{\sqrt{2}-1}(-u)\,du$

$\qquad\qquad\qquad\quad =\left[-\dfrac{1}{2}u^2\right]_0^{\sqrt{2}-1}$

$\qquad\qquad\qquad\quad =-\dfrac{1}{2}(\sqrt{2}-1)^2$

(ii) $k\le x\le 1$일 때

$F(x)=S_1+\displaystyle\int_k^x f(t)dt$이므로

$F'(x)=f(x)$

$\int_k^1 f(x)F(x)dx$에서 $F(x)=v$로 놓으면 $x=k$일 때 $v=\sqrt{2}-1$,

$x=1$일 때 $v=2\sqrt{2}$이고, $\dfrac{dv}{dx}=F'(x)=f(x)$이므로

$\displaystyle\int_k^1 f(x)F(x)dx=\int_{\sqrt{2}-1}^{2\sqrt{2}} v\,dv$

$\qquad\qquad\qquad\quad =\left[\dfrac{1}{2}v^2\right]_{\sqrt{2}-1}^{2\sqrt{2}}$

$\qquad\qquad\qquad\quad =4-\dfrac{1}{2}(\sqrt{2}-1)^2$

(i), (ii)에 의하여

$\displaystyle\int_0^1 f(x)F(x)dx=\int_0^k f(x)F(x)dx+\int_k^1 f(x)F(x)dx$

$\qquad\qquad\qquad\quad =-\dfrac{1}{2}(\sqrt{2}-1)^2+4-\dfrac{1}{2}(\sqrt{2}-1)^2$

$\qquad\qquad\qquad\quad =4-(\sqrt{2}-1)^2=1+2\sqrt{2}$

Memo

Memo

HIGH-END

수능 하이엔드

단기 핵심 공략서

두께는 반으로 줄이고 점수는 두 배로 올린다!

| 개념 중심 빠른 예습 **START CORE** 교과서 필수 개념, 내신 빈출 문제로 가볍게 시작 | 초스피드 시험 대비 **SPEED CORE** 유형별 출제 포인트를 짚어 효율적 시험 대비 | 단기속성 복습 완성 **SPURT CORE** 개념 압축 점검 및 빈출 유형으로 완벽한 마무리 |

SPEED CORE
11~12강

START CORE
8+2강

SPURT CORE
8+2강

*과목: 고등 수학(상), (하) / 수학I / 수학II / 확률과 통계 / 미적분 / 기하

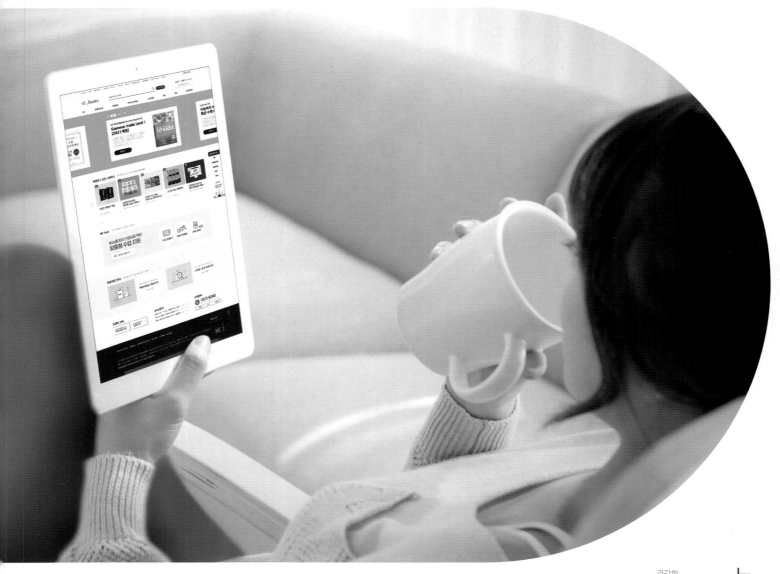